U0345786

科普理论要义

——从科技哲学的角度看

马来平　著

KEPU LILUN YAOYI

CONG KEJI ZHEXUE DE JIAODU KAN

人民出版社

目　录

第一编　总　论

第三编　科学思想的普及

第五编 “科技与社会”认识的普及

第六编 科普理论的若干应用

前　言

我国把科技创新驱动发展战略作为提高社会生产力和综合国力的战略支撑，进而作为中国建设特色社会主义的重大战略，意义非同寻常。事实已经充分表明，在发达国家科技突飞猛进的逼人形势下，漠视科技，单纯依靠拼资源、拼人力、拼投入的外延道路，无论如何都不能再继续下去了。科技创新驱动发展战略事关国家兴亡，全国各个方面乃至每一个人都有责任积极投入这一发展战略的实施。科技哲学工作者责任尤其重大，应当大显身手，充分发挥作用。

科技哲学是专门研究自然界和科学技术发展的一般规律、人类认识自然和改造自然的一般方法，以及科学技术在社会发展中的作用、具有一定文理交叉性质的学科，甚至可以在一定意义上说，科技哲学是专门研究科技创新的理论与方法问题的。所以，较之其他学科，在实施科技创新驱动发展战略中，科技哲学工作者应该发挥更大的作用。

在实施科技创新驱动发展战略中，科技哲学工作者应当发挥的作用很多，其中，应凸显以下三个方面：

1.“吹鼓手”的作用

科技创新驱动发展战略的提出，不是一蹴而就的。远的不说，单就最近十年，我们看到：

——2002 年，中共十六大作出增强自主创新能力，建设创新型国家的重大战略决策。

——2006 年，国务院发布《国家中长期科学技术发展规划纲要（2006—2020)》，明确提出了新时期“自主创新，重点跨越，支撑发展，引领未来”的科技工作指导方针。

——2007 年，党的十七大明确提出，提高自主创新能力是建设创新型国家发展战略的核心、提高综合国力的关键，强调坚持走中国特色自主创新道路，把增强自主创新能力贯彻到现代化建设的各个方面。

——2010 年，党的十七届五中全会明确指出，加快转变经济发展方式，最根本的是要依靠科技的力量，最关键的是要大幅度提高自主创新能力。

——2012 年 7 月，党中央、国务院召开全国科技创新大会，对深入科技体制改革，加快国家创新体系建设作出全面部署，提出了科技创新驱动发展战略。

——2012 年 11 月，党的十八大把科技创新驱动发展战略写入大会报告，部署实施科技创新驱动发展战略。强调科技创新是提高社会生产力和综合国力的战略支撑，必须摆在国家发展全局的核心位置。

从这个路线图看，关于科技创新驱动发展战略，最高领导层的认识一步比一步明确，一步比一步深刻。可是令人忧虑的是，尽管这十年，我国的科技发展取得了巨大成绩，但较之轰轰烈烈的房地产经济，科技创新未免仍有些冷清。有些地方的领导班子，巧立名目，长期把主要精力放在直接的或变相的房地产业上，对转方式、调结构、促升级着力不够，甚至把工农业生产等实业搁置一旁。这说明，在某些地方和某些领导干部中间，科技创新驱动发展战略依然停留在口头上或文件上。要把科技创新驱动发展战略真正落到实处，真是有点“想说爱你不容易”了。怎么办？科技哲学工作者应当带头对科技创新驱动发展战略的意义和紧迫性大讲、特讲，充分利用各种场合、采取不同方式讲。甚至有一种精神：说了也白说，白说也得说。天长日久，这种努力一定会大见成效的。

2.“智囊团”的作用

实施科技创新驱动发展战略是个系统工程，涉及的问题很多。其中，核心是科技创新的理论和方法。例如，科技创新的方向、任务、人才、文化环境，以及强化基础研究、前沿技术研究、社会公益技术研究，提高科技成果转化能力，企业成为创新主体，创新体制改革，国家创新体系建设，科技创新评价指标体系和知识产权保护等，都是实施科技创新驱动发展战略过程中必定要涉及的。在一定意义上，这些问题都属于科技哲学的研究范围。科技哲学工作者有责任做到：实施科技创新驱动发展战略过程中，哪里出现了理论和方法问题，哪里就应当有科技哲学工作者的身影和声音。科技哲学工作者著书立说、做课题，应当睁大眼睛到实施科技创新驱动发展战略的第一线去选题，努力做到为实施科技创新驱动发展战略排忧解难、提供决策咨询。这样做的结果，不仅会有利于推动实施科技创新驱动发展战略，而且也会有利于科技哲学自身的学科建设。

3.“科普生力军”的作用

实施科技创新驱动发展战略的直接效果就是加快科技发展，多出成果、出大成果。科技创新的成果一旦产生，不仅要“下行”，即将这些成果经过中试，及时投入生产，实现产品化和商品化，而且要“上行”，即及时将创新成果所涉及的科技知识，以及创新成果和创新过程中所涉及的科学思想、科学方法、科学精神等准确而通俗化地阐释出来，并运用各种人们喜闻乐见的方式向公民宣传和传播，以期促进公民更新价值观念、变革思维方式、提高科技意识，进而促进全社会的物质文明建设和精神文明建设的发展。后一方面的工作在很大程度上就是科普，或广义上的科普——“大科普”。

科学研究和科学普及是我国科技事业的两翼。科学研究旨在发现和运用自然规律，科学普及旨在通俗阐释和传播科技成果和科学研究过程中所涉及或蕴含的科技知识、科学思想、科学方法和科学精神，以期促进公民更新科技意识、变革思维方式、提高科技素质。二者彼此依赖、相辅相成，在不同的层面上、以不同的方式共同服务于社会主义物质文明和精神文明建设。为此，《中华人民共和国科学技术普及法》强调指出：“科普是公益事业，是社会主义物质文明和精神文明建设的重要内容。发展科普事业是国家的长期任务。”显然，要扩大和巩固科技创新驱动发展战略的成果，必须大张旗鼓地进行科普，抑或说，科普乃是实施科技创新驱动发展战略不可或缺的重要一环。而科普所涉及的概括自然科学成果中的哲学问题、应对科技成果所引发的伦理问题和各种社会问题，以及关于科学精神、科学方法和科学思想等深层科学文化的研究等，既是科普的基础理论部分，也是科技哲学学科的基本内容。所以，科技哲学工作者在科普尤其在科普的基础理论研究方面，应勇挑重担，发挥生力军作用。

或许正是基于上述认识，多年来我所做的科技哲学某些专题研究，自觉或不自觉地进入科普领域，成为名副其实的科普理论成果。说自觉，是因为我专门写了一些直接针对科普的论文；说不自觉，是因为我对我所写的科普论文的数量一直心中无数。直到 2013 年年底，省科协领导建议我申报“山东科普奖”、把有关论文集合起来时，我才吃惊地发现，自己所写的科普论文已足够在此基础上撰写一部科普理论研究专著了。

这部科普理论著作，计 31 章，另加一个附录。正文分六编：总论、科学方法的普及、科学思想的普及、科学精神的普及、“科技与社会”认识的普及、科普理论的若干应用。第一编主要对科普作一宏观介绍；第二编主要介绍科学方法及其普及；第三编主要介绍科学思想及其普及；第四编主要介绍科学精神及其普及；第五编主要介绍“科技与社会”的认识及其普及；第六编主要是我近期部分科普实践活动的理论成果。顺便说及，之所以设立第五编，是因为我同意美国著名科学素养专家米勒（Miller）的观点，对“科学技术作用与社会的影响”的理解是公众科学素养不可或缺的组成部分。全书内容主要围绕以下几个主题：(1) 论科普在国民素质教育、生产力进步和科学技术发展中的地位与作用，呼吁政府和社会各界重视科普；(2) 论科普工作者如何树立正确的科学技术观，对科学技术的性质、结构、发展规律和正反两方面的社会功能等有一个整体上的较为全面、正确的认识；(3) 论准确、深入地理解科学思想、科学方法和科学精神等深层科学素质，纠正认识误区，扫除思想障碍；(4) 论科普的机制、途径和方法，研讨扩大科普效益、提高科普水平的可能性；(5) 论科普的某些具体问题，研究某些特定领域、特定群体的科普问题等。总之，正如我在本书中所说：“科技哲学研究科普并非关心它的一切细节，而是主要关心与科普有关的一些前提性和关键性的理论问题，以发挥其为科普扫除障碍、鸣锣开道的哲学性质的作用。”①

应当说，我的科普理论研究并不全是书斋里的活动。由于各种机缘，我参与了一些科普实践活动。例如：(1) 我有幸参与了旨在和国务院颁发的《全民科学素质行动计划纲要》(以下简称《纲要》) 相配套、由科技部主管的《中国公民科学素质基准》(以下简称《基准》) 的文本起草工作，并受山东省科学素质办和省科协的委托，在山东各地围绕《纲要》和起草中的《基准》的落实，做过一些巡讲和培训工作。(2) 以省、市政协委员的身份，向省、市政协提交多件科普提案推动科普事业。如，在反复调研的基础上，2011 年向省政协提交提案：《关于省政府设立“科学技术普及奖”的建议案》，《联合日报》(2011 年 2 月 13 日) 以《马来平：关于省政府设立“山东省科学技术普及奖”的建议》为题全文报道了该提案。提案得到了满意答复，但迟迟未予落实。2013 年底，我又以省政府参事的身份将该提案作为“参事建议”提出，结果，省长郭树清迅速作出批示：“此事很有意义，但关键是要找到合适的人和机构。需要有无私奉献精神、科学专业素养的又能不断开拓进取的同志。”副省长张超超、王随莲随后也作出批示，要求有关部门研究落实。(3) 承担各类科普课题。我先后承担了中国科协、山东省科协等上级部门的重点调研课题《提高我国农村妇女科学素质与能力的对策研究》、《国内外反邪教文献的调研》子课题和《全民科学素质行动计划中地县政府推动绩效监测评估指标体系研究》等。(4) 参加全国高层科普会议。如，2012 年 5 月 12—15 日，受省科协委托，代表山东科普界参加在福建省宁德市由海峡两岸携手举办的第五届海峡两岸科普论坛，做了“重塑 21 世纪中国主流科学技术观”的发言。2013 年 4 月 21—27 日，受省科协委托，作为山东代表团团长、大陆代表团副总团长赴台湾参加第六届海峡两岸科普论坛，在会上做了题为《科学文化普及的难题及其破解》的发言。此外，还相继参加了 2006 年的“海峡两岸科普论坛暨第十三届全国科普理论研讨会”和 2011 年的“公民科学素质建设论坛暨第十八届全国科普理论研讨会”。(5) 深入社会基层进行科普活动。如，曾先后赴临沂市、泰安市、莱芜市、滨州市、菏泽市和济南市等地专题调研基层科普工作；曾邀请第四届“山东科普

① 参见本书第 17 页。

奖”获得者、水果专家张繁亮研究员，一起赴菏泽市巨野县进行科普与技术推广活动，促使当地开始大面积种植水果等。（6）出版一批科普著作。如，《科学日记》（2009年获首届山东省优秀科普资源一等奖）、《通俗科技发展史》、《科学箴言》、《科学名著赏析·地理卷》、《科学新热点·科普连环画系列》五种、《大哲学家——现代思想的缔造者》、《大学生中外名著导读》（主编中外自然科学名著导读编）等。此外，还以常务副理事长的身份，和其他同志一起带领山东自然辩证法研究会做了大量科普工作等。

所有这些实践活动，对我的科普理论研究都起到了发现和提出问题、扩大视野、提供素材、开阔思路等作用。事实上，本书所阐发的许多主题都直接来源于社会实践。

热切期待有更多的科技哲学工作者关心科普、投身科普！

感谢省科协领导和“山东科普奖”的评审专家们授予我“山东科普奖”的荣誉，进而促成了本书的整理和出版。2014年，山东省科普创作协会第三次会员代表大会召开，选举我担任协会理事长。我深知我和新一届理事会责任之重大，唯有无私奉献、殚精竭虑、团结同志、开拓创新，才能不辜负领导和会员们赋予协会的团结科普志士、引导社会力量参与科普、繁荣山东科普创作事业的重托。

我的同事、曾荣获“全国优秀社会科学普及名家”称号的著名科普作家高奇先生在繁忙的工作之余，通读了全书，在篇章取舍和编排上提出了宝贵意见，为本书增色不少。在此，谨致衷心谢忱！

我的学生、2013级科哲博士生刘溪同学在初稿阶段，协助我做了大量繁重的资料工作，为表达谢意，特邀请刘溪同学写了“编后记”，刊于书后。我的学生、已毕业的张纪昌同学和2015级科哲博士生苗建荣同学在交出版社之前又分别对全书通读校对了数遍，苗建荣同学并且为每编加了导语。十分感谢他们的热诚帮助！

马来平
2015年5月16日
于山东大学寓所

第一编

总　　论

本编共设六章，旨在对科普作一宏观介绍。第一章，科普理论的时代新起点。本章围绕《中国公民科学素质基准》（以下简称《基准》）展开。作者有幸参与了该文件的起草工作，因此，尽管该文件并未颁布，但对其所涉及的基本理论问题有一定的了解。《基准》对我们当前的科普工作意义重大，掌握了《基准》的精神，也就明确了我们科普工作今后的方向。第二章，科普的可能性与作用。长期以来，人们对科普这一领域存在认识上的不足。一是怀疑科普的可能性，二是怀疑科普的作用。本章主要谈了两个问题，谈到科普为什么可能时，作者指出科普不是机械地灌输科技知识，而是重在普及科学精神。谈到科普的作用时，作者指出科普是科技事业的有机组成部分，是科技转化为生产力的重要环节，是提高国民素质的基本途径。第三章，科普作为科学实现其精神价值的中介。本章从实现科学精神价值这一重要侧面入手，介绍了科普的价值。指出科普有五个方面的中介作用：一是实现科学精神的中介，即科学的精神价值不会主动在人身上实现，科普是一个重要的中介；二是树立正确世界观的中介；三是更新价值观的中介；四是变革思维方式的中介；五是提高道德水准的中介。第四章，科普的难题及其破解途径。近年来，我国的科普事业取得了可喜的成果，但也存在一些难题困扰着科普界。文章指出，科学普及难在深层科学文化的普及。所谓深层科学文化，即科学方法、科学思想和科学精神。普及深层科学文化的途径有三：生活化、实践化、体制化。第五章，科技知识与科学素质的关系。在科普实践中，还有一个重要的理论问题一直困扰着科普工作者，那就是科技知识与科学素质的关系。对这一问题，主要存在两种观点：一是科技知识包含科学方法、科学思想和科学精神；二是科技知识是科学素质的外围部分，科学素质主要是科学方法、科学思想和科学精神。科普主要是科学方法、科学思想和科学精神的普及。对此，本章作了深刻的分析，指出科技知识是科学素质的基础性构成部分，二者之间存在"类边际效用递减规律"，且科技知识对科学素质的作用具有一定的局限性。第六章，科学文化的普及。科普不仅要普及科学知识，而且要普及科学文化。长期以来，人们对科学文化这一概念较为陌生。本章围绕科学文化这个概念作了深入阐述，何谓科学文化，科学文化与传统文化的关系，怎样普及科学文化。

总之，本编紧紧围绕科普的一般性问题而展开，对于我们深刻理解科普意义重大。

第　一　章

科普理论的时代新起点

自2006年2月以来，全国各地在贯彻落实国务院颁发的《全民科学素质行动计划纲要》（以下简称《纲要》）的过程中，一直翘首企盼《中国公民科学素质基准》的早日颁布。但由于种种原因，该文件至今没有颁布。尽管如此，由于《纲要》“总结和集成了不同部门、不同界别、不同战线的相关经验和智慧，是我国历史上第一个提高全民科学素质的纲领性文件”[①]，而《基准》旨在贯彻实施《纲要》，因此，《基准》起草过程中所涉及的诸多认识和理论问题，堪称科普理论的时代新起点。作者有幸参与了该文件的起草工作，为此，这里仅将该文件起草过程中所涉及的若干基本认识和理论问题略述如下：

一、《基准》制定的目的和依据

（一）《基准》制定的目的

为什么要制定《基准》？关于这个问题，《纲要》作出了明确回答：“制定《中国公民科学素质基准》。根据社会主义现代化建设的战略目标，结合我国国情，借鉴国外相关经验和成果，围绕公民生活和工作的实际需求，提

① 本报评论员：《努力提升全民科学素质》，《人民日报》2006年3月21日。

出公民应具备的基本科学素质内容，为公民提高自身科学素质提供衡量尺度和指导，并为《科学素质纲要》的实施和监测评估提供依据。”这表明，《基准》要完成《纲要》所赋予的以下三项任务：(1) 明确公民应具备的基本科学素质内容；(2) 为公民自测和提高科学素质提供衡量尺度和指导；(3) 为《纲要》的实施和监测评估提供依据。此外，《基准》还可以为科普工作计划的制定和绩效考核提供依据，为大众媒体开展科普宣传活动提供依据等等。

（二）《基准》划定基本科学素质标准的依据

顾名思义，《中国公民科学素质基准》中的“科学素质基准”乃是“基本科学素质标准”的意思，就是说，它旨在为中国公民应具有的基本科学素质水准划一条底线。划定这条底线的主要依据是：

1. 国家发展的基本需要，即适应当前乃至今后一个时期我国贯彻科学发展观建设社会主义和谐社会、小康社会，以及推进社会主义新农村建设和建设创新国家对中国公民科学素质的最低要求。或者简单地说，是适应当前乃至今后一个时期内我国经济建设和社会进步对我国公民科学素质的最低要求。

2.《纲要》所提出的公民科学素质发展目标。《纲要》提出了公民科学素质发展的三个阶段的战略目标，一是长远目标：“到本世纪中叶，公民科学素质普遍提高，人人具备基本科学素质”；二是中期目标：至 2020 年我国“公民科学素质在整体上有大幅度的提高，达到世界主要发达国家 21 世纪初的水平”；三是近期目标：“到 2010 年，科学技术教育、传播与普及有较大发展，公民科学素质明显提高，达到世界主要发达国家 20 世纪 80 年代末的水平。”

3. 当前我国公民科学素质的基础。自 1992 年起，我国平均每两年进行一次全国公众科学素质调查。数据显示，2003 年我国学生及待升学人员、企事业单位负责人、企业技术人员、国家机关和党组织负责人、办事人员及有关人员、农林牧副渔水利生产人员几类人群达到基本科学素养水平的总体比例仅为 1.98%。近年来，社会上修坟建庙，看“风水”、占卜、求签、相面等迷信活动沉渣泛起。2003 年，在接受调查的我国公众中，相信求签的为 20.4%，相信相面的为 26.6%，相信星座预测的为 14.7%，相信碟仙或笔仙的为 4.8%，相信周公解梦的为 22.3%。总体上说，完全相信迷信的比例

（13.3%）是基本具备科学素养的比例（1.98%）的 6 倍以上。我国公民相信迷信的比例偏高，从一个侧面反映了我国公民科学素质水平较低的状况。另外，不科学的观念和行为普遍存在。在生产中，因不尊重自然规律、不讲求科学方法而事与愿违的情况时有发生；在生活中，不健康、不科学、不文明的观念、习惯、行为司空见惯。

为此，《纲要》指出：当前，“我国公民科学素质的城乡差距十分明显，劳动适龄人口科学素质不高，大多数公民对于基本科学知识的了解程度较低，在科学精神、科学思想和科学方法等方面更为欠缺，一些不利的观念和行为普遍存在，愚昧迷信在某些地区较为盛行。公民科学素质水平低下，已成为制约我国经济发展和社会进步的瓶颈之一”。

4. 世界主要发达国家和地区的公民科学素质水平。据调查，一些发达国家和实体的公众具备基本科学素养的比例分别为美国 25%（2005 年），欧盟 24%（2005 年），加拿大 4%（1989 年），日本 3%（1991 年）。与之相比，我国公众科学素养明显偏低。

5. 我国绝大多数公民的受教育程度。我国实施九年制义务教育已有多年，受教育程度达到初中程度的公民所占比重较大。在科学素质行动中，公民文化水平以此为起点是有一定可行性的。对于那些尚未达到初中文化水平的人，提高其科学素质的当务之急是首先接受基础教育，提高文化水平。不过，这并不意味着《基准》内容和初中课程是完全对应的，《基准》的不少内容超越甚至远远超越了初中教材，是需要公民在生活和工作实践中学习的。

（三）《基准》所划基本科学素质标准的适当性

有人也许会质疑：《基准》试图呈现的这种基本科学素质是否太低了？是否文化程度较高的人已经统统具有基本科学素质，《基准》对他们根本就是无意义的？不是的。

第一，基本科学素质重在能力，不是单纯的知识。能力与知识密切相关，但决不是一回事。

第二，基本科学素质所涉及的知识是综合性的，这些知识并非单门单科，而是具有很强的综合性和广泛性，没有学科界限，也没有文理界限。文化程度高的人往往是“术业有专攻”，一旦超出本专业就是外行了。

第三，基本科学素质注重各学科中根本性的知识。这些知识的特点如下：一是重要性，在各门课程中具有支撑作用。二是稳定性，即属于那些现在应当知道、数十年后仍然应当知道的知识，乃至为人生知识大厦建造永久基础的知识。正如米勒所举过的例子那样：SARS 或许随着这种传染病被克服，若干年后被人遗忘，但是“病毒”这个概念永远是稳定的和根本性的。基本科学素质所侧重的就是这样一类知识。三是复杂性，这类知识往往看似简单，实则相当复杂。如质量和能量，是普通物理学上的基本概念，但都高深莫测。

第四，基本科学素质反映了当前乃至今后相当长一个时期内我国社会和经济发展的最低要求。这个要求尽管是“最低”，却很可能是相当多的人尚未达到的，如环保意识对于许多人来说是“说起来容易做起来难”。比如，一个企业家当他面对环保与利润冲突的时候，他是选择把环保成本推向社会，还是选择本企业自觉分担这种选择并非一件轻松的事情，这是对企业家们环境科学素质的严峻考验。

基本科学素质有点类似道德。道德与知识密切相关，但知识多的人的道德水准未必比知识少的人的道德水准高。这一点说明了，即便是具有高中、大学甚至更高学历的人也不一定能全面达到《基准》的水平。所以《基准》的水平既有低的地方，也有高的地方，人人都应当为达到《基准》的要求付出艰辛的努力。

总之，《基准》旨在为公民应具备的科学素质划一条底线，过线即为具备基本的科学素质，线上人的科学素质的提高，超出了《基准》的范围。此外，这条线适用于所有的人，它不分等级、不分人群、不分地区。类似跳高，规定一个高度，所有的人都适用。各地执行时，根据本地区、本部门、本单位的情况和需要可再适当细分。

二、《基准》关于科学素质概念的理解

（一）科学素质的定义

对于科学素质这个概念，学界一向见仁见智。据调查，科学引文索引

(SCI)、社会科学引文索引（SSCI）和艺术与人文索引（A&HCI）三大数据库中收录的1973—2005年发表的与科学素质有关的文献共795篇，中国期刊网全文数据库中收录的1979—2005年发表的有关文献共1115篇，这些文献中关于科学素质概念的含义有多种解释，也有不少争论。[①]《基准》对科学素质给出了一个定义："全民具备基本科学素质一般指了解必要的科学技术知识，掌握基本的科学方法，树立科学思想，崇尚科学精神，并具有一定的应用它们处理实际问题，参与公共事务的能力。"这个定义不仅有深度，而且全面、凝练，堪称《纲要》的一个亮点。当然，这个定义尚有商讨的余地，并非一锤定音。例如，科学素质不应当仅限于理解科学本身，理解科技对社会的影响和科技发展的社会条件等也应是其内容，而这些并非"四科"所能包括得了的。但是，对于全民科学素质行动计划的实施和《基准》的制定，《纲要》所提出的科学素质概念，显然是一个极其基本、极其核心的概念，应该下大力气予以透彻理解。从《纲要》给出的定义看，科学素质有以下几个要点：(1) 它的全部内容包括"四科两能力"，并大致可分为三个层次：一是对科学的基本理解；二是公民应用对科学的基本理解所体现的生存、生产和提高生活质量的技能；三是公民应用对科学的基本理解所体现的参与公共事务的能力。(2) 在"四科"中侧重科学思想、科学方法和科学精神。科学知识与其他"三科"的关系类似于"形"与"神"的关系，科学知识仅仅是"理解科学"所包括的一部分，整个"理解科学"的重心在其他"三科"。(3) 在全部内容中侧重能力。"理解科学"是手段，提高能力是目的，能力是科学素质的重心和落脚点。

（二）掌握基本的科学方法

在科学素质中，科学方法主要有以下几层含义：

1. 一般指自然科学方法，广义的也包括人文社会科学方法。

2. 不是指任何一门具体科学的方法，而是指各门具体科学尤其是各门自然科学所通用的方法，如实验方法、观察方法、模型方法、假说方法、概率统计方法、归纳法、演绎法、比较法、类比法等。

---

① 任定成：《全民科学素质行动计划纲要解读》，《科普研究》2006年第1期。

3. 对于普通公民来说，掌握“基本”的科学方法，并不意味着要会做复杂的科学实验、会进行天文观测，懂多少数学、形式逻辑和数理逻辑等等，而主要是指掌握和领会科学方法的精髓。科学方法的精髓可以用两个字来概括：理性。理性主要有两个侧面：一是坚守客观，二是遵循逻辑和数学。所以爱因斯坦认为科学方法的核心是：第一，运用逻辑和数学来发现和论证因果关系；第二，通过实验来检验和证明科学发现。人们称伽利略是近代科学之父，就是因为他开了实验方法与逻辑、数学相结合的先河。例如他研究自由落体运动，一方面用了实验方法；另一方面，“他想要发现的不是物体为什么降落，而是怎样降落，即是依照怎样的数学关系而降落?”① 研究方法一旦实现了理性这两个侧面的结合，那就意味着科学方法成熟了，也标志着近代科学的诞生。因此，所谓掌握基本的科学方法，关键在于准确理解和把握理性精神。

此外，掌握基本的科学方法还要求人们能够熟悉和自觉地运用科学方法的如下要点：经验检验的必要性、经验检验的可重复性、证据的多样性和可解释性、定性和定量的结合、数量关系的准确性和逻辑的严密性等等。

（三）树立科学思想

科学思想这个概念可作多种理解，较为常见的理解有：

1. 重大科学理论或学说。如达尔文的进化论思想、爱因斯坦的统一场论思想等。这种意义上的科学思想属于科学知识的范畴。

2. 一个人对科学本质和科学各侧面所持有的基本认识和观点。如孙中山的科学思想、鲁迅的科学思想等。

3. 科学概念的内在逻辑以及科学成果所反映出来的认识论、伦理学、社会学观点等。通常所说的科学思想史或科学内史，就是在这个意义上使用“科学思想”概念的。这种意义上的科学思想也基本上属于科学知识的范畴。

4. 对于科学所持的一种相信、尊重、依赖和热爱的积极态度。这种用法通常是和迷信、盲从、加入邪教和反科学等态度或行为相对应的，如“树立科学思想，反对封建迷信”。

---

① ［英］丹皮尔：《科学史及其与哲学和宗教的关系》，李珩译，商务印书馆 1979 年版，第 197 页。

科学思想可能还有其他用法，但当它和“树立”连在一起用的时候，最切近的含义当是第四种用法。这样，在《基准》中“树立科学思想”应是上述几种含义的综合，而以“具有科学态度”最切近。当前，我们所提倡的科学态度即是胡锦涛同志在2006年全国科学大会讲话中所提出的新“四科”——“信科学、爱科学、学科学和用科学”。

此外，具有科学态度还应当包括对科学的负面作用和局限性有一个实事求是的、较为清醒的认识，只有这样，对科学的态度才真正是科学的。科学不是绝对真理，也不是一成不变的真理，科学具有可错的一面。当我们说科学是自然界客观规律反映的时候，一定要意识到：人类反映自然界的客观规律是一个过程、是动态的。一方面，人的认识要受认识条件的制约；另一方面，客观世界也是不断变化着的，要求人们不断更新已经过时的认识。总之，一切已有的科学知识都是相对真理，都包含某种可错或错误的成分。为此，哲学家波普尔告诫我们不要害怕错误，要善于“从错误中学习”。错误不仅不可避免，而且是通向真理的坦途，这就要求我们信科学但不要迷信科学，要正视和宽容对待科学存在或发生的错误。

（四）崇尚科学精神

科学精神是一个比较抽象的概念，学界给出的定义很多，其中，默顿提出的定义（普遍主义、公有性、无私利性、有组织的怀疑）影响较大。由于它有明显的实证主义倾向和理想化色彩而受到学界的尖锐批评，不过其基本精神还是可取的。

一般地说，崇尚科学精神似应强调以下几点：

1. 普遍怀疑的态度。怎样判定一种理论是正确的，不能凭借书本或者权威人物下结论，而应当严格审查其理论根据和事实根据，经过缜密思考，然后独立地作出判断。这种不盲从、不轻信，坚持审察对象理论根据和事实根据的态度就是普遍怀疑的态度，它是追求真理、反对谬误的法宝。

2. 充分尊重事实的客观立场，反对游谈无根、无中生有。按照事物的本来面目及其产生情况来理解事物，绝不附加任何外来的成分，有一分根据讲一分话，坚持实践是检验真理的标准。

3. 严密逻辑思维的原则，既高度尊重事实又不局限于事实。眼见未必为实，对于眼见的事实要进一步追问：它是否合乎逻辑？是否和已有的全部科学知识相吻合？如果不吻合原因是什么？

4. 继承基础之上的创新精神。科学发现只有第一，没有第二，创新是科学的生命。这一点也适用于其他领域，创新往往是把事情做得多快好省的关键。"吃别人嚼过的馒头没有味道"说的就是这个道理。当然，创新并非随意否定他人和前人，事实上只有在继承他人和前人已有成果的基础上，才能真正作出创新。

（五）应具备的"两能力"

1. "四科"的作用是有限度的。在科学素质所包含的"具有一定的应用它们处理实际问题，参与公共事务的能力"中，"一定的"这个定语包含数层意思，其中既有要求不是太高的意思，也还有这样一层意思："四科"对于人们处理实际问题，参与公共事务的能力有重要作用，但这个作用是有限度的，不能过分夸大。影响人们处理实际问题，参与公共事务能力的因素还有许多。

2. "两能力"比"四科"更根本。"四科"内容中，相当多的是认识性、理解性或观念性的东西。一个人，仅仅做到理解和掌握"四科"还不够，更重要、更根本的是具有运用它们处理实际问题、参与公共事务的能力。如，运用"四科"做好本职工作，提高生存技能，改善生活质量，抵制迷信和邪教，正确对待基础研究、应用研究等各类科学活动以及科学对社会的影响，参与科学政策的制定，参与地方和国家与科技有关的重大事务的决策等。这些能力，既是对"四科"理解和掌握程度的一种"试金石"，也是科学素质水平的一种标志。

3. 重视"四科"与参与公众事务能力之间的关系。在具有一定的应用"四科"参与公共事务的能力方面，有两点需要特别注意：其一，"四科"与公众事务之间具有深刻的内在关联。大量事实证明，公众参与公共事务是需要一定的"四科"基础的。在现代社会中，许多公共事务渗透着科学技术的背景、方法、思想和精神，如果公众对有关的科学技术背景、方法、思想和精神达不到基本的理解，势必会显著影响公众发表意见的机会和质量。例如关于转基因食品可靠性的讨论，如果公众不想让专家越俎代庖，就必须自己去了解有关转基因的基本知识以及它可能带来的种种影响。其二，从近些年中国社会发展的趋势看，“四科”对公民参与公共事务能力的制约程度呈迅速上升趋势。公民参与公共事务既是处理好公共事务的需要，也是社会民主化的需要。随着我国政治体制改革的纵深发展，公众参与公共事务的渠道将日益畅通、日益实现体制化，公众参与公共事务也将逐步成为我国政治决策民主化和科学化的正常形式。如今，具有“四科”背景的公民参与公共事务的事件越来越多，如 2005 年圆明园防渗透工程事件导致公众参加环评听证会；怒江是否建大坝，非政府组织和公众的意见产生了重大影响；上海到杭州的磁悬浮项目已经暂缓，也是公众意见发挥作用的结果；厦门 PX 化工项目投资逾百亿，因距人口密集区过近，引起公民关注，通过百余名政协委员联合签名、二次环评到公众投票等环节，最终导致政府宣布项目暂停；2015 年“两会”亿万公民的网络参与等等，科学素质对公众参与公共事务、提高政府决策的透明度和效率产生了日益广泛和深刻的影响。事实上，《纲要》之所以在科学素质定义里强调这一点，也正是基于这种公众参与公共事务的需要和发展趋势。

三、《基准》文本的内容

(一)《基准》内容的选择

科学素质的内容无边无际，《基准》在 2 万—3 万字的篇幅里，必须对这些内容有所取舍。如何取舍？办法很多。如，以“四科”和“两能力”分别作为一部分，共六部分，然后对每一部分再进行取舍。从表面上看，这种处理方式使其他“三科”和“两能力”都得到了突出，眉目也比较清楚，然而它的缺点是比较明显的：其一，处理“四科”、“两能力”的交叉不力。“四科”、“两能力”之间多有交叉，这种交叉既体现在“四科”之间、“两能力”之间，也体现在“四科”和“两能力”之间。在实践中，它们往往综合体现，很难区分得开。其二，不匀称。“四科”中的每一科和“两能力”的内涵丰富程度和抽象程度差异较大，对它们作单独处理很难在详略程度和篇幅上做到匀称。其三，割断了科学知识和其他部分的有机联系。不论是其他

“三科”还是“两能力”，都是以科学知识为基础的，脱离了科学知识，其他“三科”和“两能力”往往很难说得清。反过来，脱离了其他“三科”和“两能力”，科学知识就是死的了。

另一个办法是打破“四科”、“两能力”的界限，从某种角度把科学素质划分为一系列的能力，然后分别组织内容。这个办法与上述办法相类似，优点是突出了能力，但缺陷是由于能力之间交叉严重，将科学素质划分为一系列能力极难实现。

再一个可行的办法就是以点带面，选择几个与公民密切相关的领域，把这些领域里的科学素质标准分析透彻。领域选择的原则是：构成公民科学素质最基本；与老百姓生活生产关系最密切；当前社会发展最需要；落实科学发展观最关键。

最终在目前阶段的初稿里选择了六个领域：

1. 物质与能量。选择的主要理由是：目前，政府正在大力提倡建设节约型社会，《纲要》把“节约能源”规定为近几年的主题，而“材料”对经济发展极具战略意义，二者需要给予突出体现。本部分主要内容是材料与能源。

2. 环境与生态。选择的主要理由是：随着经济的快速发展，我国所面临的环境和生态问题日益严重，“保护生态、改善环境”是《纲要》规定的近几年的主题。十七大报告提出“建设生态文明，基本形成节约能源资源和保护生态环境的产业结构、增长方式、消费模式”。本部分主要内容是：宇宙环境（大环境）、自然环境（小环境）和生态环境三部分。

3. 生命与健康。选择的主要理由是：这部分的重要性是一目了然的。《纲要》近几年的主题也包括“健康生活”、“形成科学文明、健康的生活方式和工作方式”。本部分主要包括生命、人体和健康三部分。

4. 个体与社会。选择的主要理由是：每个人都生活在社会中，都要了解人的社会性，都要处理好个人与社会的关系，这既是每个人生存的需要，也是构建和谐社会的基础。当代是大科学时代，自然科学与人文社会科学全方位交叉，自然科学不可能脱离人文社会科学单独存在，因此，科学素质不应是纯粹的自然科学素质，它还应包括人文社会科学素质。本部分内容包括个人的社会行为、社会的结构与变迁，以及科学技术对社会的影响三部分。

5. 信息与交往。选择的主要理由是：当代社会是信息社会，一是科技高速发展、信息爆炸，人们对每天所要处理的信息应接不暇；二是信息科学是带头科学之一，信息技术日新月异、瞬息万变；三是电视、手机、网络等信息技术和其他高新技术极大地改变了人们的交往方式。所以，如何学会使用常用的电子产品，如何掌握搜集和处理信息的基本技能、提高交往的效率，对于每一位公民都是十分重要的。本部分内容分为三方面：理解信息与交往；怎样选择、获取、组织、分析、创造和交流信息；怎样认识与信息和交往有关的法律、经济、伦理和社会问题。

6. 认识与方法。选择的主要理由是：认识是行动的基础，而不论是认识还是行动都离不开方法，所以认识和方法对于每个人的生活和工作实践都是十分重要的。另外由于科学认识是人类最典型的认识活动，科学方法、科学思想和科学精神对人类认识的作用十分巨大，因而这一部分也是最集中、最直接体现科学方法、科学思想和科学精神的地方。本部分包括准确确定客观事实；系统地检验自己和他人的观点；正确进行推理；正确理解不确定现象。

由于《基准》正在起草过程中，上述六个领域的设想及其内容都可能有变化。

（二）"四科"与"以能力为核心"的呈现

从形式上说，《基准》文本应具有高度的概括性、知识性和通俗性，从内容上说，《基准》文本的关键是解决好"四科"和"两能力"的呈现问题。

在"四科"和"两能力"的呈现中，科学知识在《基准》文本中的呈现方式相对简单一些，办法就是尽量选取《纲要》所说的"必要的科学技术知识"。什么是"必要的"？一是公民日常生活和工作实践中迫切需要的知识。尽管公民日常生活和工作实践中迫切需要的往往是比较简单的基础知识，但两者不能等同。有些前沿的、社会影响较大的科技知识也是十分"必要的"。如克隆人、转基因、厄尔尼诺、纳米等等；二是各门学科中比较稳定和核心的知识；三是与当前我国经济和社会发展需要紧密相关的根本性知识。如，落实科学发展观是当前我国经济与社会发展所面临的中心任务之一，与此有关的科技知识就属于"必要的"之列。

问题的关键是其他"三科"和"两能力"比较抽象，文本中如何呈现？在《基准（草案）》征求意见的过程中，人们问得比较多的也是这样一个问题：除科学知识以外的其他"三科"和"两能力"如何处理？

首先，在《基准》文本中，每一部分对其他"三科"和"两能力"都有体现。在六大部分中，各部分都包括三方面的内容，一是理解科学技术原理；二是应用科学技术处理实际问题的能力；三是应用科学技术参与公共事务的能力。能力三居其二，足以表现其重要。顺便说及，能力包括公民应有的理念、态度、价值观、方法和技能等。

其次，其他"三科"体现在《基准》的字里行间。理解科学技术原理不仅仅是理解科学技术的知识，而且包括理解相关科学知识发现的科学方法和手段，理解相关的科学思想和科学精神，在科学知识的选择和解释中已经尽可能地包含了体现其他"三科"的意图。

第三，就六大部分的分工而言，第六部分"认识与方法"较集中地体现了其他"三科"和"两能力"。

最后，《基准》前面的"说明"部分将专门介绍并强调其他"三科"和"两能力"的问题。

（三）《基准》是否包含技术素质

在2007年5月下旬于上海召开的"中美科普论坛"上，美国著名科学素养研究专家米勒明确表示科学必须和技术分开，技术变化快，技术无素质，也无法测量。米勒的看法有一定的道理，但不全面也不适合中国的国情。

首先，技术素质是存在的。所谓技术素质可以这样来理解掌握并能够应用于日常生活和本职工作中：常用的技术，粗知有关技术的科学原理，了解一点与日常生活紧密相关的高新技术，以及技术与社会相互作用的知识。

其次，排斥技术素质将使《基准》严重脱离群众、脱离实际。中国的国情是经济欠发达，老百姓尤其是广大农民迫切需要依靠实用技术打翻身仗，解决生存和温饱问题。正如有学者所提出的"作为发展中国家的社会形态中的公民，他们可能更关心的是科学家如何通过媒体告知他们解决日常生活中常见问题的知识，而不是对科学的体系有所了解"①。如果我们实施《纲

① 李大光：《"公众理解科学"进入中国15年的回顾与思考》，《科普研究》2006年第1期。

要》，把技术的内容排斥在外，肯定要严重脱离群众，脱离实际。不过，因为技术变化快、不好测量，技术和科学有重大区别，以技术代科学，把农民的科学素质行动计划完全搞成技术培训，将会背离实施《纲要》的初衷。因此，在《基准》里，有一个技术素质如何体现和体现到何种程度的问题。

第三，技术素质在《基准》里是能够得到较好体现的。在《基准》各章节的应用能力部分，将尽量联系公民生活和工作的实际，体现有关的技术内容。同时，凡是涉及技术的地方，也会尽可能展现技术原理和技术应用中所蕴藏的科学方法、科学思想和科学精神。

（四）《基准》内容的可测性

从《纲要》赋予《基准》的任务看，《基准》的内容应当具有可测性。可是公民科学素质包含的科学方法、科学思想、科学精神和两种能力是具有高度抽象性和复杂性的东西，因此，要求《基准》具有完全的可测性是不现实的。尽管如此，在一定的限度内，尽可能地使其向可测性方向靠拢，把《基准》与监测评估的衔接问题解决得好一点，还是有一定余地的，这里提两点关键措施：

一是精心选择“理解科学技术”的知识点，努力使这些知识点没有参差不齐和重要遗漏，在该领域比较基本、关键，而且含义明确、没有争议。如就生态科学素质而言，理解生态科学部分，应当紧紧围绕以下几个核心概念和原理：种群、群落、生态系统；生态系统中的能量流动、水循环、碳和氮循环；要素和系统相互制约、相互依赖等系统论的观点和方法等。因为以上这些是生态科学最基本、最重要和最成熟的内容，弄清了这些内容，也就基本上达到了理解生态科学的目的。同时，这些内容基本上都是具有可测性的。

二是准确概括能够突出体现“两能力”的可操作性的指标。测量运用对科学技术的理解解决具体问题和参与公共事务的能力，要比测量单纯地理解科学技术复杂得多、难得多，但也并非无能为力，通过寻找一些既重要又具体、直观的能力指标，基本能达到预期目的。还是以生态科学素质为例，运用对生态科学的理解解决具体问题和参与公共事务的能力表现在许多方面，其中，至少应当包括以下一系列指标：(1) 自觉保护生物多样性；(2)

支持降低二氧化碳和二氧化硫的排放量；(3) 保护能量的自然循环；(4) 保护水和氮、碳等物质的自然循环，等等。显然，这些指标都具有一定的可测性。

此外，还可以围绕《基准》的各部分内容，建一个小型的、可经常更新的基本题库。尽管题库的做法有相当的弊端，但如果精心设计好，作为科学素质工作监测评估的辅助手段也还是有一定价值的。

第　二　章

科普的可能性与作用

近年来，我国的政治文化生活突出了科学技术普及的地位和作用，以致科普曾一度成为思想文化界所关注的热点；同时，科普与科技发展以及与“科技与社会”内在的有机联系也异常鲜明地暴露出来了，于是科学技术哲学工作者开始认识到，科普理所当然地应当纳入科技哲学研究的视野，长期以来科技哲学被遗忘和忽视科普，是件令人遗憾的事情。当然，科技哲学研究科普并非关心它的一切细节，而是主要关心与科普有关的一些前提性和关键性的理论问题，以发挥其为科普扫除障碍、鸣锣开道的哲学性质的作用。其中，尤为突出的是以下两点：

一、科普是否可能，怎么可能

在一些人那里，对科普是持怀疑态度的。他们认为，各门自然科学知识是一种极为专门的知识。内容上，晦涩难懂、远离社会生活；形式上，扑朔迷离、充满了人工构造的术语和数学符号；而且，科学知识日新月异，时时处于一种变化状态之中。具有较高素养的科技人员尚且不能熟悉本专业以外的其他科学知识，又怎么能够设想使它们转变为常识，为大众普遍接受呢？这就是科普的可能性问题。这个问题不解决，科普无法进行，也不可能进行。

其实，科普的可能性问题，实质上是“普”什么、怎么“普”的问题。

倘若对包括各门自然科学前沿在内的一切科学知识不分巨细，硬要一股脑儿地向大众普及，而且照本宣科、硬性灌输，那么，这种科普的可能性当然是很值得怀疑的。但是，如果换一种角度，在“普”什么、怎么“普”的问题上做一点变通，或许将是另一番情景。

（一）着眼于提高公众的科学素养

20 世纪以来，随着科学技术的迅猛发展，以及科学技术在现代社会中地位和作用的日益突出，科学技术与公众的关系越来越密切了。从科学技术发展的角度看，科学技术非常需要公众的理解和支持；从科学技术价值实现的角度看，科学技术则非常需要公众在自己的本职工作和政治、文化生活中予以应用。如何达到上述目的？通过普及科学技术知识固然有效，但效力是十分有限的，关键在于提高民众的科学素养。只有科学素养提高了，公众才能从根本上提高理解、支持、应用科学技术的自觉性。为此，我们说，科普应当着眼于提高公众的科学素养。

什么是公众的科学素养？一般认为，一位现代公民最基本的科学素养，包含三项内容：一是懂得科学技术的基本知识；二是了解科学研究的大致过程和基本方法；三是能够正确认识科学技术对社会的影响。

关于第一项，主要是指知道科学技术最基本、最重大成就的核心概念和结论要点。例如，有人提出，测定公众对科学知识的题目有 9 道。它们分别是：“(1) 人类呼吸的氧气来源于植物；(2) 光速比声速快；(3) 千百年来各大陆一直在缓慢漂移；(4) 最早的人类和恐龙生活在同一年代；(5) 地球绕太阳转并转一圈为一年；(6) 人类是从类人猿进化而来；(7) 激光因汇聚声波而产生；(8) 电子比原子小；(9) 宇宙始于大爆炸。”① 这些题目较有代表性地测验了人们对自然科学某些重大成就的核心概念与结论要点的理解。尽管这 9 道题不一定最全面、最恰当，但它至少为人们提供了一份颇有代表性的普及科学知识的清单。

关于第二项，意在使公众了解科技研究工作的复杂性和创造性，增进对科技人员和科技工作的理解，缩小科技人员、科技工作与公众的距离；同

① 姚昆仑：《公众需要理解科学》，《科技潮》1996 年第 12 期。

时，使公众接受一点科学方法的教育，增强认识自然和改造自然的能力，以及提高公众分辨科学与伪科学的能力，增强对伪科学、反科学和迷信活动的抵御能力。

关于第三项，随着全球问题的日益严重，这方面的科普变得越来越重要了。事实上，公众是否能全面、正确地理解科学技术对社会的种种影响，已经关系到公众对待科学技术的基本态度以及科学技术的生存权了。有人提出，测定公众理解科学技术对社会的影响，有 4 道题目，如果答对 3 道即算达到了标准。一是“所有放射性现象都是人为造成的”；二是“抗生素能杀死病毒”；三是“正确回答 1/4 概率题目”；四是“自报能清楚了解计算机软件”[①]。其实，此类题目未必就是4道或者5道，尤为重要的是，上述题目通过科学技术最典型、最重要的应用，启发人们体会科学技术对社会影响的做法，是值得肯定的。

此外，在科学知识的普及上，一个关键性的问题是科学知识与其数学形式的剥离问题。众所周知，较之常识和人文知识等，科学知识的特点之一是精确性。科学知识的精确性所赖以存在的基础，除了严格的逻辑推理外，就是复杂的数学表达形式。而后者正是将科学知识和普通大众隔离开来的巍峨屏障。有没有可能绕开数学，正确地表达科学知识的梗概或是要点呢？应当说是可以的。因为和其他任何事物一样，科学知识也有定性和定量两种属性。如果能做到定性上的准确，也就基本上可以把握科学知识的精髓了。关于这一点，科学界是广泛持赞同态度的。不仅诸如 I. 阿西莫夫的《科学指南》等经典科普著作已经出色地做到了这一点，而且，许多国家也都尝试出版了面向大众的无数学的自然科学教材。例如，美国加利福尼亚大学伯克利分校出版了作为“描述性物理学入门”、以文科学生为对象的《无数学的物理》教材，获得了极大成功。该书作者 G. 夏皮罗先生在序言中指出：“许多科学知识的传授并不需要全面的数学描述。我们只要用语言描述和定性推理的方法就可以告诉学生，科学家是怎样工作的，他们能做什么，不能做什么。”

顺便指出，中国历代普及儒学的经验非常值得科普工作者学习。儒学

① 姚昆仑：《公众需要理解科学》，《科技潮》1996 年第 12 期。

思想叠屋架构、体系严谨，许多观点不可不谓艰涩、枯燥，可是，为什么儒学的基本内容和观点却能广泛普及老百姓中间呢？历代封建统治者除了坚持不懈地进行四书五经之类的正规教育以外，还利用了大量通俗化、规范化的形式。例如，一台《墙头记》、《小姑贤》之类的戏剧，一场礼节繁缛而秩序井然的红白喜事，就把三纲五常，仁、义、礼、智、信之类的儒家观点诠释得入木三分、活灵活现了，其效果往往能达到让人耳濡目染、出神入化的地步。对比今天我们科普的苍白无力、一曝十寒，以及科学小品、科学童话、科学诗、科学随笔、科学散文、科学小说和以科学为题材的戏剧、影视和美术等科学文艺的冷冷清清，是很值得人们深刻反省的。

（二）把科普和科学教育结合起来

诚然，普及科学知识的基本思想不能完全代替科学知识的普及，许多情况下，具体的科学知识也还是需要普及的。例如，对于县级以上领导干部，需要了解现代科学技术发展的现状、前沿和未来趋势；对于广大城市居民，一方面需要普及诸如地球的起源、思维的起源，以及世界的微观结构、宏观结构和宇观结构等有关宇宙观、世界观的重要知识；另一方面，也需要结合他们的日常生活，普及优生优育、医药卫生、膳食营养、健身强体、心理卫生、生老病死、婚丧嫁娶、环境保护、生态平衡、灾害防御、安全保护、电器使用、设备维护等“身边的科学知识”。一旦需要普及具体的科学知识的时候，普及的效率和成绩就和科普对象的科学文化水平直接联系起来了。显然，进行科学教育，提高科普对象的科学文化水平，是一件与科普工作无法截然分开的事情。

目前，就我国的实际情况看，在科学教育方面存在的主要问题有二：

一是时间短。在普通教育中，小学主要是知识预备阶段，还谈不上正面接触科学教育；到了高中，相当多的学校在高中就开始文理分科了。所以，对于那些将来读文科大学和不能升入大学的大批青年学生来说，他们接受科学教育的时间主要在初中，不过三四年的时间。这是很不够的。科学学奠基人、英国著名科学家贝尔纳主张科学教育应当从孩子抓起。他说：“当孩子年龄还小，天生的好奇心还没有被社会传统磨掉的时候，不对他们讲授科学，就会失去唤起他们对科学的持久兴趣的最好机会。实际上，如果教育家们能花时间研究一下科学教学，他们就会发现，它的很多内容的确是适合幼小儿童的接受能力的。”① 至于为了应付考试，在高中阶段过早进行文理分科的做法，不论从科学教育的角度看，还是从提高学生综合素质的角度看，都是一种要不得的做法。此外，在大学和各类成人教育的文科中，安排一些基础性、综合性的自然科学教学内容，也是很有必要的。

二是内容陈旧。中学自然科学课程的内容，基本上是近代科学的内容。较之现代科学的前沿，大约要落后几十年甚至上百年。即便大学理工科的教学内容中，能够及时反映当代科学研究最新成就的课程，也是寥寥无几。以致许多大学生一走上工作岗位，就发现自己所学的知识早已过时了。应当说，这样的科学教育是很成问题的。众所周知，科学知识无时无刻不处于一种新陈代谢的变化之中，必须随时立足于科学的最新、最高成就，来审视、取舍、重组已有的知识。否则，就会大大影响已有知识的可靠性和效用。因此，必须高度重视各类科学教育教材的修订工作。就是说，“我们必须缩短科学界接受某种新知识或新方法和大学将其纳入教学内容之间的时间差距”②。

（三）以普及科学精神为核心

科学精神是整个科学界在科学活动中所表现出来的一以贯之的思想和行为特点。其内容主要包括：普遍怀疑的态度、彻底客观主义的立场、逻辑思维的原则、继承基础上的创新精神和精确明晰的表达方式等。科学精神是科学的本质和灵魂。有了它，不仅可以使已有的科学知识发挥更大的效力，而且可以使人们在暂时缺乏某些具体科学知识的情况下，采取一种正确的态度和方法，以不变应万变，有效地击败迷信、伪科学和反科学的进攻，因此，科学普及一定要牢牢抓住“科学精神的普及”这个中心。普及科学精神是一项难度较大的工作，需要在实践中不断摸索路子，总结经验。其中以下几点值得特别注意：(1) 引导群众尽可能参与科学实践。科学实验和科学观察等科学实践活动是培养科学精神的基本途径。在有条件的地方，可引导群

① ［英］贝尔纳：《科学的社会功能》，陈体芳译，商务印书馆 1986 年版，第 123 页。
② ［英］贝尔纳：《科学的社会功能》，陈体芳译，商务印书馆 1986 年版，第 349 页。

众尽可能地参与科学实践。如科学展览馆可设置一些允许观众参与的简单实验装置、天文观察或显微镜观察的装置等。有时，组织群众参观科学家在实验室的工作，也有利于培养科学精神。(2) 把科学精神的普及寓于科学知识的普及之中。科学精神与科学知识不是截然分开的，追溯科学知识的来源，分析科学知识的结构，反思科学知识的内涵，都能使人在科学精神方面感受到不同程度的熏陶和教育。(3) 以科学发展史作为媒介。科学精神最生动地体现在科学作出科学发现和科学发明的过程中，以及科学与社会的互动关系中。因此，一部科学史往往就是一部科学精神的发展史。学习科学史是接受科学精神教育的良好形式。尤其是由于在优秀科学家身上，科学精神往往体现得比较充分。他们是树立科学精神的典范，他们的成长史、奋斗史就是一部科学精神的活教材。所以，科学家传记或科学史中有关科学家传记的材料，也是进行科学精神教育的良好形式。(4) 把科学精神的普及贯穿到各种形式的教育中去。人们常说，当前，我国教育改革的基本任务是变应试教育为素质教育。其实，素质教育中的内容之一就是进行科学精神教育。应当把科学精神的教育贯穿到各类学生的课堂教育和课外教育中去、贯穿到教材改革和教学方法的改革中去。(5) 强化反对科学主义的教育。一些人之所以缺乏科学精神，不是因为轻视、疏远科学，而是由于对科学过分迷信、过分崇拜，以为科学万能、科学方法万能，拒绝承认或有意缩小科学的消极作用。因此，对打着科学旗号亵渎科学、反对科学的伪科学，以及任意夸大科学消极作用的反科学应提高鉴别力和抵抗力。

二、科普是否有用，有什么用

一些人认为，科学是科学家们的事，与普通大众关系不大。花大量的人力、财力搞科普，实在没有多大必要。这就是一些人所持有的“科普无用论”。应当说，科普无用论在社会各界还是有一定市场的。科学界内部常有人称科普创作为“小儿科”，瞧不起科普工作和搞科普的人；一部分领导干部头脑中缺乏科普观念，一年到头即便是文山会海，也很少有几次研究科普工作。在他们眼里，科普充其量不过是科协分管的“闲事”。可见，不能客观、全面地评价科普的作用，科普同样无法很好地进行，也不可能很好地进行。

（一）科技事业的有机组成部分

科技事业并非仅仅局限于科学家在实验室里的工作，科学普及是其不可缺少的有机组成部分。

首先，它必须具有广泛的群众基础，获得人民大众的理解和支持，不然，在有些情况下，科学研究就无法存在和进行下去。例如，科学研究每年要花大量金钱，从国民生产总值中抽取一定份额，老百姓不理解、不支持是不行的。特别是当人们对科学的负面效应不理解时，更容易导致大众对科学的心理障碍。当代西方社会反科学思潮时起时伏，经常兴风作浪；我国虽然未出现成气候的反科学思潮，但像“法轮功”那样故意扩大科学负面效应，贬低科学辉煌成就的反科学言论，在一部分人那里也还是有一定市场的。怎样使人民大众理解科学、支持科学？显然需要使人民群众对科学本质、科学研究的过程和条件、科学与社会的关系等具有一定的认识。

其次，科学技术事业需要源源不断的人才供应。20 世纪以来，科学事业的规模越来越大，所需要人才也越来越多。同时，科学社会学的研究表明，科学家一生中创造的高峰期是 37—39 岁。因此有理由认为，科学特别是攻坚部分的科学，是青年人的事业，科学队伍需要不断补充新鲜血液。这些都要求，科学技术事业应当成为最能吸引最有才干的年轻人参与的事业。而且为确保人才供应，应当采取有力措施，使得科学“能够从全体居民中，而不仅仅是从根据财产多寡武断地划分出来的一部分居民中吸收有才智的人”①。怎样才能做到这一点？需要依靠从小学到大学的普通教育和各种形式的业余教育的配合，更需要全国城乡居民每家每户对儿童所进行的热爱科学的家庭教育的配合。这种家庭教育的有效进行，显然是需要人民大众对于科学有一定的了解和认识的。

第三，科学成果应用方向的把握，需要人民群众的认真监督和广泛参与。例如，根治环境污染和生态失衡问题，如果脱离广大人民群众的积极配合是注定要失败的。某些乡镇企业制造环境污染，既有一个单位利益和国家

---

① ［英］贝尔纳：《科学的社会功能》，陈体芳译，商务印书馆 1986 年版，第 328 页。

利益冲突的问题，也有一个应用科学技术不当和思想认识上的问题。农药和化肥施用造成某些地区生态失衡，其中就有一个农民对农药和化肥所知甚少，以及施用方法不当的问题。而要解决上述这些问题，都需要向广大群众普及科学知识以及科学与社会等方面的知识。当代著名科学家霍金说："如果我们都同意说，无法阻止科学技术去改变我们的世界，至少要尽量保证它们引起在正确方向上的变化。在一个民主社会中，这意味着公众需要对科学有基本的理解，这样做的决定才能是消息灵通，而不会是只受少数专家的操纵。"①

（二）科技转化为生产力的重要环节

科学技术是第一生产力，但科学技术只有被劳动者所掌握并自觉运用到生产实践中去，才能变成现实的生产力。加快科技成果向现实生产力的转化，促进我国经济与科技紧密结合，既需要专业科学技术工作者的共同努力，也需要广大人民群众积极配合，自觉地掌握和运用科学技术。任何轻视甚至抹杀人民群众在科技转化为生产力中作用的观点和倾向都是错误的和有害的。应当看到：

首先，人民群众是新技术的操作者、施行者。科学转化为生产力，是以技术为中介的。可是，任何技术要投入到生产实践中去，要生产出产品和商品，都离不开生产第一线的工人、农民等群众。农民不懂得使用机器、电力、化肥和农药等，谈不上科学种田；反过来，离开农民，一切新技术、新发明也都只能作壁上观。所以，马克思在谈到走锭精纺机、蒸汽机等18世纪新发明时说："沃康松、阿克莱、瓦特等人的发明之所以能够实现，只是因为这些发明家找到了相当数量的、在工场手工业时期就已准备好的熟练的机械工人。"② 在马克思眼里，熟练机械工人的作用是带有关键性的、不可替代的。这就有力地表明，让生产第一线的人民群众跟上科技进步的步伐，及时学习和掌握新技术，是科学技术转化为生产力不可缺少的一个环节。

其次，人民群众是一支技术发明、技术革新的大军。人们常说，当代

① [英] 史蒂芬·霍金：《霍金讲演录》，杜欣欣等译，湖南科学技术出版社1996年版，第21页。

② 《马克思恩格斯全集》第23卷，人民出版社1972年版，第419页。

科学已经走到了生产的前面。在当代，科学与生产的关系已是“科学→技术→生产”，而不是工业革命以前的“生产→技术→科学”了。这话不无道理，但实践情况要复杂得多。尤其是一定不要忽视生产经验的作用，这是因为：第一，任何来自科学的技术发明都必定要把生产经验作为自己的一个必要环节。技术发明不论大小，都不仅要论证技术的可能性，提出技术思想和技术原理，还要解决实现技术原理的工艺原理和具体措施，其中包括材料、工具机、动力、控制等，就是说，技术发明只有容纳经验或进行了经验处理，才是完美的，具有可操作性的。第二，经验将永远是技术发明的途径之一。新的科学原理固然是当代技术发明的主渠道，特别是一些重大的、关键性技术的来源。但是，大量一般的、局部的技术发明仍然离不开经验的渠道。如在经验的基础上，把一个领域的技术加以改造，移植于新的领域会造成新技术；把曾被否定的技术在新的基础上恢复其活力，会造成新发明；把若干领域的技术集中、组合在一起，也会有新发明出现；等等。第三，掌握技术必须要有经验。从懂得技术到娴熟地应用技术有一个过程。在这个过程中，经验是一个关键性的因素。例如，驾驶员的经验对于操纵车船的技术，机械工人的经验对于零件的加工、处理和装配技术，等等，都是不可缺少的。

既然经验在技术发明中具有重大作用，那么，人民群众参与技术发明和技术革命，就有了逻辑的必然性和充分的可能性。所以，许多国家在充分肯定专业科学队伍在科学技术发展中的主力作用的同时，通常十分重视群众性的技术发明和技术革新运动。从列宁、斯大林，到毛泽东、周恩来、邓小平，都给我们留下了这方面的大量论述。在 1995 年 5 月 6 日颁发的《中共中央、国务院关于加速科学技术进步的决定》中，仍然把“坚持研究开发和与群众性科技活动相结合，研究开发与科技普及、推广相结合，科技与教育相结合”作为我国科技工作的基本原则之一。事实证明，群众性的技术发明和技术革新运动也的确在许多国家的科学技术转化为生产力乃至科学技术的发展过程中，发挥了举足轻重的作用。

明确了群众性技术发明和技术革新运动的作用，向群众普及科学的必要性和重要性，就是不言而喻的了。

（三）提高国民素质的基本途径

人民群众是历史进步的根本动力。国民素质对于一个国家或者一个地区的经济建设和社会发展根本的长远性的作用，是显而易见的。提高国民素质可以从许多方面入手，但从科学技术是人类理性绽出的最灿烂、最具魅力的花朵角度来看，科学技术的普及当是提高国民素质的基本途径之一。

科普对于提高国民素质的作用有多种表现，这里仅择其要者略述如下：

1. 树立正确的世界观。从广义上讲，世界观是指那些支配人们的认识和行为的基本原则，以及在这种原则里所体现的对于世界、事物及人生种种问题的根本看法。世界观是否正确，对于人的素质具有决定性的影响。一般地，一个人世界观的形成和变化，往往与其特殊的人生经历密切相关。但是，不同人的世界观的形成和变化，也有某些共同的作用因素。其中重要的一点就是对于物质世界存在和发展中某些具有全局意义的问题的看法。这些问题包括：天体、地球、人类和思维的起源、生命的起源和本质、人的生理和疾病的机理，自然灾害和异常的天象或地质现象的成因，等等。对这些问题的看法不同，在一定程度上决定了人的世界观的不同面貌。关于这些问题，自然科学有的解决了，有的正在解决，有的则指出了有可能正确解决的方向。倘若通过科普，把自然科学关于上述问题的基本观点和原则立场传授给群众，无疑会有利于形成人们的辩证唯物主义世界观，进而使人们对于认识和处理物质世界的本质、人在自然界中的位置、思维和存在的关系、生和死的关系等问题有一个基本正确的遵循。

2. 变革思维方式。科学技术对人类思维方式的影响，主要是通过两种方式：一种是通过科学方法直接影响；另一种是通过自然科学成果所反映的哲学观点间接影响。这两种方式都不是自动实现的，通常需要科普作中介。

科学方法的核心是实验方法和数学方法，它是人类理性传统和经验传统的完美结合。在理性思维方面，它擅长于通过归纳推理并辅以直觉、灵感等创造性思维方法提出假说。然后，经过严格的演绎推理，从作为一般判断的假说推论出个别判断的结论，以便让该结论接受事实的裁判；在经验研究方面，它擅长于根据一定的研究目的，运用特定的仪器或设备，在人为控制或变革客观事物的条件下获得科学事实，或者通过有计划地感知和描述客观事物，获取感性材料。而且，它非常强调实验的可重复性以及对客观对象的定量分析。总之，科学方法要求：推理要严谨，想象要大胆，对客观对象的把握要准确、要具有彻底的客观性。尽管科学方法主要适用于研究“死”的自然物，但在“活”的社会领域与人类思维领域，也是具有借鉴意义的。接受科学方法的教育和训练，有利于培养人的正确而有效的思维方式，这是不难想象的。由此可见，倘若把对科学方法的阐释和宣传作为科普的主要内容之一，科普必定会起到变革人们思维方式的作用。

众所周知，自然科学是哲学发展的源泉之一。对自然科学成果进行适当的抽象、概括或阐发，可以获得新鲜的哲学范畴或观点。原则上说，任何哲学范畴或观点，对人的思维都可以发挥某种框架作用乃至思维方式作用。例如来自自然科学的“域”的概念，一旦通过概括和阐发，成为哲学概念、科学哲学家们谈论“信息域”和“科学域”的时候，“域”的概念实际上就开始充当某种思维定式或思维方式的作用了。

不仅个别的自然科学成果通过哲学概括会对思维方式起作用，而且，某种自然科学成果的整体，如一个时代的自然科学成果，也对思维方式起作用。例如，古代的经验型思维方式就是以具有分散性、直观具体性的古代科学为背景的；近代的分析型思维方式或原子论思维方式，就是以对自然界进行分门别类的研究以及力学优先发展的近代科学为背景的；现代的系统型思维方式或整体论思维方式，就是以呈现科学的分化和一体化相结合的发展趋势，以及系统科学蓬勃兴起的现代科学为背景的。

如果科普不仅限于科学成果的普及，而是深入到科学成果所蕴含的哲学意义，科普对促进人的思维方式的变革，将会发挥更突出、更全面的作用。

3. 提高道德水准。科普实现其提高人的道德水准的功能，主要通过如下三种方式：

（1）普及科学知识。一般认为，科学知识属于认知或认识的范畴，而道德属于价值范畴，其实，在一定的意义上，道德也有认知的成分。马克思在《1857—1858 年经济学手稿》中指出，人类的认识方式除了科学的方式之外，还存在着人类掌握现实、认识现实的其他特殊方式。其中包括艺术的、宗教的和“实践—精神”的方式，而道德即属于后者。这一点决定了道德与包括科学知识在内的认识之间的内在关联。一般地说，道德规范只有以合乎真理的知识作为它们的基础，与先进世界观协调一致，才会真正具有价值。不依靠真理性的知识和科学世界观，任何道德规范都将失掉其客观根据。基于此，可以认为，科学知识的传播在整体上和根本上是有利于道德进步的。

（2）普及科学精神。科学精神是整个科学界在科学活动中所表现出来的一以贯之的思想和行为特点，它是科学的本质和灵魂。虽然科学精神主要是科学家在处理人和自然关系的科学认识活动中形成的，但它的许多内容对于处理人际关系的道德规范是有推广和借鉴意义的。例如科学精神中所包含的诸如尊重事实、尊重不同意见、不迷信权威、独立思考、勇敢探索、大胆创新、虚心学习等内容，原则上都适用于处理人际关系，是崇高道德境界的表现，也是整个社会十分需要向科学界学习的地方。

（3）普及STS知识。随着科学技术的发展、科技在现代社会中地位的日益突出，以及科技与社会关系的日趋复杂，科技与社会的关系已成为人们的研究对象，出现了“科学技术与社会”即“STS”这样的新兴学科。向大众普及STS知识，尤其其中科技与伦理关系方面的知识，对于推进全社会道德进步，具有重要意义。20世纪以来，核科学、基因工程、生态科学、环境科学、计算机和信息科学，以及器官移植等等，分别从不同的角度和深度提出了大量社会伦理问题。这些问题，是对已有伦理的一种冲击，也包含着某种对新伦理的呼唤。总之，它必定加快人类伦理前进的步伐。为此，普及STS知识，将有利于人类道德水准的提高。

第 三 章

科普作为科学实现其精神价值的中介

近几年，由于迷信活动、伪科学、反科学活动的沉渣泛起，曾长期冷冷清清的科普事业开始进入中国政治生活的中心，成为举国上下关注的热点。1994 年颁发的《中共中央国务院关于加强科学技术普及工作的若干意见》明确指出："科学技术的普及程度，是国民科学文化素质的重要标志，事关经济振兴、科技进步和社会发展的全局。因此，必须从社会主义现代化事业的兴旺和民族强盛的战略高度来重视和开展科普工作。"应当说，对科普意义的这种估价已经够到位、够高的了。只是自 1994 年以来仍然处于低迷状态的科普实践表明，这种估价在相当一部分人中间并没有被理解和接受，而且，对于科普的作用尤其对科普在精神文明建设中的作用，仅仅限于笼统的强调远远不够，的确有具体阐明的必要。鉴于科普和科学技术的天然联系，这件事对于科技哲学工作者来说，更是一件义不容辞的神圣使命。

一、科学的中介作用举足轻重

长期以来，哲学界存在一种倾向，即重视科学的物质生产力价值，而轻视甚至否定科学的精神价值。比较典型的就是西方的科学主义和人本主义两大思潮。尽管它们观点对峙、各执一端，但在否认科学的精神价值方面却殊途同归。这两大思潮一致认为，科学是立足客观事实对自然界客观规律的摹写，因而是纯客观的，与人的情感、意志、本能等价值世界无涉。

科学主义与人本主义的上述观点是错误的。首先，它们把科学仅仅理解为自然科学以及把自然科学仅仅理解为一种真理性知识体系的观点是错误的；其次，科学精神与人文精神也并非像他们所认为的那样是割裂的和对立的，正如有的学者所指出的那样，“科学世界本身也是一个十分丰富的人文世界；科学在创造物质文明的同时，也在创造着精神文明；科学在追求知识和真理的同时，也在追求着人类自身的进步和发展；它像人类其他各项创造性活动一样，充满着生机，充满着最高尚、最纯洁的生命力，给人类以崇高的理想和精神，永远激励着人们超越自我，追求更高的人生境界。科学精神并非只是自然科学的精神，而是整个人类文化精神的不可缺少的组成成分”①。

应当说，与科学的物质价值相比，科学的精神价值毫不逊色。科学的物化改变了人所处的客观环境，进而改变了人的精神状态，这是科学的精神价值的间接表现；更重要的是，科学的精神价值还有一系列直接的表现。例如，科学具有帮助人们树立正确的世界观、更新价值观念、变革思维方式和提高道德水准等多方面的价值。甚至，在一定的意义上可以说，科学是一切人类精神活动的基础。缺少科学基础的精神活动，必定是低级的和蒙昧的。

然而，科学的精神价值并非自动实现的，它需要一系列的中介和条件。其中，最重要的中介就是科普。应当认识到，正像科学要实现其物质生产力的价值离不开技术中介一样，科学要实现其精神价值，也离不开科普这一中介。总之，科普在科学实现其精神价值及物质生产价值过程中的中介作用是举足轻重的。

二、树立正确世界观的中介

广义说来，世界观是那些支配人们认识和行为的基本原则以及在这些原则里所体现的对于世界与人生种种问题的根本看法。世界观是否正确，对于人的素质具有决定性的影响。一般地说，一个人世界观的形成和变化，往往与其特殊的人生经历密切相关。但是，不同人的世界观的形成和变化也有某些共同的作用因素。其中，主要有三点：其一是某种哲学的影响。哲学是

① 孟建伟：《科学与人文精神》，《哲学研究》1996年第8期。

系统化的世界观理论，服膺乃至信仰某种哲学，这也就意味着拥有了某种世界观。而哲学通常以各种不同的方式、在不同的程度上受到自然科学的影响；而且，一般说来，正确地利用科学成果是增进哲学真理性的基本途径之一。哲学依赖自然科学的基本表现形式是对自然科学研究过程及其理论成果的哲学概括。自然科学研究的是自然事物及其过程的规定性问题，而哲学则专门审视包括自然科学在内的一切具体研究及其成果所蕴含的思维和存在的关系问题，以及其他种种理论思维的前提。这就是说，哲学通常把科学研究及其理论成果作为自己再思考、再认识的对象，由此概括出科学研究及其理论成果中所蕴含的思维和存在的关系等理论思维的前提性观点，以便充实和完善自身，为人类提供不断从新的高度理解人与世界相互关系的世界观理论。在一定的意义上，这种哲学概括工作，就是对科学研究及其理论成果的哲学内涵的阐释，已经属于科普工作的范畴，只不过此时科普的主体是哲学家罢了。其二，通过科普，向人们普及科学知识、科学精神和科学方法等，也将有助于人们树立辩证唯物主义的正确世界观，进而以唯物主义克服唯心主义，以辩证法克服形而上学。这是因为，从本质上说，科学知识、科学精神和科学方法等与辩证唯物主义是具有一致性的。众所周知，辩证唯物主义本来就是在概括和总结科学知识、科学精神和科学方法的基础上诞生的，而且辩证唯物主义一向把科学知识、科学精神和科学方法等作为自己向前发展的力量源泉。诚然二者的关系不是直接等同的。一个人具备了一定的科学知识、科学精神和科学方法，并不意味着他就必然会成为一个辩证唯物主义者。科学知识、科学精神和科学方法等提供了可供利用的经验材料，但如何利用这些经验材料还有一个目的、角度和方法的问题。目的、角度、方法不当，同样的经验材料，也可以成为唯心主义和形而上学滋生的温床。就是说，科学知识、科学精神和科学方法是接受和加强辩证唯物主义的必要条件，但不是充分条件，因此，在向群众普及科学知识、科学精神和科学方法的同时，一定要辅以相关的阐释和引导工作。其三，是对于物质世界存在和发展中某些具有全局意义的问题的看法。这些问题包括：天体、地球、人类和思维的起源，生命的起源和本质，人的生理和疾病的机理，自然灾害、异常天象或地质现象的成因，等等。关于这些问题，自然科学有的解决了，有的正在尝试解决，有的则指出了可能正确解决的方向。倘若通过科普，把自然科学关于上述问题的基本观点和立场传授给群众，无疑会有利于形成人们的唯物主义世界观，进而使人们对于认识和处理物质世界的本质，人在自然界中的位置，思维和存在的关系，生和死的关系等问题有一个基本正确的认识。

三、更新价值观的中介

马克思主义认为，价值观和真理观是统一的，人类要真正按照自己的尺度和需要去改造世界，必须使自己的思想和行动符合客观对象的内容和规律，即按照客体的尺度来规定自己的活动。一厢情愿、恣意妄为，注定是要碰壁的。不仅如此，人的价值观还应当随着客观真理的发展而不断调整、更新自己。就是说处于不断更新过程中的人的价值观一定要牢牢建立在客观真理的基础之上。而要做到这一点，显然与人的认识水平和认识能力进而与科普是大有关联的。可以认为，在实现科学所具有的更新价值观的价值方面，科普能够起到中介作用。英国社会学家英克尔斯等人通过深入研究后认为，现代人应当具备以下 12 项特征：(1) 乐于接受新经验；(2) 随时准备接受社会的变革；(3) 遇事有独立见解，并且喜欢听取各种不同的意见；(4) 积极地获取形成意见的事实和信息；(5) 时间观念强；(6) 高度的效能观念；(7) 逢事倾向于制订长期的计划；(8) 对社会、对他人有信任感；(9) 重视专门技术，并承认以此作为分配报酬的正当基础；(10) 在教育内容和职业选择上敢于冲破传统观念；(11) 了解并维护别人的尊严；(12) 关心并了解生产及其过程。这些特征蕴含着一系列新时代的价值观念：欢迎新事物、乐于听取不同意见、摒弃主观武断、注重调查研究、珍惜时间、讲究效率、喜欢做事有条理、推崇真才实学、热爱真理、反对金钱崇拜、蔑视陈旧观念、尊重他人、不忌讳错误，等等。这些价值观念，科学家不一定能够全部做到或全部做得最好，但却能在科学活动中或科学家身上找到它们的典型表现或雏形。因为说到底，它们中的许多内容是以追求真理为目标的科学活动的内在要求。当然，在科学活动或科学家身上所蕴含的这些价值观念，要集中和鲜明地呈现出来，还需要一番提炼和总结的功夫。在这方面，著名科学社会学家默顿的工作可说是一个范例。他在前人工作的基础上，通过对全部科学发展史的考察，提出了科学家行为的四大规范①，由此，引起了人们对科学研究规范的关注，并最终成为科学社会学的一大研究主题。科学研究规范包含了多方面的内容，但其中对科学家在科学活动中所普遍怀有的价值观念的提炼和总结是显而易见的。通过科学家的行为规范，各界群众更真切更具体地感受到了科学家在科学活动中的价值观念。因此，在一定的意义上，科学社会学也含有科普的成分。总之，向大众普及科学知识，宣传科学家的思想观念和价值追求，将有利于培养人的现代价值观念。

四、变革思维方式的中介

思维方式是人类思维活动的习惯、程式或框架，它是人类思维能力的结晶和人类智慧的积淀，因而是全民素质的重要组成部分。科学对人类思维方式的影响，主要是通过两种方式：一种是通过科学方法直接影响，另一种是通过科学成果所反映的哲学观念间接影响。这两种方式都不是自动实现的，通常需要科普作中介。

科学方法的核心是实验方法和数学方法，它是人类理性传统和经验传统的完美结合。当然，关于科学方法的本质及其具体内容是什么，在学界历来是众说纷纭的。历史上，许多哲学家和科学家都十分关注科学方法论的研究，以致 20 世纪出现了西方科学哲学这样以研究科学方法论为核心任务的哲学阵营。波普尔在谈到关于科学方法论的研究时，曾声称“爱因斯坦对我思想的影响是极其巨大的。我甚至可以说，我所做的工作主要就是使暗含在爱因斯坦工作中某些论点明确化”②。其实，像波普尔一样，所有的科学哲学家关于科学方法论的研究都是力图把暗含在科学家工作中的某些方法论观点提炼出来，使之明确化、普遍化。因此，在一定的意义上，科学哲学的研究也含有阐释和推广科学方法的科普成分。尽管科学方法诞生于自然科学，但在社会领域与人类思维领域，也具有重要借鉴意义。接受科学方法的教育和训练，有利于培养人正确而有效的思维方式，这是不难想象的。由此可见，

① 即普遍主义、公有主义、无私利性、有条理的怀疑主义。

② ［英］波普尔：《科学知识进化论》，郭树立编译，三联书店 1987 年版，第 49 页。

倘若把对科学方法的阐释和宣传作为科普的主要内容之一，科普必定会起到变革人们思维方式的作用。

此外，对自然科学成果进行适当概括或阐发所获得的每一新鲜的哲学范畴或观点，尤其对某种自然科学成果整体的概括，都可以对思维方式起作用。一般地，就一个时代的自然科学成果整体与思维方式的关系来说，古代的经验型思维方式是以具有分散性、直观具体性的古代科学为背景的，近代的分析型思维方式或原子论思维方式，是以对自然界进行分门别类的研究以及力学优先发展的近代科学为背景的，现代的系统型思维方式或整体论思维方式，是以呈现科学的分化和一体化相结合的发展趋势以及系统科学蓬勃兴起的现代科学为背景的；就一个民族的自然科学成果整体与思维方式的关系来说，西方长于分析的思维方式直接得益于实验科学的领先发展，中国以整体性为总特征的思维方式，则与依靠经验、直觉和体验的中国古代科学技术的长期领先于世界大有关联。

总之，不论是通过科学方法的直接影响，还是通过科学成果所反映的哲学观念的间接影响，科学对人类思维方式影响的主导方面都是促进人们由经验思维提高到科学思维以至更高水平的科学思维。马克思曾经把人的意识区分为日常经验的水平和科学思维的水平两个等级，并指出，如果事物的表现形式和事物的本质直接合而为一,一切科学就都是多余的了。经验思维受感官的局限，容易被表面现象所迷惑；而科学思维则借助各种理性手段，从研究大量的现象和现象各方面的关系入手，能够做到对事物的认识由现象到本质，以及使对本质的认识不断深化。在实现科学所具有的变革思维方式的价值方面，科普中介作用的实质，就是通过传播科学方法和科学成果所反映的哲学观念，把更多人的思维方式由经验水平提高到科学水平，从而从根本上提高思维能力，增强识破迷信、伪科学和反科学的能力。

五、提高道德水准的中介

一般认为，科学知识属于认识或认知的范畴，而道德属于价值或意志范畴。其实，二者并非截然对立、毫无关联。人为什么做这样的价值判断而不做那样的价值判断，有这样的意志而没有那样的意志？许多情况下，是和认识有关甚至取决于认识水平的。不少恶行源于愚昧和迷信有力地证明了这一点。因此，在一定的意义上，道德也有认识或认知的成分。马克思在《1857—1858 年经济学手稿》中指出，人类的认识方式除了科学的方式之外，还存在着人类掌握现实、认识现实的其他特殊方式，其中包括艺术的、宗教的和“实践—精神”的方式，而道德即属于后者。这一点决定了道德与包括科学知识在内的认识之间的内在关联。科学除了通过转化为物质生产力间接影响道德以外，对道德的直接作用至少有以下几个方面：其一，是道德原则的基础之一。在人类历史的发展过程中，不同民族和国家的不同历史时期，都有自己一定的道德原则。它是调整人们相互关系的各种规范要求的最基本的出发点和指导思想，是道德的社会本质和阶级属性最直接、最集中的反映，因而是各种道德体系的精髓。这些道德原则是如何确定的呢？其中，自然科学和社会科学都是其重要的基础。例如，社会主义道德的基本原则直接来源于马克思的科学社会主义学说，而作为科学社会主义学说理论基础的辩证唯物主义和历史唯物主义是把自然科学视为自己产生和发展的主要基础的。再如，确立高尚的道德理想和信念，通常是离不开各门社会科学所提供的社会发展规律的知识的。其二，是道德规则形成的动力之一。自然界是人类生存的环境，人与人之间的关系是不可能完全脱离自然界的。从人类道德的发展史看，不同时代、不同阶级的道德规范和人们对自然界和人本身的观察、认识往往有千丝万缕的联系。中国古代许多思想家主张效法自然，陶冶情操，认为道德与自然规则具有统一性。例如，《易传》提出“夫大人者，与天地合其德，与日月合其明，与四时合其序，与鬼神合其吉凶”；《道德经》主张“人法地，地法天，天法道，道法自然”。

20 世纪以来，核科学、基因工程、生态科学、环境科学、计算机和信息科学以及器官移植等等，分别从不同的角度和深度提出了大量社会伦理问题。这些问题，既是对已有伦理的一种冲击，迫使已有伦理作出适当的修正，也包含着某种对新伦理的呼唤，要求建立崭新的伦理规范。目前，核伦理、生命伦理、生态伦理、环境伦理和网络伦理等已渐次应运而生了。其三，是进行道德评价的标准之一。根据什么来判定某种道德规范乃至道德体系、道德原则是进步的或落后的呢？这就是道德的评价问题。道德评价事关道德建设的方向，极为重要。原则上说，道德评价应主要依据道德的实践后果，其中，既包括是否使人与人之间的关系更加和谐、稳定等内容，也应当包括是否有利于促进生产力和整个社会的进步。鉴于科学技术在生产力和社会进步中的基础地位，可以认为，是否有利于科学技术的发展，应当是道德评价的基本标准之一。就是说，进步的道德规范、体系或原则应当是从根本上促进科学技术发展的，而阻碍科学技术发展的道德规范、体系或原则则是落后的、应予摒弃的。为此，了解科学技术及其发展的有关情况，当是进行道德评价的条件和前提。此外，通过科普提高人的知识水平和思维水平，将有助于选择和确立合理的道德评价标准，使人更有效、更顺利地进行道德评价活动。

鉴于上述种种情况，可以认为，科学普及在整体和根本上是有利于道德进步的。

第　四　章

科普的难题及其破解途径

近些年，尤其2006年《纲要》颁布以来，我国的科普事业进展迅速，有了质的飞跃。不过，也还有一些难题困扰着科普界，影响了科普工作向纵深发展，其中难题之一就是深层科学文化的普及问题。

一、深层科学文化普及状况堪忧

按照《纲要》的解释："全民具备基本科学素质一般指了解必要的科学技术知识，掌握基本的科学方法，树立科学思想，崇尚科学精神，并具有一定的应用它们处理实际问题，参与公共事务的能力。"科学知识、科学方法、科学思想和科学精神都是对人的科学素质有重大影响的科学文化的有机构成部分。倘若把科学文化划分为表层和深层两个层次的话，那么，科学知识可以说是表层；而科学方法、科学思想和科学精神则可视为深层。种种迹象表明，在科学文化普及中存在失衡现象，即重科技知识尤其民生技术知识的普及，轻深层科学文化的普及，以致深层科学文化普及严重滞后。

大致说来，科学文化普及中失衡现象的表现主要是：

1. 在各地所开展的落实《纲要》行动及其相应开展的科学文化普及活动中，做得比较扎实、比较深入的是以民生技术知识为主的科技知识普及，而深层科学文化的普及几乎成为点缀。社会基层所开展的所谓科技培训、就业培训、职业培训、科普大篷车、科普专栏村村通、科普富民兴边、科普示范县（市、区、乡、村、户）和科普示范基地建设、社区科普益民计划和科普惠农兴村计划等大量有声有色的活动，大都是针对科技知识普及的。

2. 与上述情况相适应，在《纲要》所划定的四个重点人群中，科学文化的普及工作出现了明显的不平衡现象：领导干部及公务员科学素质行动开展得不如城镇劳动人口科学素质行动；城镇劳动人口科学素质行动和领导干部及公务员科学素质行动开展得不如农民科学素质行动；成年人科学素质行动开展得不如未成年人科学素质行动等等。总之，科学素质行动在文化程度高的人群中开展得不如文化程度低的人群，其源盖出于科学素质行动的重心偏向了科技知识普及。

3. 在一些领导干部那里，流行着“不切实际论”和“代替论”等错误观点。“不切实际论”认为，科学方法、科学思想和科学精神过于抽象，普通老百姓根本接受不了，所以，向普通老百姓普及科学方法、科学思想和科学精神有点对牛弹琴，是不切实际的；“代替论”认为，科学方法、科学思想和科学精神寓于科学知识之中，只要做好科学知识传播，科学方法、科学思想和科学精神自然而然也就得到了传播。这两种观点都是站不住脚的。一方面，科学方法、科学思想、科学精神等深层科学文化的确抽象，但任何抽象都不是凝固不变的。通过合理阐释等途径，抽象可以转化为具体、转化为贴近现实和浅显易懂的东西；另一方面，科技知识之中固然寓有深层科学文化，但科技知识绝不等同于深层科学文化。深层科学文化不仅不会从科技知识中自动呈现出来，而且，它们也并不仅仅蕴含于科技知识之中，而是更经常、更大量地存在于科学家所从事的科学活动的实践之中。因此，科技知识的普及是无法代替深层科学文化普及的。

显然，科学文化普及中，深层科学文化普及的滞后严重制约着科学文化普及向纵深发展，成为困扰科普界的一大难题。深层科学文化是科学文化的精髓，是影响和支配公民科学素质的关键因素。一个人的科学素质高低未必与其科技知识水平成正比，但一个人的科学素质高低肯定与其深层科学文化所达到的水平成正比。例如，一些高级知识分子坠入邪教泥潭的事实表明，对于一个人整体上的科学素质而言，深层科学文化的影响远大于科学知识的影响。为此，科学文化普及工作不能因小失大、失去重心，深层科学文化普及薄弱的问题必须予以解决。

二、扫除深层科学文化理解上的障碍

深层科学文化普及之所以比较薄弱，原因是多方面的。其中重要原因之一是深层科学文化较之科技知识的确更为抽象、难于理解，尤为严重的是，科学方法、科学思想和科学精神这些概念在学界也存在许多歧见和理解不到位的地方，更不必说工作在科普第一线的广大干部和群众了。所以，为了做好深层科学文化的普及，必须对有关的几个概念及其相互关系有一个准确的理解。

（一）关于科学方法的理解

相比较而言，在深层科学文化的研究中，理论界关于科学方法的研究相对成熟些，但意见依然不甚统一。例如，科技哲学一向高度重视研究科学方法论，该学科关于科学（含技术）方法的分类方式较有代表性的是以下几种：(1) 按照方法的普遍性程度把科学方法划分为三个层次，即各门学科中的“特殊方法”、所有科学技术学科通用的一般方法，以及自然科学和人文社会科学普遍适用的哲学方法。(2) 将科学方法和技术方法分开，再按照科学认识的发展阶段把科学方法分为科学知识形成的方法、科学理论创立的方法、科学理论评价和检验的方法等。(3) 按照方法的性质把科学方法分为辩证思维方法、创新思维方法、数学和系统科学方法等。应该说，不论怎样分类，科学方法的核心和实质乃是实验方法和数学方法及逻辑方法的有机结合。这种结合，严格地讲即是：以定量的实验观测结果以及已有理论间的逻辑一致作为科学研究的出发点和检验理论真理性的标准，并且把数学作为表达科学理论的形式化语言。通俗点讲即是：说话办事、思考问题要尽可能地立足可靠、完备的经验事实，充分运用逻辑思维和创造性思维，并且讲究严密、精确。科学方法最基本的实践程式是：发现问题——提出假设——经验和逻辑检验——发现新的问题。

（二）关于科学精神的理解

在科学文化以及深层科学文化中，科学精神是一个最难理解的概念。

理解有偏差，势必影响弘扬和普及科学文化的质量。目前学界对科学精神这一核心概念的理解远未统一，需要继续研究。不过较有说服力的一种观点认为，科学精神的核心是“追求真理”。也就是爱因斯坦所说的即使政治狂热和暴力像剑一样悬在头上，一切时代和一切地方的科学家还是要高举着“追求真理的理想的鲜明旗帜”[①]的精神；或竺可桢先生所说的“只问是非，不计利害”[②]的精神。求真精神集中体现了科学界的优良传统，也是科学共同体在科学活动中一贯奉行的价值追求或行为规范的集中体现。围绕求真，科学精神包含两个侧面：一是理性精神，二是实证精神。前者的要义是注重逻辑思维；后者的要义是注重以经验事实作为提出理论的依据和检验理论的标准。明确了科学精神的核心，就为厘定科学精神的具体内容提供了一个支点。据此支点，科学精神的主要内容应是以下理念或观点：(1) 大胆怀疑的态度；(2) 高度尊重事实的客观立场；(3) 严密的逻辑思维原则；(4) 继承基础上的创新精神；(5) 追求精确的严谨作风。[③]

（三）关于科学思想的理解

《纲要》认为，树立科学思想是公民应具备的基本科学素质之一，可什么是科学思想？这一概念可以作多种理解。第一，它可以指对科学的根本看法。当我们谈到某个历史人物的科学思想时，往往指的就是这个人对科学及其各个侧面的根本看法。这一点大致相当于科学观。第二，它可以泛指有科学根据的思想。就是说，说话办事应当有科学根据，不能信口开河，也不能轻信歪理邪说或迷信。这一点大致相当于科学态度。第三，它可以指科学理论、科学概念演变的逻辑。通常所说的科学思想史或科学内史，即是在这个意义上使用这一概念的。它和描述科学与社会互动关系演变逻辑的科学社会史相对应，反映了科学的内涵。总之，科学思想这一概念里，包含有科学观的意思在里面。显然，对于每一位生活在现代社会中的公民，科学观不容回避也无法回避，它直接影响着人们如何看待科学、学习科学和应用科学。因此，科学观的问题不仅是科学素质的题中应有之义，而且是要义。

---

① [美] 爱因斯坦：《爱因斯坦文集》第一卷，许良英等编译，商务印书馆 1977 年版，第 445 页。

② 竺可桢：《竺可桢文集》，科学出版社 1979 年版，第 231 页。

③ 马来平：《试论科学精神的核心与内容》，《文史哲》2001 年第 4 期。

（四）科学文化中几个基本概念的关系

1. 科技知识是科学文化最基本的成分。科学知识和技术知识描述了各种自然现象和自然过程的客观规律及其应用技巧，对科技知识的掌握意味着人的大脑和感觉器官的延长。因此，一个人掌握的科技知识越多，智慧越多、力量越强，进而，素质有可能相对较高。

2. 科学方法比科技知识根本。人生有涯，知识无疆。一个人一生中所能掌握的科技知识是十分有限的，而科技知识和科学方法的关系是金子和点金术的关系。所以，依靠科学方法可以有效地弥补人在科技知识上的不足，极大地扩大人的智慧和力量。它对于人的科学素质的影响远远超过了科学知识。

3. 科学精神是科技知识和科学方法的升华，在科学文化中的地位更加根本。科学方法的效力也是有限的。因为它毕竟仅限于操作层面，难以为人的发展指明方向和提供前进的动力。欲达此目的，必须有赖科学精神的参与。所以，科学精神对人的科学素质的影响，较之科学方法和科技知识更为根本。

4. 科学思想是科学文化中和科学精神同样重要的内容。如上所述，科学思想包含科学观、科学态度和有关科学的内在逻辑等几个方面。显然，科学思想所包含的几个侧面，统统是科学文化比较根本的内容，无不关乎人的科学素质全局，所以，它是和科学精神同等重要的。

顺便说及，由于科学消极作用的凸显以及后现代主义思潮的盛行，当前在科学观的问题上，尤其应对科学的客观性和科学在现代社会中的价值有一个十分清醒的认识。在科学的客观性上，既不要像科学主义那样把科学的客观性绝对化而完全漠视科学的相对性；也不要像形形色色的反科学主义或相对主义那样，过分夸大科学的相对性而随意抹杀科学的客观性，应当在坚持科学的客观性的同时，适度正视科学的社会性或相对性；在科学的价值问题上，对于科技发展所带来的积极作用和消极作用一定要有一个端正的认识：其一，消极作用的产生是必然的。科技成果本身是客观的、一元的，而人类的价值需求是主观的、多元的。因此，任何一项科学技术成果在带来积极作用的同时，也一定会带来相应的消极作用。如新的医药产品在减轻人的痛苦和延长人的寿命的同时，也将加剧人口问题和衍生种种老龄社会问题。科学技术的积极作用和消极作用恰像手掌和手背，是相伴而生、如影相随的。其二，消极作用和积极作用永远同步升级。随着科学技术的高速发展，人们见证了科技积极作用的迅速扩张，也见证了科技消极作用的迅速扩张。二者之间呈现出“魔高一尺，道高一丈——新一轮的魔高一尺，道高一丈”的互相斗法、轮番升级的景象。可见，随着科技发展，人类将会享受到科技所提供的越来越多且越来越高质量的恩惠，也会遭遇到科技所带来的越来越多且越来越棘手的麻烦。不过，科学技术的革命性和进步性决定了历史的主流趋势依然是人类的处境会越来越美好。

三、深层科学文化普及的基本途径

要把深层科学文化的普及做到位，仅仅让公民认知和认同深层科学文化远远不够，还必须让深层科学文化在公民的头脑中扎下根来，落实到行动中。为此，必须重视以下深层科学文化普及基本途径的运用。

（一）生活化：让深层科学文化全面融入百姓生活

紧密结合百姓生活实际普及深层科学文化。深层科学文化并非存在于百姓生活之外，而是深深扎根于百姓生活之中。例如，与人谈话需要注意倾听，让人把话讲完。这不仅是个礼貌问题，更是个实证精神的强弱问题。因为只有全面了解对方的观点，才能做到更恰当、更有针对性地表达自己的观点；一个人下厨房做饭，如何统筹安排洗菜、切菜、炒菜、淘米、煮粥等操作程序，以便节约时间、提高效率，有一个系统方法的问题。简言之，深层科学文化在百姓的日常生活中是无处不在、无时不有的。普及深层科学文化不可从概念到概念，而是着力把百姓生活所涉及的深层科学文化思想给予深入浅出的阐明，或者把深层科学文化的基本精神注入百姓生活实际中去，以便让百姓提高掌握和运用深层科学文化的自觉性和主动性。此外，深层科学文化水平的提高，往往是通过公民运用科技知识处理日常生活中的实际问题的过程而得以实现的。因此，应当把深层科学文化全面融入科技知识的普及之中。在围绕公民生活普及科技知识时，要尽量避免孤立普及科技知识的做法，努力做到在普及科技知识的同时，巧妙而简练地说明科技知识产生、确立和发展的过程，运用科技知识的条件和方法，以及如何正确看待科技知识对人类社会正面的或负面的影响等。这样将会使公民在接受科技知识的同时，增进对深层科学文化的感悟和理解。

（二）实践化：引导公民对深层科学文化的践行

深层科学文化不仅蕴含于科学知识之中，而且蕴含于科学实践活动之中。对于它的普及，可以通过引导公民参与适当的科学活动，将会更加有效。

1. 支持公民参与公共事务的决策。随着社会民主化程度的提高，公民直接或通过网络参与社会公共事务决策的现象日益普遍。尤其是有关科技决策、与科技有关的社会公共事务决策和城乡社区等基层公共事务的决策等项活动，往往要求公民具备相应的科学方法、科学思想和科学精神等方面的素质，对于培养和提高公民的科学素质具有十分突出的作用。

2. 鼓励群众性的技术革新和技术发明活动。技术革新和技术发明的实质是科学成果的应用。其间，不可避免地充满着对科学方法、科学思想和科学精神的运用，所以，公民开展这类活动，有益于深层科学文化素质的提高。多年来，我国一直提倡和支持公民开展这类活动，这类活动在民间也有悠久而深厚的传统。深层科学文化普及应该和鼓励群众性的技术革新和技术发明活动有机结合起来。

3. 广泛开展公民科学活动。目前，在一些较为发达的国家里，公民科学活动渐趋活跃。公民科学活动是指由业余科学爱好者或志愿者所自发进行的科研项目或科研计划。譬如，寻找新的中药药材、观察鸟类的生活习性和迁徙规律、评估放射垃圾危害健康的风险、预防地方病和职业病、治理环境问题和自然灾害等。显而易见，在野外科研活动、长线科研活动、地方性科研活动和涉及区域间利益冲突的科研活动等方面，公民科学活动具有职业科学家所从事的常规科学活动所不具备的许多优点。因此，它是常规科学活动的有益补充，有着重大的科学价值；同时，在公民科学活动中，公民已经不是被动地接受科学普及，而是主动地运用科学方法、科学思想和科学精神进行科学探索，因而，是深层科学文化的践行。这种践行，十分有利于公民科学素质的提高。在科学家的参与和指导下，各地应尽量广泛地组织和开展公民科学活动。

（三）体制化：把深层科学文化落实到社会体制层面

任何一种文化，如果仅仅停留在观念层面而不能在社会体制层面扎下根来，那么，这种文化的生命力和影响力将是十分有限的。譬如，儒学之所以在中国漫长的封建社会中的影响长盛不衰，一个很重要的原因就是儒学观念全面实现了社会体制化：诸如朝廷礼乐、典章制度、民间习俗、村规民约和道德规范等，无不浸透进浓厚的儒学观念。同样，要使深层科学文化广泛流传、深入人心，当务之急也是促进深层科学文化的体制化。

所谓深层科学文化的体制化就是对深层科学文化不限于空头的宣讲和说教，而是把深层科学文化所包含的各种基本思想和观念纳入社会的各行各业，令其程序化、制度化。例如，将深层科学文化纳入国民教育体制，要求不同阶段的全日制教育、职业教育和岗位培训等在教学内容、教学方法等方面体现不同的深层科学文化要求；将深层科学文化纳入各类人才的考核制度，要求各类人才在深层科学文化方面达到一定水准；将深层科学文化纳入文学艺术体制，要求将深层科学文化作为电视、电影、网络、报刊、戏剧、诗歌、小说、绘画、舞蹈等一切文学艺术形式和载体的主要表现对象之一；将深层科学文化纳入民风民俗，逐步让民风民俗充分体现深层科学文化的基本理念和精神等。此外，还要努力促进社会各领域对科学界行为规范的广泛认同、维护和容纳，而不是武断压制和任意取代。

总之，深层科学文化缺位的科普是肤浅的科普、低效率的科普和不合格的科普。一定要下决心破解科普工作的这一难题，努力做好深层科学文化的普及。

第 五 章

科技知识与科学素质的关系

长期以来，在科普工作中，关于科技知识和科学素质的关系存在两种不同的观点：一种观点认为，科技知识包含科学方法、科学思想和科学精神，因而，科普主要是科技知识的普及；另一种观点认为，科技知识是科学素质的外围部分，而科学方法、科学思想和科学精神是科学素质的核心，因而，科普主要是科学方法、科学思想和科学精神的普及。该分歧表明，对科技知识与科学素质的其他部分以及科学素质整体的关系的认识，存在某些误区。鉴于这一分歧直接关系到关于科普内容和科普重点的理解，关系到当前以实施《全民科学素质行动计划纲要》为主线统筹推进科普工作的大局，所以，科技知识与科学素质的关系问题亟待澄清。

一、科技知识是科学素质的基础性构成部分

科技知识反映了自然现象和过程的内在本质和发展规律，技术知识则一般是以科学知识为基础而形成的劳动手段、工艺方法和技能体系的总和。前者是人类认识自然的结晶，后者是人类能动地改造自然的手段。科技知识使人类增进了对自然界客观事物的了解，提高了人类进一步认识自然、改造自然和适应自然的能力，实质上是人的本质力量的增强，因而是人的科学素质的基本构成部分。这一点决定了科技知识对于科学素质中的其他构成部分将具有重要作用。

根据2006年国务院颁发的《全民科学素质行动计划纲要》关于科学素质的定义："全民具备基本科学素质一般指了解必要的科学技术知识，掌握基本的科学方法，树立科学思想，崇尚科学精神，并具有一定的应用它们处理实际问题，参与公共事务的能力。"科学素质主要包括"了解科学知识、掌握科学方法、树立科学思想和崇尚科学精神"即"四科"，以及"应用它们处理实际问题、参与公共事务的能力"即"两能力"两个部分。其中，"两能力"尽管是落脚点，但它是以"四科"为前提或基础的。所以，这里，仅扼要考察一下科技知识与其他"三科"的关系。

（一）科技知识是掌握科学方法（包括技术方法）的基础

科学方法的精髓在于实验方法和数学方法的结合。面对不同的研究对象，科学方法会有不同的具体表现形式。不过不论何种科学方法都产生于科学知识的探求过程之中。新的知识产生通常需要新的方法，所以，科学上，凡重大科学发现往往同时伴随着科学方法的变革。就是说，某种科学方法往往是特定科技知识的内在要求。因此，要掌握科学方法，离不开科技知识的学习；技术方法是科学知识的转化，或者说，技术方法是行动中的科学理论。技术方法的背后往往有科学原理的支撑。因此，要掌握技术方法，同样离不开科学原理即科学知识的学习。总之，科技知识是掌握科技方法的基础。

（二）科技知识是树立科学思想的基础

对于科学思想的理解有多种。[①] 最主要的有以下三种理解：重大科学理论及其哲学或社会学的含义；人们对科学本质和科学各侧面所持有的基本观念；人们对于科学所持的一种相信、尊重、依赖和热爱的积极态度。特别是，当涉及"树立科学思想"的时候，一般是第三种理解。如果在"重大科学理论或学说的含义"的意义上理解科学思想的话，那么，科学思想指的就是科学理论本身或科学理论所蕴含的哲学思想或社会学思想等。此时，科学思想和科学知识浑然一体，或者说，后者是前者的载体；如果在"一个人对

① 马来平：《"中国公民科学素质基准"的基本认识问题》，《贵州社会科学》2008年第8期。

科学本质和科学各侧面所持有的基本观念”的意义上或在“对于科学所持的一种相信、尊重、依赖和热爱的积极态度”的意义上理解科学思想的话，那么，由于科技知识是科学技术的重要侧面之一，所以，科技知识则是科学观和科学态度得以形成的前提之一。因此，科技知识是树立科学思想的基础。

（三）科技知识是崇尚科学精神的基础

在科学素质的所有成分中，科学精神的抽象程度是最高的。科学精神代表着科学的本质和灵魂，自然也是科技知识的本质和灵魂。因此，科技知识是科学精神得以产生的重要基础之一；同时，科学精神的培养和践履也离不开科技知识的配合，抑或说，常常是以具有一定的科技知识为必要条件的。没有科技知识或科技知识贫乏的人，未必没有科学精神，但一般说来，他们科学精神的培养和践履，将会受到严重束缚。因此，科技知识是崇尚科学精神的基础。

总之，科技知识在科学素质中居于基础地位。

二、科技知识与科学素质之间存在“类边际效用递减规律”

科技知识是科学素质的基础性构成部分，二者是部分和整体的关系。部分和整体之间的关系，可以是线性关系，也可以是非线性关系。而在线性关系中，其关系有可能是多种多样的。例如，它可以是正相关关系，也可以是负相关关系。那么，科技知识与科学素质之间应该是什么关系呢？

（一）科技知识与科学素质之间存在一种正相关关系

科技知识的真理性质决定了，科技知识的增长，必定有利于提高科学素质，而不可能是降低科学素质的。所以，科技知识与科学素质之间应当存在一种正相关关系，第八次中国公民科学素养调查的结果有力地证明了这一点。

首先，公民具备科学素养的比例随文化程度的降低而降低。具体数字是：大学本科及以上文化程度公民具备科学素养的比例高达13.2%，大学专科、高中和初中文化程度公民具备科学素养的比例依次下降至8.9%、3.9%、

1.6%；小学和小学以下文化程度公民具备科学素养的比例最低，分别为0.6%和0.1%。①

其次，该次调查结果显示，公民"科学素质指数"②随文化程度的降低而降低。具体数字是：大学本科及以上文化程度公民的科学素质指数最高，为74.5；大学专科、高中和初中文化程度公民的科学素质指数依次下降至68.6、60.5、51.1；小学和小学以下文化程度公民的科学素质指数最低，分别为39.8和30.6。③

如果说，整体上或在统计学意义上，公民的文化程度和其所具有的科技知识是同步的，那么，上述调查结果则表明，科技知识与科学素质之间存在一种正相关关系。

（二）科技知识与科学素质之间呈"类边际效用递减规律"

上述公民具备科学素养的比例随文化程度的降低而降低的具体数字还表明，随着文化程度的提高，公民科学素质提升的幅度相对逐渐降低。就是说，一定情况下，科技知识在科学素质中的作用随科技知识的增加而递减。小学文化程度的人群中，具备科学素养的公民比例数是小学以下程度的人群中具备科学素养的公民比例数的6倍，遥遥领先于其他不同文化程度段人群之间的比值，而大学本科及以上文化程度公民具备科学素养的比例数是大学专科文化程度公民具备科学素养的比例数的1.48倍，比其他任何不同文化程度段人群之间的比值均低。这就充分表明，在拥有科技知识较少的人群中，科技知识对他们科学素质水准的影响较大；而在拥有科技知识较多的人群中，科技知识对他们科学素质水准的影响较小。

上述公民科学素质指数随文化程度的降低而降低的具体数字同样表明，

---

① 《第八次中国公民科学素养调查》，载任福君主编《中国公民科学素质报告》第二辑，科学普及出版社2011年版，第24页。

② 科学素质指数：将测度公民科学素质的数项核心指标（如常用的了解科学术语、了解科学观点、理解科学方法、理解科学与社会关系四个核心指标）综合转化后的单一形式的数值。公民科学素质指数，对个体来说就是其答对科学素质所有判定题目的总分值；对群体来说，就是群体中每个个体所得分值的加权平均数。

③ 《第八次中国公民科学素养调查》，载任福君主编《中国公民科学素质报告》第二辑，科学普及出版社2011年版，第158页。

在一定范围内，随着文化程度的提高，科学素质提升的幅度相对逐渐降低，科技知识在科学素质中的作用随着公民所具有的科技知识的增加而递减。只不过，在文化程度较高和较低两端的情况略有变化：公民科学素质指数提高幅度最大的是初中文化程度的人群较之小学文化程度的人群；公民科学素质指数提高幅度最小的依然是大学本科及以上文化程度的人群较之大学专科文化程度的人群。这同样表明了在拥有科技知识较少的人群中，科技知识对他们科学素质水准的影响相对较大；而在拥有科技知识较多的人群中，科技知识对他们科学素质水准的影响相对较小。

严格说来，对于不同的人群，科技知识与科学素质之间的正相关关系有点类似经济学上的“边际效用递减规律”，即科技知识与科学素质之间整体上是正相关关系，但当一个人的科技知识达到一定的量以后，科技知识对其科学素质的提升作用随其科技知识的增加而递减。换言之，在拥有科技知识较少的人群中，科技知识对他们科学素质水准的影响较大；而在拥有科技知识较多的人群中，科技知识对他们科学素质水准的影响较小。需要指出，科技知识与科学素质之间将永远保持正相关关系，而不太可能出现负相关，在这一点上与经济学上的“边际递减规律”有所不同。为此，我们不妨将科技知识与科学素质之间这种特殊的正相关关系称之为“类边际效用递减规律”。该规律启示我们，科技知识不足，再加上原有文化知识的遗忘和退化，必定会严重影响文化程度偏低人群科学素质的水准，甚至已经构成制约文化程度偏低人群科学素质水平的首要因素。因此，对于文化程度较低的人群，应当着力科技知识的普及，以更加有效地提高其科学素质。

三、科技知识对于科学素质的作用具有一定的局限性

科技知识在科学素质中具有基础地位，表明了科技知识在科学素质整体中的不可或缺。但必须客观地认识到，科技知识对科学素质的作用是有一定局限性的。这是因为：

（一）科技知识无法从根本上应对迷信、伪科学和反科学思潮的进攻

从个人的角度看，一个人所能掌握的科技知识是有限的。科技知识疆

域无限广大，但一个人一生中所能学习和掌握的科技知识是相当有限的；就科普而言，相对于浩瀚的科技知识海洋，尽管科普正大踏步地走向信息化，但通过科普手段所能传播的科技知识毕竟是十分有限的。进而，人们从科普中所能获得的科技知识也将是十分有限的。

从全人类的角度看，人类科技知识所能达到的认识界限是有限的。人类科技知识的量总是在急剧膨胀着，然而，随着科技知识王国疆域的迅速扩大，人类未知王国的疆域也同样在迅速扩大，所以，人类科技知识对于自然界所能达到的认识疆域永远是有限的。

总之，不论是从个人的角度看，还是从全人类的角度看，科技知识所能达到的认识界限都是十分有限的。而在未知领域，人的理性缺席，是很容易滋生迷信、伪科学和反科学思潮的。所以，单靠科技知识，人类无法从根本上应对迷信、伪科学和反科学思潮的进攻。科技知识的这种局限性要依靠科学方法、科学思想和科学精神等因素来弥补。科学方法、科学思想和科学精神相对于科技知识具有以一当十、以不变应万变的优点，掌握一定的科学方法、树立科学思想和崇尚科学精神，是有效地抵御迷信、伪科学和反科学思潮的法宝。

（二）科技知识不能为科学素质直接提供价值原则

从根本上说，为了达到生存与发展的理想目标，人类所有的活动都必须遵循两方面的基本原则：真理原则和价值原则。前者要求人类必须按照世界的本来面目去认识和改造世界；后者则要求人类必须按照自己的尺度和需要去认识和改造世界。这也就是马克思在《1844 年经济学哲学手稿》中所提出的“两个尺度理论”：动物只有一个尺度，即它那个物种的本性；人却有两个尺度，一是客体尺度，即对象的本性和规律；二是主体尺度，即人自己的本性和规律。正是由于这两项原则对于人类生存和发展的根本性，所以，它们构成了包括科学素质在内的人的素质的两项基本内容。显然，科技知识帮助人们认识自然现象和过程的内在本质和发展规律，所以，它主要为人的科学素质提供如何按照自然界的本来面目去认识自然和改造自然界的原则即真理原则，而不能直接提供价值原则。就是说，它主要为人的科学素质提供认识“是”的原则，而不能直接提供把握“应当”的原则。价值原则靠什么来直接提供？科学精神是不可忽视的因素之一。

著名美国社会学家默顿在论及科学精神时指出："科学的精神特质是指约束科学家的有情感色彩的价值观和规范的综合体。这些规范以规定、禁止、偏好和许可的方式表达，他们借助于制度的价值而合法化，这些通过戒律和儆戒传达、通过赞许而加强的必不可少的规范，在不同程度上被科学家内化了，因而形成了他的科学良知，或者用近来人们喜欢的术语说，形成了他的超我。"① 在这一关于科学精神的经典表述中，默顿明确地告诉人们，科学精神是约束科学家行为的价值观和规范的综合体。通常已经内化为科学家的科学良知，为科学家所自觉遵循。事实上，我们不难理解，科学精神的实质就是告诉人们，在与自然界打交道的过程中，作为一名合格的科学家的最大需求是什么，应该追求什么，应该避免什么。尽管由于职业的不同，科学家和非科学家在应当树立的科学精神上各有侧重，但科学家所应遵循的科学精神，在其以追求真理为核心的基本理念上，也适用于非科学家。

（三）科技知识包含的科学方法、科学思想和科学精神是有限的

科技知识是包含有一定的科学方法、科学思想和科学精神的。但这种包含是有限的。这是因为，科学方法、科学思想和科学精神的存在和培养还有着另外的许多载体或途径。例如：

1. 参与科技活动有助于培养科学方法、科学思想和科学精神。在一定意义上，科学活动的过程，就是运用科学方法、科学思想和科学精神发现新知识的过程。因此，参与科技活动有助于培养科学方法、科学思想和科学精神。这一点，不仅适用于职业科学家，也适用于普通大众。例如普通大众参与寻找新的中药药材、观察鸟类的生活习性和迁徙规律等所谓"公民科学活动"②，是促进大众掌握科学方法、树立科学思想和崇尚科学精神的有效途径。

2. 运用科技知识有助于培养科学方法、科学思想和科学精神。结合具体条件，把科技知识运用于实践，既是在一定范围内运用科学方法、科学思

① ［美］默顿：《科学社会学》，鲁旭东等译，商务印书馆 2003 年版，第 363 页。

② 参见本书第四章。

想和科学精神的过程，也是科学方法、科学思想和科学精神创新发展的过程。因此，鼓励公民在生产、日常生活和参与社会公共事务活动中积极运用科技知识，是促进大众掌握科学方法、树立科学思想和崇尚科学精神的有效途径。

3. 学习科技发展史有助于培养科学方法、科学思想和科学精神。在普及科技知识的过程中，适当穿插有关科技知识发现和发展的历史情节，有助于公众培养科学方法、科学思想和科学精神。当然，对于文化程度较高的公民，系统地读一点科技史更好。这是因为，科技发展的历史，实际上也是科学方法、科学思想和科学精神逐步形成和获得发展的历史。因此，学习科技发展史，是促进大众掌握科学方法、树立科学思想和崇尚科学精神的有效途径。

应当说，上述所有途径，相对于通过科技知识的普及来促进大众掌握科学方法、树立科学思想和崇尚科学精神，都要来得更直接、更重要些，当然，做起来，难度也更大一些。

总之，“四科”是一个有机整体。对于科学素质而言，每一“科”都不可或缺，科技知识在其中是基础性构成部分。也正因为此，科技知识与科学素质之间的基本关系是正相关关系，不过，这种正相关关系是以“类边际效用递减规律”的形式表现的。此外，科技知识对于科学素质的作用具有一定的局限性，这种局限性要依靠科学方法、科学思想和科学精神等因素来弥补。科技知识和科学素质的上述关系启示我们：提高公民的科学素质，必须在重视科技知识普及的同时，把科学方法、科学思想和科学精神的普及作为科普工作的重心。不过，在文化程度较低、科技知识较少的公民中间，着力普及科技知识，乃是极其重要的一环。

第　六　章

科学文化的普及

弘扬与普及科学文化理应在现代文化建设全局中占据显赫地位，然而，在不少人的心目中，一般性地谈论科学技术普及尚可，倘若谈及弘扬和普及科学文化就感觉有点虚无缥缈了。为什么？原因乃在于围绕弘扬与普及科学文化有一系列的认识问题尚待澄清。譬如，什么是科学文化？科学文化与中国传统文化的关系是什么？怎样普及科学文化？这里，我们尝试对这几个问题给予初步回答。

一、何谓科学文化

这些年，科学文化似乎已经成为大众习语，殊不知在学界关于什么是科学文化迄今仍然处于众说纷纭的状态，以至于不久前有学者称："到目前为止，'科学文化研究'仍然是一个充满歧见、难以给出一个明确定义的交叉研究领域。在此领域内，有着不同背景的学者从不同的角度与立场出发，发展出了多种不同的研究进路，以理解科学以及科学在社会中的地位、作用及运作方式，以解说今天的文化——科学文化。"①

解决什么是科学文化的争端，关键在于正确回答以下两个问题：其一，为什么说科学是文化？其二，和其他文化相比，科学文化的特点是什么？这

① 袁江洋：《科学文化研究刍议》，《中国科技史杂志》2007年第4期。

两个问题一旦解决，科学文化的含义就迎刃而解了。

（一）为什么说科学是文化

如果从“人类在社会历史发展过程中所创造的物质财富和精神财富的总和”的意义上来理解文化，毫无疑义，科学是文化，而且是十分典型的文化。因为科学是人类最富创造性的社会活动和社会体制，也是这种最富创造性的社会活动、社会体制的最终知识产品。在这种意义上，科学与科学文化是等价的。但是，如果从“一个国家或民族的历史、地理、风土人情、传统习俗、生活方式、文学艺术、行为规范、思维方式、价值观念等”的意义上来理解文化，那么，就只有科学的精神方面是文化了。通常，人们认为，科学是物质的力量，是对事实的描述，而与价值无涉。科学有没有精神的方面呢？答案应当是肯定的，这是因为：

1. 科学是一种思想。在古代，自然科学曾长期包容在哲学母体之中，到了近代，科学获得独立以后，依然与哲学处于一种胶着状态。其最突出的表现即是，任何重要的科学新成果都是对未知自然规律的揭示，都蕴含着具有一定普遍意义的新的哲学思想。这些由新观念和新观点构成的哲学思想一旦从科学成果中概括出来并被民众所掌握，就会对人们的世界观、价值观、思维方式、道德情操、审美意识等产生巨大影响。

2. 科学是一种精神。科学作为一种诞生于近代的特殊的社会体制，它要求从业的科学家必须共有一整套约束他们的有感情色彩的价值体系。这套有感情色彩的价值体系即是科学精神。科学精神是科技知识和科学方法的升华，也是科学的精髓和灵魂。它不仅决定着科学之所以成为科学、科学之所以进步，而且对于人类在其他领域里的活动也有很强的指导作用。它是提高人的综合素质和精神境界的重要力量，是防范和抵制伪科学的锐利武器。

3. 科学是一种道德。科学规模的迅速扩大和日益增强的社会性，决定了科学家在科学活动中必须遵循一定的道德规范，以协调科学共同体内部以及科学共同体与政府、企业界等有关的社会各界的关系。鉴于人类的一切活动都在不同程度上包含一定的认识环节，所以，这些道德规范对于人类在其他领域里的活动也具有一定的适用性；同时，科学和技术的新进展往往也会引发一系列出人意料的新的道德问题、提出新的道德观念，对人类已有的道德规范产生强烈冲击，从而为人类道德进步提供某种契机。基于上述，人们通常认为，科学代表着一种对社会道德具有巨大影响力的特定道德。

4. 科学是一种方法。科学的要义在方法。科学诞生的关键在方法，科学突破的关键在方法，科学发生效用的关键也在方法。总之，从根本上说，科学是一种人类认识和利用自然的方法。而且，自然科学方法不仅适用于自然界，一旦通过创造性地转换而把它引入人文社会科学领域，往往会有某种奇效。例如，以综合运用自然科学和人文社会科学的理论和方法为核心的软科学，在解决复杂的社会问题和实现决策科学化方面作用巨大；以“发现问题——提出假设——经验检验——发现新的问题”为基本环节的科学方法程式，在人文社会科学领域用途广泛等。无可讳言，自然科学方法在人文社会科学发展和各项社会活动中的作用不容低估。

由上述可见，科学文化尽管直面与人类社会相对应的自然界，但却浸透着丰富的人文因素，表达着人类围绕自然的大量价值诉求。它以其深邃的思想、磊落的精神、醇厚的道德和睿智的方法尽展自己多彩的精神方面，并深刻地影响着整个人类精神生活的方方面面。就科学文化的精神方面而言，内核是崇尚真理的价值观。崇尚真理的价值观意指：“首先，它意味着科学家应当：(1) 坚信外部世界具有客观规律性；(2) 坚信客观规律的可认识性；(3) 坚信认识趋向于简单性。其次，崇尚真理的价值观要求科学家要有勇气把对自然界客观规律的认识作为自己的第一生活需要。就是说，在他看来，不是官本位、不是伦理本位，也不是金钱本位、名誉本位，而是事实本位、真理本位。”① 这一价值观既是整个科学文化的核心，也是科学家的核心价值观。科学思想、科学精神、科学道德和科学方法无不从特定侧面有力地体现了这一价值观。

（二）科学文化的特点

科学不仅是一种文化，而且是一种特色鲜明的文化。

1. 充分的普适性。科学的宗旨是探求自然界的客观规律，作为探求结果的科学知识具有相当的客观真理性、逻辑融贯性和精确性。应当说科学知

① 马来平：《作为科学人文因素的崇尚真理的价值观》，《文史哲》2000 年第 3 期。

识在主导方面是无阶级、无地域性的，或者说是不以人的意志为转移的，因此，科学颇具普适性，比较容易为各民族所接受、与各民族文化相融合；科学文化在促进世界各民族文化多样性基础上的统一性增长方面，发挥着举足轻重的作用。当然，任何具体的科学知识都难免包含或多或少的利益、修辞和情感成分。就是说，科学知识在具有充分普适性的同时，是兼具一定地方性的。

2. 鲜明的时代性。科学文化总是走在时代的最前沿、成为时代的象征，具有鲜明的时代性。这是因为：其一，科学最具开放性和最少保守性。科学界公开申明，有组织的怀疑是其最基本的行为规范之一。他们时刻准备着随时抛弃自己和他人的一切经不起经验和逻辑检验的已有认识。其二，科学发展具有惊人的速度，更新换代较为频繁。研究表明，长期以来科学知识是按照指数规律向前发展的，尽管在现代知识增长速度较之以前有所放缓，但较之其他文化的发展速度，依然是很快的。其三，科学发展周期性地引发革命。在科学发展的过程中，通常会出现周期性的范式变革。物理学至少已经连续出现过亚里士多德物理学、经典物理学和现代物理学等几种前后相继、依次更替的范式，其他学科也有类似情况发生。不同的范式所包含的主导性科学成就不同，所使用的概念、公式、定理、定律和方法不同，甚至连科学共同体共同的信念和共有价值也发生了根本性的变化，以致有人慨叹，在不同范式内工作的科学家乃是生活在不同的世界里。

3. 强大的影响力。随着科学技术的迅猛发展以及科学的社会化和社会的科学化的双重演进，科学文化广泛渗透到社会的经济、政治和其他文化各个领域，并日渐跻身社会主流文化，成为一个相对独立的朝阳式亚文化系统。于是，人们看到，它在人类的整个文化生活中正在发挥着愈来愈重要的引领作用：不论是现代文化形式，还是各民族的传统文化，只要融入科学元素、插上科学的翅膀，就会陡增无穷的魅力，展现出更加广阔的发展前景。总之，科学可以变革其他文化的形式、丰富其他文化的内容、加快其他文化的发展速度，以及拓宽其他文化的传播渠道等。科学在文化整体中活力无限，最具引领作用。

二、科学文化与传统文化的关系

科学文化和人文文化是人类社会两类相并立的文化。为加深对科学文化的理解，需要弄清科学文化与人文文化的关系。传统文化是一种特殊且重要的人文文化，所以，弄清科学文化与人文文化的关系，即是弄清科学文化与人文文化整体上的关系，以及弄清科学文化与传统文化的关系。鉴于学界有关科学文化与人文文化整体上的关系讨论较为充分，这里仅就后者略述管见。当前，在科学文化与中国传统文化的关系中最为引人注目的是以下几个问题：

（一）如何看待传统文化对科学文化的作用

在传统文化对科学文化的作用问题上，历来众说纷纭。例如，在儒学对科学文化的作用问题上，一些人认为，儒学对科学文化无作用。其一，儒学侧重内心修养，科学专注于外部世界，二者各司其职，互不相关；其二，科学的发展主要取决于科学的体制和运行机制，以及社会制度和经济条件等；其三，儒学在当代已经失去了制度化的基础，其中最重要的两个制度即科举制度和家族制度，或者已经废除，或者已经处于一息尚存状态。因此，儒学对科学的作用微乎其微，几近于零。另一些人认为，儒学对科学文化起到了极大促进作用。理论上，儒学包含科学因子，可以坎陷式地开出科学；实践上，东亚科技和经济的快速发展得益于儒学；还有的人认为，如果说儒学对科学文化有作用，也只能是消极作用。近代实验科学没有在中国产生的历史事实已经证明了儒学对科学具有巨大的消极作用，它对于近代科学在中国的传播、扎根和发展的作用，同样也是消极的。近代以来，在儒学对科学文化作用的问题上，强调儒学的消极作用一直是主流观点。专治中国科技史的李约瑟先生甚至这样认为：儒家历来反对对自然进行科学的探索，“它对于科学的贡献几乎全是消极的”①。就连积极推进儒学现代化的新儒家中的不少学者，也持儒学“消极作用论”。如冯友兰 1921 年在其《为什么中国古

① ［英］李约瑟：《中国科学技术史》第 2 卷，科学出版社 1990 年版，第 1 页。

代没有科学》的论文中，以及梁漱溟在其《中国文化要义》中讨论中国科学时，都把中国没有产生实验科学的原因追溯到了儒家思想。1949年以后，由于中国大陆在意识形态领域长期对儒学持批判立场，所谓“消极作用论”一直占据主流地位，以致前不久清华大学还有教授在英国《自然》杂志上撰文大谈“孔庄传统文化阻碍中国科研”，说什么“它们使得中国上千年一直处于科学的真空地带，它们的影响持续至今”①。

究竟应该怎样看待儒学对中国科学文化的作用呢?

首先，那种认为儒学对中国科学文化没有作用或作用微乎其微的观点是不符合实际的。在古代，儒学是封建中国的意识形态；在现代，儒学仍然是中国文化的核心内容之一。因此，儒学作为中国科学技术发展的重要文化环境，不可能不和科学文化发生相互作用。另外，那种以儒学在当代已经失去了制度化基础为由，消解儒学对科学文化作用的观点，也是不符合事实的。事实是：一方面，家族制度并未真正消失，中国至今仍以家庭为生产和生活的基本单位，家族制度在社会尤其在农村仍有较大市场；另一方面，儒学等传统文化的制度化并不仅仅表现为科举制度和家族制度，教育的其他制度、文学艺术作品、民间习俗、典籍文献等也是儒学等传统文化制度化的重要载体。总之，儒学等传统文化通过各种渠道融入中国人乃至东亚文化圈许多人的血液中、基因里，世代相传、绵延不绝。例如，一篇《三字经》、一台《墙头记》、《小姑贤》之类的戏剧、一场礼节繁缛而秩序井然的红白喜事，就把三纲五常和仁义礼智信之类的儒学理念和观点诠释得活灵活现、入木三分，其效果足以让人心悦诚服、刻骨铭心。所以，儒学等传统文化对科学文化的作用是不容低估的。

其次，那种一厢情愿地夸大儒学文化的积极作用或消极作用的观点都是站不住脚的。前些年东亚科技和经济快速发展的原因是多方面的，儒学在其中肯定有贡献，但贡献究竟多大，是一个有待研究的问题。儒学文化一直是、也永远是东亚国家或地区须臾不可离的文化环境。不可每当东亚科技和经济快速发展时就把功劳归功于儒学，而每当东亚科技和经济滞胀时，就回

① 参见宫鹏《传统文化阻碍中国科研》，马毅达译，《东方早报》2012年2月2日。（本文英文版曾于2012年1月26日发表于英国《自然》第481期）

避儒学文化的作用问题。至于近代实验科学没有在中国产生的历史事实是否证明了儒学文化对科学具有巨大的消极作用，同样也是一个复杂的问题。西方有而中国没有的东西很多，是否都可以归结为儒学的原因？这种思考问题的方式显然带有浓厚的文化决定论色彩，而文化决定论，理论上站不住脚，也不符合历史事实。

总之，关于儒学等传统文化对科学文化的作用问题，最重要的不是笼统地谈论儒学等传统文化对科学文化的作用，而是对儒学等传统文化的作用进行客观、全面的分析，实事求是地弄清楚儒学等传统文化的各个侧面和各种具体观点对科学文化所起作用的表现、性质和条件等。如，儒学的民本思想对于科学家确立为人民、为国家而崇尚科学的价值观是有益的，但这种积极作用发挥的条件是，必须将民本思想有可能包含的忠君思想相剥离；儒学的“天人合一”思想有助于科学家树立生态自然观和生态科学技术观，但这种积极作用发挥的条件是，必须剔除“天人合一”思想有可能包藏的天人感应等糟粕；儒学的整体论思想有助于科学家掌握现代的整体论思维方式，但这种积极作用发挥的条件是，必须把儒学的整体论思想所具有的忽视分析、不求精确等缺陷予以剔除；如此等等。

（二）如何评价科学文化对于传统文化现代化的意义

从根本上说，社会现代化，除了工业、农业、科技和国防的现代化以外，还包括一个文化现代化的问题。而文化现代化的重要内容之一就是传统文化的现代化，离开传统文化的现代化，各方面的现代化根基不牢，缺乏后劲。从这个意义上也可以说，整个社会的现代化，是以传统文化的现代化为重要前提条件之一的。

实质上，传统文化的现代化就是传统文化与现代社会的政治、经济和文化的全面融合。由于科学技术在现代社会中的地位日益突出，因此，传统文化与科学文化的融合或者说传统文化的科学化是传统文化现代化的核心任务之一。传统文化必须适应现代社会，保持与现代科学技术的高度相容性，成为促进现代科学技术发展的优良环境。任何阻碍现代科学技术发展的文化或文化成分，其结果要么被改造，要么被摈弃。

所谓传统文化的科学化，并非指要让传统文化同化为科学文化，而是指传统文化必须做到以下几点：

1. 扩大科学文化成分。传统文化不断扩大自身科学文化成分的途径主要有二：一是从现代科学的时代精神那里汲取灵感，不断丰富、完善自己。既然人们已经普遍意识到，现代自然科学和中国古代哲学在哲学前提、核心观念和思维方式等方面存在一定的契合性，[①] 那么，中国传统文化就完全有可能从现代科学发展的时代精神那里，汲取灵感，不断丰富、完善自己。二是引进现代科学的理论和方法，或者通过对自然科学成果的哲学概括，而提炼新的理论和观点，不断丰富和完善自己。

2. 不断改造自己。从根本上说，中华传统文化是一种伦理型文化，它所包含的已有科学文化成分不仅需要重新改造、需要不断赋予其新的时代意义，而且，它所包含的大量与科学技术不相适应乃至对科学技术发展起阻碍作用的成分，更加需要甄别或予以改造。

3. 寻求科学文化的支撑。广义地说，科学文化也包括技术在内。从这个意义上说，科学文化对于传统文化具有支撑作用。因为传统文化像其他种类的文化一样，也包含事业和产业两部分，而科学文化将深刻影响以表现传统文化为内容的各式各样的文化产品的创作生产方式和传播传承方式，将开辟以表现传统文化为内容的各式各样的文化产品的生产力和供给力的新空间；同时，将创造和扩大全社会对于传统文化消费的种种新需求。

总之，对于传统文化的现代化，科学文化不仅是无比丰富的思想资源、具有某种导向作用，而且也是其发展的重要支撑条件。

（三）中国传统文化是否缺失科学文化成分

长期以来，不少人认为，中国古代没有科学，所以，中国传统文化缺失科学方法、科学思想和科学精神，一言以蔽之，缺失科学文化成分。例如，前不久还有人这样断言：“为什么中国科学落后于西方，何时中国科学家才能获得诺贝尔奖？许多人以为这只是一个单纯的科学问题，其实这更是一个文化问题，说到底是我们的文化传统中缺少科学文化的因子。”[②]

---

① 参见 Pritjof Capra，*The Turning Point—ScienceSocioty*，*and the Rising Culture*，Simon and Schuster，1982.

② 黄建海等：《科学文化理应成为主流大众文化》，《科学与民主》2009 年第 4 期。

关于中国古代是否有科学的问题是一个有争议的问题。相对于近代科学而言，即便可以说中国古代没有科学，但却无法否定中国古代有“前科学”，即大量的个别科学成就和科学萌芽。其实，西方古代也没有科学，有的只是“前科学”，而且两相比较，中国古代“前科学”的历史更为悠久、许多领域里的水平更为领先一些。近代科学虽然诞生于西方，但包括中国在内的世界各地的古代科学对于近代科学的诞生是作出了突出贡献的。就是说，近代科学与古代科学并非完全割裂的，古代科学也包含有某种近代科学的成分。因此，对于中国古代科学不能一笔抹杀，那种以近代科学诞生于西方为由否认中国传统文化具有科学文化成分的观点是站不住脚的。

事实上，中国传统文化的确具有大量的科学文化成分。在中国古代社会，儒学长期占据核心地位，而且包含中华民族大量优秀文化成分，因而可视为中国传统文化的重要构成部分。这里，我们不妨以儒学为例，扼要说明中国传统文化具有科学文化成分的情况。

儒学历来就有“以德摄知”的传统。孔子明确主张“未知，焉得仁”①、“知者利仁”②，认为“仁”即“爱人”，“知”即“知人”，把“知”作为“得仁”的手段，视“利仁”为“知”的基本功能。孔子所确立的“以德摄知”传统被历代儒家发扬光大，继承下来了。例如，孟子指出：“仁之实，事亲是也；义之实，从兄是也；智之实，知斯二者弗去是也。”③ 进一步论证了“知”为“仁”和“义”服务的地位。董仲舒指出：“仁而不知，则爱而不别也；知而不仁，则知而不为也。”④ 深入阐明智仁关系，依然坚持“以德摄知”立场。朱熹指出：“学者功夫唯在居敬穷理二事，此二事互相发，能穷理则居敬功夫日益进，能居敬则穷理功夫日益密。”⑤ 同样旨在阐明穷理之“知”和居敬之“德”的关系，强调“知”服务于“德”。王阳明尽管把“知”的范围限定于“致内心之良知”，但他明确提倡“格”事事物物之理，指出：“致吾心之良知者，致知也；事事物物皆得其理者，格物也。”⑥

① 《论语·公冶长》。
② 《论语·里仁》。
③ 《孟子·离娄上》。
④ 《春秋繁露·必仁且智》。
⑤ 《朱子语类》卷九。
⑥ （明）王阳明：《传习录·中·答顾东桥书》。

儒学“以德摄知”的传统，尽管把认识德性之“道”作为“知”的基本方向，但它并没有否定，也没有丢掉对自然的认识，而是把对自然之“知”包容在德性之知之中，视“知”为服务于“德”、实现“善”之目的的手段。所以，儒学倡导致用科学目的观，并非与“求真”绝缘，也绝不反科学，只不过在它那里，“真”主要是道德与政治之真、德行实践之真，求真主要是“穷天理，明人伦”，而自然之真必须从属和服务于道德与政治之真。正因为如此，儒学对于科学具有内在的需求。譬如，敬授民时，需要天文历法；“要在安民，富而教之”①，需要农学；“疗君亲之疾，救贫贱之厄”②，需要医学等。儒学的上述特点，从根本上为儒学包含科学文化成分，提供了现实的可能性。为此，我们看到，在儒家历代经典中存在大量和科学方法、科学思想、科学精神息息相通的关于求知的精神、方法和态度的论述。如，《论语》20篇中有关的论述俯拾皆是，仅在其第一篇《学而篇》就有以下论述：“学而时习之，不亦说乎”、“行有余力，则以学文”，宣扬学用结合；“过则勿惮改”，鼓励勇于纠正错误；“温故而知新，可以为师矣”、“学而不思则罔，思而不学则殆”，主张勤于学习，独立思考；“知之为知之，不知为不知，是知也”，提倡实事求是，不作伪；“多闻阙疑，慎言其余”，提倡大胆怀疑，言之有据等等。

这些内容在原有的儒学框架内，是服务于道德修养的，但一旦将其分离出来，就会变成科学文化的养分或直接成为科学文化的构成部分了。

三、纠正科学文化普及中的失衡现象

这些年，特别是新世纪以来，我国的科学文化普及事业有了大踏步的发展。然而，大量事实说明，在科学文化普及中存在明显的失衡现象，即重科技知识尤其民生技术知识的普及，轻科学方法、科学思想和科学精神的普及。一般地，可把科学素质划分为两个层面：科学知识是表层；科学方法、科学思想和科学精神是深层。所以，失衡现象实际上是指深层科学素质普及

① 《汉书·食货志》。

② （汉）张仲景：《伤寒杂病论·自序》。

比较薄弱的情况。

尤其令人焦虑的是，在相当一部分领导干部中间，“取消论”、“不切实际论”和“代替论”等错误观点十分流行。在“取消论”看来，对于普通民众，科学方法、科学思想和科学精神等深层科学素质无用或用处不大，因此可以不予普及；在“不切实际论”看来，深层科学素质过于抽象，一般公民难于理解，所以，向一般公民普及深层科学素质可望而不可即；在“代替论”看来，深层科学素质存在于科学知识之中，普及科学知识，也就等于普及了深层科学素质。总之，上述所有三种观点有一个共同点：否认普及深层科学素质的必要性。

应当充分认识深层科学素质普及的紧迫性和重要性。

科学方法、科学思想、科学精神等深层科学素质统统是抽象和具体的统一、复杂和简单的统一，从其精神实质上看，并不神秘；同时，“科技知识之中固然寓有深层科学文化（即‘深层科学素质’——引者注），但科技知识绝不等同于深层科学文化。深层科学文化不仅不会从科技知识中自动呈现出来，而且，它们也并不仅仅蕴含于科技知识之中，而是更经常、更大量地存在于科学家所从事的科学活动的实践之中。因此，科技知识的普及是无法代替深层科学文化普及的”①。深层科学素质是科学的精髓，是无用之用、万用之基，是支配公民科学素质的核心因素。倘若一个人学会了许多科技知识，但对于科学方法、科学思想和科学精神却一知半解或不得要领，那么，这将表明，他对所学科技知识并未透彻理解，而且也很难做到对这些科技知识的灵活运用。为此，科学文化普及工作不能因小失大，失去重心。在继续做好科技知识普及的同时，必须下大功夫做好深层科学素质的弘扬和普及。这里仅强调以下三点：

（一）深化对深层科学素质的认识

普及深层科学素质，首当其冲的是应对深层科学素质有一个较为全面、准确的认识。然而，目前包括学术界在内，关于深层科学素质仍然存在许多歧见和认识不到位的地方。因此，需要深化对深层科学素质的研究，进而促

① 马来平：《科学文化普及难题及其破解途径》，《自然辩证法研究》2013 年第 11 期。

进对深层科学素质的认识。

科学精神在科学文化以及深层科学素质中，是一个核心概念，抽象度也最高。公民对其理解的状况如何，是衡量科学文化普及质量的重要指标之一。目前学界对科学精神这一核心概念的理解众说纷纭，不过多数人认为，科学精神的核心是“求真”。就是说，所谓科学精神就是对真理不懈追求的精神。围绕求真，科学精神有两层最重要的含义：一是理性精神，其要义是注重逻辑思维；二是实证精神，其要义是注重以经验事实作为提出理论的依据和作为检验理论的标准。按照我的理解，科学精神最为重要的是以下理念或观点：“(1) 大胆怀疑的态度；(2) 高度尊重事实的客观立场；(3) 严密的逻辑思维原则；(4) 继承基础上的创新精神；(5) 追求精确的严谨作风。”① 也有人认为，科学精神的基本理念和观点是：“客观的依据、理性的怀疑、多元的思考、平权的争论、实践的检验、宽容的激励。”② 其实，两种理解大同小异、一脉相通。

主要由于自然辩证法界的贡献，在深层科学素质中，关于科学方法的研究较为成熟。通常认为，科学方法可分为各门学科中的“具体方法”、“一般方法”和“哲学方法”三个层次。其中，包括经验方法、逻辑方法、非逻辑方法和系统科学方法等在内的“一般方法”和基于科学成果哲学概括所得到的“哲学方法”，这两类方法对于人文社会科学研究、人们的日常工作实践和日常生活具有较强的普适性，而“具体方法”的运用尤其需要变通和改造。科学方法的核心是实验方法和数学方法的有机结合，其实质是引导人们立足可靠的经验事实，充分运用逻辑思维和创造性思维，探寻外部世界的客观规律。一旦把它推广应用于多种多样的社会实践领域时，可变换为以下基本程式：发现问题——提出解决问题的假设——以事实检验假设——推翻原假设并提出新的假设或维持原假设——发现新的问题。总之，从公民应具备的基本科学素质角度说，公民应当掌握的基本科学方法是什么，以及公民掌握基本科学方法的途径是什么等问题，都是亟待深入研究的问题。

在深层科学素质中，科学思想是一个看似简单实则比较复杂的概念。

① 马来平：《试论科学精神的核心与内容》，《文史哲》2001 年第 4 期。

② 蔡德成：《科学精神和人文精神是科学文化素质的核心》，《科技导报》2004 年第 2 期。

这是因为，该概念具有多重含义，极易引起歧见。第一，它泛指有科学根据的思想。通俗点说，说话办事应当有科学依据，不能依靠拍脑袋，也不能轻信他人。在这个意义上，科学思想和科学态度颇为相近。第二，它可以指重大的科学理论或学说。如，哥白尼日心说、麦克斯韦的电磁场理论等。这种意义上的科学思想属于科学知识的范畴。第三，它可以指科学理论、科学概念的内在逻辑及其所反映出来的哲学和社会学观点等。所谓"科学思想史"或"科学内史"，就是在这个意义上使用这一概念的。第四。它可以指科学观，即对科学及其各个侧面的根本看法。当我们谈到某个历史人物的科学思想时，往往指的就是这个人的科学观。通常，当我们说树立科学思想的时候，上述四方面的含义都包括，但主要是指第一和第四两个方面，即强调要依靠科学、相信科学以及树立正确的科学观。总之，基于公民应具备的基本科学素质而言，树立科学思想的基本要求是什么、树立科学思想的途径是什么等等，也都是需要进一步研究的问题。

（二）引导公民对深层科学素质的践行

要把深层科学素质的普及做到位，仅仅让公民认知和认同深层科学素质是不够的，必须引导公民对深层科学素质的践行，以期提高公民掌握和运用深层科学素质的能力。为此需要重视以下几点：

1. 把深层科学素质全面融入科技知识的普及之中。首先，要把普及应用性、生活化的科技知识与普及相对应的科学原理、科学概念有机结合起来。一般地，重要的科学原理和科学概念所蕴含的与深层科学素质相关的内容较为丰富。公民们一旦准确地理解和把握了重要的科学原理和科学概念，将会更易于体会或领悟其中的深层科学素质意涵。其次，要把普及静态的科技知识和普及动态的科技发展史知识有机结合起来。努力做到在普及特定科技知识的同时，简练而巧妙地说明这些科技知识产生、确立和发展的过程，以及他们对人类社会的影响。这样将会使公民在接受科技知识的同时，更便于对深层科学素质的领悟和践行。

2. 紧密结合百姓生活实际普及深层科学素质。深层科学素质决非远离百姓生活，而是深深扎根于百姓生活之中。例如，是否养成遇事先弄清情况的习惯，实际上是一个实证精神强弱的问题。因为只有先弄清情况，才有可能产生处理问题的正确办法；凡事是否讲究分寸、把握火候、有一个数量观念，不单单是一个人的作风问题，实际上是一个科学精神强弱的问题。因为强调严密和精确是科学精神的核心理念。诸如此类，不一而足。因此，戒除空头说教，实行紧密结合百姓生活实际的方式，一定会使普及深层科学素质的工作做得有声有色、成效显著。

3. 支持公民参与公共事务的决策活动。随着我国民主化进程的加速，特别是近年来协商民主的大力推进，公民直接或通过网络参与社会公共事务决策的活动日渐常态化。公民参与社会公共事务决策的活动，尤其是有关科技应用或与科技政策有关的社会公共事务决策活动，对于深层科学素质普及的作用更为直接和突出。例如，近年来，公民越来越多地参与环境污染方面的公共事务决策活动，不仅有效地提高了公民的环境意识，而且也有效地提高了公民运用环境和生态知识参与社会公共事务的能力。

4. 广泛开展公民科学活动。公民科学活动是指民间科学爱好者或志愿者所自发进行的群众性的业余科研活动。例如，群众性的寻找稀有物种或新的药物分子活动、大范围地长期跟踪观察某种生物的生活习性活动、实地调查研究某种或某地环境问题的成因与治理对策等。目前，许多发达国家的公民科学活动比较活跃，在我国也日渐增多。显然，在野外的、长线的、地方性的科研活动或者涉及区域间利益冲突的科研活动等领域，较之职业科学家的常规科学活动，公民科学活动具有许多得天独厚的优长之处。因此，公民科学活动是常规科学活动的有益补充，其科学价值不可小觑。尤为重要的是："在公民科学活动中，公民已经不是被动地接受科学普及，而是主动地运用科学方法、科学思想和科学精神进行科学探索，因而，是深层科学素质的践行。这种践行，十分有利于公民科学素质的提高。在科学家的参与和指导下，各地应尽量广泛地组织和开展公民科学活动。"①

（三）促进深层科学素质普及的体制化

深层科学素质的普及，是一项艰难而细致的工作。其突出特点有二：一是知行结合。公民掌握深层科学素质固然首先要对其有一个正确的认识，但

① 马来平：《科学文化普及难题及其破解途径》，《自然辩证法研究》2013 年第 11 期。

仅仅做到这一点还不够，还要能够具备应用它们解决实际问题和参与公共事务的能力。能够熟练运用，才标志着一个人真正掌握了深层科学素质。因此深层科学素质的普及，不能纸上谈兵、空对空，一定要紧密结合丰富多彩的实践活动，才能达到目的。二是见效缓慢。正因为深层科学素质的普及需要知行结合，所以它不能立竿见影，不能搞速成。要舍得下功夫，坚持不懈地进行耐心细致的宣传和示范活动。基于此，深层科学素质普及的有效路径之一，乃是促进深层科学素质的体制化。

具体说来，促进深层科学素质的体制化，即是将深层科学素质的普及全面纳入各种社会建制，使其规范化和常态化。例如把深层科学素质的普及纳入教育体制，使不同阶段的全日制教育和各类成人教育在教学内容、教学方法等方面把深层科学素质普及作为中心任务之一；把深层科学素质普及纳入科普创作和文学艺术体制，使科普创作和各类文学艺术创作活动把深层科学素质普及作为中心任务之一等等。

第二编

科学方法的普及

本编共设五章，主要探讨了何为科学方法以及如何普及科学方法等问题。第七章，科学方法的性质和特点。本章从科学方法的特征这个侧面对科学方法进行了深刻的理论分析。指出，科学方法具有三个方面的特征：一是主体性，二是合规律性，三是保真性。相对于认识主体而言，科学方法具有主体性，因为科学研究的前提是主客二分。相对于认识对象而言，科学方法具有合规律性，因为科学的最终目的是探求客观事物的规律。相对于认识结果而言，科学方法具有保真性，因为科学成果必须确保其真。第八章，科学方法的分类。本章从科学方法的种类这个重要侧面对科学方法进行了理论分析。文章先是对方法本身进行了深刻的理论思考，后对科学方法的分类作出深刻的分析。指出分类标准不同，科学方法的分类也不同。介绍了在不同的分类标准下，存在什么样的科学方法。第九章，科学方法示例：归纳法。归纳法在科学研究中的地位举足轻重，不了解归纳法，或者对归纳法一知半解，很难说对科学方法有到位的认识。本章旨在对归纳法作一深入的分析。指出，在科学实践中，主要使用三种归纳法：完全归纳法、简单枚举法、求因果五法。第十章，科学方法的应用：关于软科学。科学方法有多个侧面，了解科学方法，不仅要了解科学方法本身，更要了解科学方法的应用。软科学，以决策中所遇到的复杂的经济和社会现象为研究对象。与传统的“硬科学”相比较而言，软科学最明显的特征是综合运用自然科学和社会科学的理论和方法。因此，以软科学为分析对象，更能全面地展示科学方法的应用。本章介绍了软科学的概念、研究对象、内容与作用及其存在的主要问题，并提出其改进的基本方向。本章指出了软科学研究方法改进的方向：一是搞好课题组的搭配，即注意软科学专家和领域专家的配合；二是鼓励定量研究；三是普及系统科学方法；四是推广计算机仿真方法；五是支持软科学方法的创新。第十一章，科学方法应用的限度。在了解科学方法的同时，也要注意到科学不是万能的，其应用是有范围的，本章旨在介绍科学方法应用的限度。科学主义者主张科学万能，坚持科学方法的应用范围无限度。孔德说：“除了以观察到的事实为依据的知识以外，没有任何真实的知识。”唐钺说：“我的浅见，以为天地间所有现象，都是科学的材料。”又说：“关于情感的事项，要就我们的知识所及，尽量用科学方法来解决。”本章指出，科学方法原则上适用于一切求真活动，其在人文、社会领域的应用当予以高度的评价。但是自然科学方法在人文、社会领域的研究中不可能占据主导地位。理由有三：一是自然科学方法注重和擅长定量研究，这就要求研究对象应当具有可计量性，而计量的前提是无差别、同质性。这对于绝大部分人文、社会现象来说是难以想象的。二是自然科学方法注重经验性，经验的对象最好是客观的，主观的不好量化。而人文社会现象大量渗透人的主观意识，常常受人主观意识的支配。三是在价值判断面前，自然科学的方法往往有其局限性。可见，科学方法万能论是站不住脚的。

总之，本编紧紧围绕科学方法的各个侧面展开，对科学方法的普及意义重大。

第　七　章

科学方法的性质和特点

科学方法有没有自己独特的质？或者说，科学有没有独立的方法？对于这个问题的回答，不论在哲学界还是在科学界，都不乏持否定意见者。

例如，当代美国科学哲学家费耶阿本德认为，在科学方法和其他探索所用的方法之间，不可能划出一条界线。从科学史的眼光看，科学家在科学研究的实际中所采用的方法是五花八门、应有尽有的。其中，有直觉、神秘思想、特设性假说、杜撰的神话、虚构的故事、培根的归纳法、波普尔的否证论，甚至欺骗和宣传等等。所以，他竭力提倡无政府主义科学方法论：科学如果有什么方法的话，那么，唯一的方法就是，什么都行。另一位美国科学哲学家劳丹也否认科学方法的个性，而认为“被视为科学的各种活动本质上是运用方法的共同方面”①。一些科学家则从强调科学家个体研究方法的多样性入手，否认科学方法整体上的统一性，进而否定存在独立的科学方法。在他们看来，有多少位科学家，就有多少种科学方法，科学中不存在共同的一般方法。

上述否定意见是不能令人同意的。从根本上说，方法是根据对象的运动规律，从实践上和理论上掌握现实的形式，是改造的、实践的活动或认识的、理论的活动的调节原则的体系。因此，对象性是方法的本质属性之一。不同的对象要求不同的方法；反过来，许多不同的方法，往往也主要适

① 陈健:《方法作为科学划界标准的失败》,《自然辩证法通讯》1990 年第 6 期。

用于特定的对象。不同领域的方法可能有重叠或交叉，但主导方面是严格区别的。科学方法是在科学研究对象的制约下发展起来的，因此，只要承认科学研究对象的特殊性，就必须同时也承认科学研究方法的特殊性。如果进一步考虑到科学认识活动是在日常经验活动、生产活动和哲学、宗教、艺术等活动基础上发展起来的一种比较高级、比较复杂的认识活动的话，那么，甚至不妨说，科学认识活动的方法，即科学方法是人类所有认识方法中比较高级、比较复杂的一种方法。

既然如此，科学方法独特的质是什么呢？要解决关于科学方法有没有独立方法的争端，最重要的事情，莫过于从正面来回答科学的性质是什么这个问题了。这里，试图就这一问题作一初步讨论。

一、鲜明的主体性

人类作为认识主体是具有明确的自觉意识的。这种自觉意识既包括人类自觉地在自己的意识中把外部世界中的一定事物作为自己活动的对象所形成的关于外部对象的意识，也包括人类自觉地把自己的在一定历史条件下产生和形成的需要、本性、本质力量以及活动本身也当作对象加以对待所形成的关于自我的意识。正因为这样，人类才能够在利用外部世界的客观规律和自己的知识背景的基础上按照适于自己某种需要、便于使用的形式创造方法，以利于今后的认识活动和实践活动。而方法一旦被创造出来，又会作为新鲜养分补充和加强认识主体的主体性。这是因为，人作为认识主体是由多种因素构成的，社会劳动基础上形成和发展的身体组织、意志、情感、思维、语言以及知识、方法等智能因素等都是其必不可少的组成部分。方法是人类智能的结晶和集中体现，它在表现和加强人的主体性方面是举足轻重的。哲学家黑格尔高度评价了方法对于认识主体的重大作用。他说：“在探索的认识中，方法也就是工具，是主观方面的某个手段，主观方面通过这个手段和客观发生关系。”①

如果说一切方法都毫无例外地表现和加强了认识主体的主体性的话，

① 《哲学笔记》，人民出版社 1974 年版，第 286 页。

那么，科学方法在表现和加强科学认识主体的主体性方面似乎来得更为鲜明或强烈些。

第一，科学方法体现了科学认识主体的主动性。认识的本质是主观对客观的能动反映。因此，为了获得关于客观事物的正确反映，需要认真搜集关于客观事物的感性材料。怎样搜集呢？科学认识以外的认识活动由于认识对象本身的特殊性质以及其他条件的限制，通常只能在自然状态下观察认识对象，被动地搜集关于认识对象的感性材料。与此不同，科学认识拥有发达的科学实验方法。实验方法的特点在于，它可在极不相同的天然和人工的条件下反复、深入地、不受干扰地对对象和过程的属性加以观察和测定。正如马克思所说："物理学家是在自然过程表现得最确实、最少受干扰的地方考察自然过程的，或者，如有可能，是在保证过程以其纯粹形态进行的条件下从事实验的。"① 按照培根的说法，适当的实验，不是对自然界的咨询而是对自然界的审问。它能够强迫使自然界招供出自己隐藏着的秘密。换言之，自然界中的任何未知的规律，原则上都可以适当地通过反复的实验而揭示出来。实验通常是按照科学家预先形成的明确意图进行设计的，这些明确意图代表着科学家对自然现象的推测或垂问，而实验方法则成为科学家检验推测或解答难题的有效工具。实验方法不仅可以借助于科学仪器排除自然过程中各种偶然和次要因素的干扰，使人们需要认识的某种属性或联系以比较纯粹的形态显露出来，而且，它还可以造成自然界中无法直接控制而在一般物质生产过程中又难以实现的诸如超高温、超低温、超高压、超高真空之类的特殊条件，使得研究对象处于某种极限状态，以便于揭示其运动规律。实验方法的这种人为控制的特点，充分显示了科学认识主体的主动性。

第二，科学方法体现了科学认识主体的创造性。科学认识活动是一种最富有创造性的人类认识活动，无疑，它所运用的科学方法也是最富有创造性的，进而，科学方法也是最典型、最充分地体现了科学认识主体乃至全人类的高度创造性。科学方法的创造性突出地表现在如下三个方面：

1. 科学方法具有高度的专业性。科学方法不同于任何其他类型活动的方法，以至于任何一个非科学界的人员，如果不接受长时期的专业训练和从

① 《马克思恩格斯选集》第 2 卷，人民出版社 1972 年版，第 206 页。

事长时期的科学实践，他就不可能熟悉和掌握起码的科学方法。相反，一位科学家正由于对科学方法的娴熟和运用上的得心应手，所以，不论其国度如何、肤色如何、语言如何等等，他都能够在一定的条件下为世界科学作出自己的贡献，并且畅通无阻地与同专业不同地区的科学共同体的人员进行学术交流。

2. 科学方法具有高度的灵活性。在长期实践中，科学活动已经积累了一批行之有效的一般性的科学方法。但是，一方面，科学家在运用这些方法时需要结合实际情况灵活运用；另一方面，这些一般性的科学方法永远是不敷应用的。说到底，任何一项具体的科学研究活动都不存在一套精确预定的科学方法。与机械制造工业品不同，科学成果无法成批地进行生产。科学家在科学研究活动中必须随时随地根据新的情况和条件创造新的科学方法。所以，从科学史上看，科学上的突破与方法上的创新通常是伴随发生的。

3. 科学方法具有高度的综合性。当我们说科学方法具有与众不同的特点的时候，这丝毫不意味着科学活动中所实际运用的方法统统是与众不同的。恰恰相反，科学活动绝不拒绝运用其他种类的方法。实际中的科学方法是一种综合体。其中除了专门的科学方法以外，还包括形形色色的其他各种对科学有用的方法。例如，科学不像哲学那样具有高度的思辨性，但科学方法中却包含着演绎与归纳等逻辑思辨成分；科学不像文学艺术那样倚重形象思维，但科学方法却把形象思维当作自己大家庭中必不可少的一员。

第三，科学方法具有明显的合目的性。科学方法与科学目的是一对关系密切的范畴。从科学目的一方说，当科学目的产生以后，只要科学主体决心实现它，就一定会有一个如何实现的问题，即有一个科学方法的问题。

从科学方法一方说，不论是科学方法的产生，还是科学方法的变化和发展，都不能和科学目的分开，科学方法始终是作为实现科学目的的手段而存在的。

首先，科学方法是适应科学目的的需要而产生的。科学方法的产生需要具备许多条件，其中基本的一条是科学目的的促动。科学方法不会自动产生出来，它的产生离不开科学目的的促动，这一点适用于任何科学方法。只不过，随着科学方法的发展，有的科学方法仍然保持和科学目的的一一对应性，即只适用于特定的科学目的的需要；有的科学方法则不断得到综合提炼和升华，普遍性逐步提高，能够适应更大范围内科学目的的需要罢了。例如，控制论的方法最初是适应机器控制论的需要而产生的，后来，控制论方法逐渐扩大外延，向各个领域渗透，相继出现了工程控制论、神经控制论、经济控制论、社会控制论、大系统理论和智能控制等，控制论方法的内涵也随之扩张，从而成为适用于一切通讯和控制系统的具有普遍意义的科学方法。

其次，科学方法是适应科学目的发展的需要而发展的。人们看到，科学技术发展的速度是很快的，很明显，科学方法的迅速发展是造成科学技术迅速发展的根本原因之一。那么科学方法的发展又是怎样造成的呢？不能不说其中基本的一条，就是科学目的发展的需要。

随着人类社会的不断发展，科学目的也是不断发展的。例如，从认识宏观客体发展到认识微观和宇观客体，是科学目的在认识广度上的不断扩张；至于认识速度的提高，认识精确度的提高等则标志着科学目的在认识深度上的不断扩张。科学目的的发展必然导致科学方法的发展，不论从科学方法系统发展上看，还是从科学方法个体发展上看都是如此。

人们知道，从近代实验科学产生以来，科学方法在整体上至少经历了一次由分析型方法到系统型方法的发展。所谓分析型方法即是以分析为特征的方法，如把整体分析为部分的方法（如生物学上的解剖方法、化学上的物质结构分析方法）、把复杂的分析为简单的方法（如科学模型方法）、把高级的分析为低级的方法（如生物学中的还原方法）、把动态的分析为静态的方法（如数学上的微积分技术）、把模糊的分析为清晰的方法（如定量分析方法）。所谓系统型方法，即是以系统科学的理论、观点观察和处理问题的方法。系统论方法、信息论方法和控制论方法等，都属于系统型方法。19 世纪以前，科学方法是以分析型方法为特征的，20 世纪以来，科学方法则是以系统型方法为标志的。科学方法的这一转变，是适应科学目的复杂化的需要而发生的。就是说，21 世纪以来，科学目的逐渐指向研究生物现象、心理现象和社会现象等包含有众多乃至无穷因素和变量的复杂对象。立足于部分看整体的分析型方法已无法适应科学目的的这一转变，所以才使得具有整体化、定量化、信息化和最优化等属性的系统型方法应运而生了。

从科学方法的个体发展看，每一个个别的方法的发展也都是由于科学目的的发展而引起的。例如，在亚里士多德时代，归纳方法主要是简单枚举法和完全归纳法；到了近代，便产生了穆勒的科学归纳法。由古典归纳法发展到穆勒的科学归纳法，一个重要的原因是，实验科学产生以后追求事物间的因果关系愈来愈成为科学目的的重要组成部分了。

二、充分的合规律性

方法表现了人的主体性，因而方法是主观的。但是，不能把方法的主观性夸大到极端，认为方法是纯粹主观的东西。这是因为，作为协调人类行为规则的东西，方法必须保持自己的有效性，行动上无效、引导人们走向失败的方法是没有生命力的。方法如何保持自己的有效性呢？没有别的出路，它必须和外部世界的客观规律相吻合。这也就是人们必须尊重客观规律、按照客观规律办事的老道理。可见，合乎规律性是一切方法的本性之一。为此，黑格尔指出："方法本身就是对象的内在原则和灵魂……要唯一地注意这些事物，并且把它们的内在的东西导入意识。"① 黑格尔真切地看到了方法把对象事物的内在东西导入人的意识之中，因而具有一定的客观性。他的这个见解是很深刻的。

如果说一切方法都具有合规律性的话，那么，科学方法的合规律性则是更加充分的。这一点已经被许多科学家认识到了。例如，著名俄国生理学家巴甫洛夫指出："科学方法乃是作为客观世界主观反映的人类思维运动的内部规律性。或者也可以说它是'被移植'，和'被移入'到人类意识中的客观规律性，是被用来自觉地有计划地解释和改变世界的工具。"② 科学方法充分的合规律性表现在许多方面，其中突出的一点是，它不仅合乎经验规律，也合乎理论规律。

许多非科学活动，尤其是日常认识活动和生产实践活动，其方法往往主要是合乎经验规律。例如手工工匠所使用的方法，就主要是来自经验规律。那些方法是工匠在长期的实践活动中在把握经验规律基础上的熟能生巧

---

① 《哲学笔记》，人民出版社 1957 年版，第 207 页。

② ［苏］巴甫洛夫：《反映论》，转引自［苏］柯普宁《作为认识论和逻辑的辩证法》，彭漪涟等译，华东师范大学出版社 1984 年版，第 54 页。

式的升华。与此不同，科学方法不仅合乎经验规律，也合乎理论规律，而且是以合乎理论规律为主体的。任何知识都有一种本性，即，它一旦生产出来，都可以在人的行动中作为方法使用。知识背景是方法的一种基本构成。科学知识自然也具有这种本性。事实上，科学家在复杂的科学认识活动中所运用的形形色色的方法，最主要的就是科学认识活动自身所生产出来的科学知识。一般地说，第一，一个领域的科学知识可以在另一个领域的科学认识活动中充当方法，如物理知识可以在化学领域中充当方法，反过来，化学知识也可以在物理领域中充当方法。第二，在同一领域中，先前的科学知识可以在以后的科学认识活动中充当方法。如元素周期规律诞生以后，就成为无机化学研究化学元素的性质和发现新的化学元素的重要方法论武器了。科学知识是什么？它无非是被人们认识和掌握的理论形态的自然规律。

当然，在实际中，有的科学方法来源于科学知识是单一的和明显的，即科学方法和某种科学知识有着明显的对应关系。如确定太阳和其他恒星的化学组成所用的光谱分析方法来源于各种化学元素的辐射光谱组成和原子结构之间规律性联系的知识，这是明显的，也几乎是单一的。更多的科学方法来源于科学知识则带有某种复合、概括或隐晦的特点。例如，自然科学中广泛使用的物理模拟方法，是一种以模型和原型之间的物理相似或几何相似为基础的模拟方法，它不限于和某种具体的科学知识相对应。但是，在具体运用时，一定离不开特定科学知识的介入。在生物界，用动物来模拟人的生理过程或病理过程也属于物理模拟，这种物理模拟离开特定的生理知识和病理知识是不可想象的。所以，物理模拟方法，实质上是模拟方法和科学知识的有机结合。

另外，需要强调指出，科学知识或客观规律本身并不构成科学方法。只有根据科学知识或客观规律所制定的那些用来在新的认识活动中充当手段的东西才是科学方法。就是说，科学知识转化为科学方法并不是自动的无条件的，而是有条件的。如果认为是自动的无条件的，则无异于抹杀二者的区别，把二者直接等同起来，也无所谓转化与否的问题了。例如科学知识转化为科学方法的基础条件之一即是科学知识的程序化。这是因为科学方法本质上就是规定科学主体的行动和思维规则的，而行动规则一定是程序化的。因此，不具备程序化特征的科学方法不是真正的科学方法，也无法投入使用，不能充当行动的规则。科学知识转化为科学方法是以其程序化作为前提条件之一的。譬如，通常所说的数学模型方法主要包括三个步骤：第一，通过对事物相关因素的简化和定性分析列出数学模型；第二，对数学模型进行数学运算求“解”；第三，对“解”进行分析和解释，以达到对事物的基本认识。当然，方法的程序化存在有程度的不同。例如，逻辑方法的程序化一般比较高，而创造性思维方法的程序化程度则比较低。尽管如此，创造性思维方法毕竟也还是有某种规律可循的，有规律可循就意味着有一定的程序化。

三、高度的保真性

相对于科学认识主体，科学方法具有主体性；相对于科学认识客体，科学方法具有合规律性。相对于科学认识结果，科学方法的特点是什么呢？是高度的保真性。由于科学认识活动归根结底是为了获得理想的科学认识成果，所以，这一点比上述两点更为重要，当属科学方法最重要、最根本的属性。

追求真理是人类一切认识形式的直接目的。但是，不同的认识形式在获得真理的质和量上是有差别的。和哲学、文学、艺术、常识、宗教、神话、前科学等认识形式相比，科学认识在获得真理的质和量上是占压倒优势的。例如，相对于其他认识成果，作为科学认识成果的科学知识就明显地具备一系列鲜明的特点。如，内容上的确定性，形式上的精确性、融贯性、简单性，动态发展上的开放性，功能上的有效性等。这一切都表明，科学知识的真理性更为充分和精致些。例如，在前科学中，烟草只是被作为一种可作为生活消费品的植物来看待的；而在科学中，烟草则是由细胞水平或分子水平上的一系列结构和性能所规定的植物分类表中的一员。相比之下，二者的精确与模糊的界限是一清二楚的。

科学知识之所以能够成为更为精致的真理或成为一切真理知识的典范，其间的功劳不能不首推它所赖以获得的高度保真性的科学方法。

众所周知，在古代，科学是包容于哲学之中的。科学真正从哲学中分离出来获得独立，仅只是文艺复兴以后的事情。科学所赖以争得自己独立生存权的基本一条，就是观察和实验方法。正如一位英国著名科学史家所说：

"文艺复兴以后，采用实验方法研究自然，哲学和科学才分道扬镳。"① 当然，自然科学采用实验方法是有一个过程的。实验方法最初由培根大力倡导，直到伽利略，才算具备了较完备的形态。伽利略不仅通过自己的出色工作把实验方法真正运用到科学中去，而且，他是把实验方法和数学方法有机结合起来的第一人。所以，有人称伽利略为科学发展史上的"第一位近代人物"②。这就是说，科学之所以为科学，或者说科学的本质，乃在于科学方法。而科学方法的特色又集中体现在观察和实验，以及它们与数学方法的有机结合上面。这就是人们通常称自然科学为"实验科学"的道理之所在。

那么，以观察和实验以及它们与数学方法的有机结合为特色的科学方法是怎样具有高度保真性的呢？

由于真理是标志主观同客观相符合的哲学范畴，是人们对客观事物及其规律的正确反映。所以，一切求真活动的关键在于如何使认识达到主观和客观相符合。换句话说，一个理论或一个命题，不论它多么高明，只要它试图使自己跻身于真理的行列，它就一定要同客观相符合。客观是什么？在一定的意义上，它就是关于客观事物及其规律的事实。一个正确的理论可以在全面而正确地概括事实的基础上获得，但更多的是在事实不充分的条件下，通过创造性思维获得。所以要保证理论的真理性，关键倒不在于必须预先全面搜集到有关的事实，以及如何在事实基础上进行正确的推理和概括，而在于能否保证那些在有限科学事实基础上提出的科学假说与科学理论及时而严格地受到检验，有效地排除其中的错误成分，以不断地提高其真理度。

为了使得科学假设或科学理论及时而严格地受到检验，需要涉及有关检验者、被检验者和检验方式等许多方面的问题。不过，其中最基本的是两点：一是作为检验者的客观事实必须尽量客观、可靠；二是作为被检验者的科学假说或科学理论必须尽量含义确定、清晰明白。试想如果作为检验者的经验事实自身都不能保证具有较高的逼真度，怎么能够作为试金石来衡量其他对象的真理性呢？如果作为被检验者的科学假设或科学理论模棱两可，似

① ［英］W. C. 丹皮尔：《科学史——及其与哲学和宗教的关系》，李珩译，商务印书馆 1979 年版，第 1 页。

② ［英］W. C. 丹皮尔：《科学史——及其与哲学和宗教的关系》，李珩译，商务印书馆 1979 年版，第 195 页。

是而非，检验又从何入手呢？

应当承认绝对客观和可靠的经验事实是不存在的。一切事实都不可避免地渗透着理论或人的主观因素。面对同一只X射线管，物理学家看到的是X射线管，而小孩子看见的是复杂的灯泡，面对著名的科勒“酒杯—面孔”图，有的人看到的是一只高脚酒杯，有的人看到的却是彼此对视着的两张面孔；面对东方冉冉升起的太阳，第谷看到的是运动的太阳，而开普勒看到的却是缓缓后退的地平线背景之中的静止的太阳；如此等等。社会现象中更是如此。1919年五四运动中爱国学生在街头和军警搏斗时，人民大众看到的是警察镇压学生，反动派看到的是激进分子聚众闹事，扰乱治安；同一篇文章，有人当作鲜花，有人视为毒草，等等。能不能尽量清除经验事实中的理论或主观因素污染成分，而使其更为客观些和可靠些呢？不能不说自然科学找到了十分得体的方法，这就是科学实验方法。

科学实验具有可控性。它不同于对自然界本来发生的现象所进行的观察，而是把对象置于人为的操纵和调整之下来观察由此引起的结果。因此，它使得人们有可能在极不相同的天然和人工的条件下，反复深入地、尽量少受干扰影响地对对象和过程的属性加以观察和测定，从而使得经验事实中理论或主观因素的污染获得相当程度的清洗，而变得比较客观和可靠起来。

科学实验和数学方法是有机结合在一起的。它使得人们能够在各种条件下对研究对象进行定量的考察。量和质都是事物的基本规定性。定量认识直接影响和制约着关于质的定性认识。在缺乏定量认识的情况下，人们对事物性质的认识，通常不过是初步的、粗疏的认识而已。相反，有了定量认识作基础，人们对事物性质的认识就深刻得多了。这样获得的实验事实也必然更加客观和可靠得多。譬如，若不是早期化学家通过反复的定量实验研究，测定出空气的化学元素组成，那么，或许直至今天，我们在各种各样的科学实验中所获得的涉及空气及其组成部分的实验事实，都一定会处于一种模糊乃至充满谬误的状态！

从接受检验的假说或理论说来，模棱两可、似是而非的情况也还是十分常见的。例如，“明天可能下雨，也可能不下雨”。这一类的判断是无法检验的。算命、占卜者的很多预言，就属于此类情况：“凡单身汉没有妻子”也无法检验。因为“单身汉”这个词本身就包含着“没有妻子”的意思。这种同语反复的判断不能给人以任何信息量，也谈不上检验的问题。再如有人曾发表了这样一通高明的议论："基本粒子既是可分的，又是不可分的，但归根结底是可分的。"这种模棱两可的议论是很难检验的。此外，在某些社会科学中还存在着这样的情况，由于所用概念比较晦涩、笼统，或者富于感情色彩，所以使人感到莫名其妙，容易发生歧义，致使检验难于进行。这里不妨从哲学中随手抄录一段话品评一下："作为总体的自为的存在的观念性就这样首先变为实在性，而且变为最抽象、最牢固、作为一的实在性。"这是黑格尔《逻辑学》一书中的一段话。什么是"作为总体的自为的存在的观念性"？什么叫作"最抽象、最牢固、作为一的实在性"？一般人是很难理解的。以至哲学家列宁在《哲学笔记》中专门把这句话抄录下来，并且加了这样一个批语——"高深莫测"①。

自然科学通过建立在实验基础之上的数学方法和其他形式化方法，找到了诊治模棱两可、同语反复和晦涩难懂等障碍可检验性弊病的良医妙方。众所周知，自然科学知识是借助于规范化的科学语言来表达的。科学语言是与自然语言有重大区别的人工化语言。它在自然语言的基础上，主要由数学符号、图形、图表和科学术语等组成。在表达科学知识的内容上，科学语言的清晰、精确的程度远远超过了日常语言。譬如，"我有点发烧"和"我的体温是38℃"。两相对照，后者显然要清晰、精确得多，因而更便于检验。一个判断是如此，一个科学假说或科学理论也是如此。一般地说，在自然科学中，科学假说和科学理论在表达形式上都具有这种清晰性和准确性，不然，是很难获得科学界的承认的。也正是由于它们有了这些优点，所以，它们所作出的预言也同样具有高度的清晰性和准确性，从而为检验它们提供了方便。1845年法国天文学家勒维烈和英国天文学家亚当斯在运用牛顿力学计算天王星运行轨道的基础上，准确地预言了海王星的存在，就是生动的一例。

① 《哲学笔记》，人民出版社1979年版，第117页。

第八章

科学方法的分类

科学方法的多样性，使得科学方法的分类问题变得异常突出起来。搞清楚科学方法的分类问题，不仅能够使得五花八门的科学方法变得条理化，而且，对于显现科学方法之间的内在联系，加深对科学方法整体乃至每一个别科学方法本质的理解，都是具有重要意义的。而要搞清楚科学方法的分类问题，不妨从方法及方法的类型说起。

一、方法的本质与结构

不论是在实践活动中，还是在认识活动中，都有一个中介系统不能或缺。此中介系统有两个组成部分：一是作为人的行为辅助物的物质工具，一是作为人的行为协调规则总和的方法。在一定意义上，后者比前者对于人的活动影响更重要。因为只有掌握了取得知识的方法，才能一通百通，以不变应万变，取得新的、更多的知识。所以，如果一个人仅仅学到了一家之言之类的知识，那就叫只知其一，不知其二。所以，历来学术界的大家名流，都异常看重方法，视方法为治学根本。

（一）方法的本质

方法的本质问题，是方法最基础的问题，也是哲学界最为关心的问题。总的看，哲学界对这一问题的看法，基本上是一致的。比如，有这样一些有代表性的说法：

方法是“为解决某一具体问题，从实践或理论上掌握现实所采取的手段或方式的总和”①。

方法是“根据研究对象的运动规律，从实践和理论上掌握现实的形式，改造的、实践的活动或认识的、理论的活动的调节原则的体系”②。

“‘方法’，严格地说应该是‘按照某种途径’（源自希腊文‘沿着’和‘道路’）这个术语，是指某种步骤的详细说明，这些步骤是为了达到一定的目的而必须按规定的顺序进行的。”③

方法是“人的一切有意识的、有目的的活动的调节原则所组成的体系；达到业已精确陈述的目的途径”④。

上述各家之言，字面各异，其基本思想还是共同的。这一思想是：方法是指导和协调人类活动的原则、规则的总和。其中要点有三：

1. 方法是行动中的理论。作为某种原则或规则，方法具有深厚的经实践检验过的哲学理论或科学理论背景；或者说，方法是以一定的哲学理论或科学理论为依托的。如爱因斯坦关于统一场论的研究，是以世界的统一性为方法论的，他的方法所包含的哲学内容是一目了然的。杂技演员在技巧表演时，往往应用某些力学原理，这也不难看出。方法不同于理论，前者是被用作获得后者的工具，但二者的区别是相对的。理论的应用或行动中的理论，就是方法；而活动所涉及的客体的规律性知识即理论，作为内容，又在方法中表现出来。方法与理论的关系如此密切，以致人类认识的每一项新的、重大的成果，都会导致新方法的出现。譬如，在科学研究中就是如此。正是由于这个缘故，才可以说，一门科学的发展水平，突出地表现在它所采用方法的新颖性和革命性上。

---

① ［苏］《苏联大百科全书》第16卷，转引自孙小礼等主编《科学方法》上册，知识出版社1990年版，第76页。

② ［苏］《哲学百科全书》第3卷，转引自中国科学院自然辩证法通讯杂志社编《科学与哲学研究资料》（科学方法论专辑，内部读物）1985年第4期，第1页。

③ ［美］《哲学百科全书》第7卷，转引自中国科学院自然辩证法通讯杂志社编《科学与哲学研究资料》（科学方法论专辑，内部读物）1985年第4期，第30页。

④ ［德］《哲学和自然科学词典》，转引自中国科学院自然辩证法通讯杂志社编《科学与哲学研究资料》（科学方法论专辑，内部读物）1985年第4期，第24页。

2. 方法是服务于一定目的的理论。归根结底，方法是供人运用的。从认识论的角度说，方法是供认识主体使用的。所以，它除了必须包含关于客体规律的认识内容以外，还必须为认识主体的目的服务。只有二者统一起来，人的活动才会成功。主体的目的和客体的性质共同决定着方法的特点。换句话说，正确的方法应当充分体现主体目的和客体性质之间的平衡。这种情况，丝毫没有使方法僵化。相反，主客体的统一可以通过多种途径实现，即方法可以是多元的。方法的多元性为主体的创造性留下了广阔的余地。当然，方法之间是可比的，在一项活动中，对于同一目的，不同的方法之间，有着高低之分，优劣之别。

3. 方法是程序化的理论。我们之所以说理论可以转化为方法，而不认为二者是直接的等同，一个重要的原因是，从理论到方法，中间必须经过某些转化环节。其中将理论程序化，就是一个不可缺少的重要环节。所谓程序化就是表现出次序、步骤来，比方写字的笔顺，科学研究的程序，等等。程序化的极端是只有一个步骤，即贯彻过程始终的一根红线。通常，直接表现哲学思想的方法，就具有这样的形式。比如，达尔文的历史方法，即认为生物界有它自己的自然历史进程的观点，就贯穿了进化研究的全过程。

（二）方法的结构

研究方法的结构问题，对于加深认识方法的性质，恰当地评价方法的作用，具有重要的理论意义，而对于方法的发现和运用，具有显著的实践意义。

所谓结构，是指在一个系统、整体或集合内，各组成要素之间的相互联系、相互作用的方式。为此，要弄清楚方法的结构，需要首先分析方法的要素。

方法有哪些要素呢？实际上，在我们关于方法本质的阐述中已经大致涉及了。粗略地看，方法作为一个整体，其基本要素有二：一是内容上的，即科学理论或哲学理论（或其他类型的知识）的基础；二是形式上的，即程序化的外表。譬如，类比方法，它的理论基础主要是哲学方面的，即事物间同一与差别的辩证统一关系。它的程序化形式则表现为如下的式子：

A 具有性质 a、b、c、d，B 具有性质 a、b、c，故 B 具有性质 d。

当然，方法程序化的程度不一，表现形式也极为多样，并不一定是整齐的公式。

人们通常把创造性思维列入方法范畴，那么，各种创造性思维方法是否有结构呢？这似乎是一个有争议的问题。不过，原则上说，各种创造性思维方法，也应当有其特定结构。因为，一方面，它们有自己的理论基础，譬如，机遇就明显地依赖于必然性与偶然性辩证关系的哲学观点；另一方面，它们也有其程序化形式，只不过十分粗糙，是非逻辑形式的罢了。任何创造性思维都一定是有条件的，而非无条件的、随意的。因此，通过分析其产生的条件，应当能够发现它们特殊的规律，即特殊的程序化形式。

总之，理论基础和程序化形式，是方法的两种基本要素。这两种要素以不同的形态相互联结，构成了不同的方法。

如果说分析某一方法的组成要素是方法微观结构分析的话，那么，分析所有的方法是由哪些个别方法组成的，即方法的类型学问题，就是方法的宏观结构分析了。

一般地，按照不同的标准，可以区分出不同的方法类型，因而方法呈现出不同的宏观结构。譬如，基于普遍性程度，凯德罗夫把方法区分为三种类型：哲学方法、一般方法（适用于各门科学）和具体方法（适用于某一门或某几门科学）。在这种情况下，整个方法就呈现为三层楼结构。方法的普遍性具有一种规则的顺序性，而且，各层次的方法之间，也有一种十分确定的联系，高层次的方法对低层次的方法有指导作用，而低层次的方法是高层次方法的基础，二者是一般和特殊的关系。

按照性质的不同，方法还可以大致区分为感性认识的方法和理性认识的方法。在这种情况下，方法就是两层楼结构了，而且，两个层次之间，也具有确定的联系。这种联系，雷同于认识上感性认识和理性认识的联系，兹不赘述。

此外，方法还可以从其他角度区分为观念方法和操作方法、可言传方法和不可言传方法等等。

二、方法的类型及其演化

方法有哪些类型？每一种方法类型是怎样形成、怎样发展的？分析方法的类型，可以使多种多样的方法条理化，从而便于在它们之间进行比较，便于理解和把握方法的特点与本质。

方法分类可以有许多角度。譬如从性质上、从功能上等等。本文着眼于从性质上，也就是从方法所依赖的基础上进行分类，认为方法主要有经验型、分析型和系统型三种。

（一）经验型方法

凡以人的经验知识为依据或基础的方法，都属于经验型方法。从人类的认识发展史看，在近代科学诞生以前，人类的认识并未从整体上或根本上超越经验认识的水平。在经验认识范畴内，文艺复兴以前，人类的认识主要经历了本能认识、幻想认识和直观经验认识三个阶段。与此相适应，在经验型方法的范畴内，人类活动的方法则经历了如下三个阶段：

第一，本能经验方法。原始人刚刚实现与动物的分化，但仍然具有许多动物的遗迹。由于正在形成中的人仍然受着强大自然力的主宰，人的实践活动的范围还十分狭隘，这就使得人的意识仍然处于类似动物本能意识的水平上。基于此，这个时期人所使用的各种经验方法也具有本能的特征。这主要表现在如下几个方面：其一，人与动物不分。原始人尚未把自然界中的物同人自身完全区别开来。在他们看来，自然与人本身一样，都是一个难解的谜，而且彼此间难解难分。为此，在认识或实践活动中，他们总是从物去理解人，也常常从人去理解物。其二，个人与群体不分。原始人只有群体意识，而没有个人意识。他们作为认识主体或实践主体是以部落群的整体为基础的。其三，感官局限性。原始人没有发达的认识工具和实践工具可资利用，而他们的抽象思维能力的水平又十分低下，因此，在活动中他们所使用的方法明显地局限在感官能力所及的范围内。例如肉眼观察和手工操作是其常用的主要方法。

第二，幻想经验方法。所谓幻想经验方法就是具有幻想色彩的经验方法或以经验为基础的幻想方法。在原始人的活动中，可供他们利用的人类经验是有限的。而他们所面临的自然和社会的客体却是无比复杂的，这就迫使他们在经验的基础上发展各种幻想。譬如，他们幻想，人有一个肉体的我，又有一个灵魂的我。灵魂的我和肉体的我是可以分别独立存在的，灵魂操纵和支配着肉体的我。同样地，自然事物也有支配它们一切活动的灵魂。这就是原始人的拟人自然观和万物有灵的观念，正是这些观念，一度支配着他们的行为方式和对待事物的态度，从而使他们的经验方法抹上了浓重的幻想色彩。

第三，直观经验方法。从原始社会进入奴隶社会以后，生产力的发展提高了主体的认识能力和实践能力，也促进了方法的发展。迅速发展着的物质生产、贸易和航海等实践活动和各种认识活动，使人们深感那种本能的或幻想式的经验方法已不敷应用了，应直接依据人们的感官经验，凭借理性思维，同时结合猜测和想象去认识和对待各种事物。正是在这种情况下，直观经验方法应运而生了。所谓直观经验方法，笼统地说，就是以人的直观经验为基础的方法。具体地说，它有如下几项特征：其一，不再依靠本能和幻想，而是直接指向外部事物，首先是指向与人的生活环境最贴近的事物。以自然事物自身的原因，去理解和说明自然事物。其二，不仅认为个别事物是可直观的，而且认为作为万物统一本原的东西，也应该是人们能够直观到的对象。譬如水、火或气等。其三，已经实现了个别与一般的分离，能够在经验方法中穿插运用具有高度抽象性的概念了。

经验型方法除了按照系统发生的线索可以划分为上述三种类型外，还可以专门从内容和性质的角度区分为这样两种类型：体验性经验方法和一般经验方法，或称不可言传的经验方法。此外，还可以把经验型方法区分为认识型经验方法和实践型经验方法。认识型经验方法包括人们进行感性认识的各种方法，如观察、体验、调查研究、抓典型等；实践型经验方法则包括人们在实践活动中所使用的以经验为基础的各种各样的技术和工艺等等。

经验型方法主要具有如下特点：第一，感性具体性。从经验型方法所依据的知识基础说，是经验，即关于事物的局部和外部联系的知识，这些知识属于感性认识；从经验型方法的内容说，它所规定的行动步骤或操作程序都是直观可见的、具体易行的，没有深刻的理论说明。第二，僵硬性。经验型方法主要是人们通过多次重复性的行为摸索、积累而形成的，没有清晰、透彻的科学原理做基础。因此，它只能教人如何做，却往往不能告诉人们为什么这样做。譬如许多中医疗法和针灸疗法就是如此。它们在客观上有效，甚至奇效，但理论上却模糊不清、莫名其妙。由于这种情况，人们在学习、传授或运用这类方法的时候，一般是动作示范或如法炮制，而较少有灵活的余地。第三，分散性。由于缺乏理论上的根基，因而带来了经验型方法的分散性，这主要表现在两个方面：(1) 属于经验型方法的，有许许多多，但这些方法往往彼此间是孤立的、分散的，缺乏系统性。(2) 在一项活动中，经验型方法所构成的各个环节，缺乏有机的联系，因此往往显示出一种分散性。

在所有方法中，经验型方法是一种最初级、也是最基本的方法。它最突出的优点是方便易行，不必动用复杂的工具和进行理论上的深奥研究，只是凭借个人的经验和直观判断就够了。正因为这样，人们总是倾向于在条件许可的情况下尽量使用经验型方法。但是，经验型方法毕竟有其先天不足，而且表现出一系列的局限性。其局限性主要表现为：第一，应用范围有限制。经验型方法的获得、传授和使用，往往要求人们必须有亲身的经历才行。这就大大限制了它的应用范围。尤其是，当人类的生产实践由小生产过渡到大机器生产和更高级的生产实践形式时，这类方法的应用范围就更加缩小了。另外，经验型方法总是教导人们过去怎么办的，现在就怎么办。因此，它在不断变化和发展着的对象面前，往往表现得软弱无力。第二，可靠性差。经验认识是对事物表面的和片面的认识，有时还难免带有个人的感情色彩。这就造成了经验方法的简单化、粗糙和主观性强的弊端，这些弊端严重地损害了它在使用中的可靠性。

（二）分析型方法

以分析为特征的方法都属于分析型方法。主要有以下几种：(1) 把整体分析为部分的方法。为了认识整体，而把整体分析为部分，通过认识部分的总和而达到对整体的认识。如生物学上的解剖方法、化学上的物质结构分析方法、语言学上把句子分解为词的方法等。(2) 把复杂分析为简单的方法。通过种种化简手续或通过选择典型，把复杂的对象转化为简单对象，然后通过认识简单对象而达到对复杂对象的基本认识。如科学上的模型方法、社会工作和艺术创作等领域中的典型化方法等。(3) 把高级分析为低级的方法。通过分析，找到与高级事物存在血缘关系或进化关系的低级事物，从而通过认识低级事物达到对高级事物的某些方面的认识，如生物学中的还原方法等。(4) 把动态的分析为静态的方法。从微观上把动态过程看作由无数个静态过程所组成，从而通过认识静态的对象达到对动态对象的基本认识，如数学上的微积分技术。日常生活中人们认识动态的事物，大都是通过这种方法。(5) 把模糊分析为清晰的方法。把模糊对象通过分析转变为较清晰的对象，从而使对模糊对象的认识来得更方便些。如去伪存真，去粗取精等就属于这类分析方法。

上述各种分析方法是从分析的目标着眼对其进行分类的。倘若着眼于分析方法本身性质的区别，还可以对分析方法作出另外不同的分类。譬如，可以把分析方法大致区分为如下两种类型：第一，物质分析方法。这是用物质手段对物质客体进行分析、分解的一类方法。如，生物解剖方法，化合物的分解方法等。第二，思维分析方法。这是在思维中进行分析的一类方法。思维分析方法种类繁多，不胜枚举。其中，最为常用的有结构分析法、功能分析法、动态分析法、静态分析法、阶段分析法、层次分析法、定量分析法、定性分析法，等等。此外，伴随着唯物辩证法诞生而出现了唯物辩证分析方法，即矛盾分析法。这是一种较高级的分析方法。

从经验型方法到分析型方法，这是一种方法形态的转换。分析型方法主张把事物分解开来进行认识和把握，这显然是对笼统、直观的经验方法的扬弃和深化。而且，分析型方法已经不是以经验，而是以科学知识为基础了，它属于科学方法的范畴。

从方法系统发展的角度看，经验型方法向分析型方法的发展，主要是在生产实践的推动下，近代自然科学产生和发展的结果。从 15 世纪下半叶开始，由于资本主义生产的迅速发展，从直接的生产经验中直观地掌握自然规律，已经远远不能适应生产实践规模向深度和广度发展的需要，这时历史异常迫切地“要求以自然力来代替人力，以自觉应用自然科学来代替从经验中得出的成规”[①]。同时，这时的生产实践自身也提供了和以往完全不同的实验手段，并使新的工具的制造成为可能。正是在这样的历史背景下，近代自然科学诞生了，而人类方法也开始了从经验型向科学型的转变。

分析型方法的主要特征是：第一，由内向外。分析型方法立足于部分看整体，或依靠对部分的认识来达到对整体的认识。而部分是包含于整体之内

① 《马克思恩格斯全集》第 23 卷，人民出版社 1972 年版，第 423 页。

的。所以，它看事物和对待事物的方式是一条由内向外的路线。第二，由小到大。第三，从多向一。第四，自下而上。如果在一定的意义上，把部分看作是下，而整体是上的话。

和经验型方法相比，分析型方法有许多优长之处。例如，它在处理简单对象、无机界对象和关于对象的定性认识方面，具有十分广泛的适用性。这是因为，对于简单对象和某些无机界对象说来，整体所包含的部分是有限的，而部分与部分之间的关系和部分与整体之间的关系也比较单纯些。因此，通过了解部分及其关系，完全可以达到对整体的正确认识。即便对于某些复杂事物，如果认识上的要求不高，运用分析型方法，也可以达到大致的定性认识。分析型方法的这些合理性，是它在人类活动的方法中占据主导地位长达几个世纪的根据，也是它至今以至将来，仍然有一定用武之地的原因所在。

不过，分析型方法也有许多局限性。尤其是在现代科学产生以后，它的局限性便暴露得更加突出了。这种局限性最主要的表现是：

其一，片面性。尽管立足于部分看整体能对整体达到一定的认识，但是，认识的结果往往避免不了片面性。因为分析型方法引导人们站在事物的内部看事物，而站在内部，就不太容易看到事物的外部及其全貌。正所谓“不识庐山真面目，只缘身在此山中”。

其二，不能够适应生物现象、心理现象和社会现象等复杂对象的需要。分析型方法相信有了关于部分的知识，就足以达到对整体的认识。它所关心的是部分与整体间的线性因果关系，以及少数变量之间的关系。但是，生物现象、心理现象和社会现象等复杂对象都包含有众多的乃至无穷的因素和变量，而因素与整体之间的因果关系也往往是网络的而非线性的。因此，对于这些对象，分析是必要的，但远不是充分的。为了认识和处理这些对象，需要有新型的方法产生出来。

（三）系统型方法

所谓系统型方法，就是从系统科学的理论观点观察和处理问题的方法。系统论方法、信息论方法和控制论方法等，都属于系统型方法。

系统型方法对于分析型方法说来，可谓是一次典型的方法革命，恰如贝塔朗菲在说到作为系统型方法典型代表的一般系统论方法时所说，系统论思想的提出，最初就是反对生物学的理论和生物学研究中存在着的机械论方法，一般系统论是针对机械论方法而产生的。① 系统型方法具有与分析型方法完全不同的特点。

1. 整体化。与分析型方法相反，系统型方法不是坚持从部分到整体，而是坚持从整体到部分，再到整体。它把部分置于整体的背景中进行认识，不是依靠部分认识整体，而是依靠认识部分与整体，部分与部分，整体与环境等整体上的联系和秩序性等，来达到对整体的认识。例如结构方法就是通过考察对象内部各组成部分之间的关系，来达到对整体的性质及其功能的认识的。

2. 定量化。如果说经验型方法和分析型方法是定性方法的话，那么，系统型方法可说是一种初步具有定量性的方法了。系统型方法视任何对象为系统，并努力确定其层次结构，建立系统模型，以进行定量描述，即便那些暂时还无法定量研究的对象，也尽量用网络模型、逻辑模型等进行研究，以求作出比单纯定性说明更进一步的说明。不仅如此，由于系统型方法大量引进数学手段和形式化语言，使得这一类型的方法能把研究或应用同使用计算机等先进技术联系起来，于是更加增强了该方法定量研究的能力。

3. 信息化。和传统方法相比，系统型方法不是着眼于物质和能量，而是着眼于信息，以信息的观点来看待事物，它撇开物质与能量的具体形态而把对象的运动抽象为信息变换过程，从而通过综合研究系统信息的接收和使用过程以及系统与外界环境之间的信息输入和输出的关系来研究对象的特性。借助于信息观点，系统型方法在研究机器、生物和人类关于信息的规律方面，在设计和研制有关信息的专门设备方面，都大显身手。

4. 最优化。系统型方法可以帮助人们根据需要和可能定量地确定出系统的最优目标，然后运用最新技术手段和处理方法把整个系统分成不同的等级和层次，在动态中协调整体和部分的关系，使部分的功能和目标尽量服从系统总体的最佳目标，以达到总体最优，从而对系统提出设计、施工、管理运行的最优方案。系统型方法的这一特点为任何传统方法所望尘莫及。

---

① 王雨田:《控制论、信息论、系统科学与哲学》，中国人民大学出版社 1986 年版，第 505 页。

21 世纪以来，系统型方法或者彼此独立地，或者前后相继地从系统论、控制论、信息论、耗散结构、突变论、协同学、心理学、哲学、管理科学、语言学、场论等众多的学科中大量涌现。系统型方法的冲击波遍及科学管理、生产、教育、政治、军事等领域。这说明，从分析型方法发展到系统型方法绝非偶然，而是有其深刻的历史必然性的。造成这种历史必然性的原因是多方面的。但其中最重要的是与整个现代科学发展的总趋势有关。众所周知，现代科学的发展有两个重要趋势，即分化和一体化。现代科学的分化导致新的学科分支越分越细，越分越多。就是说，科学认识的深度和广度同时迅速扩大，人类所面临的认识对象越来越复杂、越来越难以直接把握。有些对象，再运用分析型方法将其组成部分给予细分，似乎难以办到。这就迫使人们不得不转换思考方式，而把对象作为一个整体，从研究对象与环境的关系入手，或者从整体上研究对象与组成部分，或部分与部分之间的相互关系入手，来认识对象。譬如对于某些基本粒子，人们就主要是运用黑箱方法，通过研究其整体上的种种效应达到认识目的的。简言之，科学的分化，导致了认识对象组成部分间相互作用的加强，从而使系统型方法的出现成为必然。现代科学的一体化，打破了学科之间的界限，显示了不同范围、不同领域间研究对象的关联性和统一性。这种关联性、统一性使得全部自然现象呈现出一幅纵横交错、四通八达的网络式、立体化的图景。由此，人们看到，再像过去那样依靠分析型方法，分门别类地去研究事物，不仅少慢差费，而且那样研究的结果，究竟有什么实际意义，也是很值得怀疑的了。这样，着眼于对象整体，从不同领域间研究对象的共同关系、共同规律入手，从整体上把握对象，即采用系统型方法便势在必行。由此可见，现代科学的分化和一体化在促进分析型方法向系统型方法过渡这一点上会合、聚焦了。

系统方法也属于科学型方法，只不过它不是以近代科学而是以现代科学为基础的。较之分析型方法，它属于现代化的、更加高级的方法，在一定的意义上，系统型方法恰好弥补了分析型方法的缺陷，并且还具备一些分析型方法所不具备的优点。

系统型方法形成不久，它正处于方兴未艾、日新月异之时。随着现代科学的大跃进，今后，它必定会有巨大发展前程。但是，这些都不能成为掩盖其固有弱点的理由。在它非常时髦的时候，冷静地看到它的缺陷，这对于它的合理运用和发展，是很有必要的。系统型方法的缺陷有一个暴露的过程，目前所能看到的，至少有如下几点：

（1）本质上是形式化方法。信息论方法按照一定的数学模型研究信息系统，控制论方法只把对象看作可用复合变化加以表达的数学系统；系统论方法对于构成有关系统的材料和维持系统运行所必需的能源并不关心，它所注目的是对象内部和外部的关系。总之，不论哪一种系统型方法，都和数学方法如出一辙，本质上是形式方法。既然如此，系统型方法具有形式化方法所具有的一切缺陷，则是毫无疑问的了。

（2）同样有片面性。系统型方法是站在对象之上或之外看对象，所以便于把握整体；而分析型方法是站在对象之内看对象，所以不便于把握整体。但是，分析型方法有一个好处，就是对对象内部看得比较清楚，这一点恰好是系统型方法的缺陷。譬如，中医以系统型方法为支柱，西医以分析型方法为支柱。在认识疾病的机理上，中医就比西医模糊得多。西医利用解剖分析和细菌分析等手段为自己争得了医疗上的优越地位。

（3）应用范围有限制。尽管系统型方法比分析型方法更高级些，甚至在某些情况下，它可以把分析型方法作为特例而将其包容于自身。但是，分析型方法依然有其固有的应用价值，系统型方法不能完全代替，更不能将其取消。在处理简单对象和日常认识中，运用分析型方法毕竟比较简便、实用些。不仅如此，有些特殊对象，运用系统型方法是无效的，譬如宇宙就是这样的对象。对于宇宙来说，宇宙之外是不存在的，宇宙和外部环境的关系也无从谈起。既然如此，按照系统型方法的思路，从整体上把握宇宙就有点麻烦。当年，牛顿硬是要站在宇宙（他称之为太阳系）之外看宇宙，结果，只好滑到神的第一推动力的泥潭里去了。

系统型方法的上述缺陷表明，尽管它在科学性和有效性等方面远远超过了以往的传统方法，但是，它没有、也不可能堵塞方法发展的道路，相反，系统型方法的充分发展，必定导致更科学、更有效的新型方法的问世。

三、科学方法的分类

由于任何一个事物的分类标准都可能是多元的，所以，深化此项研究

的可行方向之一，是对现行的各主要分类方式作出尽量中肯的分析和比较，在此基础上，努力寻找一种较为优越的分类方式。

（一）几种常见科学方法分类观点的述评

1. 按方法的普遍性程度划分的观点。这种观点认为，认识客观自然界的科学方法，按其普遍性程度分成三种类型或三个层次。一是各门自然科学中的一些特殊的研究方法。例如，在天文学中利用天体光谱线的红移测定天体在视线方向的运动速度，在地质学中利用古生物化石来确定地层的相对年代，等等。二是各门自然科学中的一般研究方法。如观察、实验、科学抽象、数学等方法。三是哲学方法，它不仅适用于自然科学，也适用于社会科学和思维科学，是一切科学的最普遍的方法。自然科学的一般研究方法是从自然科学的特殊方法中概括和发展出来的，如一般的实验方法就是从物理实验、化学实验、生物实验等特殊的实验方法中概括产生的；数学方法最初主要在个别学科（如天文学、力学）中应用，随着科学的发展逐渐变成为自然科学广泛应用的一般研究方法。自然科学的特殊方法是各门自然科学所要研究的内容，哲学方法是哲学研究的一个部分；自然科学的一般研究方法则是自然科学方法论研究的主要对象。自然科学方法论是关于自然科学一般研究方法的规律性的理论。①

这种观点从广义上理解科学，把科学方法分为部门科学方法、一般科学方法和哲学方法三种类型。它的优点是，这样划分以后，科学方法显得条理清晰，层次分明，各类方法所属研究范围十分明确。它的缺点主要有两条：

第一，它实质上是对所有方法的分类，而不是对自然科学的一般方法的分类。

第二，模糊性。这种分类方法看起来是以各类方法的适用范围的大小为标准，十分明确。其实不然，它给人的明确感是一种似是而非的满足。这是因为，它只是从外延上对三类方法进行了界定，而缺乏对其内涵的揭示。例如，所谓“各门自然科学中的一般研究方法”，意为普遍适用于所有自然

① 孙小礼等：《自然辩证法讲义》，人民教育出版社 1979 年版，第 225—406 页。

科学学科的方法，那么，什么是普遍适用于所有自然科学学科的方法？它有什么本质特征？这是不得而知的。

2. 按方法的理论基础划分的观点。这种观点认为，方法实质上不过是规律的运用，这一点同样适用于科学方法。

首先，科学方法是科学规律的运用。这是因为，科学规律是科学内容所反映的自然规律，它是任何一门科学或科学理论的基础，科学或科学理论就是在这个基础上建立起来的概念系统。因此各种科学理论才具有方法的功能。各种不同科学规律或科学理论的运用形成了科学认识中不同的科学方法，例如，用力学的基本规律或力学理论考察认识对象就是所谓力学方法，用量子论的规律或理论研究自然事物就是所谓量子论方法；等等。这一类方法还有建立在量的规律性基础上的数学方法，以及建立在研究各个不同领域某些共同规律的科学理论基础之上的控制论方法、信息论方法、系统论方法等等。

其次，科学方法是科学认识规律的运用。从科学实验和科学观察获得经验材料，经过以往认识成果提供的手段和逻辑方法的加工，形成科学假说，由科学假说推演出的各个结论再回到科学实验和科学观察中接受检验，使假说转化为科学理论，或修改、补充以至推翻原有的假说建立新假说。科学认识就是这样不断发展的。在这一过程中，如果说科学实验和科学观察是基础的话，那么假说就是通往科学理论的必由之路。有些科学方法就是建立在上述科学认识规律基础之上的。这些方法主要有：观察方法、实验方法和假说方法等等。①

这种观点按照理论基础的不同，把科学方法分为运用科学规律的方法和运用科学认识规律的方法两种类型。其理论根据主要是：方法是规律的应用或方法是行动中的规律，然后，把规律分为科学认识对象的规律即自然界的规律和科学认识活动的规律两类，因而就有了所谓两种类型的科学方法。显然，这种观点最突出的优点是深入到了科学方法的理论基础，试图着眼于科学方法的本质对科学方法进行分类。

这种观点的主要缺点是：

① 参见舒炜光等《自然辩证法基础教程》，兰州大学出版社 1990 年版，第 97—124 页。

第一，比较粗糙，把所有的科学方法一分为二，每一类又缺乏进一步的分析。

第二，两类科学方法的关系不明确。分别依据科学规律和科学认识活动规律的两类方法有没有相统一的地方？依据科学认识活动规律的科学方法看起来与具体的科学规律无关，其实不然，它们明显地以科学规律整体即科学知识整体作为背景。譬如，假说方法，它固然不是依据任何一种具体的科学规律。但是，它却依据了科学规律整体的如下一种特性：任何科学规律作为真理，永远包含着错误的成分或可错的成分，因而，当我们提出一种观点或理论的时候，尤其是实证材料还不甚充分的时候，不应当把它们视为定论，而应当视为一种试探性的理论，即假说，以便为以后进一步修正和补充它留有余地。等到它的真理性基本上得到确证以后，再视它为科学理论也不迟。即便是科学理论也还需要不断发展和丰富。可见，依据科学认识活动规律的科学方法，即是依据科学规律整体的科学方法。在一定的意义上说，两类方法所依据的都是科学规律，只不过一个依据的是一般的科学规律整体，一个依据的是特殊的科学规律个体。另一方面，任何科学规律，不论是科学规律的个体还是科学规律的整体，都是不会自动转化为科学方法的。只有把科学规律结合具体条件应用到科学活动中去，才会转化为科学方法。例如，直到今天，世界上还有许多国家尚不能利用原子能，原因并不一定是在科学原理上，他们还没有掌握原子科学的成果。因为这一科学的理论成果没有什么秘密而言，早已是公开的了。主要的原因是在技术方面，他们还没有把这一科学成果转化为利用原子能的技术和方法。而那些已经能够利用原子能的国家所要对外保密的，恰恰主要是这种技术和方法。这有点类似于一个人仅仅懂得了游泳的知识，还不意味着他真正掌握了游泳的方法。只有当他把游泳的知识结合具体条件运用到实际的游泳活动中去，这些知识才能真正转化为方法。总之，人类对客观规律的认识或对科学规律的把握经过反复实践，形成程式化的功能活动方式，才会转化为方法。就是说，那些依据科学规律的科学方法，并非科学规律直接的自动的转化，而是人们把有关的科学规律投入认识活动中去，使之合乎认识活动的规律，才能真正实现对科学方法的转化。从这个意义上说，所谓依据科学规律的科学方法，其实也就是依据科学活动规律的方法。只不过，前者是间接依据科学认识活动的规律，后者是直接依据科学认识活动的规律罢了。

3. 按科学认识过程的阶段划分的观点。这种观点认为，自然科学的认识论和方法论总是以一定的哲学作为它的理论基础和出发点的。根据这个观点，在科学认识中存在着两个基本阶段，一个是感性认识阶段，属于经验层次；另一个是理性阶段，属于理论层次。相应地，在科学方法中也区分为两类基本方法，一类是经验认识方法，另一类是理论认识方法。其中经验认识的方法主要包括观察方法、实验方法、模拟方法等获得第一手事实材料的方法，以及分类、统计等对事实材料进行初步整理和描述的方法；理论认识的方法包括分析、综合、概括等科学抽象的方法和归纳、假说、演绎、数学、模型等把经验材料进一步提炼为系统理论的方法，以及比较、分析、综合、思想实验、功能模拟、数学计算和逻辑证明等主要运用经验理论的方法。①

在科学方法的分类问题上，这种观点影响最大，流行最广，教育部和原国家教委先后搞过的两个自然辩证法统编教材，基本上都持这种观点。此外，这些观点的变形很多，如，有的比上述二分法更为细致些，把科学方法分为搜集经验材料的方法、加工整理材料的方法、形成科学理论的方法、检验科学理论的方法和评价科学理论的方法，等等，有的分类则是以科学研究程序面目出现的，因而，在上述方法之外，还要包括科研选题、查阅资料、论文写作和科学交流等等。

按照科学认识过程的阶段性对科学方法进行分类，是有明显合理性的。因为科学方法归根结底是科学认识过程中运用的方法。而科学认识过程中各个不同阶段所运用的主要方法往往是不同的。另外，按照科学认识过程的阶段性对科学方法进行分类，比较切合科学研究的实际，便于应用，更容易为初级科研人员所接受。

这种观点的主要缺点是分类标准上的外在性。科学认识过程与科学认识方法毕竟是两码事，不直接针对科学方法的本质或基本属性进行分类，而以科学认识过程的阶段性进行分类，由此造成了科学方法分类上一定程度的失真或模糊性。不同的认识阶段，可能会运用相同的科学方法，反过来，同一科学方法可能属于或应用于不同的认识阶段。如不论是感性认识阶段或理

① 参见黄顺基等《自然辩证法教程》，中国人民大学出版社 1985 年版，第 251—373 页。

性认识阶段都离不开实验方法，也离不开逻辑思维方法。实验方法既可以用于搜集事实材料，为提出理论或假说做准备，也可以用于检验科学假说或科学理论。对科学方法进行分类以后，各种不同质的方法仍然纵横交错在一起，这样的分类方法并不成功。

（二）一种可能的方案：按科学方法的程序化程度划分

前面，我们曾说过，程序化是科学方法的一个基本特征，这是因为科学方法是协调和制约科学活动中人的思维活动和行为活动的，而人的思维活动和行为活动总是自发地倾向于程序性，因而在科学实践中，凡是真正被作为科学方法使用的东西，往往要求它具备程序化的形态。所谓程序化，就是条理分明，步骤清晰，秩序井然。

既然科学方法具有程序化的特征，就一定有一个程序化程度的问题。事实证明，不同的科学方法之间，程序化的程度是有差别的。按照科学方法程序化程度的不同，我们似可尝试把科学方法分为如下四种基本类型。

1. 逻辑方法。这类方法不仅可以通过规律的形式表达，而且达到了形式化和符号化，是所有科学方法中程序化程度最高的，又可以叫作形式化规律型方法。它主要包括形式逻辑方法、数理逻辑方法以及新近发展的多值逻辑、概率逻辑和模态逻辑等逻辑学新分支所提供的逻辑方法。辩证思维是否已经能够做到逻辑化，这是一个有争议的问题，如果承认它已经达到逻辑化的话，那么，这一类方法也包括辩证逻辑方法。一般科学方法论书籍中讲到的归纳法、演绎法、分析法、综合法，以及比较方法、分类方法、类比方法等等都属于此类方法。这类方法的突出特点是在规律形式表达基础上的符号化。例如，数理逻辑方法都能够上计算机，计算机可以代替人的许多逻辑思维。

有不少人否认逻辑方法属于科学方法，认为只有那种为自然科学所独有的方法才堪称科学方法。在一定意义上，这种观点是合理的。科学方法应具有，而且也一定具有自己独特的质。尤其是当人们把科学方法和其他类型的方法相比较的时候，更应当强调这一点。但是，当人们主要针对科学研究的实际过程谈论科学方法的时候，就是说在“科学研究过程中所运用的方法”的意义上来理解科学方法的时候，把科学方法理解得宽泛些，例如把在科学研究中具有极端重要性的逻辑方法以及后面涉及的许多一般规律性方法包括进来，也还是允许的。

2. 一般规律方法。这类方法可以用规律的形式表达，但还达不到形式化或符号化的地步。所以，又可以称为非形式化规律型方法。例如实验方法，我们可以说它所包括的实验设计、实验操作、实验结果检验等一套规律性的东西，但还不能把它形式化。这类方法范围很广，通常所说的实验方法、观察方法、科学抽象方法、假说方法、数学方法、控制论方法、信息论方法、系统论方法、耗散结构理论方法、协同学方法、突变学方法等等都属于此类方法。此外，科学家对某一学科基本概念的理解往往具有方法论作用。如，由于对波函数的理解不同，即波函数是准确地描写了单个体系的状态呢还是只描写由许多相同体系组成的统计系统的状态，造成了量子力学哥本哈根学派和爱因斯坦学派的重大争论及其不同的研究路子。这种基本概念方法也属于一般规律型方法。此类方法的特点是能够从理论上说清楚，但不能形式化和符号化。

3. 形象型方法。主要指形象思维方法，是一种主要运用形象或以形象为单元进行思维的科学方法。

形象思维方法在科学研究中应用十分广泛，如科学家在解决“四色猜想”时就用到了这种方法。四色猜想认为，任何一张最复杂的地图，只用四种颜色就可以把地图上的不同国家和地区间隔开来。科学家为了证明或反驳这个猜想，一个不可缺少的步骤就是使自己的思维在各种作为可能解决方案的地图上往返驰骋，就是说运用各种各样的图形进行思维。这样的思维方法即是形象思维方法。图论中和几何学中的许多问题都与图形有关，在思维过程中，都离不开形象思维方法。再如在科学史上曾经对电的流体说有卓越贡献的富兰克林在论证电的流体说的时候，曾经把电的运动和传递的大量实例在头脑中进行演示和分析，并与液体流动现象进行反复比较。就是说，在他头脑中，装着一种像水一样流动的“电流体”形象，这是他作出科学发现的关键环节之一。这种思维方式就是形象思维方法。再如，卢瑟福在研究原子内部的结构时，根据粒子散射实验，设想出原子内部像是一个微观的太阳系，原子核雄踞中心，诸电子则在各自的特定轨道上运行，如群星之绕日，由此产生了著名的原子行星模型。这其中就明显地运用了形象思维方法。

美国科学家麦克林托克是一位诺贝尔奖获得者、玉米遗传学家。她在获奖后说："我这么多年来，确实得到许多愉快的经历，我的经历就是问玉米，要玉米给我解决问题。我给玉米出题，然后我就等着，从玉米生长的表现得到回答。"她认为她跟玉米的关系好像是朋友关系，可以对话似的。这中间也有形象思维方法的存在。

任何事物都有自己的形象。形象具有生动性、完整性和立体性等许多优点。因此，在人的思维过程中，它有时比那些干巴巴的概念和判断往往更有助于推进人的思维进程。所以，画家画竹，要胸有成竹；作家写小说，心中要有人欢马叫；工程师设计飞机，头脑中要有群燕展翅；生物学家研究生物学，心灵中要有一个"动物园"。形象思维方法广泛地运用于包括科学研究在内的一切人类认识活动和实践活动领域。

形象思维是和逻辑思维、规律思维等抽象思维相对立的一种思维方法，二者都是在感性认识的基础上进行的。只是，抽象思维是对事物间接的、概括的认识。它是运用概念、判断和推理的手段对感性材料进行抽象和概括的；而形象思维则主要是运用典型化的方式，以形象为手段进行概括的。二者的根本区别是：对抽象思维而言，概念是思维的细胞；对形象思维而言，形象是思维的细胞。

目前，对形象思维的机理研究还比较薄弱，但已经引起学术界的广泛注意。

4. 直觉型方法。主要指直觉思维方法。它是一种不受某种固定的逻辑规则约束而直接领悟事物本质的一种思维方法。通常所说的"洞察"、"顿悟"和"灵感"都属于直觉现象。它在科学研究中应用十分广泛。科学发现过程中几乎都包含着某种直觉思维的因素。而每个科学家也都不同程度地具有直觉思维的能力。例如，年轻的研究者向老一辈科学家请教某个学术问题时，他可以在几秒钟之内作出反应，告诉你最佳决策和处理方案。但是，要完整地证明这种看法的由来和是否正确，可能需要花费上百页纸，用掉几个月的时间。老一辈科学家们的这种快速反应靠的就是发达的直觉思维能力。

许多科学家对直觉思维方法在科学研究中的地位和作用给予了高度的评价。如爱因斯坦说："我相信直觉和灵感。"玻恩认为："实验物理的全部伟大发现是来源于一些人的直觉。"德波罗意指出："想象力和直觉都是智慧本质上所固有的能力，它们在科学的创造中起过，而且经常起着重要的作用。”汤川秀树则强调：“人类的直觉能力的重要性。”① 爱因斯坦甚至认为，物理学家的最高使命是要得到那些普遍的基本定律，而“要通向这些定律，并没有逻辑的道路，只有通过那种以经验的共鸣的理解为依据的直觉，才能得到这些定律”②。

应当说，科学研究中的直觉思维是科学家长期从事科学研究活动的实践经验和知识储备得以集中利用的结果，是科学家日积月累地针对要解决的问题所思考的各种线索凝聚于一点时的集中突破，是科学家显意识与潜意识的豁然贯通。它最突出的特征是突发性：突如其来，豁然贯通。

目前，关于直觉思维方法的研究很不够，直觉思维的机理还不甚明了，但许多人正积极从事这项研究工作。

直觉思维方法和形象思维方法的区别是明显的。前者的突出特点除了突发性以外，还有偶然性和模糊性等，而后者的突出特点则是形象性、概括性和运动性等。当然，二者也有许多共性。例如，除了都具有高度的创造性以外，它们在如下一点上也是共同的：如果把知识分为可言传的知识和不可言传的知识即意会知识的话，那么，形象思维方法和直觉思维方法都属于意会知识。这类知识在人类知识整体中占有重要地位，作为科学方法，在科学方法整体中占的地位更加重要。众所周知，工匠的方法中，最珍贵的、堪称绝招的不是那些可言传的部分，而是那些只可意会不可言传的部分。关于这一类的方法，徒弟只能跟着师傅亲自去干，才能体会到、学到手中。科学界也有类似现象。可以说，尽管人们对逻辑方法、规律方法研究得比较充分，但它们却不是科学方法中最重要、最核心的部分。科学方法中最重要、最核心的部分恰恰是那些研究得比较薄弱的形象思维方法和直觉思维方法。所以，著名科学家钱学森非常强调科学方法中这些不可言传的部分。他说：“一位青年人要学这个本领，最好的办法是拜有科学研究成就的人作老师，从老师的研究实践中领会。这个方法也包括去参加一个活跃的学术讨论集体，大家讨论学问，畅所欲言，你一句，他一句，也可以有说错了的，最

① 周义澄：《科学创造与直觉》，人民出版社 1986 年版，第 19 页。
② ［美］爱因斯坦：《爱因斯坦文集》第 1 卷，许良英等编译，商务印书馆 1977 年版，第 102 页。

后问题终究弄清了。年轻人就在这样的实践中逐渐领悟到搞科学研究的真本事，如何抓问题的关键，如何认识死胡同（此路不通），如何从失败中总结教训迅速走上大道，如何锐敏地发现有希望的苗头，等等。”①

① 周林等:《科学家论方法》第1辑，内蒙古人民出版社1983年版，第2页。

第　九　章

科学方法示例：归纳法

在全国公民科学素养的调查过程中，测量公民对科学方法的理解程度，通常使用“科学地研究事物”、“对比实验”和“概率”三个试题。其中，第一个试题的正确答案是：“提出假设，进行观察、推理、实验和得出结论。”不难看出，试题选择的主要标准是“基本”和“简单易行”。事实上，科学方法所包含的内容十分丰富。一般认为，“科学方法就是人类在所有认识和实践活动中所运用的全部正确方法”①。在全部科学方法中，符合“基本”和“简单易行”标准的，除了上述三种以外，还有很多。这里，我们以不仅“基本”、“简单易行”，而且应用极其广泛的逻辑思维方法——归纳法为例，窥见一下科学方法丰富多彩的内容。

归根结底，科学研究的任务可以在不同的意义上通过如下说法来形容：“从现象到本质”、“从感性到理性”、“从偶然到必然”、“从简单到复杂”、“从事实到理论”，等等。而所有这些说法，无一例外地都要涉及“从个别到一般”。简言之，“从个别到一般”是科学研究最基本的任务和过程之一。显然，从个别到一般是个极其复杂的过程。其中，有些环节具有逻辑属性，更多的环节则具有非逻辑属性。至今，人们已经发现的从个别到一般中最基本的逻辑属性就是归纳逻辑，即通常所说的归纳法。

近代科学产生以来，特别是从牛顿时代以来，科学家和哲学家大都高

① 任福君等：《中国公民科学素质报告》第1辑，科学普及出版社2010年版，第57页。

度评价归纳法在实验科学中的地位和作用，认为归纳法是实验科学的基础。例如，伽利略指出："……由于特殊的（个别的）场合的数目大都是无限的，所以归纳法只要用最适合于概括的个别事例来进行证明，就具有证明的效力。"① 牛顿则反复强调，自然科学的理论必须从现象和实验出发，并且只能用归纳法从这些现象中推出一般命题。例如，在他给科茨的信中说："在实验哲学中，命题都从现象推出，然后通过归纳而使之成为一般。"② 在另一封信中则更明确地指出："实验科学只能从现象出发，并且只能用归纳来从这些现象中推演出一般的命题。"③ 直到现代，许多科学家仍然十分强调归纳法。如，普朗克曾说，在物理学的研究中"除了归纳法之外，别无他法"④。彭加勒也说："物理学的方法是建立在归纳法之上的。"⑤ 正是因为归纳法在科学研究中的地位举足轻重，所以，学界通常把自然科学称之为"归纳科学"。不过，对归纳法的作用不能过分夸大，以致走向归纳主义。按照所概括的个别事实是否涉及全部对象，归纳逻辑分为完全归纳法和不完全归纳法，而不完全归纳法又分为简单枚举法和求因果五法。归纳法主要是指不完全归纳法。

一、完全归纳法

（一）定义

根据某类的每一个对象具有或不具有某种属性，而断定该类的全部对象都具有或不具有某种属性的推理。例如，一部机器能否承受一定的电压，往往取决于机器处于如下三种状态时的情况：首先是开闸。因为开闸时，机器所承受的电压，在一瞬间内由零升到一定的高压，这时就有一个瞬间冲击

---

① 转引自林定夷《科学研究方法概论》，浙江人民出版社 1986 年版，第 140 页。

② ［美］H.S. 塞耶编：《牛顿自然科学哲学著作选》，上海外国自然科学哲学著作编译组译，上海人民出版社 1974 年版，第 8 页。

③ ［美］H.S. 塞耶编：《牛顿自然科学哲学著作选》，上海外国自然科学哲学著作编译组译，上海人民出版社 1974 年版，第 8 页。

④ 转引自林定夷《科学研究方法概论》，浙江人民出版社 1986 年版，第 140 页。

⑤ 转引自林定夷《科学研究方法概论》，浙江人民出版社 1986 年版，第 140 页。

电流的问题，机器有可能受损伤；第二是在电压稳定状态下，机器运转是否正常；第三是关闸。因为关闸时，机器所承受的电压是在一瞬间由高压变为零，也有一个瞬间冲击电流的问题。所以，只有在三种情况下机器统统都能正常运转，才可以说这部机器能够承受某一电压。在这个问题上，我们实际运用了如下的逻辑推理：

机器在开闸时能承受一定的电压，

机器在稳压状态下能承受一定电压，

机器在关闸时能承受一定的电压，

开闸、关闸和稳压状态是检验机器能否承受一定电压的全部状态，

所以，机器能承受一定的电压。

这里运用的就是完全归纳法。一般地说，完全归纳法的推理过程如下：

S_1 是（不是）P，

S_2 是（不是）P，

S_3 是（不是）P，

……

S_n 是（不是）P，

S_1，S_2，S_3……S_n 是 S 类的全部元素，

所以，所有 S 都是（不是）P。

（二）特点

1. 必然推理。完全归纳法在前提中考察了某类的全部对象，结论也是针对某类的全部对象。就是说，结论没有超出前提的范围，所以，完全归纳法是一种必然性推理。据此，许多逻辑学家认为完全归纳法不属于归纳法范畴，而是一种演绎推理。但完全归纳法并没有因为结论没超出前提的范围而毫无使用价值。它的前提是个别事实，而结论是一般论断，因此，完全归纳法使认识从个别升到一般，起到了使认识来得更加简明、深刻、系统些的作用。

2. 数学证明的一种常用手段。完全归纳法在数学证明中应用十分广泛。例如，当要证明“所有圆锥曲线都是二次曲线”时，由于圆锥曲线只可能有圆、椭圆、双曲线、抛物线四种，所以，需要分别考察并证明这四种圆锥

曲线都是二次曲线，才可以作出上述结论。这里用的逻辑推理就是完全归纳法。

3. 结论停留在知其然不知其所以然的认识阶段。完全归纳推理的结论只是提供了某类对象具有或不具有某种属性的知识，和它的前提一样，它仍然没有提供该类对象为什么具有或不具有这种属性的知识。认识仍然停留在知其然不知其所以然的阶段。

4. 适用范围有限。完全归纳法由于需要考察全部对象，所以带来了它的很大局限性。因为，在相当多的情况下，事物类的全部对象是数目相当大或者是无限的，以致不可能一一列举。因此，完全归纳法只能在较小的范围内应用。

二、简单枚举法

（一）定义

以某种事例的多次重复并未发现反面事例为前提，而作出一般性结论的逻辑推理。例如，我国现存最早的一部医学巨著《内经》中曾记载有这样一件事：有一天，一个打柴的人感到有点头痛，上了山，不小心脚趾被碰破，出了点血。不知为什么，这一来头痛病却立即好了。不久，他再次患了头痛病，巧得很，上山后，又碰破了脚趾原来的那个地方，而且，头痛马上又好了。这引起了他的警觉。以后，每当头痛时，他都有意碰破脚趾的那个部位，结果屡试不爽，每次都有制止或减轻头痛病的效应。这就是人体穴位中“大敦穴”发现的过程。这个打柴的人由一连几次偶然碰破脚趾的某一部位而头不痛了，到总结出“碰破脚趾的某一部位就可以治疗头痛病”的结论，就是不自觉地运用了简单枚举法。

一般地说，简单枚举法的推理过程如下：

S_1 是（不是）P，

S_2 是（不是）P，

……

S_n 是（不是）P，

S_1，S_2，S_3……S_n 是 S 类的部分对象，枚举中无发现与 P 矛盾的情况，

所以，所有 S 都是（不是）P。

其中，S 表示一类事物；S_1，S_2……S_n 表示 S 类中的个别事物；P 表示某一属性。

（二）特点

1. 无须考察某类对象的全部个别事物给简单枚举法带来了突出的优点：简单易行，适用性强，应用十分普遍。

2. 它的最大的弱点是结论不可靠，容易犯以偏概全的错误。例如，太阳每天都是从东方升起，这是通过简单枚举法得出的结论。但是，这是一个以偏概全的错误结论。因为科学已经预言：太阳总有不升起的一天。再如，过去人们根据大量的观察，运用简单枚举法得到结论认为，乳房是哺乳动物的标志，可是后来却发现鸭嘴兽是哺乳动物，但没有乳房，幼兽是从雌兽腹部濡湿的毛上舔食乳汁的。

3. 简单枚举法结论的可靠性与结论的普遍性大小直接相关。例如，若通过逐一检验，发现 100 只老鼠都有属性 P，那么，用简单枚举法就可能由这个事实推出普遍性程度不同的多种结论。如“一切老鼠都有属性 P”、“一切哺乳动物都有属性 P”、“一切动物都有属性 P”，等等。这些结论中，“一切动物都有属性 P”较之“一切哺乳动物都有属性 P”的普遍性大，较之“一切老鼠都有属性 P”的普遍性更大。相应地，它们的可靠性则随着普通性的增大而缩小。

4. 简单枚举法结论的可靠性与所考察对象的多样性密切相关。前提中考察的对象愈是富有差别性和多样性，结论越是可靠。如，对于“金属受热膨胀”这个结论，如果考察的金属的种类越多、每种金属所给予的温度、压强等实验条件越是富于变化，该结论的可靠性就越大。

三、求因果五法

不论是完全归纳法，还是简单枚举法，它们都只是考察到了有什么属性而不去关心事物为什么有这种属性。这是说，它们尽管都是从个别到一般

的推理，但严格说来，仍然是比较表象的。19世纪，英国哲学家穆勒继承和发展了培根的归纳思想，第一次提出了寻求现象间因果联系的五种逻辑方法，为人类关于因果规律性的认识活动提供了方便的工具，从而进一步充实和发展了归纳逻辑，并使得这五种逻辑方法成为归纳逻辑中举足轻重的组成部分。求因果五法包括契合法、差异法、契合差异并用法、共变法和剩余法。下面逐一介绍。

（一）契合法

1. 定义。如果在所研究现象的两个或两个以上的场合中，只有一个作为可能原因的先行情况是共同的，那么，这个共同的情况就与所研究的现象之间有因果联系。这种方法叫作契合法。

2. 图式。契合法的图式如下：

表9–1

场合 先行情况	A	B	C	D	E	F	G
1	Y	Y	Y	N	N	N	N
2	Y	N	N	Y	Y	N	N
3	Y	N	N	N	N	Y	Y

其中：Y表示相应的可能原因出现，N表示相应的可能原因不出现；A、B、C、D、E、F、G是被认定的几种可能原因；场合，指被研究现象出现的场合。

3. 步骤。契合法是辨别一类事件或一种属性原因的方法，该方法的主要步骤是：（1）识别被研究对象可能的原因。（2）寻找与被研究对象始终相伴随的可能原因。检查各种观察场合下被研究对象各种可能的原因中是否有一个或几个始终与被研究对象相伴随。（3）复查并且在检查过足够大量的实例后，若无发现任何例外，则有理由作出结论。这样辩明的可能原因事实上是该类事例的原因。

例如，一位科学家要研究产后忧郁症的原因这个课题。他首先需要识别产后忧郁症一些可能的原因。假定研究者根据他的医学知识和临床经验初步认为，忧郁的原因可能是某种激素的过剩或欠缺而引起的，于是，他便开始搜集这种忧郁症患者的数据。在研究了10个忧郁病患者病例以后，研究者得到如下结果：

表9–2

病例 激素	A－	B－	C－	D－	E－	A＋	B＋	C＋	D＋	E＋
1	Y	N	N	Y	Y	N	Y	N	N	N
2	Y	N	N	Y	Y	N	Y	Y	Y	N
3	N	Y	N	Y	Y	Y	Y	Y	N	N
4	Y	Y	N	Y	Y	N	N	Y	N	Y
5	N	Y	Y	Y	N	N	N	N	Y	Y
6	Y	N	N	Y	N	N	N	Y	N	N
7	N	Y	N	Y	N	N	N	Y	Y	N
8	Y	N	N	Y	Y	N	N	Y	N	Y
9	Y	N	N	Y	Y	Y	Y	N	Y	Y
10	Y	N	Y	Y	N	Y	Y	Y	N	N

其中：“－”表示给定激素的欠缺；“＋”表示给定激素的过剩；“Y”表示相应的可能原因出现；N表示相应的可能原因不出现。

如果研究者所认定的五种激素的欠缺或过剩的10种情况之一，的确是忧郁症的原因，那么，它必然是D－，即激素D的欠缺。因为D－是所有10个病例在忧郁症出现时都具有的先行条件。当然，研究者常常无法预先确知所提出的十种情况中是否肯定有一种确实是产后忧郁症的原因。因此，在研究了10个病例后，研究者并不会立即确信激素D的欠缺就是真正的原因。如果他研究了更多的病例，譬如500例，仍未发现反例，那么，上述结论的可靠性将会大大提高。契合法结论的可靠性是随着没有反例的正面事例数量的增加而提高的。

4. 说明。（1）在复杂情况下只能初步确定原因。如果在各个观察场合有一个以上的共同的先行情况存在，那么，只能利用契合法初步认定某几种共同情况是所研究现象的原因，然后需要通过其他途径最后确定事物的真正原因。

（2）可错性。契合法寻找因果联系，是建立在对被认为可能是原因的先行情况的观察上面的。常常有可能出现这样的情况，真正的原因并未估计到，而且在几个观察场合中，真正的原因也没有充分暴露，在观察到的几个场合中唯一共同的那个情况却是偶然现象，这就有可能使契合法获得的结论是错误的。如，某甲第一天晚上看了两小时书，又喝了几杯浓茶，结果整夜失眠。第二天晚上，又看了两小时书，吸了许多纸烟，结果又整夜失眠。第三天晚上，又读了两小时书，喝了大量的咖啡，结果整夜失眠。三个晚上，只有一个共同情况：读了两小时书。按照契合法，读了两小时书，应当是彻夜失眠的原因。显然这是错误的。喝几杯浓茶、吸大量纸烟与喝大量咖啡，虽然是三个不同的情况，但是，这三者中都包含了一个共同的因素，即食用了大量兴奋剂。而这个共同的因素才是失眠的真正原因，所以，运用契合法寻找唯一共同的先行条件时，要注意该条件是否属于偶然现象。

（二）差异法

1. 定义。如果所研究的现象出现的场合与它不出现的场合之间只有一点不同，即在一个场合中有某个作为可能原因的先行情况出现，而在另一个场合中这个情况不出现，那么，这个情况与所研究的现象之间就有因果联系。这种方法叫作差异法。

2. 图式。差异法的图式如下：

表 9–3

场合 先行条件	A	B	C	D
正	Y	Y	Y	Y
反	N	Y	Y	Y

其中：A、B、C、D 表示初步认定为被研究现象的可能原因；Y 表示相应的可能原因的出现；N 表示相应的可能原因的不出现。正：表示被研究现象出现的场合；反：表示被研究现象不出现的场合。

例如，18 世纪，一位医生偶然间发现了一个奇怪的问题：产褥热的发病率在医院里要比私人诊所高很多。在条件、医疗人员的水平等方面，医院明显优于私人诊所。那么，出现该情况的原因是什么呢？一开始，这位医生认定，私人诊所较之医院医疗程序合理、护理措施严谨、卫生条件良好等。后来，经过调查他发现，除医疗程序这一点以外，当时的医院在其他条件方面和私人诊所没有多少实质性区别。医疗程序不同突出地表现为一点：医院的医生定期进行尸体解剖，然后去接触产妇，而私人诊所或家庭病室的大夫通常不作尸体解剖。于是这位大夫经过进一步的研究认定问题出在大夫解剖手术后，缺乏消毒措施，结果把尸体解剖时手上沾染的毒物传到产妇身上。这就是医学史上消毒问题第一次被引起重视的经过。那位大夫就是著名的塞麦尔维斯，他的发现运用的就是差异法。

3. 特点。(1) 尤其适用于事故调查、医疗诊断、故障检修和验尸等领域。因为事故、疾病、死亡等反常现象的出现，必定有异常的先行条件相伴随，或者说，它的原因必定作为异常的先行条件而存在。

(2) 适用于对照实验的设计。在差异法中，先行条件出现，被研究对象也出现，这个场合叫作正面场合；先行条件不出现，所研究的现象也不出现，这个场合叫作反面场合。正面场合和反面场合的鲜明对照是差异法的一大优点。反面场合对于排除某些非原因的相关条件是很有利的。因为，只有作为原因的相关条件出现，才有结果出现，不然，其他非原因的相关条件出现的种类和频率再多再高，结果也不会出现。所以从结果的不出现，可以排除非原因的相关条件，大大缩小研究范围。科学实验中的对照实验所依据的理论基础，可以说就是差异法。

(3) 结论的或然性。一般地，在反面场合中，作为可能原因的先行条件不出现，所研究的现象即结果也不出现，这并不是绝对的。因为任何事物的存在和发展过程中，都有偶然因素的出现。对于有些对象，人们无法保证每个有关的先行条件都能够被观察到，当那些恰好是所寻求原因的先行条件被忽略，而所出现的唯一差异的条件是一个偶然的表面现象时，差异法的结论自然是不会可靠的了。比如，一个人每当读书的时候就头痛，不读书，头痛就好了。一开始，他以为是患了神经衰弱，因为这里先行条件的唯一差异就是读书与不读书，后来经过医生检查发现引起他头痛的原因不是读书，而是他在读书时才戴的那副度数不合适的近视眼镜。这个人的错误就在于他运用差异法时，漏掉了那个是真正原因的差异情况。

另外，差异法只是强调先行条件与被研究现象的因果关系，而完全忽略了先行条件之间的相互关系和相互作用。这势必影响其结论的可靠性。须知，在比较复杂的科学实验中，几个先行条件的相互影响、相互作用是经常的、难以避免的。

（三）契合差异并用法

1. 定义。如果在出现所研究的现象的几个场合中，都存在着一个共同的被认为是可能原因的先行情况；而在所研究的现象不出现的几个场合中，都没有这个情况，那么，这个情况与所研究的现象之间就有因果联系。这种方法叫作契合差异并用法。

2. 图式。契合差异并用法的图式如下：

表 9–4

场合 / 先行条件		A	B	C	D	E	F	G
正	1	Y	Y	Y	N	N	N	N
	2	Y	N	N	Y	Y	N	N
	3	Y	N	N	N	N	Y	Y
反	1	N	Y	Y	N	N	N	Y
	2	N	N	N	Y	Y	Y	N
	3	N	N	N	Y	N	Y	N

其中：A、B、C、D、E、F、G 代表有关先行条件；Y 代表相应的可能原因出现；N 代表相应的可能原因不出现；正面场合：被研究现象出现；反面场合：被研究现象不出现。

例如，有这么一个孩子，和同龄孩子相比，他长得反常地快。医生检查后，发现这个孩子有点与众不同：他的脑下腺异常活跃，所分泌的某种激素特别多。医生用药物使这个孩子脑下腺的活动减慢，激素分泌减少。于是，孩子的生长速度也就恢复正常了。就这样，医生运用差异法确定了激素分泌过剩是孩子生长速度异常的可能原因。进一步的问题是激素分泌过剩是否必然导致人的快速生长？或者说，激素分泌过剩对于快速生长是否必然原因？为了搞清这个问题，医生作了进一步的研究。他发现，在 12 个异常生长速率的男女病例中，100% 都出现内分泌过剩。就这样，求同法又进一步帮助医生坚定了最初病因的设想。上述整个过程中，医生所运用的方法就是契合差异并用法。

3. 特点。(1) 契合法和差异法的交替运用。和契合法相比，它有了反面场合；和差异法相比，它在正反两种场合中不相同的先行条件不是一个而是一组。因而它比契合法复杂、优越一些，也可以说，它本质上是一种复杂化的差异法。

(2) 结论仍然具有或然性。因此，为了提高结论的确实性，使用该方法时，应注意：正面场合和反面场合的数量越多，结论越可靠。如上例中，考察异常生长率的孩子越多，结论越可靠。另外，正反两种场合除不相同的那个情况以外，其他情况应尽量相似。因为这样才能更有力地表明那个不相同的情况就是被研究现象的原因。

(四) 共变法

1. 定义。如果每当某一现象发生一定程度的变化时，另一种现象也随之发生一定程度的变化，那么，这两个现象之间有因果联系。这种方法叫作共变法。

2. 图式。共变法的图式如下：

表 9–5

场合	先行条件				结果
	A	B	C	D	
1	A_1	B	C	D	a_1
2	A_2	B	C	D	a_2
3	A_3	B	C	D	a_3

例如，科学家通过化学分析，发现头发内含有大量的钙。精确的测定表明，心肌梗塞患者头发中的含钙量已降到了最低限度。假定一个健康男子头发含钙量平均为 0.26%，那么，一个患有心肌梗塞的男子头发的含钙量仅

仅只有 0.09%。随着心脏健康状况的变化，头发含钙量也相应发生变化的现象，使得科学家初步断定：心脏病的后果之一是头发含钙量的变化。因此头发含钙量可以表征是否患有心肌梗塞。在作出这一发现的过程中，科学家就运用了共变法的逻辑推理。

3. 特点。（1）定量研究。求同法、求异法和求同求异共用法都是从先行条件和被研究的现象的出现或不出现而定性地判明因果联系的。共变法却是从先行条件和被研究的现象数量上的依存关系来判明因果联系的。这是共变法较之上述三法的一大优点。

（2）对差异法的定量检验。共变法也从量的角度检验了差异法的结论，丰富了原有的认识，使结论更加可靠了。比如，通过差异法我们知道密闭管中液柱下落的原因，不是由于液体性质和管子性质等因素，而是由于大气压力的有无。在这个基础上，我们又通过共变法改变大气压力的大小，发现液柱高度相应地按一定数量关系变化。这样，就证实了差异法的结论，同时又用新的内容补充和丰富了原有的认识。

（3）不必消除任何现象。由于求同法、求异法和求同差异共用法，都是从先行条件和被研究的现象的出现或不出现来判明因果关系的，某些先行条件不出现的场合，往往是有意设置的，即人工地消除或回避某些先行条件。可是，对于那些自然界中大量存在的无法消除或不容易消除的现象来说，如温度、重量、体积等，这些方法就不能使用了。共变法则不然，它是在其余条件不变的情况下，通过研究某些现象数量上的变化关系进行研究的。因此，对于它，不必消除任何现象。这就使得共变法在那些不易消除或无法消除先行条件的场合里，获得了比另外三种方法特殊的效用。例如当需要判明物体的温度与体积间的因果联系的时候，我们不必消除或回避温度因素，只要应用共变法通过温度的升降了解温度与物体体积间的共变关系就可以了。

（4）差异法的变形。我们可以把共变法的一部分场合看作正面场合，而把共变法的另一部分场合看作反面场合。如上面心肌梗塞一例。这样共变法就可看作差异法的变形了。

4. 注意事项。鉴于上述特点，共变法是比较可靠的。但是，它也有其固有的某些局限性：同样忽略了诸先行条件之间的相互作用；忽略了结果对原因可能有的反作用；忽略了先行条件和所研究现象质的变化。为此，在运用共变法时，我们应注意如下事项：

（1）不要忽略任何有关的变化现象。应用共变法时，我们的着眼点是一个现象变化而另一个现象随之变化，前提是其余现象均应保持不变。但是，实际上，在某些具体场合，发生变化的未必就是一对现象。若存在着另外的变化现象，我们在进行推理时，就应当把这些变化的现象也估计进去。例如，我们对一个物体逐渐加热，但是，如果由于某种原因，物体受到的压力也在不断增大。那么，这个物体的体积将不是不断膨胀，而是不断缩小。在这种情况下应用共变法势必发生错误。为此，我们必须首先排除压力的变化才能运用共变法。

（2）应当注意两个现象间共变关系的限度。量变到了一定的度，会发生质变，在质变发生前后，两个现象间的共变关系通常是迥然不同的。比如当水的温度为 4℃以上时，是热胀冷缩，但降到 4℃以下时，水就要热缩冷胀了。因此，应当注意两个现象间共变关系的限度。

（五）剩余法

1. 定义。如果已知某一复合现象是另一复合现象的原因，同时又知前一现象中的某一部分是后一现象中某一部分的原因，那么前一现象的其余部分与后一现象的其余部分有因果关系。例如，居里夫人在研究沥青矿石中放射线元素特性的时候，她注意到沥青矿石所发出的射线要比它所含的纯铀所发出的放射线强许多倍。这是什么缘故呢？她进行了如下的推理：沥青矿石所发出的放射线肯定是它所含的放射性元素的放射线，现在已知沥青矿石所发出的放射线有一部分是纯铀的放射线，因此沥青矿石所发出的放射线之所以很强，可能与另一种未知的放射性极强的元素有关。正是按照这样的思路，不久，她发现了镭。居里夫人在这里运用的逻辑方法叫作剩余法。

2. 推理过程。复合现象 A、B、C、D 是复合现象 a、b、c、d 的原因，则

B 是 b 的原因，

C 是 c 的原因，

D 是 d 的原因，

所以，A 是 a 的原因。

海王星的发现是运用剩余法的典型事例。根据观察，人们发现天王星实际运行的轨迹与根据万有引力定律计算的数值有微小的偏离。根据剩余法，人们断定，一定存在一个对天王星有引力作用的未知星体。法国天文学家勒维耶首先计算出了这个未知星在预定时间的位置。1846 年德国天文学家伽尔果然如期在预定的位置上找到了这个星体——海王星。

另外，科学史上，冥王星的发现、x 射线的发现、钋的发现以及铷、铯、氦、氩等元素的发现，都运用了剩余法。

3. 特点。剩余法实质上是差异法的变形。在剩余法中，我们可以把只要某一复合现象出现就一定有另一复合现象出现的情况当作正面场合；而把只要复合现象不出现，则另一复合现象不出现的情况作为反面场合，这就是差异法了。所以，从根本上讲，剩余法是一种变形的差异法。因此，它具备差异法的一切固有的局限性。

四、关于求因果五法的基本评价

由于求因果五法深入到因果关系的探讨，因而比简单枚举法要深刻、精致得多。但它们的缺陷也还是明显的。

1. 或然性。求因果五法都是从个别寻求一般的方法。不论这五种方法的具体格式如何，它们都只是考察了关于研究对象有限场合下与先行条件的关系，并且得出的结果都是高度普遍性的，所以，它们本质上都属于归纳法，因而其结论统统具有或然性。

2. 简单化。使用求因果五法，统统需要以预先猜测到可能作为原因的先行条件为前提。不然这些方法都无法实际运用。但是怎样预先猜测到可能作为原因的先行条件呢？求因果五法不能对此提供任何帮助。例如当我们运用差异法判明“被蚊虫咬过，是患疟疾的原因”的时候，只要把蚊虫咬过的场合和蚊虫没有咬过的另一个场合一对照就行了，简单得很。可是，一个疟疾病患者的特殊情况多得很，你是怎么把蚊虫咬过列为先行条件的呢？显然，这只能依靠人们的背景知识，而无法求助于求因果五法。可见，求因果五法比较简单，实际上，确定因果关系要复杂很多。

3. 忽视理论的作用。由于预先猜测可能作为原因的先行条件需要有科学理论或背景知识的指导，而求因果五法没有把这一点考虑进去，所以它是忽视理论作用的。

4. 既累赘又不足。累赘是指共变法和剩余法实质上都是差异法的变形，没有提出实质上的新东西；不足是指赖德（G. Wriyht）又提出了另外两种求因果的方法：逆向契合法、双重契合法。这两种方法穆勒没有发现。

第 十 章

科学方法的应用：关于软科学

不论在各学术领域，还是在人类的日常生活中，科学方法都有极其广泛的应用。了解这些应用，乃至逐渐学会这些应用，对于提高公民的科学素质至关重要。为此，这里仅以“软科学”形式所体现的自然科学和社会科学的理论与方法的综合运用为例，大致窥见一下科学方法的应用。

一、何为软科学

（一）定义

自从1986年7月全国软科学研究工作座谈会以后，软科学受到我国党和政府的重视和有力指导。全国各地不同层次的软科学研究机构纷纷成立；一支由自然科学、工程技术、经济和社会科学工作者与管理人员共同组成的软科学研究队伍逐渐形成；我国软科学普及化、社会化的局面开始出现。

可是，什么是软科学呢？许多新兴学科，都是先工作，然后再讨论学科的定义。甚至工作做了许多，定义问题还迟迟未获解决。软科学就是这样的学科。“软科学”一词，最早见于日本1971年问世的《昭和四十六年版科学技术白皮书》中。该书这样定义软科学：“为了阐明因各种因素而复杂化的环境问题、都市问题等的政策课题，以前是在一定机构范围内个别进行的，并不十分完善，现在则从大范围出发，综合地、科学地进行，以信息科学、行为科学、系统工程等作为基础进行预测、规划、管理、评价等。这种新的科学技术方法称为软科学。"①目前，我国科学界有人提出："软科学是一门高度综合性的新兴科学，也可以说是一类学科的总称。它们综合运用自然科学、社会科学以及数学和哲学的理论和方法，去解决由于现代科学、技术、生产的发展而带来的各种复杂的社会现象和问题，研究经济、科学、技术、管理、教育等社会环节之间的内在联系及其发展规律，从而为它们的发展提供最优化的方案和决策。"②其实，上述两种意见可以共通，原则上是一致的。就是说，软科学是综合运用自然科学和社会科学的理论和方法，研究科学技术本身以及复杂多变的经济现象、社会现象的科学。正像硬科学并非一门独立学科而是一类学科的总称一样，软科学也是一类学科的总称，或称科学群，而非或至少现在尚未形成一门独立学科。软科学除了包括许多学科以外，一些多学科、跨部门的综合性研究，如全球问题研究、某地区综合治理的研究等，也统称为软科学研究。

软科学是相对于研究某种物质运动形式的物理学、心理学等"硬"科学而言的。在学科性质上，软科学一般只有交叉性和边缘性。在硬科学所构成的科学体系中，虽然没有它的位置，硬科学各类学科之间的协调和发挥作用，却少不了它。所以，在一定意义上，软科学可说是硬科学的应用科学。软科学的本质特征在于"软"。其主要表现如下：(1)研究对象的广泛性。软科学不限于研究某一自然现象或某一社会现象，而是以科技、经济、社会的相互关系及其发展规律为研究对象。这些研究对象往往是一个有大量相互作用因素的复杂系统。(2)研究方法的综合性。软科学不限于使用某门科学的理论和方法，而是综合运用全部自然科学和社会科学的理论和方法。它十分重视自然科学与社会科学的相互结合，定量研究和定性研究的相结合。(3)研究成果的韬略性。软科学的研究成果主要不是用于解释和说明，而是用于对策和行动，为具有战略意义和重大经济价值的社会、经济问题提供决策的理论依据，并且表现为方案、规划、办法等非物质性非知识性的成果形式。

---

① 转引自顾镜清《未来学概论》，贵州人民出版社1985年版，第531页。

② 夏禹龙等：《软科学》，知识出版社1982年版，第2页。

（二）划界

准确地理解软科学，除了从定义、特征入手以外，还应当注意它与有关学科之间的关系。对于软科学，有几种学科比较相近，尤其需要与之理顺关系、划清界限，以免混淆。软科学的研究对象具有哲学研究对象那样的广泛性，但其成果不具备哲学研究对象那样的广泛性和普遍性。相对于哲学而言，它是具体科学。像其他具体科学一样，软科学也要运用哲学的立场、观点和方法；软科学的研究课题及其成果，往往与领导、管理、决策的目的或过程有关，但不能把它归结为领导科学、管理科学或决策科学。确切地说，领导科学等只是软科学的几个主要分支学科；软科学是硬科学的应用科学，从这个意义上说，它是技术科学。按照钱学森先生的说法，是“软科学技术”或“社会技术”。但是，软科学和属于硬科学范畴的工程技术等应用科学存在性质上的不同。一方面，软科学不限于某一门具体科学的应用，而是对社会科学和自然科学的综合应用；另一方面，软科学的成果往往表现为方案、计划、办法等观念性的东西，而非物质性成果；软科学从整体上研究科学，十分关注全部科学研究工作的规划、组织、协调、管理和预测等课题。但软科学的研究范围远远超过了科学本身，它是以整个社会的科学、技术和生产的协调为着眼点的。所以，它包括而不能归结为科学学或科学论、技术论等。

二、软科学的内容与作用

（一）内容

从目前的研究状况看，软科学的学科内容尚未形成完整、严谨的体系。但软科学与硬科学毕竟有显著的区别，具有自身鲜明的特点。所以，它的学科内容不是任意的、无边无际的。一般地说，软科学主要包含如下内容：（1）管理科学。这是出现最早和最基本的软科学学科。它从管理的角度，把社会和经济当作一个系统进行研究、从中总结管理的思想、原理和管理的方法、手段等。（2）科学学。它是把科学技术当作一个系统，从总体上研究科学的性质、地位、结构、功能和发展规律。（3）系统科学。研究系统分析的理论和方法的科学。它包括系统论、控制论、信息论、协同学、突变论、耗散结构论以及运筹学等。(4) 预测科学。研究预测理论和预测方法的科学。软科学除了注重研究经济、科学、技术、管理、教育等社会环节的内在联系之外，还比较注重各环节的发展研究。所以预测科学是其重要的组成部分。基础预测科学有：未来学；应用预测科学有社会预测学、经济预测学、科学预测学等。(5) 领导科学、决策科学、战略科学、政策科学等。此外，还有许多相关学科，如人才学、社会心理学等。而应用数学和电子计算机则是软科学进行定量研究的基本工具。

（二）作用

软科学具有硬科学不能代替的重要作用。甚至在有些场合，软科学比硬科学更重要。这正如导演和演员的关系一样，导演的作用是举足轻重的。软科学的作用主要表现在如下两个方面：

1. 社会作用。第一，为解决重大的经济、社会问题提供咨询，促进经济和社会的发展。譬如，从 1983 年起，国务院经济技术社会发展中心组织数百名专家、学者和实际工作者，对“2000 年的中国”进行预测研究。经过两年多的时间，完成了 1 个总结报告、12 个分报告、17 个专题报告，对我国建设中国特色的社会主义，具有极为重要的指导意义。第二，它把科学引入决策过程，促进决策民主化和科学化。正如中央领导同志 1986 年在全国软科学研究工作座谈会上所说：“我们发展软科学研究，基本目的就在于促进决策的科学化和民主化，改变长期封建社会残留下来的旧的落后愚昧的决策意识和决策方法。树立新的科学决策意识和决策方法，对决策体制来一番改革，在人们的价值观上来一个新的突破。”这里，关于发展软科学基本目的阐述，其认识上的基本前提就是认定软科学具有促进决策科学化和民主化的作用。

2. 科学作用。第一，它引发科学问题，促使科学的新理论、新方法、新学科的不断产生；第二，它沟通各学科间的关系，促进科学的一体化。软科学所处理的问题，大多是综合性很强的问题，这些问题的解决，不仅具有实践上的价值，而且本身也是对科学上的贡献。这种贡献主要就体现在许多交叉学科、边缘学科、融汇性的理论和方法的产生，以及促进科学的一体化。随着大科学时代的飞快进步，随着科学—技术—生产一体化的全面形成，软科学的作用必定会与日俱增。

三、软科学的研究对象

研究方法与研究对象密不可分，双方各自内在地包含着对方，因此不能脱离研究对象孤立地理解和看待研究方法。一般认为，软科学研究对象就是“复杂的经济和社会问题”。不过，为了避免发生误解或歧义，这里，需要对“复杂的”这一限制词作以下几点解释：

（一）“复杂的”含有“决策中所遇到的”意思

软科学所研究的，不是一般的经济和社会问题，而是决策中所遇到的复杂问题。如一项社会实践前的规划、计划、方案、设想或可行性，实践过程中的组织管理和协调以及实践后的评估和总结等，是软科学和经济学、社会学等独立学科的重大区别之一。因为经济学和社会学等所研究的经济问题和社会问题，并不一定是决策中所遇到的，甚至主要不是决策中所遇到的，它们旨在通过经济和社会问题的研究弄清经济和社会等现象发展的规律性，没有明确制定为决策服务的目标。

（二）“复杂的”具有“综合性的”含义

软科学所研究的经济和社会问题往往并非仅仅与单一学科相关，而是广泛涉及多种学科。例如，三峡工程的可行性或工作方案问题，包括发电、防洪、水中施工、地质、运输、生态环境、人口迁移、经济、综合国力等。显然，它所涉及的学科是许许多多的。这也是软科学与社会学、经济学等学科的基本区别之一。后者的研究对象通常能够依赖单一学科解决，而前者则往往要依靠多学科的“综合”或“合力”来解决。

（三）“复杂的”还包含“多层次性”、“随机性”和“开放性”等种种含义

这是因为，软科学所研究的经济和社会问题，通常是一个系统，而这

一系统一般具有以下特点：(1) 它由若干子系统组成，而每一子系统又有自己的层次结构，此即所谓“多层次性”；(2) 构成系统和子系统的诸因素间的关系错综复杂，而且随时间变化而变化；反过来，某些因素的变化又会引起其他因素乃至整个系统的变化。此即所谓“随机性”；(3) 构成软科学研究对象的系统都不是孤立的，而是存在于复杂、广阔的社会背景之中。它们与外界之间每时每刻都在进行着永不停歇的物质、能量和信息的交换。此即所谓“开放性”。因此，钱学森认为软科学的研究对象是开放的复杂巨系统。上述软科学研究对象的情况直接决定了软科学研究方法的与众不同：软科学研究离不开已有各门自然科学和社会科学的理论与方法，但又不能归结为任何一门自然科学或社会科学的理论和方法。软科学必须依据研究对象的具体特点，灵活、综合地运用已有自然科学和社会科学的理论和方法，并且逐渐创造出适合于自身的一套行之有效的方法来。

四、软科学研究方法存在的主要问题

在我国多年来的软科学研究中，尽管相当多的研究人员能够掌握和正确运用基本的软科学研究方法，但是在研究方法方面不尽如人意的地方依旧存在。这主要表现为以下几种情况：

（一）方法缺席

一般认为，软科学的对立面是硬科学。其实，软科学和硬科学一起，还有一个共同的对立面，这就是“经验”。软科学作为一门为决策服务的新兴学科，是在传统的经验决策基础上诞生的。软科学对经验的超越或作为经验的对立面，内在地要求软科学在研究过程中一定要避免走单纯依赖经验的老路。严格说来，仅仅立足于经验基础上的所谓软科学研究乃是“伪软科学研究”，而“伪软科学研究”的存在虽然不多，但也还是有的。这种“研究”既缺乏必要的定量研究，又没有进行深入、扎实的定性研究，基本上没有自觉地运用自然科学和社会科学的理论和方法。

（二）方法肤浅

和其他科学研究相比，软科学研究有一个特殊性：一方面，软科学所面临的研究对象是多层次性的、随机变化的和开放性的，简言之是极其复杂的；另一方面，软科学为决策服务的目的又要求其研究结果应当具有切实的可行性和较强的可操作性。这种情况表明，软科学研究仅仅具有定性研究而无定量研究是不够的，至少称不上优秀的软科学研究。原则上，任何事物既有质的方面，也有量的方面。只有因为数学工具欠发达而暂时难以作出定量研究的情况，而决没有绝对不能进行定量研究的情况。鉴于定量研究所具有的精确、严谨、严密的优点，一切软科学研究应当尽可能在定性研究的基础上，进一步开展定量研究，并把二者恰当地结合起来。正因为这样，人们十分看重定量研究在软科学研究中的地位和作用，把定性与定量的结合视为软科学研究的基本特征之一。例如有人提出软科学研究要“软起步，硬着陆，软硬结合”。所谓硬，就是运用自然科学方法进行定量研究，以期获得硬结果，扎扎实实地解决实践问题。目前，在软科学研究中，缺乏定量研究甚至在数学工具已经具备、完全有可能进行定量研究而缺乏定量研究的情况还是比较常见的。这种“半截子研究”大大降低了软科学研究成果的效用性。此外，方法肤浅。还有一种突出表现，就是有些软科学研究对于某些方法的运用不到位，有点敷衍塞责。如在运用数学模型方法时，有的人对所研究系统及其构成因素的特征和彼此间的关系不做深入的研究和分析，就匆忙对系统内各主要因素的本质联系作出假定，并在此基础上建立数学模型，以至于由于定性分析过于简化而使数学模型严重失真。

（三）方法落后

软科学以决策中所遇到的复杂的经济和社会现象为研究对象，而与决策有关的经济和社会现象不仅复杂，而且也是日新月异、飞速向前发展的。这一点，理所当然地要求软科学的研究方法也应不断更新和发展。但是，在实际的软科学研究中，人们看到，方法落后的缺陷是大量存在的。许多研究者在研究方法上视野狭窄，不能把各门社会科学和自然科学的最新理论和方法及时地引进到软科学研究中来；至于根据研究对象的特点，有创造性地提出软科学研究新方法的情况就更加罕见了。

五、软科学研究方法改进的基本方向

上述软科学研究方法存在的问题应当引起高度重视。当前，为了尽快提高我国软科学研究的整体水平，软科学界应当着重从以下几个方面对软科学方法作出实质性改进：

（一）搞好课题组的结构搭配

首先，既然软科学对象是决策中遇到的复杂的经济和社会问题，而且以服务于决策为宗旨，所以一般情况下软科学研究尤其是重大软科学研究课题组应当吸收有关的行政长官参加；其次，软科学专家通常具有熟悉软科学方法、知识面宽、眼界开阔、思维活跃等特点，但同时也具有专业知识欠精、欠深等弱点，因此软科学研究课题组应尽量吸收“领域专家”参加，并且在数据统计、调查研究、典型分析等研究环节中充分发挥领域专家的用；第三，软科学课题组还应注意吸收相关领域不同学科的专家参加。软科学研究的对象具有复杂性和复合性，就软科学研究整体而言，它几乎涉及任何一门已有的科学学科；就某一项软科学研究而言，它所涉及的科学学科也极少有单一的。在这种情况下，研究人员如果对研究对象所涉及的学科缺乏必要的知识背景，就很难能够达到对研究对象有一个全面而深刻的认识。至于运用所涉及学科的最新理论和方法进行研究，就更难做到了。因此，为了保证软科学研究的顺利进展和达到较理想的水平，在组织课题组时，一定要注意吸收有关学科的专业人员参加，使得课题组人员的知识面和知识构成尽量覆盖课题所涉及的各主要学科。

（二）鼓励定量研究

前面我们说过，较之单纯的人文社会科学研究，软科学研究对定量研究的要求较高、较迫切。质言之，除了软科学的基础研究和某些特殊课题之外，对一般软科学研究而言，缺乏定量研究，算不上优秀的甚至是合格的软科学研究。这主要是因为：其一，任何事物的质的特征往往是由量的特征表现出来的，因而较之质的概念抽象，量的抽象能够更加具体、更加直接地反映客观事物，因此定量研究能使人们关于研究对象的认识更加具体化和深化，从而从根本上提高了定性研究的水准。其二，定量研究是适应和满足软科学研究成果可操作性的有效途径。既然如此，事先应该对软科学研究提出定量研究的明确要求；事后，则应当把有无必要的定量研究以及是否充分利用可能的数学工具进行较充分的定量研究，作为软科学研究评价的重要标准之一。

（三）普及系统科学方法

20 世纪中叶以来，自然科学发展的趋势之一是“向复杂性进军”。自然科学愈来愈重视复杂现象的研究，随之也就发展出了专门研究复杂现象的迥异于传统科学技术的系统科学。其中，系统理论包含以下四种类型：第一，工程控制论、生物控制论、神经控制论、经济控制论、社会控制论等控制论及其分支；第二，信号理论、编码理论、检测判决与估计理论、噪声理论、滤波器理论、抗干扰理论、图像识别理论等信息理论及其分支；第三，线性规划理论、博弈论、排队论、非线性规划、动态规划、图论、库存论、决策论等运筹学理论及其分支；第四，突变论、模糊系统理论等以数学为背景的系统理论和耗散结构理论、协同学等以物理科学背景的系统理论，以及一般生命系统理论、超循环理论等以生命科学为背景的系统理论等。正是在上述各类系统科学的概念、理论和技术的基础上，涌现出了一整套博大精深的系统科学方法。系统科学方法的核心环节是根据研究目的和研究对象的特点建立诸如结构模型、网络模型、状态空间模型、系统动力学模型、线性规划模型、投入产出模型和经济计量模型等系统模型，从而把对研究对象的定性研究深化为以数学和系统科学的理论、技术为工具的定量科学研究。所以，系统科学的方法是实现对复杂的经济、社会现象进行定性和定量相结合的研究的有效途径和工具，因而是软科学研究的主要方法。鉴于此，在研究对象确有需要的前提下，一项软科学研究是否恰当地运用了系统方法，将是衡量该项软科学研究水平高低的重要尺度。

（四）推广计算机仿真方法

近年来，伴随网络技术的迅速发展，计算机仿真方法日趋成熟、完善，并且得到日益广泛的应用。软科学研究应当不失时机地大力推广应用这一方法。因为对于软科学来说，该方法具有多方面的优越性。如它能使复杂的问题通过建立系统模型和设计相应的计算机程序大大简化；能根据决策目的设计多种方案进行比较，为实行决策最优化提供依据；能超越研究对象的时空限制，在计算机上实现对研究对象的模拟，完成通过其他方式很难进行的关于对象的跟踪研究或预测研究；立足于客观因素及其相互关系的研究，以及电子计算机严格、准确的运演，因而具有相当的客观性等等。应当说，计算机仿真方法为软科学研究提出了一个崭新的课题，也为软科学研究的兴旺发达展示了一片蓝天。软科学工作者应当下大力气尽快学会熟练运用计算机仿真方法，以使该方法迅速成为软科学工作者手中的锐利武器。

（五）支持软科学方法的创新

许多人认为，既然软科学是综合运用自然科学和社会科学的理论和方法，那么这就意味软科学没有、也不可能有自己独立的研究方法了。其实，这是一种误解。软科学不是自然科学，也不是人文社会科学，它以服务于决策中的复杂的经济和社会问题为研究对象，这种研究对象的独特性，决定了它在研究方法上的独特性。的确，软科学在学科分类上的交叉性、边缘性和综合性，使得它在相当多的情况下要综合运用已有的自然科学和人文社会科学的理论和方法。但是，这并不排除随着软科学研究的逐步深入和成熟，将会产生出一些专门适用于软科学的独立的研究方法。事实上，这种情况已经出现了，譬如我国著名科学家钱学森提出的“从定性到定量综合集成方法”，以及它的实践形式“定性到定量综合集成研讨厅体系”的方法论，就是一种典型的软科学研究方法创新。

第 十 一 章

科学方法应用的限度

一、科学主义与科学方法万能

自然科学方法在人文、社会领域乃至人类社会实践的各个领域具有十分广泛的应用，但是，必须清醒地认识到，科学方法的应用是有限度的。漠视其应用限度，夸大其应用范围，将不可避免地陷入科学主义的泥潭。

科学主义作为一种盲目崇拜和迷信科学的思潮，是自然科学发展到一定阶段的产物。

17—18世纪牛顿力学奇迹般的成功、随后自然科学势如破竹的进展，以及近代科学在工业上的大规模应用，促使一部分哲学家和思想家滋生了科学至上的心理。基于这种心理，盲目夸大科学和科学方法的作用，从不同的角度致力于运用自然科学改造哲学和人文、社会科学的事业，在许多哲学流派那里，成为一种时髦。诸如推行实证原则的实证主义、推行经验还原原则的马赫主义、推行逻辑分析原则的逻辑实证主义、推行实用原则的实用主义、推行否证原则的批判理性主义等等，就是其中的典型。也正是主要由这些哲学派别的共同推动，形成了人类思想史上蔚为大观的科学主义思潮。

显而易见，尽管科学主义思潮并不完全局限于哲学，但不论从思想的深刻性上看还是从社会影响上看，都可以断言，科学主义主要是一种哲学性质的社会思潮。基于此，可以认为，尽管反科学的人大都站在反科学主义一边，但反科学主义决不等于反科学。许多人是从爱护科学、实事求是地看待科学的立场反对科学主义的。那种试图把反科学的帽子扣在所有主张反科学主义者身上的做法是不正确的。

尽管科学主义的理论形态多种多样，但其基本观点是大致相同的。科学的本质是科学理性，而科学理性通常有三种最主要的内在和外化形态：一是方法，即将经验的、逻辑的和数学的方法融为一体的科学方法；二是知识，即既具有客观性内容又具有严密形式的科学知识；三是技术，即作为科学知识物化形态的以科学知识为基础的技术。相应地，唯科学主义的基本观点也主要有三点：(1) 科学方法的应用范围是无限的；(2) 科学知识优于其他任何知识，其客观性是绝对的；(3) 依靠科学技术科学能够解决科学技术的负面效应。其中，第一个观点处于核心地位。

大凡科学主义者或具有科学主义倾向的人都坚持认为科学方法的应用范围无限度，也就是说，在社会和人文领域中同样是通行无阻的。一些领域之所以不能应用或不能完全应用自然科学方法，其原因要么是科学方法本身还不够完善，要么是人们对这些地方的认识还有待继续深入。

例如，数学家和哲学家莱布尼茨曾经制订过一个雄心勃勃的计划，试图创造一种包罗万象的微积分和一种普遍的技术性语言，以便使人类的一切问题都得以解决。为此，他向人们反问道：为什么不能把数学语言和数学方法加以推广，以适用于所有的学科呢？哲学家霍布斯在其名著《利维坦》中指出，只有人脑的数学活动才产生有关物质世界的真正知识。数学知识是真理。实际上，我们只有以数学的形式才能把握物质的真实性。18 世纪杰出的数学家拉格朗日和拉普拉斯告诉人们：世界的进程完全由和谐的数学规律支配着，数学规律为每一件事安排一个自然的结果。实证主义的创始人孔德主张人们的一切知识必须通过观察和实验，反过来说，观察、实验方法是获得一切知识的正确途径。“除了以观察到的事实为依据的知识以外，没有任何真实的知识。”① 他指出，自然科学方法必然也是社会科学理论构造的方法论手段，他的理想乃是建立一种社会物理学。

中国近代史上的科学主义者说得更加明确。20 世纪 30 年代初，科学论战中科学派的主将丁文江说：“凡是事实都可以用科学方法研究，都可以变

① 洪谦：《西方现代资产阶级哲学论著选辑》，商务印书馆 1982 年版，第 27 页。

做科学，一种学问成不成为一种科学，全是程度问题。”① 为此，他说：“在知识里面科学方法万能；科学的万能，不是在他的材料，是在他的方法。”“我还要申说一句，科学的万能，不是在他的结果，是在他的方法。”② 科学派的主帅胡适认为：“我们也许不轻易信仰上帝的万能了，我们却信仰科学的方法是万能的，人的将来是不可限量的。”③ 心理学家唐钺说，“我的浅见，以为天地间所有现象，都是科学的材料。”④ “关于情感的事项，要就我们的知识所及，尽量用科学方法来解决的。”⑤ 上述言论所表达的，统统是言之凿凿的科学方法万能论。

现在，在中国思想界，公开主张科学方法万能的人不多了，但坚持科学主义立场的人关于科学方法万能的基本观点没有变。例如，最近在关于科学主义的讨论中，有人提出“对社会的研究日益可能成为科学”。这种不加限制地把对社会的研究推向自然科学、力图把对社会的研究统一到自然科学那里去的观点，其实质就是主张科学方法能够解决社会研究中的一切问题，是一种地地道道的科学方法万能论。它与当年丁文江所主张的“一种学问成不成为一种科学，全是程度问题”⑥ 没有什么两样。

正是由于科学主义者都这样那样地崇信科学方法万能，并把这一观点视为自己的中心观点，所以，一些关于科学主义的权威定义都异常鲜明地突出了这一点。例如：20 世纪著名古典自由思想家、诺贝尔经济学奖获得者哈耶克认为，“唯科学主义”即科学主义，“我们指的不是客观探索的一般精神，而是指对科学的方法和语言的奴性十足的模仿”⑦。《韦氏英语大词典》说，“唯科学主义”是指“自然科学的方法应该被用于包括哲学、人文学科和社会科学在内的一切研究领域的理论观点，以及只有这样的方法才能富有成果地被用来追求知识的信念”⑧。美籍华人郭颖颐在罗列了各种有代表性

① 张君劢等：《科学与人生观》，山东人民出版社 1997 年版，第 188 页。
② 张君劢等：《科学与人生观》，山东人民出版社 1997 年版，第 193 页。
③ 葛懋春等：《胡适哲学思想资料选》上册，华东师范大学出版社 1981 年版，第 313 页。
④ 张君劢等：《科学与人生观》，山东人民出版社 1997 年版，第 290 页。
⑤ 张君劢等：《科学与人生观》，山东人民出版社 1997 年版，第 274 页。
⑥ 张君劢等：《科学与人生观》，山东人民出版社 1997 年版，第 188 页。
⑦ ［英］F. A. 哈耶克：《科学的反革命》，冯克利译，译林出版社 2003 年版，第 6 页。
⑧ 刘明：《试论科学主义及科学主义批判》，《自然辩证法研究》1992 年第 5 期。

的唯科学主义定义后指出："更严格地说，唯科学主义（形容词是'唯科学的'，Scientistic）可定义为是那种把所有的实在都置于自然秩序之内，并相信仅有科学方法才能认识这种秩序的所有方面（即生物的、社会的、物理的或心理的方面）的观点。"①

二、科学方法在人文、社会领域中的应用限度

那么，自然科学在人文、社会领域中的应用限度究竟是怎样的呢？尽管问题的难度很大，但是，至少可以明确以下几点：

1. 自然科学方法原则上适用于一切求真活动。它是人们在追求自然界真理的活动中所发展起来的一整套认识方法，这套认识方法的核心是实验方法和数学方法的有机结合。实验、观察方法使得自然科学的研究能够在人工控制的条件下，较自如地搜集、分析经验事实和用经验事实检验假说与理论；数学方法使得自然科学研究能够从量的角度深化认识自然现象和自然过程的质，并且利用形式化语言提高了自然科学理论和假说的清晰性和可预见性。总之，自然科学方法使得自然科学所达到认识结果即自然真理具备了一定程度的内容上的确定性、形式上的精确性和融贯性、动态上的开放性以及功能上的有效性等等。基于此，可以毫不夸张地说，自从近代科学诞生的三四百年间，经过数代人的努力，尤其经过现代自然科学的洗礼，自然科学方法已经达到了相当发达、有效的地步。尽管自然真理和人文、社会领域的真理有一定的区别，但由于任何真理都包含经验与理论的对应和协调，因此可以认为，至少在原则上，自然科学方法适用于一切领域中的求真活动。诚然，这里的"真"是认识论意义上而非本体论意义上的。就是说，这里的"真"是指真理性的认识，而不是指与虚假与相对立的事实或存在。

2. 应对自然科学方法在人文、社会领域中的应用给予高度评价。可以说，它在人文、社会领域中的应用既有必要又有可能。其必要性主要体现在人文、社会领域里的研究对于自然科学方法的需要上，或者说，主要体现在

① 郭颖颐：《中国现代思想史中的唯科学主义》，江苏人民出版社1989年版，第17页。

自然科学方法对人文、社会领域里的研究具有积极作用上。例如，它可以缓解或消除人文、社会领域使用日常语言所带来的模糊、含混和歧义等弊端，使得人文、社会领域现象得到准确、全面和清晰的表述；可以从量的角度分析人文、社会现象和过程，进而提高人们对人文、社会现象和过程认识的准确性和深刻性；可以为人们在人文、社会领域里的活动提供操作性较强的行动方案；等等。其可能性则主要体现在求真是人文、社会领域研究的重要任务之一，为自然科学方法的应用留下了广阔天地。人文、社会领域里的求真活动主要有两种情况：一是该领域中相对独立于求善、求美等追求价值活动的求真活动。如经济学关于经济活动或经济现象发展规律的研究，历史学关于历史发展规律的研究，哲学关于自然界、社会和人类思维普遍规律的研究，等等。二是该领域里追求价值的活动中所渗透的求真活动。一般说来，真、善、美既有各自分工、彼此独立的一面，又有真是善和美的基础的一面。合目的性不可完全脱离合规律性，不合规律的目的是注定要落空的。因此，真是善的基础；合情趣性是以人的认识和掌握客观世界的规律并善于利用规律达到目的的实践活动在人与对象之间建立起审美关系为前提的。因此，从美的发展和起源看，真是美的基础。此外，就美作为历史的成果，作为一个客观对象看，美是客观真实、艺术真实和本质真实的统一，也是以真为基础的。善和美都建立在真的基础之上，因而不论求善还是求美都把求真视为自己的一个环节、一种成分。这种情况往往具体表现为：在追求善和美的活动中，渗透着某些求真的内容，如搜集事实、抽象概念、溯因求果、概括规律、建构体系和数量研究等等。

在这一事实前提之下，我们也应当肯定，科学主义积极推广应用自然科学方法肯定是有功绩的。他们的错误仅仅在于把这种应用搞过了头，企图包打天下，以至于走向了事情的反面。

3. 自然科学方法在人文、社会领域的研究中不可能占据主导地位。自然科学方法应用于人文、社会领域源远流长，可以说与自然科学诞生的历史一样久长。其间所取得的成就也极其巨大。但是，从根本上说，在人文、社会领域各学科的研究中，很少有自然科学方法已经占据主导地位的情况。政治经济学家一直激烈地批评数理经济学派漠视市场、商品和经济活动的本质，仅仅注重经济运动的形式和数量关系。应当说，这一批评对于数量经济学派说来是正中肯綮的。经济学科尚且如此，其他学科运用自然科学方法的情况就可想而知了。正如用放射性同位素测定文物年代在考古学中的地位一样，在各门人文、社会科学中，自然科学方法的应用基本上是从属性和技术性的。

那么，自然科学方法在人文、社会科学中的应用，将来是否有可能在越来越多的学科中，出现占据主导地位的情况呢？

显然，这一问题与自然科学方法自身的特点和局限性攸密相关。我们注意到，自然科学方法至少具有以下特点和局限性：

（1）自然科学方法注重和擅长定量研究。这是其优长之处，也是其局限性。因为它要求研究对象应当具有可计量性。而可计量的前提是无差别、同质性。这对于绝大部分人文、社会现象来说，是难以想象的。为此，至少截至目前，人文、社会现象绝大部分不能用实数来计量，即使能用实数计量，也未必是连续的。至于用微分方程和其他数学手段进行计量研究的情况就更加少见了。这样，自然科学方法的定量研究在人文、社会领域就受到了很大的限制。诚然，随着数学和自然科学的发展，人文、社会现象可计量的范围将会逐步扩大，而且，现代数学也已不限于数量，但是，从根本上说，人文、社会现象的主体部分是永远不可能具有形式结构的。因此，正如德国学者波塞尔所说："这里我们遇到了数学可应用性的根本界限，这是无法通过发明新的形式规则和结构来逾越的。即使我们变成了计算生物，即使我们生活在数字漩涡之中，甚至即使我们在干预世界的每一个方面都在开辟新的数学化的可能性，我们都必须承认，数学化只是人类生活的一部分，它无法离开历史的和创造性的生活而存在。"①

（2）自然科学方法注重经验性。这是其优长之处，也是其局限性。因为，它要求研究对象具有可观察之类的直接经验性，或具有可以还原为直接经验的间接经验性。说到底，自然科学方法乃是一整套对经验材料进行自组织以及在经验的基础上使理论得以自我改进的研究方法。自然科学方法对于人文、社会现象经验性的要求，显然过于苛刻，人文社会现象大量渗透人的主观意识、常常受人的主观意识的支配；并且，在许多情况下，人文、社会

① ［德］波塞尔：《自然之书——数学面对实在的可应用性问题》，《科学文化评论》2004年第2期。

现象本身就是不同形式的精神现象。这样，自然科学方法在人文、社会领域中的应用就遇到了难以克服的障碍。

(3) 自然科学方法在价值分析方面的局限更是突出。这里涉及两种情况：其一是对人文、社会现象所认定或所包含的价值判断的技术处理；其二是如何介入人文、社会现象价值判断的选择或修正。就第一方面而言，人文、社会现象所认定或所包含的价值判断的存在常常受到或久或暂、或隐或显的众多社会因素的影响；在这一价值判断引导人的行为时，又受到人的个性、偏好、情绪等大量因素的干扰。因此，运用自然科学方法对人文、社会现象所认定或所包含的判断的处理就显得格外棘手。就第二方面而言，自然科学方法通常是无能为力的。譬如，在制定某项政策时，是选择公平优先，还是选择效率优先？若要两者兼顾，又怎样配置其关系？解决这样的问题，依靠自然科学方法恐怕是难以奏效的。

鉴于上述局限都是自然科学方法所固有的，难以跨越和克服，所以，自然科学方法在人文、社会领域各学科的研究中占据非主导地位的情况，是难以改变的。

三、充分认识科学方法万能的危害

一些人对于强调科学方法应用的限度、批判科学方法万能不理解。认为在人文、社会领域里尽可能推广应用自然科学方法既有利于解决人文、社会领域里的问题，又能反过来扩大自然科学的疆域、促进自然科学的发展，有百利而自无一害，何错之有？其实，事情恰恰相反。既然人文、社会领域各学科都各具有自己相对独立的研究方法，而自然科学方法在其中的作用仅只是辅助性的，那么，不分青红皂白硬要把自然科学方法扩大到人文、社会领域的一切方面，或者说一切人文、社会领域的问题都企图交由自然科学方法来解决，其结果只能越俎代庖、适得其反。不仅无助于解决人文、社会领域中的问题，反而会对人文、社会领域各学科的发展起阻碍作用。进一步讲，这种推广应用，也会败坏自然科学的威信，阻碍自然科学的健康发展。大量事实证明，自然科学方法对人文社会领域各学科的独立研究方法的僭越行为，的确会给人文、社会领域各学科的研究带来某种恶劣后果：轻则诱导研究者仅仅关注搜集实例、考辨细节，而相对忽视对基本理论问题的发现与研究。如胡适及其一批追随者，由于科学方法万能思想作祟，以致在一定程度上影响了他们在学术上的建树，使得他们在中国通史、断代史或思想史、哲学史等学术领域，极少发表具有整体或宏观意义上的论点或论著，却多半表现为一些细枝末节的考证、翻案、辨伪等，就是明显的一例；重则诱导研究者不顾人文、社会科学现象的特点，执意按照自然科学方法的框框剪裁事实、编制规律，以致捕风捉影、牵强附会，陷入谬误而不能自拔。如在20世纪80年代，中国有的学者把系统论的方法引入历史研究，虽然取得一定成绩，但由于过分夸大系统论方法的作用，最终仍不免以失败告终。以至于有学者尖锐地批评说，用系统论来解决中国历史会对中国历史和意识形态产生很多歪曲。他们所建立的诸如"变法效果递减律"等等一些历史规律并不是什么规律，其中掺杂了很多主观曲解的成分，是很没有说服力的。[①] 科学方法万能论的危害已经或正在被学界逐步认识。较早对科学主义展开系统批判的哈耶克尖锐地指出：自19世纪上半叶科学主义诞生以来，"在大约一百二十年的时间里，模仿科学的方法而不是其精神的实质的抱负虽然一直主宰着社会研究，它对我们理解社会现象却贡献甚微，它不断给社会科学的工作造成混乱，使其失去信誉，而朝着这个方向进一步努力的要求，仍然被当作最新的革命性创举向我们炫耀。如果采用这些创举，进步的梦想必将迅速破灭。"[②] 总之，我们批判科学方法万能论，并不是一概否定或反对自然科学方法在人文、社会领域里的应用，而是试图指明这种应用是十分有限的。所谓社会科学奔向自然科学的潮流，就人文、社会科学的全局而言，过去是支流，现在是支流，将来也不可能成为潮流。这就意味着，对于自然科学方法的推广应用，正确的态度应当是既积极、又慎重，不任意夸大自然科学方法的作用，不满足于套用术语或理论内容的简单置换，而是力求通过严谨的研究取得实质性的学术进展。例如在某些人文、社会领域的研究中恰当地运用数学模型方法进行定量研究，是提高理论的清晰性、深度和预见性的需要，应当受到鼓励。但是，必须清醒地认识到，数学模型的建立不可能脱

---

① 朱耀垠：《科学与人生观论战及其回声》，上海科技文献出版社1999年版，第420页。

② ［英］F. A. 哈耶克：《科学的反革命》，冯克利译，译林出版社2003年版，第4页。

离运用人文、社会科学方法所进行的定性分析。没有基本的定性分析，数学模型的真正含义就很难得到正确的说明。因此，定性分析是定量分析的前提和基础，定量分析是定性分析的补充和发展，只有将二者摆正位置，有机结合，才能达到预期的目的。

第三编

科学思想的普及

本编共设六章，旨在从科技哲学的角度对科学思想的各个侧面作出理论分析。第十二章，新中国科技意识发展的回顾与前瞻。科技意识是科学思想的核心组成部分，本章从科技意识入手，向读者展示科学思想的一个重要侧面。文章指出，新中国占主导地位的科技意识主要经历了三个阶段：一是直接联系论；二是科学技术是生产力论；三是科学技术是第一生产力论。“文革”期间四人帮曾讲“科学技术是上层建筑”。文章对这四个方面作了辨析并指出，今后科学技术除了在生产力发展方面继续发挥主导和核心作用以外，还会在社会的体制建设方面、人的价值观方面、道德规范、思维方式、审美情趣和宗教信仰等文化建设方面，发挥越来越重要的作用。第十三章，“科学技术是第一生产力”与“人的因素第一”。上一章介绍，我国的科技意识主要围绕科学与生产力的关系展开。随着“科学技术是第一生产力”的科学论断深入人心，一些人不禁对此提出了疑问。历史唯物主义一向重视劳动者在生产力中的主导作用，强调“人的因素第一”。那么，如何理解“科学技术是第一生产力”？这个问题必须作出回答。本章对这个问题作了深入的分析，指出两个“第一”的视角不同，而且互相贯通，有内在的统一性。第十四章，超越“生产力科学技术观”。本章以主流科学技术观为视角，介绍了我国科学思想的演变及局限，并对未来的科学思想的重建提出理论上的指导。文章指出，新中国成立以来，我国的主流科学技术观主要经历了三个阶段且都属于功利主义科学观的范畴。功利主义科学观有其自身的优点，但局限性也十分明显。本章在分析其局限性的基础上，提出了重塑“中国主流科学技术观”的若干建议。第十五章，科学自主性思想的普及。普及科学思想，科学自主性当成为其重要内容。本章从科学自主性方面入手，向读者展示科学思想的深刻内涵。文章首先提出科学自主性是科学思想普及的重要内容，纠正了人们长期以来对科学自主性理解的偏差及实践上的失误，为我国今后的科普工作指出了方向。第十六章，科学发展的加速律。科学思想的内涵十分丰富，科学发展的加速律就是科学思想的重要侧面之一。本章从这个侧面入手，向读者展示科学思想的丰富内涵。本章首先介绍了科学发展加速律的含义，从事实与理论两个方面证实了加速律的客观存在。其次介绍了加速律的表现形式，并对其理论意义作出了深刻的分析。第十七章，科学发展的重心律。诚如前文分析，科学思想有多个侧面，科学发展的重心律亦是其重要侧面之一。本章从重心律的含义、表现形式及意义三个方面向读者介绍了这一重要概念。

总之，本编紧紧围绕科学思想的各个侧面展开，对科学思想的普及意义重大。

第 十 二 章

新中国科技意识发展的回顾与前瞻

科技意识是科技思想的核心组成部分，它凝结着人们关于科学技术的本质、发展规律及其在社会发展中地位和作用的根本看法，因此，一个国家占主导地位的科技意识的状况如何，对于政府如何制定科技发展的政策和方略，对于民众支持和参与科技发展的态度与热情，以及对该社会科技功能实现的状况，必定具有重大影响。基于此，探索提高中华民族科技意识水平的途径和措施，乃是一件值得花气力去做的事情。

从科技与生产力关系的角度看，半个世纪以来，新中国占主导地位的科技意识大致经历了三个主要阶段：一是科学技术与生产力“直接联系论”；二是“科学技术是生产力论”；三是“科学技术是第一生产力论”。在第一、二两个阶段之间，还穿插了一段“文化大革命”中“四人帮”炮制的“科学技术是上层建筑论”。这里，我们将按照以上线索，对新中国科技意识的发展，予以扼要回顾与前瞻。

一、科学技术与生产力“直接联系”论

自 1949 年至 70 年代中叶的 20 多年间，我国的科技意识基本上处于科学技术与生产力“直接联系论”阶段。

“直接联系”论的表现很多。其中，在著名哲学家、中央党校前副校长艾思奇主编的《辩证唯物主义历史唯物主义》一书中表现得尤为集中和典

型。该书系50年代末由中共中央书记处委托艾思奇组织中央党校和全国一批知名哲学家集体编写的一本高等学校哲学教科书，流传广泛，影响巨大。写进该书的科学论观点无疑是1949年以来中国共产党科技意识的系统总结和高度概括。

该书对科学的看法主要有如下几点：

1. 科学是一种知识体系形态的社会意识形式。它适应人们实践的需要、生产和阶级斗争的需要而产生，是观察和实验知识的概括和总结。

2. 和其他社会意识相比，科学具有一系列个性：自然科学的发展具有明显的继承性，自然科学的发展与生产具有直接的联系，自然科学来源于生产经验并为生产服务；自然科学本身没有阶级性；自然科学工作和科学工作者是有阶级性的；社会科学和自然科学不同，具有鲜明的阶级性。

在以上的要点中，最关键的是两条：其一是，科学是一种知识体系形态的社会意识形式。它表明了作者忽视科学的社会属性、技术的源泉属性，而仅仅局限于知识体系形态理解科学的传统观念。其二是自然科学的发展与生产力具有直接的联系。其具体内容是：自然科学是人类生产经验的总结，自然科学是为生产服务的。它表明了作者对科学发展的基本动力和科学的基本社会功能的看法。

不过，尽管作者有意识地把科学与生产力直接联系起来，但是，他们始终是把科学与生产力的分离作为前提来看待这一直接联系的。就是说，作者把这种联系严格地限制在了科学对生产和生产力有重要影响的范围之内。我们把这种关于科学与生产和生产力关系的观点称为“直接联系论”。

中国之所以在“文化大革命”前长期滞留于“直接联系”论的此岸，而不能到达“科学是生产力”的彼岸，主要原因有二：

一是受苏联的影响。新中国成立不久，毛泽东就向全国发出认真学习苏联先进经验的号召。尽管50年代后期，中苏关系发生破裂，但苏联在理论和实践上的许多观点和做法仍然对中国具有重要影响。其中包括苏联理论界有关科学的性质和作用的观点。苏联曾长期坚持自然科学与生产力“直接联系”论，迟迟不承认科学是生产力。以致苏联学者80年代初还感慨万千地抱怨说：“马克思关于科学作为社会普遍生产力的思想，不知何故过去没有引起应有的重视，如今在论述上述问题的著作中已开始提及。”①

二是中国科学技术的成就及其对中国社会施加影响的局限性。

1949年以后，在旧中国十分薄弱的基础上，中国的科学技术发生了翻天覆地的变化。但是，和发达国家相比，依然有相当大的差距。中国的科技水平不高，对经济和社会发展的威慑力也不够。此外自50年代末至70年代初，由于政治上的原因，中国对许多发达国家如火如荼地进行的新技术革命又处于一种半封闭状态。因此，在实践中，科学技术作为生产力的面貌对于中国人似乎还是犹抱琵琶半遮面。在这种情况下，由于缺乏感性体验，中国忽视经典作家关于科学是生产力的论断而长期囿于直接联系论的认识水平，也就不足为奇了。

“直接联系”论把科学视为一种特殊的社会意识形式，没有将其纳入上层建筑范畴。同时，在一定程度上，承认了科学对生产和生产力的作用，这是其明显的合理性。但是从根本上说，这一观点毕竟与马克思主义经典作家的本意有一定距离，而且未能充分反映20世纪以来科学技术的发展以及科学技术与社会关系的事实。因此，它不可避免地存在种种缺陷。总的看来，这些缺陷主要是：

1. 不能客观而充分地评价科学在社会发展中的地位和作用。和“科学是生产力”的论点相比，科学与生产和生产力有直接联系的观点，片面地把科学定位于社会意识的层面，因而，尽管它承认科学与生产和生产力有直接联系，但这种“直接”是可以或很容易大打折扣的。它低估了科学作为生产力对社会和经济发展所具有的关键性推动作用。

2. 夸大了科学技术对于经济生产在来源上的依赖性，对科学技术的相对独立性有所忽视。科学技术不仅来源于生产，是生产经验的总结，而且还是科学技术理论体系内部矛盾运动的结果，“直接联系”论片面强调科学技术来源于生产，难免导致忽视基础研究、科学研究的国际交流、科学技术的独立发展等弊端。

3. 影响了对科学研究的劳动性质和科技工作者社会地位的客观评价。局限于社会意识的角度看科学，就把科学与纯粹的精神现象等同起来了。事

① ［俄］C.P. 米库林斯基：《社会主义和科学》，史宪忠等译，人民出版社1986年版，第41页。

实上，科学研究具有以科学实验为核心的明显的实践本性，它是人类实践活动的基本形式之一；同时，它和技术的有机联系也使得它具有物质性的一面。粉碎“四人帮”以前，人们之所以把科学研究当作与物质生产迥然不同的精神性、消费性事业，将其与教育和文化相提并论（“科教文”），而把科技工作者排除在劳动者行列之外，这是与“直接联系”论的科技意识有直接关系的。

4. 给“科学技术是上层建筑”论的滋生留下了隐患。把科学作为一种特殊的社会意识形式，这本来也是有一定道理的。但是，这里的关键是如何理解其“特殊性”？如果科学被人为地抹上一定的阶级色彩，就会发展到“科学是上层建筑”的地步了。事实证明，“直接联系”论为日后“四人帮”的“科学技术是上层建筑论”的滋生留下了隐患。

二、“科学技术是上层建筑”论

“文化大革命”期间，“四人帮”提出了许多荒谬的观点。与科技工作有关的最突出的一个错误观点就是把科学技术列入上层建筑。他们宣传这个观点是连篇累牍、不遗余力的。最典型的就是“四人帮”的写作班子在1976年第3期《红旗》杂志上化名“池恒”发表的文章《从资产阶级民主派到走资派》。该文一开头就说：“伟大领袖毛主席亲自发动和领导的回击右倾翻案风的伟大斗争，正在教育、科技、文艺等上层建筑的各个领域健康地发展。批判的锋芒直指提出‘三项指示为纲’那个党内不肯改悔的走资本主义道路的当权派。”

把科学技术列入上层建筑，既歪曲了科学技术的本质属性，也违背了历史唯物主义的基本精神。

首先，从阶级性上看，科学技术与上层建筑具有根本的不同。上层建筑具有鲜明的阶级性，而科学技术是没有阶级性的。科学技术研究的是自然界存在和发展的客观规律。这种客观规律存在于人们的意识之外，不以任何阶级的利益为转移。同时，科学技术知识的确定都是要经过科学实验和生产实践检验的。这种检验是极为客观和严格的。因人而异的检验是为科学所排斥的。因此，科学技术知识既可以为不同的阶级所发现、认识、掌握，也可为不同的阶级利用。

其次，与经济基础关系的不同，也把科学技术与上层建筑严格区分开来了。从内容上说，科学技术不是经济基础的反映，也不直接反映经济基础的要求。它是与物质生产直接衔接的。而上层建筑则直接与经济基础相联系，直接反映经济基础的要求。此外，与上层建筑随经济基础的变化而变化不同，自然科学的发展变化也不直接受经济基础变化的影响。或者说，经济基础的变化并不立即地、直接地通过自然科学的发展变化反映出来。科学技术的发展主要是依靠它内部的逻辑矛盾和物质生产需要的合力而推动的。

整个“文化大革命”期间，作为一种带有强烈政治色彩的科技意识，“科学技术是上层建筑”论起了很坏的作用，它成为“四人帮”在科技领域推行极左路线的理论基石。许多自然科学理论被无端地作为资产阶级反动理论受到批判和排斥，如相对论被认定为“相对主义”，遗传学被诬蔑为“20世纪以来流毒很广的最反动的资产阶级自然科学理论体系之一”，现代宇宙学被批判为“在唯心论和形而上学资产阶级影响下，自然科学这株大树的杈丫上生长出来的一朵盛开的却不结果实的花朵”；无数科技工作者被打成牛鬼蛇神，失去从事科学研究和人身的自由；大批科研机构被撤销、实验设备被拆散；拒绝吸收发达国家的先进科技成果；诸如此类的“左”的做法和形形色色的荒谬观点，无不与“科学技术上层建筑论”强行把阶级性赋予科学技术工作和科学技术成果直接相关。为此，有学者尖锐地指出：“四人帮”破坏我国科学技术事业所散布的一切谬论，都在“科学技术是上层建筑”论那里找到了“理论根据”。

三、“科学技术是生产力”论

“科学技术是生产力”这个马克思主义观点，最早引起中国马克思主义者的重视，是“文化大革命”后期“全面整顿”中的事。

1975年7月初，中央批准了国务院关于中国科学院要整顿、要加强领导的报告，并决定委派干部，充实中国科学院的领导班子。国务院指示：科学院要抓紧进行整顿，尽快把科研搞上去，不要拖国民经济的后腿。经过调查研究之后，一个月内要将中科院的整顿方案向党中央和国务院作出汇报。

正是根据这一指示，新的中国科学院领导班子经过广泛深入的调查研究写出了一份名为《中国科学院工作汇报提纲》的报告草稿。报告内容包括：新中国成立以来我国科技工作的成绩；我国科技工作的领导体制；全面贯彻毛主席的科技路线；知识分子政策；科技十年规划轮廓的初步设想；中科院院部和直属单位的整顿问题等等。在全面贯彻毛主席的科技路线部分里，以十条领袖语录的形式，讲了十项科技工作的指导原则。其中第二条就是“一定要在不远的将来赶上和超过世界先进水平。科学技术是生产力，科学技术这一仗一定要打，而且必须打好”。科学技术是生产力的观点就是这样出现的。报告写好后，向国务院领导作了初步汇报。邓小平副总理听取汇报时作了一系列指示。其中第一层意思就是：肯定“科学技术是生产力”和科技人员是劳动者，强调了科研工作的重要性。他说：科技人员是不是劳动者？科学技术叫生产力，科技人员就是劳动者！如果我们的科学研究工作不走在前面，就要拖整个国家建设的后腿，科学研究是一件大事，要好好议一下。后来，这个文件未来得及发表，“四人帮”就掀起了所谓“批邓、反击右倾翻案风”运动，这个马克思主义的观点也就未能及时与广大人民群众见面。

1978 年，邓小平在全国科学大会开幕式上的讲话中重申科学技术是生产力的观点，并且理直气壮、酣畅淋漓地作了全面阐发。重申并全面阐发马克思关于科学技术是生产力的观点，在当时特定的历史条件下具有极其重大而深远的历史意义。这主要表现在如下几方面：

（一）为科学技术正名，为“科学技术是生产力”的观点平反

整个“文化大革命”期间，在“科学技术是上层建筑”论的制约和束缚下，我国科学技术事业受到冷落、排斥和破坏。粉碎“四人帮”以后，我国社会主义革命和社会主义建设进入新的发展时期。工农业生产迅速恢复和发展，国民经济出现了一个喜人的跃进局面。在这种情况下，迫切要求为科技正名，增强人民的科技意识，动员全国各族人民向科学技术现代化进军。在科学大会上，邓小平讲马克思主义道理，摆鲜明生动的事实，把科学技术是生产力的观点讲得非常透彻。这样，科学技术的性质、地位和作用就获得了准确的定位，从而使全国人民有了一个较为正确的科技意识。

（二）为解放知识分子提供了有力的理论依据

在相当长的一个时期内，知识分子是划归资产阶级、小资产阶级范畴的。尤其是50年代后期开始，社会上轻视知识、轻视知识分子之风盛行，严重影响了我国社会主义建设的步伐。

在知识分子问题上，我们党也同“左”的错误倾向进行过反复的斗争。在1956年知识分子问题会议上和1962年科技工作会议及文艺工作会议上，我们党都曾明确地宣布知识分子不是资产阶级而是工人阶级的一部分，而且在实践上也都在一段时间内和一定程度上限制或纠正了“左”的错误。

和以前的斗争相比，这次全国科学大会对知识分子阶级属性问题的解决彻底多了。过去，提出知识分子是工人阶级的一部分，主要依据事实，即从旧社会过来的知识分子世界观已经有了很大进步，新中国成立后培养起来的知识分子也占了相当比重等，而没有注意寻求合理的理论根据，因而根基不牢。这一次全国科学大会提出知识分子是工人阶级的一部分，是以重申马克思关于“科学技术是生产力”的观点为前提的。承认了科学技术是生产力，就应当承认科学研究是一种与体力劳动具有同样重要性，甚至更重要的劳动，进而就应当承认科技工作者与工人阶级同样是社会主义建设的主力军。这样，认定科技工作者乃至全体知识分子是工人阶级的一部分也就顺理成章了。

总的看来，“科学技术是生产力”既成功地实现了对科学技术与生产力“直接联系论”的超越，更有力地实现了对“科学技术是上层建筑”的拨乱反正。它取消了极左势力强加在科学技术理论身上的阶级属性，摆正了科学技术和经济的关系，突出了科学技术在社会发展中的形象和地位。因而，不仅在动员和组织全国人民树雄心、立壮志，向科学技术现代化进军的宏大事业中建立了不朽功勋，而且为我国新时期制定发展科学技术的基本方针和政策奠定了理论基础。

四、“科学技术是第一生产力”论

在“科学是生产力”的观点提出10年之后，1988年，邓小平又提出了“科学技术是第一生产力”的观点。1988年9月5日，邓小平在接见捷克斯洛伐克总统胡萨克时，首次公布了他的“第一生产力论”思想。他说：“世界在变化，我们的思想和行动也随之变化。……马克思说过科学技术是生产力，事实证明这话讲得很对。依我看，科学技术是第一生产力。”[①] 几天之后，邓小平在听取一次工作汇报时又说：“马克思讲过科学技术是生产力，这是非常正确的。现在看来这样说可能不够，恐怕是第一生产力。”[②] 之后，他又多次谈及了“科学技术是第一生产力”这一重要论断。

不久，1991 年 5 月中国科学技术协会第四次全国代表大会高度评价邓小平关于“科学技术是第一生产力”的论断，并确认该论断作为中国新时期科技工作以及包括实现第二步战略目标在内的现代化建设的指导思想。至此，“科学技术是第一生产力”开始成为中国最新的科技意识。

第一生产力论成为中国的最新科技意识不是偶然的，而是有着广阔的社会历史背景的。其中，最主要的是如下两点。

（一）新科技革命潮流的历史必然

新科技革命源于世纪之交的物理学革命。70 年代以后，科学技术的各个领域渐趋活跃。不久，便以信息技术为龙头，在生物技术、材料技术、能源技术、空间技术、海洋开发技术等方面，兴起了一场世界性的全方位的科技革命高潮。这场科技革命使得世界各国在不同程度上都受到了一次现代化或后现代化的洗礼，已经或者正在从根本上改变人们的物质生活、社会生活和精神生活。由此，越来越多的人认识到，当前“知识生产力已成为生产力、竞争力和经济成就的关键因素。知识已成为最主要的工业，这个工业向经济提供生产所需要的重要中心资源”（彼得·德鲁克语）、“信息已经成为绝顶关键的因素了”（托夫勒语）、“科学技术之间的相互依赖关系日趋密切，使科学变成了‘名列第一的生产力’”（哈贝马斯语）。

（二）社会主义国家面临挑战和机遇的历史必然

80 年代以来，社会主义各国的形势发生巨变。只有少数国家依然高举

① 《邓小平文选》第三卷，人民出版社 1993 年版，第 274—275 页。
② 《邓小平文选》第三卷，人民出版社 1993 年版，第 274—275 页。

社会主义大旗。和20世纪上半叶社会主义的兴盛相比，20世纪下半叶，社会主义开始面临严重的挑战。挑战之一即是和各主要资本主义国家横向比较，社会主义国家经济发展的水平以及综合国力的状况不能令人满意。造成这种现象的原因很多，其中十分重要的一点是：发展战略上看，社会主义国家没有把经济建设与社会主义发展很好地和新科技革命结合起来，甚至在一定程度上游离其外。改革开放前的30年间，中国长期陷于连绵不断的政治运动旋涡，而较少留意新科技革命，即是典型的一例。

与此形成鲜明对照的是，许多资本主义国家一直高度重视和发展科学技术，竞相发展高科技产业，甚至不惜巨额投资，纷纷实施诸如“星球大战计划”（美国）、“尤里卡计划”（欧洲）、“人类新领域研究计划”（日本）等战略计划。这场全球性的新科技之争，实质上是一场没有硝烟的“和平的战争”。无论哪个国家，谁在这场战争中落后，谁就有可能在经济上受制于人、在军事上被动挨打、在政治上成为强权政治的附庸。

很明显，社会主义国家摆脱困境的出路之一即是，重新明确对科学技术的认识，实事求是地估价科学技术在社会主义经济和社会发展中的地位和作用，抓住机遇，迎接挑战，大力发展科技，积极参与这场新科技革命，把新科技革命和社会主义经济建设及社会发展紧密结合起来。怎样实事求是地估价科学技术在社会主义经济建设和社会主义发展中的地位与作用呢？说到底就是要正视和承认科学技术是第一生产力的事实。

“科学技术是第一生产力”具有丰富的内涵。如果立足于中国当前的现实来理解，其内涵主要包括如下几点：（1）从社会主义建设的根本任务的角度说，该论断在肯定社会主义建设的根本任务是发展生产力的基础上，进一步指出，发展生产力的首要任务是发展科学技术。（2）从当前中国正在进行的现代化事业的角度说，该论断进一步肯定：四个现代化的关键是科学技术的现代化；要充分重视和发挥科学技术在国民经济中的先导作用；追赶世界先进水平必须从科学和教育入手。（3）从科学技术发展战略的角度说，该论断提醒人们：高科技是现代科学技术的龙头，因而必须优先发展高科技、实现高科技的产业化；现代科技要求现代化的科学体制与之相匹配，因而，为了高速发展科技以及最大限度地解放科技生产力，必须注重改革科技体制和经济体制。（4）从人才的角度说，一方面该论断表明，科技工作者是第一生产力的主体，因而是社会主义建设的先头部队；另一方面，该论断表明，现代劳动者应当是掌握一定科技知识的劳动者，因而必须加强全社会的科技教育，努力提高劳动者的素质。

总之，较之“科学技术是生产力”，“第一生产力”论更进一步地概括和总结了第二次世界大战以来，特别是七八十年代世界经济发展的新趋势和新经验，更准确地反映了科学技术在现代经济和社会发展中的核心地位和关键性作用。它在理论上丰富和发展了马克思主义关于科学技术和关于生产力的学说；实践上，则为引导全国人民实施科教兴国战略，实现第二步战略转移即把经济建设转移到依靠科技进步和劳动者素质提高的轨道上来，提供了坚实的思想基础和巨大的精神力量。可以相信，这一科技意识已经融入正在形成中的社会主义新文化之中，在中国人民为建设中国特色的社会主义伟大事业中，将发挥越来越重要的作用。

有了“科学技术是第一生产力”，中国的科技意识是否就发展到顶峰了呢？如果不是，中国科技意识未来发展的前景如何？这个问题十分复杂，本质上是对科技意识发展的预测。这里只对此谈点个人看法。

1.“科技是第一生产力”的宣传教育有待继续强化和普及。一种观点或思想是否真正成为人们的科技意识，关键不在于它是否被人们所了解或被人们口头上所接受，而是看它是否在人们的头脑中深深扎下根来，成为人们行为上的指南。用这个标准衡量，应当说，“科技是第一生产力”距离真正成为中国社会大多数成员所拥有的科技意识，还有相当的距离。目前，在现实生活中不难看到：不少单位和地方仍然把追加资金、劳力和原材料视为发展生产最有效、最现实的手段。据调查，中国多年来一直维持着一种高投入的增长方式，总投资占国内总支出的比例长期徘徊在 35% 至 43.4% 之间；而且投资的增长大大超过 GDP 的增长，全社会固定资产投资年度增长率 1981—1991 年为 22.9%，1991—1995 年为 34.7%，而 GDP 的年均增长率 1981—1991 年为 10.2%，1991—1995 年为 11.1%。① 这种严酷的现实与口头上、理论上的“科技是第一生产力”是极不相称的；一些人十分迷信和崇拜

① “中国社会发展研究”课题组：《中国改革中期的制度创新与面临的挑战》，《社会学研究》1997 年第 1 期。

权力，在他们眼里，权力和有权力的人才是第一生产力。发展生产，关键是运用手中的权力或寻求权力的保护；一些领导干部，则往往由于急功近利等缘故，自觉不自觉地否定科技是第一生产力。例如，有些人总是把那些短期内足以显示政绩的所谓“贴金工程”之类的事情排在第一位，至于科技工作，基本上仍然处于“说起来重要，做起来次要，忙起来不要”的尴尬境地。这些情况表明，要使科技是第一生产力真正成为全民科技意识，在大力推进政治、经济体制改革的同时，有关科技是第一生产力的理论研究和宣传教育工作有待继续强化和普及。

2. 未来的科技意识将朝着增加社会和文化内涵的方向发展。科技意识的状况首先与科技自身发展的状况密切相关，此外，它还受到社会发展的状况、科技与社会互动关系的状况，以及人们看待科学技术的政治立场等因素的制约。因此，随着科技、社会、科技与社会互动关系的发展，以及人们看待科学技术的政治立场的变化，科技意识是一定会不断发生相应变化的。

科学技术是一种具有多种品格、多种形象的事物。除了科学技术是第一生产力以外，在一定意义上，它还是一种实践活动、一种认知方式、一种文化类型、一种社会建制和一种知识系统……其中，尤为关键的是，科学技术既是一种重要的物质力量，也是一种重要的精神力量。科学技术不仅是经济范畴内的重要内容，而且也是文化范畴内的重要内容。基础研究深化人对自然、社会乃至人自身的认识自不待言，即便应用科学和工程技术，也不应简单地视为仅仅具有生产力一种属性。当代高投入的发展对人类传统观念和文化的巨大变革作用，有力地说明了这一点。而且，随着社会生产力的高度发展和科技第一生产力功能的充分实现，社会将朝着经济、政治、文化协调发展、社会和科学技术协调发展，以及社会和自然环境协调发展的方向前进。因此，今后，科学技术除了在生产力发展方面继续发挥主导和核心作用以外，必定会在社会的体制建设方面和人的价值观念、道德规范、思维方式、审美情趣和宗教信仰等文化建设方面，发挥越来越重要的作用。那时，中国的科技意识也将较之目前增添更多的社会和文化内涵，从而显得更加全面、丰满一些。

此外，随着科学技术的高度发展和它对社会发展影响的日益加剧，科学技术的副作用也将日益突出起来。这样，到了一定时候，控制科学乃至抑制科学的观点也许将在大众科技意识中有所抬头。

第 十 三 章

“科学技术是第一生产力”与“人的因素第一”

从 1978 年“科学技术是生产力”论断的提出，到 1988 年“科学技术是第一生产力”论断的提出，标志着我国决策层和人民群众对于科学技术在现代化建设中地位和作用认识上的逐步深入。但是，一些同志对于“科学技术是第一生产力”似乎有保留态度。例如，有人提出：历史唯物主义一向重视劳动者在生产力中的主导作用，强调“人的因素第一”，怎么又提科学技术第一？生产力中这两个“第一”，究竟是什么关系？这是“第一生产力论”中一个引人注目的基本理论问题，必须予以明确回答。

一、两个“第一”的视角不同

在一定的意义上，生产力可区分为人的因素和物的因素。劳动者属人的因素，劳动工具和劳动对象属物的因素。这两种因素及其二者相结合的状况，决定和标志着生产力的水平。它们的关系是：一方面，人的因素依赖物的因素，并且必须尊重物的因素的客观规律；另一方面，人的因素占据主导地位。劳动者是生产力的主体。相对于劳动者，生产工具和劳动对象统统具有被动性和从属性。其实，生产工具不过是劳动器官的延长，劳动对象不过是劳动者的活动舞台或材料。制造和使用什么样的劳动工具，以及怎样使用劳动工具，取决于劳动者；利用什么劳动对象和怎样利用劳动对象，同样也取决于劳动者。从根本上说，人的因素相对于物的因素的这种主导地位，是人与物关系的精髓。“人的因素第一”观点的基本着眼点即在于此。

从另一个角度看，生产力又可以区分为外延因素和内涵因素。生产力中以实物形态表现出来的劳力、物力和财力等是外延因素；生产力中以知识形态存在的技能、工艺、方法和理论等是内涵因素。科学技术主要相应于内涵因素。通常认为，机器与设备等工具是技术的组成部分。其实，机器与设备作为技术存在时，主要是指物化其中的技术原理和知识，至于它们的数量方面及其物质躯壳，当属于外延部分。所以，机器与设备等工具因素是融内涵因素和外延因素为一体的。既然生产力是一种物质力量，为什么它还包含有科学技术这样的知识形态的东西？这是因为，所谓生产力的物质性，主要是指它的发展不依赖于人们对于社会关系的意识。它不能由人们自由选择，以及它具有自己的发展的客观规律。它和自然界的物质也还是有一定区别的。正如不包含智力的劳动者不是真实的劳动者一样，绝对排斥知识因素的生产力也不是真实的生产力。科学技术主要作为生产力内涵因素存在的事实，是科学技术成为生产力独立因素的一个有力证据。

内涵因素和外延因素是什么关系呢？二者关系中最基本的一点是：随着社会发展和科技进步，内涵因素的地位逐渐上升，并在当代成为第一生产力。从历史上看，科学技术在生产力中的地位大致经历了三个阶段：(1) 工业革命前是辅助生产力。(2) 工业革命后是重要生产力。(3) 第二次世界大战后，新科技革命勃然兴起，科学技术是第一生产力。

诚然，科学技术是第一生产力，决不意味着还存在诸如第二生产力或第三生产力之类的东西。这里的“第一”不是序数词，而是一个形容词，表示“首要”的意思。即科学技术是生产力中的“首要因素”。其主要理论根据可归结为如下几点：

1. 当代科学技术是生产力中最关键的因素。众所周知，生产力的根本任务乃是解决人和自然的矛盾。而解决人和自然的矛盾，不可能只是单纯地用人力和物力等外延因素的力量去改造自然，而不顾及用经验、技能、知识等内涵因素的力量去解决认识自然和如何改造自然的问题。生产力中，内涵因素是外延因素的向导和灵魂，脱离内涵因素的力量必定是盲目的和低效率的。从这个意义上说，内涵因素在生产力中所处的地位较之外延因素来得更为关键些。科学技术在生产力诸因素中所占地位的关键性突出地表现在如下两个方面：(1) 在产业结构中所占比重的高速膨胀趋势。产业结构是物质生产实施的组织形式上的表现。产业的总体结构形式和每一产业在其中所占成分的变化，从一个侧面反映了生产力发展的水平。在新技术革命的大潮中，当代产业结构的变化趋势是：第三产业、信息产业异军突起。电子工业、计算机工业、原子能工业和生物工程等知识密集型的现代化生产部门大量涌现；同时，劳动力密集型的传统生产部门不断得到改造，日渐趋向自动化和信息化。科学技术在产业结构中所占比重呈现高速膨胀的趋势。(2) 在生产力创造的价值中所占比例的高速膨胀趋势。生产力所创造的价值即生产产品的价值，从另一个侧面反映了生产力的发展水平。现代各类生产部门的各类产品，不论是工业产品还是农业产品等，总的发展趋势是科技含量愈来愈高。而在一个国家的生产总值中，科技进步因素所占的比重也日趋上升。80年代发达国家生产总值的增长，科技进步因素的比重已由20世纪初的5%—20%上升为60%—80%。这突出地表明了科学技术在生产力创造的价值中所占比重的高速膨胀趋势。

2. 当代科学技术是生产力中最活跃的因素。这一点充分体现在科学技术对当代生产力如下几个方面的作用及其加速增长的特点之中：(1) 引导作用。历史上，在相当长的时期内，生产走在科学的前面，生产上的需要是刺激科学发展的主要动力。19世纪中叶，以电磁理论的形成为标志，科学日益走在了生产的前面。当代，在某些领域和某些方面，生产仍然对于科学技术的发展具有头等重要的推动作用，但整个看来，科学与生产的发展序列已由原来的“生产→技术→科学”的单向关系，演变成为科学↔技术↔生产的双向关系，科学技术与生产互为前提、互相促进的趋势日益加强了。(2) 变革作用。科学技术对生产的其他因素乃至生产力整体都有一种咄咄逼人的变革作用。科学技术可以改变劳动手段的性质和构成，扩展劳动手段的功能、提高劳动手段的效率。例如，在某些发达国家，由于新技术的广泛应用，农业生产手段发生了惊人的变化：利用适量的超频、红外线和激光处理种子，促进萌发，刺激生长，提高产量。此外，科学技术还不断扩大了劳动对象的来源，提高了劳动对象的利用率，提高了劳动者的素质，改变了劳动者队伍的构成，并且通过管理科学和软科学等形式，促进了生产力诸因素的协调和平衡，使生产力的系统不断得到优化，整体水平不断提高。(3) 作用的加速增长。科学技术由于自身具有加速发展的性质，从而使得它对生产力的促进作用也相应地加速增长。科学技术之所以具有加速发展的性质，不仅是由于随着科学社会功能的逐渐扩大，生产需要和社会需要对科学技术所提供的推动力将加速增长，还由于科学技术自身具有一种积累效应：已经取得的知识不仅储存起来，而且立即成为通向新知识的桥梁和获取新知识的方法论武器。计算机作为先进生产工具的代表，其发展速度之快，充分表明了科学技术对于当代生产力促进作用的加速增长。

3. 当代科学技术是生产力中最强有力的因素。按照历史唯物主义的观点，生产力决定生产关系；以生产力和生产关系的对立统一作为内在矛盾的生产方式"制约着整个社会生活、政治生活和精神生活的过程"。所以，生产力是整个人类社会的基石。而在生产力内部，科学技术又是最强有力的因素。生产力对于人类社会所具有的基石性功能，有相当大的部分是由科学技术所赋予的。科学技术作为生产力对于人类社会的作用不唯巨大，而且是全方位的。譬如，当代科学技术对人类的政治生活正在发生越来越显著的影响：通讯事业的发达和信息传播速度的加快，大大缩小了全球时空范围，提高了全球政治的透明度，加速了全球民主政治的进程；物质生产部门的自动化和信息化，使得知识和信息的作用空前提高，从而使专业人才和整个知识阶层的地位和作用迅速上升，改变了社会各阶级、阶层在社会生活中的相互关系和格局；等等。

需要提出，明确科学技术是生产力的独立因素，并且是生产力的首要因素，并不意味着科学技术可以不经过任何中介环节而自动地、直接地进入生产过程。不论是科学还是技术，进入生产过程的中介环节是必不可少的。就科学而言，首要的环节是转化为技术；就技术而言，也还需要"引进"、"转移"和"转变"为适用技术等等。不过，所有这些"转化"、"引进"、"转移"和"转变"等，都发生在生产力内部，并不排斥科学技术是生产力的独立因素。

总之，"人的因素第一"是将人和物质进行比较；而"科学技术是第一生产力"是把主要作为内涵因素的科学技术和外延因素相比较，两个"第一"看问题的角度是不同的。

二、两个“第一”互相贯通

视角不同，表明了两个“第一”的差别。同时，它们也是一致和互相贯通的。在当代，“人的因素第一”集中表现为“科学技术是第一生产力”；反过来，在一定的意义上，“科学技术是第一生产力”也就是“人的因素第一”。

（一）在当代，“人的因素第一”集中表现为“科学技术是第一生产力”

“人的因素第一”，前些年在中国流行甚广，已成为大众意识。这个观点的真理内核就在于它高扬了人的主观能动性。实践上，它能够起到激励人心，鼓舞斗志的作用；理论上，它在坚持物质决定精神的前提下，充分地肯定意识的能动性，既克服了形而上学唯物主义忽视意识能动性的缺陷，又与唯心主义的精神决定论和精神万能论划清了界限，从而在物质和意识的关系上彻底贯彻了辩证唯物主义的正确立场。从这个意义上说，“人的因素第一”的观点没有过时，也永远不会过时。

但是，决不能由此而认为“人的因素第一”是绝对的和无条件的。人的因素为什么能够胜过物的因素而称之为第一？关键在于：人能够认识和把握物的规律，并善于利用这些规律为自己服务。只有从客观实际出发，建立在客观规律基础上的思想或意识，才是正确的思想，才是我们所提倡的自觉能动性。任何人如果根本无视物质世界的客观存在及其固有规律，他就不仅不能发挥自己意识的能动性，而且注定要遭到客观规律的无情惩罚。

物质世界的客观规律是什么？在生产力理论的范畴内，物质世界的客观规律正是科学技术所要提供给我们的东西。从根本上说，科学是关于物质世界客观规律的知识体系，技术是关于如何运用物质客观规律改造物质世界的活动手段的总和。在生产力理论的范畴内，人要充分发挥主观能动性，真正体现人的因素第一，关键在于人必须掌握科学技术。不用科学技术武装起来的人是没有力量的。科学技术水平愈高，人的力量发挥愈好，也愈大。在一定意义上，人的力量渊源于人所掌握的科学技术的力量。基于此，我们说，在当代，“人的因素第一”集中表现为“科学技术是第一生产力”。

（二）在一定意义上“科学技术是第一生产力”也就是“人的因素第一”

“科学技术是生产力”，这是马克思主义历来的观点。马克思就曾明确指出：“生产力里面当然包括科学在内。”现代科学技术的发展，使科学与生产的关系越来越密切了。科学技术作为生产力，越来越显示出巨大的作用。在这样的历史情况下，从“科学技术是生产力”到提出“科学技术是第一生产力”，具有逻辑的必然性。这一论断的真理性在于：它准确地揭示了科学技术对当代生产力发展和经济发展的第一位的变革作用。

然而，和其他任何真理性的认识一样，“科学技术是第一生产力”不是绝对的、无条件的。其中基本的一条是必须有“人”。科学技术的发展史告诉我们，世界上原来没有科学技术，它是在生产发展和社会需要的推动下，经过智力与体力劳动者世世代代的努力和积累，才使得科学技术获得大踏步发展的。以后，科学技术每一次进步、每一项成果的取得，都浸透着科技工作者的汗水和心血。同时，科学技术的发展史还告诉我们，科学技术从产生出来到应用于生产实践中去，既有一个历史过程，也需要一系列的中介环节和社会环境。历史上，科学技术真正大面积地运用于生产实践，那是在大机器生产的条件下，经过科学家、工程技术人员和熟练工人的共同努力，才得以实现的。科学技术，尤其是科学理论，一旦产生出来，不能自动进入生产过程，需要经过相应的转化和转移机制。它的每一个环节，都要花费大量劳动。由此可见，从科学技术的产生、发展一直到科学技术在生产中的应用，一步也离不开人。正是依靠全社会广大脑力劳动者和体力劳动者所进行的艰苦、复杂的创造性劳动，才为科学技术实现其第一生产力的功能奠定了基础。因此，我们说，在一定的意义上，“科学技术是第一生产力”也就是“人的因素第一”。

不过，“科学技术是第一生产力”是“人的因素第一”不是无条件的。不可认为“人的因素第一”可以无条件地包含或代替“科学技术是第一生产力”。人并非和科学技术时时处处相关。严格意义上的科学即实验科学产生于16世纪左右，古代人那里没有科学。即使是现代，也并非凡是有人的地方都有科学。有了科学，也并非处处都真正成为第一生产力；从功能上看，人尤其不能包含或代替科学技术。科学技术固然是人创造的，但是，一旦产生出来，它就获得了稳定的独立性，并且能够发挥出人意想不到或在许多方面难以达到的作用。计算机能够达到每秒数亿次的运算速度，这是任何个人也办不到的。总而言之，“科学技术是第一生产力”——这一论断有自己独立存在的根据和价值。在一定的意义上，“科学技术是第一生产力”是“人的因素第一”的深化和现代化，在当代新技术革命浪潮席卷全球的形势下抱残守缺，仍然滞留于“人的因素第一”的朴素认识阶段，乃是现代科技意识淡薄的表现。

三、恰当地实现两个“第一”的辩证结合

承认两个“第一”的并存，似乎会造成一种窘境：一方面是“人的因素第一”；另一方面“科学技术是第一生产力”。那么，在实际工作中，我们究竟应当把哪个放在第一位呢？

两个“第一”不能互相替代也不存在非此即彼的对立关系。因此处理两个第一关系的可能出路在于：恰当地实现两个“第一”的辩证结合。

1. 当强调“科学技术是第一生产力”时，要把“人的因素第一”的观点同时考虑进去。强调“科学技术是第一生产力”不能仅仅挂在嘴上、落在纸上。重要的是，应当在实际工作中真正把科学技术摆在第一的位置，创造条件，让科学技术第一生产力的功能顺利实现出来。科学技术活动的主体是广大科技工作者；科学技术真正应用到生产实践中去，需要各行各业劳动者的广泛参与。因此，要真正使科学技术的第一生产力功能得以实现，必须充分调动科技工作者的积极性，下大力气提高劳动者的素质。一句话，贯彻“人的因素第一”的观点。可以说，这正是落实和贯彻“科学技术是第一生产力”观点的关键之所在。

2. 当强调“人的因素第一”时，要把“科学技术是第一生产力”的观点同时考虑进去。强调“人的因素第一”，要抓根本。人与动物的根本区别就在于人能够制造和使用工具，以及能够发现和利用客观规律，因此，根本就在于让人掌握科学技术并大力发展科学技术。与“科学技术是第一生产力”的观点相脱离，甚至格格不入，就不会有什么真正的“人的因素第一”。

当代社会，尤其是如此。事实上，强调“人的因素第一”，首先应该区分各种类型的人。科技工作者处于科学技术工作者的第一线，因此，需要把充分调动科技工作者的积极性放到重要位置上去。其次，要区别人的因素中有体力和智力的不同。其中，智力因素是最重要的。强调人的积极性不是怂恿人们甩着膀子蛮干，单纯依靠什么出大力，流大汗，而是重在发挥人的智慧因素，把人的积极性引导到扩大智力因素，努力掌握、运用和发展科学技术上面来。

可见，两个“第一”的基本精神是一致的，它们的辩证结合也是不难实现的。

顺便说及，生产关系对于生产力的制约作用是重要的，因此，不断运用协调生产关系的方式去促进生产力的发展，是很重要的。不过，应当看到，生产力的内部因素的相互作用对于生产力发展所起的作用更为直接，同样不容忽视。长期以来，我国生产力的发展水平之所以不尽如人意，不仅与在协调生产关系方面多所失误有关，同时，也与相对忽视协调生产力内部诸因素间的相互作用，尤其是相对忽视科学技术对于生产力其他因素的巨大制约作用和在生产力中的首要地位大有关系。从辩证法的观点看，生产力内部的矛盾运动理应是其发展的根本动力。许多国家高度重视和充分发挥科学技术在生产力中的地位和作用，从而使生产力得到了高度发展的事实，也一再证明了这一点。漠视科学技术的作用，不能把利用科技发展科技和协调生产关系两种途径恰当地结合起来，难免给生产力的发展造成损失。从这个意义上看，强调科学技术是第一生产力，对于我国无疑具有特殊的现实意义。

第十四章

超越“生产力科学技术观”

20世纪下半叶以来的50年间，科学技术一直在前进，但却始终未见全局性的质的飞跃。种种迹象表明，世界正处于新的科技革命的前夜。正是认识到这一点，世界各国纷纷调整科技发展战略、出台新的科技政策，迎接新的科技革命的到来。目前，中国正处于转变经济增长方式、实施科技驱动战略，加快建设创新型国家的关键时期。步步逼近的科技革命对于中国，既是挑战又是机遇。在这种形势下，中国需要做的事情很多，这里只想强调一点，即深刻反省中国的主流科学技术观。

一、中国主流科学技术观的演变

原则上说，每个人的科学技术观会因种种主观的和客观的具体条件不同而有所不同。不过，对于一个国家说来，在关于科学和技术的本质、科学与技术的关系、科学技术的发展规律，以及科学技术与社会的关系等方面的根本看法上总会存在某种主导性的或基本的共识。这种共识即是主流科学技术观。主流科学技术观通常具有两个特点：其一，它往往表现为该国家中政府的科学技术观，是国家意识形态的有机组成部分；其二，政府的科学技术观和大众的科学技术观有重叠也有错位。前者往往会强烈地影响后者，从而导致二者走向趋同。不过，大众的科学技术观始终保持相对独立性，因此，二者发生背离和后者影响前者的情况也是经常的、大量的。一般说来，科学界尤其精英科学家、哲学界尤其科学哲学家，以及其他元科学研究者的科学技术观，较之其他社会各界通常会更加超前些。

显然，主流科学技术观不仅是国家制定科技政策、实施科技发展战略的理论基石，而且，对于科学家研究什么和怎样研究、对于大众是否支持科学技术和怎样支持科学技术等，都有至关重要的影响。简言之，一个国家发展科学技术的速度和水平如何，也总能在这个国家的主流科学技术观那里找到重要的思想根源。因此，正当科技革命即将到来之际，在中国科学技术迫切需要跨越式发展的形势下，树立正确的主流科学技术观，并根据科学技术和社会的发展，不断予以重塑，不论对于领导干部、科技工作者，还是对于每一位民众，都是一项不容忽视的重大任务。

正是基于此，一些发达国家高度重视塑造国家主流科学技术观。例如早在 1985 年英国皇家学会就发布了一份颇有政治影响的《公众理解科学》的报告。报告的基本论点是："提高公众理解科学的水平是促进国家繁荣，提高公共决策和私人决策的质量、丰富个人生活的重要因素。这是事关全英国的重要问题，要想实现这些长期目标，就要求作出持续不断的努力。增进公众对科学的理解，是对未来的一项投资，并非是资源允许情况下的某种一味的奢侈。"① 为实施报告，英国由皇家学会、科学促进会和皇家研究院共同成立了"公众理解科学委员会"，任务即是不懈推动公众理解科学。1985 年美国制定的旨在推动中小学生全面普及科学教育的"2061 计划"，以及 1991 年美国国家科学院制定的《美国国家科学教育标准》，都把促进公众理解科学作为核心目标之一。所谓促进公众理解科学，就是让更多的公民对科学技术的理解更加趋近科学技术的真实，这实际上就是塑造国家的主流科学技术观。

从历史上看，中国主流科学技术观经历了一个曲折而漫长的演变过程。且不说中国数千年封建社会主流科学技术观的种种变迁，单就明末清初接触实验科学以后，中国的主流科学技术观就明显经历了一个由"格致"到"科学"的转变。就是说：立场上，经历了一个由儒学主导到近代观念主导的转变；价值观上，经历了一个由视科学为"技艺"到视科学为"道的组成部

① ［英］英国皇家学会：《公众理解科学》，唐英英译，北京理工大学出版社 2004 年版，第 5 页。

分”的转变；研究方法上，经历了一个由以内省、直觉方法为主到重视实验和逻辑方法的转变；研究对象上，经历了一个由伦常关系到外部世界的转变等等。此后，随着中国科学体制化的实现和科学的进一步发展，中国社会对科学的认识逐渐扩展。

1949年以来，在中国占主导地位的科学技术观，主要表现为以“科学是生产力”为核心观点的科学技术观。其中大致经历了三个主要阶段：一是“文化大革命”以前的科学技术与生产力“直接联系”论。由于当时中国科技水平较低，再加上受苏联意识形态和科技观的影响，致使中国政府和理论界长期认为，“自然科学是人类改造自然的实践经验，即生产经验的总结并且是为生产服务的，因此，自然科学的发展直接取决于生产的发展”①。就是说，科学技术直接来源于生产并直接服务于生产；二是20世纪七八十年代的“科学技术是生产力”论。十年“文化大革命”“以阶级斗争为纲”导致中国经济濒临崩溃边缘的沉痛教训，以及发达国家依靠科技实现经济腾飞的经验，使得越来越多的人清醒地认识到科学技术最根本的属性就是生产力属性，为此，1975年“全面整顿”中，中国科学院党组起草的《中国科学院工作汇报提纲》在中国首次大张旗鼓地强调了马克思关于科学技术是生产力的观点。紧接着邓小平在1978年的全国科学大会上重申这一观点，并迅速在全国传播开来。邓小平指出：“正确认识科学技术是生产力，正确认识为社会主义服务的脑力劳动者是劳动人民的一部分，这对于迅速发展我们的科学事业有极其密切的关系。”②这实际上表明，当时党中央对于塑造中国主流科学技术观已经具有了一定的自觉意识；三是20世纪90年代以后的“科学技术是第一生产力”论。信息革命的爆发，在世界范围内空前展现了科学技术的威力和知识经济的辉煌前景，于是，1988年邓小平提出“科学技术是第一生产力”论断，进一步强化“科学是生产力”的观点。该论断很快被宣传、研究和认同，融入新时期的主流科学技术观。③

20世纪90年代迄今，中国关于科学技术的提法多有变化，如科教兴国、建设创新型国家等，但基本上没有超出“科学是生产力”的范畴。简言之，

① 艾思奇：《辩证唯物主义历史唯物主义》，人民出版社1961年版，第335页。

② 《邓小平文选》第二卷，人民出版社1994年版，第89页。

③ 马来平：《中国科技思想的创新》，山东科学技术出版社1995年版，第157—191页。

1949 年以来中国的主流科学技术观，一直属于以“科学是生产力”观点为核心的科学技术观，不妨简称“生产力科学技术观”。

二、中国主流科学技术观的基本评价

科学观的具体形态多种多样，但从根本上看，在科学观上历来存在两种类型。一类认为，科学仅仅同发现真理和关照真理有关。科学的功能无它，仅为建立一幅同经验事实相吻合的世界图像而已。这是理想主义科学观；另一类认为，科学是功利性的，科学知识的目的是产生技术，是经济与社会发展的工具和手段。这是现实主义或功利主义科学观。这两类科学观一致认为科学应当认识世界、了解世界，但前者主张认识世界是最高目的，后者则主张认识世界必须服从进一步的目的，即帮助人类支配世界并最终服务于为人类造福。

显然，中国主流科学技术观属于功利主义科学观的范畴。

两类科学观各有自己的合理性和局限性。理想主义科学观的合理性在于突出了科学认识的主要目标，有利于尊重科学家的主体性、尊重思想自由，鞭策科学家心无旁骛地探索自然奥秘，在一定范围内可以起到加速认识进程的作用。局限性在于：漠视科学活动对技术活动和社会的依赖性，不利于科学获得社会的支持以及发挥技术对于科学的推动和支撑作用；不符合 17 世纪以来科学技术发展历史进程的实际；过分强调科学的认识功能，有可能在理论自然科学领域导致混淆科学与哲学、宗教的界限，从而为宗教侵蚀科学张本。

功利主义科学观的合理性在于充分关照了科学与社会的联系，突出了科学的价值。局限性在于：割裂科学与技术的有机联系，进而容易导致一系列的问题，如，在科学与技术的关系问题上，重技术轻科学；在科学的社会性和科学的自主性上，重科学的社会性轻科学的自主性；在科学的物质功能和科学的精神功能以及其他社会功能上，重科学的物质功能轻科学的精神功能以及其他社会功能等等。另外，由于对于科学的性质和功能认识不足，容易导致对科学的盲目崇拜，从而滋生科学主义。

事实证明，功利主义科学观的所有这些特点在中国主流科学技术观那里，都得到了充分表现。为此，我们看到，中国这种“生产力科学技术观”在1949年以来中国科学技术发展的历史实践中功不可没，尤其在“文化大革命”结束之后，它在激发科技人员投身科技工作的积极性、推动中国科学技术发展形成高潮，以及促进科技成果向现实生产力转化等方面扮演了重要角色。迄今，这种“生产力科学技术观”仍然在发挥着重要作用。但是，无可讳言，它也有其固有的缺陷。其中，最主要的缺陷有以下几点：

（一）以技术代科学或重技术轻科学的倾向普遍

在中国，以技术代科学或重技术轻科学的思想由来已久。著名美籍华人学者余英时曾说：“中国五四以来所向往的西方科学，如果细加分析即可见其中‘科学’的成分少而‘科技’的成分多，一直到今天仍然如此，甚至变本加厉。”[①] 事实正是这样，目前，特别是在社会基层或一些领导干部那里，一谈到科学技术，首先想到的是技术，或者心目中根本就只有技术。1949年以来，在如何对待基础研究的问题上，中国曾有多次反复，至今在处理基础研究和应用研究关系的做法上仍远不能令人满意。不少人对科学在科学技术创新体系中的基础地位以及它对生产力发展的先导性和引领作用缺乏必要的认识。

（二）科学技术的文化、政治等社会功能未受重视

相当多的人只承认科学技术是生产力、是物质力量，但拒绝承认科学技术是一种文化，也具有某种精神力量。他们对科学的认识仅只到达科学知识或科学活动的层面，而对于科学知识和科学活动背后的科学方法和科学精神则视而不见。这一点已经成为制约公众科学素质的瓶颈，也成为导致中国科技界帅才匮乏的重要因素。此外，一些人对于科学在人类政治生活和其他各种社会生活中的重要作用也缺乏必要的认识。

（三）科学自主性的意识淡薄

在中国，科学的自主性具有先天性不足。古代，科学主要依附于儒学；

① ［美］余英时：《中国思想传统的现代诠释》，江苏人民出版社1995年版，第17页。

近代，科学主要依附于政治，所谓“救亡压倒启蒙”，其中主要的一点就是政治救亡压倒科学启蒙；1949 年以后，在相当一段时间内，科学主要依附于经济生产。或许正是由于科学自主性的这种先天性不足的现实，导致了中国关于科学自主性意识的淡薄。在这方面突出的表现是在科技管理中计划成分过重。例如，国家的计划科学项目逐年增多；在资源配置中，国家统得过多、过死，市场的作用没有得到充分发挥；科技管理存在过度行政化的弊端；科技活动中权力寻租和利益交易现象司空见惯。

（四）科学主义思想影响广泛

在不少人看来，不论什么东西，只要和科学沾上边，就是正确的，仿佛科学就是真理的代名词；对科学的局限性和负面作用认识不足、估计不足等等。总之，中国人表现出了突出的科学主义倾向。尽管中国的科学主义是舶来品，但它与西方科学主义最明显的不同是：第一，它并非像西方那样，是科学高度发达、负面社会影响凸显的产物；第二，从民间封建迷信和科学主义并行的情况看，中国科学主义的根源主要在于对科学的蒙昧。

总起来看，目前中国主流科学技术观最根本的缺陷，是把科学技术看轻了、看浅了和看偏了。所谓看轻了是指：认为和政治相比，譬如和社会稳定、社会治理相比，科学技术不过属于艺和器的范畴，总是次要的。尽管口头和理论上也承认科学技术对于经济和社会发展的引领和支撑作用，但在思想深处和行动上却有较大反差，不能把科学技术摆到应有的位置；所谓把科学技术看浅了，是指较易于看到科学技术的物质功能，却不太容易看到科学技术影响人类的世界观、价值观和思维方式等精神功能，不能充分认识科学技术作为一种高级精神文化活动独立存在的价值，也不能充分认识科学技术在政治和其他社会领域里的重要价值；所谓看偏了是指：过于乐观地看待科学技术，不能客观、全面地看待科学技术的消极作用、真理的相对性和应用范围的有限性等。

中国主流科学技术观之所以形成“生产力科学技术观”，并出现上述种种缺陷，其根源已经超出科学的范围，而与中国的意识形态、社会制度和教育制度等密切相关。要从根本上处理好科学与技术的关系、科学的社会性和自主性的关系、科学的物质功能和精神功能以及其他社会功能的关系等，亟待在全社会营造一种尊重思想自由、鼓励自由探索的良好氛围。

具有上述缺陷的主流科学技术观的危害性不容低估。(1) 在这样的科学技术观的指导下，很难全力以赴促进科学技术的发展，很难使基础研究、应用研究和发展研究协调发展，保持科学技术发展的充足后劲；(2) 在这样的科学技术观的指导下，很难全面而充分地发挥科学技术的精神文化功能和各种社会功能，以期促进科学与人文的融合与并举、科技与社会共荣；(3) 在这样的科学技术观的指导下，很难理性应对科学技术的负面效应、有效抵制伪科学、宽容对待科学技术以外的其他知识形式，并牢牢把握科学技术为人民服务的大方向。

三、“中国主流科学技术观”重塑的基本方向

基于上述情况，中国应审时度势，把塑造与时代相适应的新的主流科学技术观作为思想领域里的一件大事来抓。塑造中国主流科学技术观的基本方向是：坚持功利主义科学观的合理性、努力矫正和克服其局限性，适当吸收理想主义科学观的优长之处以及其他各种相关的思想资源，最终超越“生产力科学技术观”，走向新型的主流科学技术观。具体说来，当代中国主流科学技术观至少应强化以下基本观念：

（一）科学技术是一种在历史上起推动作用的革命的力量

科学技术是生产力乃历史事实，这一观点本身没有错，应予继续坚持。问题是：一方面，在相当多的人那里，这一观点仅只停留在口头上，并未在思想深处扎根。在不少地区和部门那里，科学技术只是一盘棋中一枚过河的小卒子，科学技术远未被摆到第一生产力的位置。当前，许多领导干部仍然热衷于为追求短期政绩、追求 GDP 数字攀升而变本加厉地消耗资源、能源、人力和资金等，走依赖外延因素发展经济的道路。必须从科学观上充分认识科技是经济和社会发展引擎的重要地位，牢固树立依靠科技谋发展的理念，高度重视发展科学技术和实业经济以及二者的紧密结合，尽快把经济和社会发展转移到依靠科学技术轨道上来。历史经验告诉我们，那种采取“抓革命促生产”的方针，试图通过没完没了的政治运动来推动经济发展的道路

是适得其反的；同样，那种主要依靠资金与人力的投入、资源和能源的消耗来推动经济发展的道路不仅难以奏效，而且后患无穷。另一方面，在一些领导干部那里，科学技术似乎仅仅具有经济功能。所以，每当政府重视经济生产的时候，或者仅仅在经济领域，才关注科技，舍此，就对科技漠不关心了。对科学技术的这种认识和态度是极其狭隘的。毫无疑问，不论在任何时候，科学技术的作用都不会达到科技决定论所宣扬的那种程度。但是在当代，非常明显的是，科学技术的社会功能是愈来愈广泛、愈来愈深刻的。例如，网络对民主进程的影响、软科学对决策科学化的影响，乃至科学技术对综合国力的影响等，均呈日渐扩大趋势。总之，我们一定要认识到，科学技术是生产力，但绝不仅仅是生产力，正像马克思所主张的那样，科学是一种在历史上起推动作用的革命的力量。

（二）技术源于科学并支撑科学

应该充分认识到，科学与技术的基本关系乃是，技术源于科学并支撑科学。首先，任何一项先进技术的自主诞生几乎都是已有科学知识的综合运用。其次，任何一项已有技术的改进和完善，都需要在已有相关科学知识的基础上运用更多、更新的科学知识。第三，技术引进离不开自主创新，过分依赖引进，只能使自己与先进国家的差距越拉越大，最终受制于人。必须全面推进国家创新体系建设，加强基础研究，为技术创新积累后劲。第四，不仅技术的需要制约科学发展的方向和规模，而且，以仪器、设备、方法等为表现形式的技术对于科学也有相当的支撑和制约作用。

（三）科学技术是一种具有鲜明特色的文化

科学技术是第一生产力并非科学技术性质的全部。由于科学技术的发展状况标志着人类对自然界的认识程度和理性精神所达到的水平，所以，科学技术也是一种文化。科学技术的文化属性突出地表现在以下几个方面：(1) 科学技术尤其是科学成果是新观念、新观点、新方法最重要的源泉之一。任何重大的科学新成就都蕴含着具有重大普遍意义的新观念、新观点、新方法，这些新观念、新观点、新方法一旦被概括出来并被民众所掌握，就会对人们的世界观、价值观、思维方式、道德情操、审美意识乃至科学技术观等产生重大影响。(2) 科学技术尤其是科学是一种方法。科学诞生的关键在方法，科学突破的关键在方法，科学发生效用的关键也在方法。知识的效力有限，而方法的威力无穷。在人文社会科学领域和人们的日常生活中，以“发现问题——提出假设——经验检验——发现新的问题”为基本环节的科学方法的应用尽管有某种限度，但是，它对于人文社会科学发展和人们日常生活进步的作用是不容低估的。(3) 科学技术尤其是科学是一种精神。以大胆怀疑、尊重事实、逻辑思维、勇于创新和精确严密为主要内容的科学精神是科学方法的进一步提升，是科学的精髓和灵魂。它不仅决定着科学之所以成为科学，决定着科学之所以进步，而且对于人类在各个领域里的活动都有很强的指导作用，是提高人的综合素质和精神境界的有效元素，以及防范和抵制伪科学的利器。(4) 科技文化不仅发展速度遥遥领先于其他任何一种文化形式，而且对其他文化形式乃至整个社会的发展方向和速度起一种引领和提升的作用。不论是现代文化形式还是各民族的传统文化，只要融入科技元素，插上科技的翅膀，就会增添无穷的魅力、展现出更加广阔的发展前景。就科技与整个文化的关系而言，科技可以变革文化形式、丰富文化内容和拓宽文化传播渠道等，总之，在整个人类文化中，科学是发展速度最快、最有力量、最富时代精神的文化。

（四）科学的自主性不容漠视

所谓科学的自主性，主要有以下四层含义：(1) 科学知识的发展具有自己的内在逻辑。(2) 和经济、教育、宗教等一样，科学也是一种相对独立而且十分强大的社会体制。迥异于其他社会体制，科学体制具有一套以“普遍主义”为核心的社会行为规范、一种以“同行承认”为基石的奖励制度、一种以“精英统治”为特点的社会分层、一种以“无形学院”为核心的学术交流方式等。(3) 科学发展需要与之匹配的社会制度和文化环境。科学是一种具有特殊性质、有着特殊要求的社会性认识活动。所谓特殊性质，主要是指它是一种人与自然的对话；所谓特殊要求主要是指它不仅需要优越精良的仪器设备等大量工具，而且还需要思想自由、人格独立、鼓励创新、宽容失败等社会制度和文化环境的保障。为此，著名科学社会学家默顿指出“科学的重大的和持续不断的发展只能发生在一定类型的社会里，该社会为这种发展提供出文化和物质两方面的条件”①。(4) 科学具有独立存在的价值。科学能够衍生技术，但科学并不仅仅衍生技术。科学萌生于人类的好奇心，也在不断满足人类好奇心的基础上进步。科学最根本的存在价值是认识世界、解释世界和预言世界的未来发展；它用精确明晰的知识充实人的大脑、纯化人的心灵，影响和改变人的世界观、人生观和价值观，促进物我合一、人与自然的和谐相处。

作为一种探索未知的、具有一定社会性的创造性认识活动，科学的可计划性是十分有限的。因此需要正确认识科学可计划性的限度，不能任意夸大。然而，由于中国在社会主义制度框架内多年实行计划经济，所以直至目前，在科学领域，市场经济的体制远未健全，计划成分仍过太重。在这个问题上，过去，我国曾有过许多沉痛的教训：在科学领域实行高度的计划体制，在基础研究、应用研究和发展研究上投入比例失调，科学家的科研工作时间不能予以充分保证，对科学的国际交流限制过多，以同行评价为基础的科学评价制度迟迟不得建立等。所有这些做法的恶劣后果警示我们：科学的自主性作为科学所固有的本性和自发的发展趋向，是科学发展规律最重要、最突出的表现，是科学赖以生存和发展的根本。对于科学的自主性只能因势利导，合理利用，不能弃置不顾，甚至恣意妄为；同时，科学具有重大独立存在价值的情况表明：科学不仅可以作为手段，而且也可以作为目的。具体说来即是，科学既可以通过转化为技术而成为社会或个人谋取利益的手段，而且，也可以作为人类的重要精神家园和社会的公益事业而成为值得予以呵护、关怀和追求的目的。

（五）科学并非完美无缺

要彻底告别科学主义，破除对科学的迷信，让科学的形象回归真实。科学的局限性的主要表现是：(1) 科学利弊兼具。科学并非总是有益，科学转化为技术后会对社会带来一定的负面效应，科学也可以为伪科学所用，而且随着科学的发展，其负面作用将会越来越突出。(2) 科学不能自足，它的

① ［美］默顿：《十七世纪英格兰的科学、技术与社会》，范岱年译，商务印书馆2000年版，第14—15页。

形而上学前提需要靠其他认识形式提供。(3) 科学也是可错的。可错性是科学知识的本性。一种知识只要有所断定、包含有经验的内容，它就始终存在被无限多样和无限发展着的经验事实否证的可能性。把科学等同于绝对正确，是对科学的滥用和糟蹋，也是"伪科学"利用科学图谋不轨的惯用伎俩。此外，科学包含一定的社会建构成分，任何具体的科学知识都难免包含或多或少的社会成分和主观成分。(4) 科学并非万能。自然科学知识来源于自然界，也主要适用于自然现象和过程。当把科学知识应用于人类精神现象和社会现象的时候，一定要予以变通。此外，科学不仅无力解决人类社会生活中的价值问题，也无力解决它自身存在和发展所需要的价值问题。它需要从人文社会科学那里引进价值观念。因此，科学的存在和发展离不开人文，科技与人文应当互相尊重和实现互补、携手共进。

诚然，我们期待的当代中国主流科学技术观绝不止于上述诸种观念，但这些观念无疑是其中较为重要和较为急切的。当代中国主流科学技术观应当全面反映科学技术的真实，我们在思想观念上应真正实现科学与技术的统一、科学的社会性和自主性的统一，以及科学的生产力属性和文化、政治等社会属性的统一等，以期超越"生产力科学技术观"，最终走向新的、更高水平的主流科学技术观。

第十五章

科学自主性思想的普及

一、科学的自主性应当成为科学思想普及的重要内容

科学素质普及的内容是科普学的基本理论问题之一。关于这个问题，尽管目前国内外学术界分歧较大，但在我国，主流观点毕竟十分明确了。这就是已经载入《全民科学素质行动计划纲要》的所谓“四科两能力”：科学技术知识，科学方法，科学思想，科学精神，以及应用它们处理实际问题的能力和参与公共事务的能力。事实上，“四科两能力”可大致分为两方面的内容：一是识记性、理解性的科学知识和技术知识；二是科学观念和应用能力。相对于科学素质，这两方面的基本关系是：知识是基础，观念与能力是核心。知识为科学素质奠定基础，但知识多的人，科学素质未必高。这有点类似于知识与道德的关系。对科学素质水平起决定作用的，应是科学观念与能力。太过强调知识是美国米勒体系的软肋，我国的科学素质传播，一定不能照搬米勒体系，必须对其进行改造，把重点放在“更新科学观念、提高应用能力”上。基于这种认识，所谓《中国公民科学素质基准》中的“基准”，不应偏重于知识，将其理解为知识的“等级”与“层次”，而应立足于科学观念与应用能力，将其理解为科学观念与应用能力的“核心”与“根本”。目前，人们普遍期待正在起草中的《中国公民科学素质基准》（本文作者为该文件起草小组成员之一）不可太过偏重于从知识的角度理解科学素质，以免让人有游离于科学素质重心之外的遗憾。尽管某种程度上科学观念与应用

能力也有“等级”与“层次”的区分，但对它们最有决定意义的莫过于从中提炼出一些最“核心”、最“根本”的要素。只要明确了这些要素，然后围绕这些要素，采取多种形式进行大面积、高密度的宣传和训练，就一定能够有效地提高公民的科学素质。所以，各地即将掀起的科学素质普及热潮最需要的“基准”，莫过于对科学观念与应用能力最“核心”、最“根本”要素的准确界定，以及简明而到位的阐发。

有必要指出，科学技术知识，以及科学方法、科学思想和科学精神的表述部分所组成的知识，并非科学素质所需要的知识基础的全部，另有一些知识也是十分重要的。譬如，科学与社会的互动关系即是这样的知识。实际上，应将科学与社会的互动关系与“四科”并列，作为科学素质的基本内容。

此外，所谓“四科”的情况是很不相同的。例如，科学知识和科学方法较为明确和具体，科学精神和科学思想则比较抽象和宽泛。尤其科学思想究竟指什么，比较模糊和宽泛。不过，不论科学思想的内容多么抽象宽泛和模糊，有一点是清楚的：它应包含关于科学自主性的思想。

有的社会学家倾向于认为，科学的自主性“可以被定义为从属于一个较大的体系的组成部分的一个单元的某些条件：这是一种自由的条件，但这种自由却受到由于参加任一有关系统所需要满足的要求的限制”①。就是说，科学的自主性即是科学在适度依赖社会和接受社会控制条件下所应享受的自由。然而，科学为什么必须保持自己适度的自由呢？其根据乃在于科学存在着相对独立于社会的某些固有的本性和自发的发展趋向等。所以，说到底，科学的自主性应当是科学所固有的本性、内在逻辑和自发的发展趋向等。

为什么科学具有自主性的思想应当成为科学思想乃至科学素质普及的内容呢？显然，首先是因为科学的自主性对于科学发展具有关键性意义。作为科学所固有的本性、内在逻辑和自发的发展趋向，科学的自主性是科学发展规律最重要、最突出的表现，是科学赖以生存和发展的根本。科学发展史的大量事实表明，对于科学的自主性只能因势利导，合理利用，不能弃置不

① ［美］M. N. 小李克特：《科学概论——科学的自主性、历史和比较的分析·序言》，吴忠等译，中国科学院政策研究室编 1982 年版，第 1 页。

顾，甚至恣意妄为。漠视乃至践踏科学的自主性无异于糟蹋和摧残科学。因此，为了增进对科学的理解，善待科学、管理好科学，应当引导科学管理工作者乃至普通大众逐步树立科学具有自主性的思想，换言之，科学自主性思想的普及理应成为科学素质普及尤其是科学思想普及的一项重要内容。

二、科学自主性思想认识上的偏差

然而，令人遗憾的是，当前我国不论在认识上还是在实践上，关于科学自主性思想都是存在明显偏差的。多年来，一些理论工作者片面理解历史唯物主义关于强调物质生产对科学发展动力作用的观点，致使科学的自主性受到一定程度的遮蔽。对此，我们应当作出深刻的反省。

在科学与社会关系的问题上，历史唯物主义的基本观点是：物质生产决定科学发展，是科学发展的根本动力；另一方面，对于物质生产，科学发展也有一定的反作用。然而，我们看到，一些理论工作者对于马克思主义科学观予以片面理解，孤立地强调物质生产和各种社会需要对于科学的根本动力作用，而科学的自主性却受到了一定程度的遮蔽。这主要表现在以下两个方面：

（一）对科学体制所反映出来的科学自主性有所遮蔽

社会是一个复杂的有机体，对它进行社会存在和社会意识的二分尽管十分重要，但这决不是唯一的社会分析方式。对这种分析方式的绝对化，必然导致对科学知识侧面的夸大和绝对化。同社会一样，科学也是一个复杂的多面体，它有许许多多的侧面，绝非仅仅真理性知识体系一个侧面所能包容得了的。然而，尽管19世纪以来，科学的体制化程度已经相当发达，但社会体制这一科学的侧面在许多马克思主义者那里没有给予应有的注意，而是由默顿科学社会学率先揭橥出来并引导人们逐步予以关注的。尤其值得注意的是，当年轻的默顿在其博士论文中第一次准备把科学作为一种社会体制进行研究的时候，他恰恰是有意和“一种庸俗的马克思主义”“唱点反调”的。他说：“这项关于十七世纪英格兰的科学和其他社会体制领域的相互依存关系的研究，既没有采用一种因素（决定）论（主要指经济决定论——引者），也没有假定发生在这个时期的社会体制领域之间的交替变化的情况同样会发生在其他的文化和其他的时期。这一点在我看来是相当明确的，而且我希望在读者们看来，也是显然的。”①

通过对科学体制的大量经验研究，默顿学派发现了一系列科学自主性：

1. 科学具有一套历史形成的社会规范。科学关于扩展被证实了的知识的体制目标决定了科学家在科研活动中必须遵守一整套行为规则。这套行为规则是“约束科学家的有情感色彩的价值和规范的综合体”②。其具体内容被默顿归纳为普遍主义、公有性、无私利性和有组织的怀疑等规范。尽管学界对默顿所归纳的科学规范内容一直存在争议，但是，大体说来，这套规范所体现的尊重事实、崇尚理性、追求真理的基本精神是正确的。它们从根本上为科学家尽可能地排除主观随意性和不必要的社会因素的干扰，高效率地实现推进真理性认识的科学体制目标，提供了保障。

2. 科学具有一套行之有效的奖励制度。为科学运行提供动力的是其奖励制度，而科学奖励制度的实质是“同行承认”。就是说，激励科学家从事科学研究的动力不是金钱、地位，而是同行对自己在发展知识上首创性的承认，同行承认是科学家最为看重和孜孜以求的。同行承认的形式主要有：论文在高水平刊物上的发表、已发表论文被国际同行参考或引用、经同行严格评选获得高层次奖励、应邀到国际高水平专业会议上宣读论文或应约在权威性杂志上撰写论文或评论等等。尽管同行承认不可避免地会受到科学家的毕业学校、工作单位、师承关系、社会关系、性别和年龄等社会因素的影响，但从根本上起作用的依然是科学家所发表成果的质量。

3. 科学具有特殊的学术交流方式。在各个学科或研究领域，除了专业学会、学术会议等正规的学术交流形式外，一些比较活跃的优秀科学家之间，往往还自发地保持着一种密切的非正式的学术交流关系，如彼此传递研究动态、交换论文初稿、通讯讨论、互相访问和以各种形式进行短期合作等等。相对于大学、研究院所等研究实体而言，这些科学家所保持的这种非正式的学术交流关系，俨然构成了一种松散的“无形学院”。无形学院产生于

---

①［美］默顿：《十七世纪英格兰的科学、技术与社会》，范岱年译，商务印书馆2000年版，第5页。

②［美］默顿：《科学社会学》，鲁旭东等译，商务印书馆2003年版，第365页。

科学共同体内部，主要是科学共同体高层之间一种自发的高效率的学术交流形式，它在科学发展中的作用举足轻重。爱护并创造条件发展无形学院，保障精英科学家之间非正式学术交流渠道的畅通无阻是相当重要的。

4. 科学界具有高度的社会分层。和社会其他界别不同，科学界分层的标志既不是金钱的多少，也不是权力的大小，而是以科学家所获同行承认为基础的“威望”的高低。科学界“只有第一没有第二”和“数量绝对服从质量”等特殊的游戏规则，决定了荣誉在科学家中的分配畸轻畸重、极不均衡。按照威望高低的不同，科学界的社会分层呈金字塔形，这与许多社会中，中产阶级居多数，而富有者和贫穷者占少数的菱形结构形成了鲜明的对照。科学界的最上层是诸如诺贝尔奖获得者甚至成就更高一些的精英科学家。他们在科学队伍中所占的比重极小，但科学贡献十分巨大。下层是普通科学工作者，数目十分庞大，但所发表成果能见度极低，因而对科学知识的创造几乎谈不上实质性贡献。所以，科学界基本上是一种精英统治，为数不多的科学精英主导着科学研究、科学评价、科学奖惩以及学术交流，在很大程度上，他们的质量、数量和工作状态决定了一个国家或地区的科技实力。

无疑，默顿学派关于科学自主性的上述发现并非十分完善，学界尤其SSK学者对其提出了尖锐批评。默顿学派一笔抹杀社会因素对科学知识及其生产过程的影响，因而具有浓厚的理想主义色彩以及远离生动活泼的科学实践的缺陷等，但是，默顿学派着眼于科学体制角度发现的一系列科学自主性所体现的追求真理、尊重事实和崇尚理性的基本精神，无疑是正确的。在一定的意义上甚至可以说，它对于历史唯物主义关于科学对物质生产乃至各种社会需要依赖性的观点，乃是一种相当重要的补充和完善。

（二）对科学知识发展所表现出来的自主性有所遮蔽

就科学知识而言，对它施加动力作用的因素决不仅仅是物质生产一项，此外，至少还包括两大类因素：一类是除科学之外的其他社会意识形式，如政治、法律、道德、艺术、宗教、哲学和社会心理等；另一类是科学内部的理论与经验之间的矛盾运动，以及由此引发的其他一些矛盾运动。包括物质生产在内的所有这些因素对科学施加的动力作用的性质都不是僵化的、一成不变的，需要具体情况具体分析：

1. 物质生产对科学的作用具有层次性。首先，科学与技术有显著的不同，较之技术，物质生产对科学的推动作用要间接得多、弱得多。科学以认识自然、探索未知为目的，难以预料，对科学家的自由探索有较强的依赖性。那种抹杀科学与技术的区别，把物质生产对科学和技术的动力作用同等看待的观点是错误的。其次，科学知识内部是有结构的。大致说来，科学知识可区分为根本理论与非根本理论。围绕根本理论，在其周围层层分布着为数众多的非根本理论。非根本理论所占据的层次愈是远离核心，它便愈是接近物质生产，它所受到的物质生产的作用也愈直接、愈大，所以，处于不同地位、不同层次的科学理论受到的物质生产的作用不同，就是说，物质生产对科学的作用是有显著层次性的。

2. 其他社会意识对科学的作用具有极大的多样性。就整体而言，各种社会意识对科学的作用相对于物质生产具有非根本性。因为它们和科学一样，也是社会存在的反映。但是，在不同的历史条件下，它们单独或随机组合对科学的作用不仅相对独立于物质生产，而且其作用性质可以有很大的变化，有时也可以起关键性的动力作用。例如，默顿的研究告诉我们，对于17 世纪近代科学在英格兰的诞生，清教主义起了关键性的动力作用。

3. 科学的内部矛盾运动对科学的作用不仅具有直接性，而且具有相当的根本性。不论物质生产对科学发展的作用多么重要，相对于科学内部所包含的科学理论与科学事实的矛盾运动说来，它毕竟是科学发展的外因。外因是一定要通过内因起作用的。事实正是这样：物质生产引发的研究课题，需要转化为科学内部科学理论与科学事实之间的矛盾运动，才能真正进入科学研究程序，并有望获得圆满解决。

此外，对于任何基本实现知识体系化的科学领域，其研究课题的提出将会越来越主要表现为科学内部科学理论与科学事实之间的矛盾。而且，这些研究课题在科学理论与科学事实矛盾的基础上，将自动形成一个“问题链”。环环相扣，秩序井然。对于问题链，人们只能合理利用，或创造条件改变其发展方向或速度，而不能任意使其间断或跳跃，从而显示出科学自主性的刚性。

以科学理论与科学事实的矛盾为基础，科学知识发展还时常受到来自以下诸种形式的推动力：一门学科内部不同科学理论之间的矛盾，两门或数门学科之间科学理论的矛盾、科学理论的数学或逻辑形式与内容之间的矛盾、科学与技术之间的矛盾、自然科学与人文社会科学之间交叉渗透产生的矛盾等等，所有这些科学的内部矛盾运动对科学的作用不仅具有直接性，而且具有不同程度的根本性。

上述情况表明，物质生产是科学发展的根本动力，并不是僵硬的教条，它丝毫不排斥物质生产因素起作用的条件性，以及物质生产与其他社会因素相互作用并共同对科学发展起作用；也不排斥在一定条件下，其他社会因素有可能起主导作用。尤其重要的是，不论何种社会因素，都必须通过科学内部的逻辑需要才能对科学发展起作用，而科学内部的逻辑发展以科学理论和科学事实的矛盾为基础，有多种多样的表现形式。所有科学内部的矛盾运动相对于物质生产等社会需要的推动作用都具有自身的独立性。

应当说，对于科学知识发展的这种自主性已经引起许多哲学家和思想家的关注。比较典型的是科学哲学家波普尔在他的“世界三理论”中对科学知识自主性的强调。他说：“自主性观念是我的第三世界理论的核心：尽管第三世界是人类的产物，人类的创造物，但是它也像其他动物的产物一样，反过来又创造它自已的自主性领域。”① 在他看来，所谓科学知识的独立自主性，主要基于这样的事实：人类创造了某种知识，该知识又会连锁式地引发一连串出人意料的问题，如自然数列被创造后接连引发了偶数和奇数之间的区别问题、素数问题以及哥德巴赫猜想等。对于波普尔的“世界三理论”我们未必完全同意，但他关于科学知识自主性的思想还是有相当合理性的。

相反，我国一些理论工作者陷于对物质生产是科学发展的根本动力观点的僵化理解不能自拔，对科学知识所表现出来的自主性估计不足。在他们看来，自然科学发展相对于物质生产发展的独立性只具有相对的意义。首先要强调自然科学对于生产的依赖关系，强调生产是自然科学发展的基础和根本动力，它决定着自然科学发展的趋势、方向、速度和规模，即决定着自然科学发展的总进程。然后，才能在这个为生产所决定的总进程范围内来观察

① ［英］波普尔：《客观知识——一个进化论的研究》，舒炜光译，上海译文出版社 1987 年版，第 126 页。

自然科学的独立发展。显然，在他们看来，相对于物质生产的推动作用，科学知识发展的自主性总是一无例外地处于从属地位，他们对于某些学科或研究领域在一定条件下科学的自主性有可能超越物质生产而发挥关键性的动力作用的情况，往往视而不见，或本能地倾向于否认。

从根本上说，之所以会发生一些理论工作者漠视科学自主性的现象，是因为他们对科学的理解过分拘泥于客体的或直观的形式，而没有真正贯彻实践的观点，把它当作感性的人的活动、当作实践去理解，因而，注意力集中在了科学知识与外部世界的关系上，过分关心科学知识的来源，而忽视了对科学知识内部矛盾运动的观察，更不必说对在人类实践活动中迅速发展起来的作为科学认识活动社会形式的科学体制的认真考察了。

顺便说及，科学除了是一种社会意识形式、一种社会体制，还是一种社会活动、一种文化和一种方法等等。所有这些侧面，都表现出了不同内容的科学自主性，兹不赘述。

三、科学自主性思想实践上的失误

认识上的偏差，必然会带来实践上的失误。我们注意到，由于片面主张科学对于物质生产和各种社会因素的依赖性，导致我国 1949 年以来在科技发展政策上一向强调科学技术服务于或面向经济建设、科学技术为国家政治和国防目标提供支撑有余，重视爱护科学自主性不足。甚至迄今在我国的社会现实中，轻视甚至违反科学自主性的现象仍然大量存在。这里不妨择要列举一二：

1. 对科学家的自由研究支持不力。成熟学科的发展以科学的内在逻辑需要为直接动力的本性，决定了科学家根据好奇心驱动和科学内在逻辑需求相结合的原则所进行的自由研究，将是推动科学发展的一种相当重要的形式。这种研究形式与科学家以国家目标为导向的定向研究互相补充，相得益彰。它既是科学自主性的顽强表现，也是从根本上实现国家目标所必需的。但是，目前，我国相当一部分人对科学家的自由研究重视不够，认识不到由于科学研究高度的创造性、复杂性和对传统观念的挑战性，科学家需要多方面的自由。如，在他们值得冒险的地方进行探索的自由、与国际同行及时进行学术交流的自由和研究中犯错误的自由等等。此外，整个社会对自由研究的支持力度也很不够。其中最突出的表现是资金支持的范围和力度过小，从而严重束缚了科学家自由研究的全面开展。

2. 同行评价的原则未得到真正落实。科学奖励制度的实质是同行承认，这是科学自主性的突出表现。但是，迄今我国对同行评价的原则未真正落实好。在全国各地各级政府和部门为成果评价、人才评价和项目申请等所设立的各种评审委员会中，一方面充斥着为数不少的在学术上已经徒有虚名的所谓行政长官；另一方面从知识结构上说，由于各种评审委员会专家的组成通常是综合性的，所以，当面临具有很强的专业性和前沿性的一个个具体科研成果时，评委们实际上大都失去了专家的身份，甚至有时连发言权也丧失殆尽了。我国绝大多数的科学奖项、项目尤其人文社科奖项、项目都是依靠这种形式的专家委员会评审出来的，其评审结果的可靠性是很难令人满意的。

3. 科学人才培养上的仕学不分。科学界是一种精英统治，国际一流的科技尖子人才、国际级科学大师或科技领军人物式的精英科学家是任何一支有实力、有影响的科学队伍的灵魂，这同样是科学自主性的突出表现。可是，我国在培养和使用科学人才上，有一个巨大的误区：仕学不分。就是说，政府习惯于让那些业务拔尖的人出任官职，而整个社会包括科学家在内，也以是否担任一定的行政职务作为衡量科学家身份和地位的重要标志。这种陋习无异于一旦一位科学家有了点成绩和发展前景，就马上被接二连三地压上一副副担子，使其在学术道路上难以心无旁骛、一往无前。许多人甚至因此而业务荒疏。中国科学界之所以难以培养出世界一流的科学大师，此一陋俗难辞其咎。事情还不止如此，让大批业务尖子从政，不只贻害业务尖子个人，而且，由于曾一度有一定学术影响的行政长官参与和普通科研人员争项目、奖项、职称等，难免出现一些人既当运动员又当裁判员的不公正现象。这种做法对于整个科技队伍所起到的腐蚀机体、涣散人心的破坏作用，以及对党风和社会风气的不良影响，是不可低估的。其实，早在20世纪初，中国近代思想家严复就已经洞察到了仕学不分的严重危害。为此，他力倡“名位分途”。他说：“学成必予以名位，不如是不足以劝。而名位必分二途：有学问之名位，有政治之名位。学问之名位，所以予学成之人；政治之名位，所以予入仕之人。”[①]“国家宜于民业，一视而齐观。其有冠伦魁能，则加旌异，旌异以爵不以官。爵如秦汉之封爵，西国之宝星，贵其地望，而不与之以吏职。吏职又一术业，非人人之所能也。如是将朝廷有厉世摩钝之资，而社会诸业，无偏重之势，法之最便者也。”[②]有成就的人，一定要给予奖励，但不是委以官职，而是采取封爵、授勋之类的办法，给予名分。这就是一个世纪以前一位智者的忠告。这一忠告警醒我们：社会奖励须和科学奖励保持一致，重在承认科学家的首创性；否则滥施奖励，是要帮倒忙的。此外，达到一定级别的行政官员，自愿兼搞业务是好事，但一定要从制度上禁止他们利用职务之便和专职业务人员争职称、项目、奖项和学术称号等。

以上数例足以表明，现实生活中人们对于科学自主性的轻视和违反现象是普遍的、严重的。因此，在科学管理层乃至全民范围内进行科学自主思想的普及十分重要和紧迫。

① 严复：《严复集》，中华书局1986年版，第89页。
② 严复：《严复集》，中华书局1986年版，第1000页。

第十六章

科学发展的加速律

科学思想的内涵十分丰富。其中，一个人对科学本质和科学各侧面所持有的基本认识是重要侧面之一。而在一个人对科学本质和科学各侧面所持有的基本认识中，关于科学发展规律的认识是核心内容之一，为此，本章和下一章将介绍科学发展的加速律和重心律这两个有代表性的规律。

在科学发展的诸多规律中，人们谈论最多的，大概莫过于科学发展的加速度规律了。加速律之所以受到较为广泛的认可，主要原因大概有二：一是从科学日新月异的发展中，人们较易感受到加速律的存在；二是许多著名人物，如恩格斯、普赖斯等曾有过专门论述。尽管如此，对加速律持怀疑甚至否定态度的，仍大有人在；而且，在某些关键性问题上，譬如，在造成科学加速发展的原因，即加速律的理论根据上，该规律也的确有其欠明朗之处。为此，很有必要对加速律作一番深入的考察。

一、含义与事实证据

（一）含义

1844年，恩格斯明确提出了科学发展加速律的思想。他说："科学发展的速度至少也是和人口增长的速度一样的；人口的增长同前一代人的人数成比例，而科学的发展则同前一代人遗留下的知识量成比例，因此，在最普通的情况下，科学也是按几何级数发展的。”[1]30年后，即1874年，在系统研究科学发展史的基础上，他再次重申并进一步明确了这一思想。他指出，哥白尼的不朽著作问世以后，“科学的发展从此便大踏步地前进，而且得到了一种力量，这种力量可以说是与其发起的（时间的）距离的平方成正比的。”[2]

时间推移到20世纪的40年代，美国科学社会学家、科学计量学的主要奠基人普赖斯在对科学发展的各个侧面进行了大规模数量统计的基础上，提出了科学发展的指数规律。指数规律与加速律尽管不能等同，但二者的密切联系是一望而知的。从客观上说，指数律至少起到了在更大范围内传播加速律的作用。

那么，什么是加速律呢？按照通常的理解，这一规律可以表述为：科学的发展是一种加速运动。不过，对其含义还需要进一步说明，不然，就难免发生歧义。

大致说来，加速律主要包含如下三层意思：

第一，科学的发展是一种变速运动。在物理学上，加速度是指速度的变化率，而且加速度本身具有方向性，它可以为正、为零，也可以为负。加速律从物理学中借用加速度概念，也是着意刻画科学发展速度的变化性的。

第二，“形态愈高，进化愈快”。加速律借用加速度概念，不仅仅是为了表现科学的发展是一种变速运动。更重要的，是为了强调科学发展速度的叠加性，即强调科学发展的速度是逐渐加快的。加速度为正、为零或为负的三种可能性，对于科学不是均衡的。其中加速度为正的情况是主要的和基本的。既然科学发展的速度是变化的，而且主要是朝着增大的方向变化，那么，显而易见，愈是后来的科学或愈是高级阶段的科学，其发展速度愈快。“形态愈高，进化愈快”，生物进化所具有的这一特征，同样也适用于科学的发展。

第三，科学无止境。“形态愈高，进化愈快”，既说明现代科学的发展速度超过过去，而且预言：未来科学的发展速度将超过现代。科学的前途无限

---

① 《马克思恩格斯全集》第1卷，人民出版社1971年版，第621页。

② 《自然辩证法》，人民出版社1971年版，第8页。

光明，未来永远属于科学。这和科学发展上的“极限论”或“饱和论”等悲观论调是不相容的。人类认识永无止境，科学的发展永无止境。加速律从特定的角度生动地刻画了科学的无限性和开放性。

有必要指出，加速律中的加速度概念，认真说来，只是在不甚严格的意义上使用的。这其中，并不包含科学发展的加速度已经达到精确度量的意思在里面。科学知识的量，指的是科学知识反映客观事物及其发展规律的深度和广度。在目前的条件下，知识的深度和广度只能相对而言、大致估计或作一些初级的数量研究。衡量科学发展速度的指标体系，并没有成功地建立起来。因此，科学发展的速度和加速度，都还主要是一种定性的说明，而加速律自然也主要是一种定性规律了。

（二）事实证据

科学是加速发展的吗？尽管从科学日新月异的发展中，人们较易感受到这一规律的存在，但是，感受终究是感受，要令人心悦诚服地认识到这一规律的存在，还必须拿出有一定说服力的证据来。

原则上说，科学学为论证指数规律所提供的那些统计数据，对于论证加速律的存在，都是有用的。毋庸置疑，科学学所进行的许多数量统计，最大、最突出的缺陷是并未在同质的基础上进行，因而用它们来证明严格的指数曲线显得苍白无力，这也是它招来许多指责和攻击的基本原因。但是，这些统计毕竟透露了科学发展的某些实际信息。用来说明加速律，还是有一定说服力的。这些证据，我们不妨扼要列举如下：

1. 科学学科和科学专业的增长。科学学科以及学科专业或分支，属于科学知识的一定层次，因此，它们的发展情况，在反映科学的发展情况方面是有代表性的。

众所周知，当恩格斯试图进行科学分类的时候，他把整个自然科学划分为四大学科：力学、物理学、化学和生物学。尽管当时这四大学科已经开始有所分化，如生物学分化为动物学和植物学等等。但是，恩格斯所描绘的科学知识体系总图景，已经大致反映出了当时科学学科的分布情况。时代进入 20 世纪以后，学科越分越细，边缘学科、交叉学科、横断学科、综合学科接踵出现。据统计，现在，各类学科的总数已达两千多门了。

和科学学科的激增相适应，科学专业增长的速度也是很惊人的。美国政府主编的《全国科学和技术人员年鉴》，初版列有54个专业，20年后便增至900多个不同的学科和技术专业。在这个年鉴的物理学栏目内，1954年版列有10个领域和74个专业，1968年增至12个领域和154个专业。而固态物理学，1954年有8个专业，1968年增至27个。①

2. 科学期刊和科学论文的增长。迄今为止，科学期刊和科学论文仍是科学知识的基本载体。较之科学论著，它们反映新的科学成果准确、迅速、方便，一直为科学界广泛习用。科学成果的绝大部分都是依靠它们来公布、交流和记载的。因此，它们的增长速度，在一定程度上，有资格反映科学知识增长的速度。

世界上第一份科学期刊是1665年问世的《伦敦皇家学会哲学论坛》，此后，期刊的数目连续增长：1750年，10种；1800年，100种；1850年，1000种；1900年，10000种；到1965年，已突破10万种。

关于科学期刊上所载论文的增长情况，普赖斯这样写道：经过最初阶段的膨胀，进入一个稳定的发展阶段之后，其数量的增长便呈现出指数型，大约每75年就要倍增。②

3. 科学人力的增长。科学人力是科学活动的主体。它的增长情况，对于衡量科学认识的发展速度，具有重要的参考价值。

关于科学人力的增长情况，有按国别的统计，也有世界范围内的统计。下面是一个全世界范围内科学人力增长的统计：1800年，1000人；1850年，10000人；1900年，100000人；1950年，1000000人。这个统计表明，科学家每半个世纪扩大10倍。③ 这个速度，远远超过了人口自然增长速度。

4. 科学费用的增长。科学费用的增长，也是反映科学认识发展速度的一个好视角。据统计，从20世纪20年代到40年代，美国科研费用大约以10年为倍增周期，40年代到60年代，倍增周期缩短为5年左右；即使以占国民生产总值的百分比计，倍增周期也缩至7年左右。60年代以后，美国的增长速度才有所缓慢。苏联从20世纪50年代以来，科研费用一直在大幅

① ［美］丹尼尔·贝尔：《后工业社会的来临》，高铦译，商务印书馆1984年版，第210页。
② ［美］普赖斯：《小科学，大科学》，宋剑耕等译，世界知识出版社1982年版，第7—9页。
③ ［美］普赖斯：《小科学，大科学》，宋剑耕等译，世界知识出版社1982年版，第7—9页。

度增加，到1970年，科研费用占国民生产总值的比例已超过4%。另据联合国教科文组织的统计，世界上其他许多国家，如英国、日本、法国等，尽管科研费用的增长速度不同，但都是加速增长着的。①

二、理论依据

在物理学上，力是加速度的原因。对于科学的发展来说，加速度似乎同样也与它所受到的力密切相关。众所周知，科学的发展所受到的作用力是由多种力所组成的合力。其中主要的是来自科学外部的社会推动力和来自科学内部的逻辑推动力。前者主要表现为社会对科学的需要，后者则主要表现为科学知识体系内部逻辑关系上的需要。其实，这两个方面的需要是否有得到满足的可能，还要看由科学劳动者、科学工具和科学劳动对象所组成的科学生产力状况。科学生产力代表着科学认识活动所具有的能力。如果既有发展科学的需要，又有满足这种需要的能力，那么，才有可能带来科学的真正发展。进一步说，如果科学上的需要不断增长，而科学生产力也相应地不断增长，那么，科学的加速发展就是理所当然的了。

（一）社会推动力的不断增长

社会需要，尤其是生产上的需要，是科学发展的根本动力。这一命题已经得到了科学发展史的充分证明。正是由于社会需要，科学才能在自己的发展进程中，不断调整方向、确定课题，获得各种经济上的、物质上的条件以及认识上的检验标准等等。当代，出现了科学走在生产前面的新趋势，上述命题是否过时了呢？没有。这是因为，一方面，各门自然科学对生产实践的相对独立性是不一样的。相当多的学科，尤其是应用科学，仍然对生产和社会的需要有明显的依赖性；另一方面，所有的现代自然科学都不能无视保证人类社会生存和发展的物质上的、精神上的需要。否则，它自身就会失去社会与生产为其提供的物质基础，甚至连科研人员的衣食住行也难以得到保障。正像神经系统如果没有超前反应的能力，它就不能有效地服务于机体一

① 参见［苏］A. N. 米哈依洛夫等《科学交流与情报学》，徐新民等译，科技文献出版社1983年版。

样，在现代，假如科学不能走在生产的前面，它就不能满足生产的需要。但是，科学走在生产的前面，决不意味着科学对生产需要依赖性的消失，而是这种依赖关系在新的历史条件下的一种新的表现形式而已。

社会需要不仅向科学的发展提供了根本的推动力，而且，这种推动力是不断增大着的。在人和自然的对立统一关系中，人的最高目标是逐步摆脱自然的奴役而成为支配自然、统治自然的主人。或者说是摆脱在自然界面前的盲目性、被动性而逐步从必然王国走向自由王国。由于自然界的复杂性和自然界本身的发展变化，人类的上述目标只能逐步得到相对的实现，而永远不可能得到完全的、绝对的实现。但是，这丝毫不影响人类对这一目标世世代代的不断追求。在向这一目标进军的过程中，人类迫切需要在更大的范围内、更深刻的层次上，认识和掌握自然规律。就是说，社会对科学的需要，无论在广度上还是在深度上，都是日益增长着的。社会需要在某个局部、某个方面的满足，丝毫不会减弱整体上的社会需要。相反，它会更加增强人类的主体意识，向自然科学提出更进一步的认识上的要求。就是说，如果社会需求推动了科学的发展的话，那么，科学的发展反过来会刺激社会需要的进一步增长。社会需要和科学的发展之间，存在着一种正反馈的相互促进关系。这种情况导致社会需要随着时间的推移而层层加码，并进而造成了社会对科学推动力的不断增长。

历史事实完全证明了社会推动力不断增长的趋势。恩格斯曾经阐明过，科学的发生和发展，一开始就是由生产决定的。譬如天文学是适应游牧民族和农业民族确定季节的需要而产生的，力学是适应农业生产、城市和建筑业等方面的需要而产生的，等等。但是，整个来说，在科学的萌芽时期，乃至近代科学诞生以后的一个时期内，社会对科学的需要却还只是局部的、无足轻重的。在工业革命中，科学与机器组合，科学技术大显身手、初露锋芒。从此以后，科学转变为社会生产力，形成一股强大的历史潮流而一发不可收。社会对科学的需求与日俱增，到了现代，科学的触角和威力几乎延伸到了社会的物质生活和精神生活的每一个角落。科学的发展与社会需要在更大规模、更深层次上联系起来了。随之，科学的发展所获得的社会推动力，也远远地超过了以往任何一个时代。

（二）科学内部推动力的不断增长

在科学知识体系内部，包括多种组成成分。譬如，科学事实、科学概念、科学定律、科学理论等等。在这些成分之间，交织着各式各样的矛盾。有各种知识形式内部新与旧的矛盾，也有各种知识形式之间的矛盾。如果把科学概念和科学定律都看成理论形态的东西，那么，科学知识内部所拥有的各种矛盾，都可归结为科学事实与科学理论，以及科学理论与科学理论两类矛盾。其中，最基本的矛盾就是科学事实和科学理论的矛盾，因为归根结底，科学理论与科学理论之间的矛盾从属于前者。在科学事实与科学理论之间，一方面，科学事实不断暴露原有科学理论的局限和错误，要求在理论上有新的发展；另一方面，新的科学理论又反过来指导进一步的科学研究，发现新的科学事实。科学事实和科学理论相互渗透、相互作用，推动着科学的不断前进，从而构成了科学发展的内部推动力。

科学发展的内部推动力不是恒定不变的。随着科学的积累和进步，它迅速地增长着。众所周知，科学是有结构的。譬如，对于一门学科，以根本理论为核心，在它的周围层层分布着众多的非根本理论。对于非根本理论而言，它所占据的层次愈是远离核心，它便愈是接近外部世界。而愈是接近外部世界，这些理论与经验事实发生矛盾的机会也愈多。不难想见，一门科学愈是发达，或者知识积累得愈多，它所囊括的科学理论的层次就愈多，进而它与外部世界的接触面积也愈广。而科学理论与外部世界接触面积的扩大，必然导致科学理论与科学事实出现矛盾的速率和规模的迅速扩大。就是说，在科学理论与经验事实之间同样也存在着一种正反馈效应。这种情况造成了科学发展内部推动力的不断增长。

（三）科学生产力的不断增长

科学是一般社会生产力，同时，从科学活动本身看，它也有自己狭义的生产力系统，即科学生产力系统。科学生产力标志着人类认识自然规律的能力。它是科学产生和发展的前提和基础。反过来，科学一旦生产出来，它又会转变为科学生产力，使科学生产力不断增殖。科学生产力的增长，会引起科学知识的增长，这是不言自明的；而科学转变为科学生产力的道理也不难明了。

首先，科学不断提高科学劳动者的能力。人的智力是按照人如何学会改变自然而发展的。社会地形成和发展的科学认识体系对于科学劳动者的认识能力具有至关重要的作用。人的认识不是直接地反映客观现实，而是以一系列的概念和范畴作中介。已经形成的科学知识正是这种概念和范畴的系统。一定历史条件下形成的知识体系，是在一定领域中具有普遍效力的客观思维形式。任何科学家个人或集体都是也只能是在这种确定的知识背景下从事其科学活动的。在着手任何一项研究的时候，科学家的主观世界都不可能是洛克所设想的“白板”。正如马克思的学生拉法格在《思想起源论》中所说：“上世纪的感觉论者把脑子看作‘白板’……却忽略了一件主要的事实，即文明人的脑子是经过许多世纪耕作和播下种子的一块田地。”① 科学劳动者通过学习等途径不断将他所接触的外部知识因素转化为内在的认识能力和知识结构，并以这种不断丰富着的主观世界，认识和反映外部世界。因此，随着科学的发展，科学劳动者的能力是在不断扩大着的。

其次，科学不断强化科学工具。不论是科学仪器和设备，还是科学方法，一切科学工具的发达状况都直接与科学的发达状况密切相关。一般地说，科学工具是科学劳动者获取科学知识的必备手段，反过来，科学工具的产生和发展也直接依赖于科学知识。科学知识起着制造科学仪器、设备的理论原理的重要作用；同时，科学知识又可以在行动中源源不断地转变为科学方法。显而易见，科学知识积累愈多，愈发达，相应地科学工具也会愈先进，愈发达。

第三，科学不断扩大科学劳动对象。对科学劳动对象的占有，直接影响着科学生产力的水平。尤其是在基础研究中，必须占有天然劳动对象，宇宙学要研究大尺度时空范围内的物质运动规律。没有关于这些时空范围的观测资料，科学劳动是无法进行的。高能物理学要研究微观粒子的运动规律，不把科学的触角伸向微观世界，那就等于说空话。要占有天然的科学劳动对象和人工的科学劳动对象，需要一定科学的理论指导，需要具有特定科学水平的劳动者和在特定科学水平基础上形成的科学工具，有时则需要各种超

① ［法］拉法格：《思想起源论》，王子野译，三联书店 1963 年版，第 55 页。

强场、极低温、超高压、超高温等极端条件。一句话，离不开一定的科学知识。这就是说，科学知识是占有科学对象的必备条件之一，而科学知识的发展将会引起科学劳动对象的不断扩大。

总而言之，科学生产力是生产科学知识的必备条件，而科学知识的发展又不断增大了科学生产力。在科学知识与科学生产力之间，也存在着一个循环加速度的机制。

三、表现形式

加速律作为科学发展的基本规律之一，它是客观的、普遍的。但是，在外部条件的作用下，它必定具有多种多样的表现形式。加速律具有多种表现形式，并不意味着它的被破坏。恰恰相反，这正是普遍性通过特殊性得到表现的正常情况。认识加速律表现形式的多样性，对于加深理解这一规律，尤其对于在实际中灵活地运用它，乃是十分必要的。

（一）两种类型的加速形式

在科学发展的实际进程中，科学知识按照加速律以正值加速度发展的形式基本上可以分为两种类型：常态加速和非常态加速。

常态加速是指科学知识按照加速律以正常的加速度发展。从总体上看，这是科学发展中基本的、常见的情形。非常态加速，是指科学知识发展的加速度短时期内急剧增加，而呈现出成果累累，新见解、新观点层出不穷的跃进局面。这里，主要谈一下非常态加速的情形。

科学发展的非常态加速可以在科学知识的不同范围、不同层次上表现出来。16—17 世纪科学的发展，是整个科学在特定历史时期呈现非常态加速发展的典型例证；世纪之交的物理学革命，是某个科学在特定历史时期呈现非常态加速的典型例证，等等。

大致说来，科学呈现非常态加速的原因主要表现为两个基本方面：一是科学发展的气候良好，二是科学基本观念的变革，或是二者的结合。科学发展的气候良好，主要是指影响科学发展的政治因素、经济因素、社会制度因素、哲学因素等社会、文化因素出现了比较有利的态势。16—17 世纪科学的发展就是一例。整个漫长的中世纪，科学一直置于宗教神学的束缚之下。从 15 世纪中叶开始，文艺复兴、地理大发现和宗教改革共同兴起了一场声势浩大的反封建主义的伟大思想解放运动。正是在这场思想解放运动的推动下，人们挣脱中世纪神学的桎梏，把目光从神灵世界转向自然界，结果出现了哥白尼的那本不朽著作《天体运行论》，形成了近代科学史上第一个发展高潮。

科学的基本观念，是指那些对于科学知识带有基础性或者前提性的观点、思想、理论或概念。在不同的层次上，其具体含义不同。譬如，它可以指涉及自然界或者自然科学整体的自然观、科学观，也可以指一个学科的根本理论，或一个科学理论的基本概念等等。一定层次上的基本观念决定和支配着该层次上的科学知识。观念上的变革，会把科学家带进一个崭新的大地，以前看不到的东西看到了；以前看到的东西，也仿佛有了不同的面貌和意义。譬如，拉瓦锡以前的化学认为世界含有燃素这种物质，而拉瓦锡的化学理论却否认了燃素存在的合理性，而以新发现的氧为基石。麦克斯韦的电磁理论认为宇宙中有一种占据一切空间的以太，而爱因斯坦则从宇宙中赶走了以太。20 世纪的物理学是以千古未变的基本观念——“原子不可分”的崩溃为出发点的。科学观念的变革，必然导致科学知识上质的变化和科学知识结构上的重大调整，从而带来不同范围内科学的长足发展。

（二）总的加速过程中的部分减速

不论是常态加速，还是非常态加速，都还是着眼于宏观考察，即着眼于全部科学知识的整体或一个地区的科学、一个学科、一个科学理论整体的考察。如果着眼于微观考察，即深入上述各种不同的科学知识的范围和层次内部考察，我们会发现，总的加速过程中的部分减速的情况是大量存在着的。这其中又主要区分为两种情形：阶段性减速和局部性减速。

阶段性减速，是指这样一种情况：从历时性的角度去看，科学在全部历史过程中按照加速律加速发展，而在某些个别时期出现暂时的减速，从而使科学的发展在速度方面呈现出阶段性来。阶段性减速是科学认识发展中的根据与条件的矛盾运动所造成的一种现象。加速律的存在和发挥作用，在科学内部有其更深刻的根据，同时，加速律的存在和发挥作用又不可能不受与科学密切相关的各种外部条件的影响。譬如，社会需要的方向和程度的变化，必定会给科学的发展速度带来相应的变化；科学理论转化为技术的规模和周期，会影响科学满足社会需要的程度，从而反过来影响科学自身的发展速度，等等。相对稳定的科学内部根据决定了加速律贯穿于科学发展的始终，而变动不居的科学的外部条件，则决定了在总的加速过程中，可能不时地出现暂时的减速，从而使科学发展的速度呈现出某种阶段性。

阶段性减速，可以在科学发展的不同范围不同层次上表现出来。整个科学或全世界科学，一个国家的科学，一个学科，一个科学理论的发展都常出现阶段性减速的情况。例如，对于整个科学而言，18 世纪上半叶相对地低于 16 世纪至 17 世纪的发展速度。对于一个国家的科学而言，中国“文化大革命”10 年的发展速度，显著地低于新中国成立以后十几年的发展速度。对于一个学科而言，化学研究在 20 世纪的头 30 年里明显地衰落了。对于一个科学理论来说，在大多数情况下，它以后的完善时期发展速度低于它创建时期的发展速度。

局部性减速，是指这样一种情况：从同时性的角度去看，在某一范围内，整体上，科学发展速度遵循加速律，而其中的某个或某些局部，处于减速的情况。局部性减速是全局与局部对立统一关系在科学发展速度上的一种表现。全局与局部有统一性，但局部的发展速度并不一定与全局完全同步。由于各种条件的不同，关键性的局部或大多数局部遵循加速律，次要的或个别的局部偏离加速律而呈现减速。这并不妨碍全局上遵循加速律，相反，这是各个局部发展的不平衡性，是正常的表现。

局部性的减速，在科学的发展中是大量存在的。相对于全世界的科学说来，部分国家和地区，可以出现局部性的减速。相对于整个科学说来，部分学科可以出现局部性减速；相对于整个学科，部分科学理论也可以出现局部性减速。譬如，在全世界科学加速发展的总体情况下，由于政治的原因、经济的原因以及其他方面的原因，意大利在 1610 年以后，英国在 1730 年以后，法国在 1830 年以后，德国在 1920 年以后，都曾一度出现科学发展减速的情况，致使世界科学活动的中心频频转移。在整个科学加速发展的情况下，由于种种原因，力学在 18 世纪末，化学、物理学和生物学在 19 世纪末，微观物理学在 20 世纪 50 年代以后，控制论、原子能科学和宇宙航行学在

70 年代末，都曾一度出现过发展减速的情况。致使带头学科依次更替。至于在一个学科加速发展的情况下，它的部分科学理论发展加速减缓的情况，就更加司空见惯了。

四、加速律的意义

加速律的意义是多方面的。它不仅对加深理解科学及其发展的某些基本属性和特征有意义，而且对指导人们发展科学也有意义。我们研究加速律，着眼点正在于利用它。在当前，我们尤应关心利用这一规律如何加速发展我国科学技术事业的问题。

（一）赶超良机

加速律肯定了这样的事实：科学整体上在加速发展，许多先进国家的科学在加速发展。这足以使我们产生沉重的压力：如果我国科学不能具有相应的高速发展，势必使我国和其他先进国家的科学发展的差距越拉越大。

但是，更为重要的是，加速律使我们真切地看到了赶超的良机。这是因为，科学的加速发展，不仅导致了科学在质上的不断飞跃，而且导致了科学在量上的迅速扩张。这就给科学的吸收提出了更高的要求。对于科学家说来，他要把自己的学科和领域内的研究继续推向前进，就必须尽快地吸收其他学科和领域，尤其是相邻学科和领域的新成就。做不到这一点或这一点做得不好，就意味着减缓本专业、本领域的进展速度；对于一个国家说来，它要把本国的科学事业继续推向前进，也同样需要尽快地、大量地吸收其他国家和地区的最新成就。一个国家不可能在每一个学科或领域内都处于领先地位，更不可能在某一个学科或领域时时刻刻保持领先地位。所以，对于任何一个国家和地区，包括那些科学上比较发达的国家和地区都无一例外地存在一个吸收世界科学新成果的问题。一个国家或地区，如果只注意创造，而忽视了吸收，那是一定会减缓其科学发展速度的。由此可见，科学的加速发展造成了创造和吸收的矛盾。创造不等于吸收，创造上先进，不一定吸收上先进，二者相互制约、相互影响。而且，任何一个方面的后进状态都会造成全局上的被动局面。一句话，创造上先进，不等于科学上的真正发达。这一现象对于后进国家意味着什么呢？意味着提供了一个良好的赶超的机会。一般地说，吸收的难度总是远远小于创造的难度的。一个后进国家，在独立发展自己的基础研究、应用研究和发展研究的同时，如果采取开放的政策，积极地、大胆地吸收和引进先进国家的科学技术，在如何加速吸收和引进上下功夫，那么，它就有可能避免走先进国家所走的弯路，迅速缩短与先进国家的差距，为科学创造步入先进行列提供条件，甚至迎头赶上先进国家的科学发展水平或超过它们。这一点，对于埋头四化、立志赶超的中国人民说来，不是一种巨大的精神鼓舞吗？

（二）严肃课题

加速律告诉我们，科学发展的加速度是有方向性的。并且，在科学的发展过程中是有不平衡性的。具体的学科、具体的科学理论的发展速度，以至个别地域的科学发展速度都不是变动不居的，都可能经常出现总的加速过程中的部分减速。这说明，科学发展速度的逐渐加快，只是一种总体上和宏观上的趋势，而从微观上和局部上看，它是有条件性的。那么，什么条件有利于科学的加速发展？什么条件不利于科学的加速发展？要想加速发展科学，必须重视研究科学加速发展的条件，这正是加速律向我们提出的严肃课题。

就愿望说，人们总希望科学发展的速度越快越好。但是，一方面，科学本身有其固有的发展逻辑；另一方面，科学的发展受到各种社会和文化因素的影响和制约。只有各方面的条件齐备、契合，才能真正实现科学的高速发展。所以，弄清制约和影响科学加速发展的条件以及各种条件之间的关系，是促进科学发展所必需的。如果说，过去人们早已认识到了研究这种条件性的重要意义的话，那么，加速律使得这项任务变得更加刻不容缓了。

（三）集约化方向

科学的发展速度逐渐加快，这不仅意味着，在社会生活中科学的地位、作用的迅速增长和扩大，而且，它还意味着，科学规模的迅速扩大和科学支出的迅速增长。具体说，即是科学人力、科学费用、科技情报等方面的急剧增长。众所周知，科学人力的增长速度受着世界总人口增长速度的制约，科学费用的增长速度受着国民经济总产值增长速度的制约，科技情报的增长速度受着国家财力、物力和它所应当发挥的功能的制约等等。因此，随着科学的无限发展，科学人力、科学费用、科技情报等方面不能无休止地激增下去。问题就是这样明摆着：科学要加速发展，而与科学知识密切相关的科学人力、科学费用、科技情报等方面的增长，又必须受到限制。怎样摆脱这一困境呢？显然，出路只能是这样：优化科学人力的质量、提高科学费用的利用率，以及改革情报工作的手段，等等。简言之，科学应当朝着集约化的方向发展，这就是加速律向我们昭示的。

科学发展的集约化，涉及与科学相关的各个方面。譬如，在科学人力方面，应当通过各种途径和措施逐步达到这样的要求：对于单个的科研人员，除了德、体等方面的要求外，在学识上，要达到基础知识扎实，知识面宽广，有较强的科研能力；对于科研人员的结合和组合，要争取达到最佳状态，等等。总之，目标是：使科研人员以一当十，以科研人员在个体和群体上质量的提高，抵消科学认识发展在增强人力上的需求。在科学情报方面，科学期刊、科学图书等科学情报的剧增，固然是科学繁荣的一种表现，但是，它的副作用也是不可掉以轻心的：不仅耗费了大量的人力、物力和财力，而且，科学情报的利用率迅速下降，查阅文献成为科技人员的沉重负担。因此，应当高度重视科学情报工作在现代科学中的重要地位，积极引进电子计算机等先进技术，摆脱“手工业”劳动方式，建立起现代化的“图书—情报”网络系统。关于科学发展的集约化方向，从上述科学人力和科学情报两个侧面，可约略见其一斑。

加速律的意义远不止这些。它更广泛、更深刻的意义，还有待于人们进一步去揭示。

第十七章

科学发展的重心律

一、重心律的含义

在自然界，任何有质量的物质，都有其重心。相映成趣的是，作为自然物质及其运动规律的科学也有自己特定意义上的“重心”。

科学史表明，科学的发展不是齐头并进的，相反，却是有轻重缓急或主次先后的。在科学发展的过程中，科学的某些部分的存在和发展，在一定时期内规定和影响着科学及其各个部分的存在和发展。这些处于支配地位、并对科学的发展过程起决定作用的部分，就是所谓科学的重心。

科学的重心在科学的不同范围内、不同层次上，具有不同的表现形式。譬如，在整个科学知识体系的范围内，科学的重心往往是以带头学科的形式表现的；在一个学科的范围内，则是以范式理论或根本理论的形式表现的，等等。同样，作为一种社会活动，科学在地理空间上的分布也是不均衡的，其重心形式也是多样化的。在全世界范围内，科学的重心以世界科学活动中心的形式表现，而在各个国家和各种不同尺度的地域内，科学的重心又有其不同的表现形式。

和科学的其他部分相比，科学知识的重心最基本的特征，就是它的存在和发展规定、影响着科学其他部分的存在和发展。与此相关联，它还具备如下几个方面的特征：

从质的角度看，在一定历史时间内，它代表或反映了科学的发展水平。

当然，在科学的整体中，达到该时期内科学知识水平的部分未必都属于科学重心之列，但凡属科学重心的，一定是已经达到了该时期科学知识较高水平的那些部分。

从量的角度看，在一定历史时期内，它一般在科学知识的总量中占有重大比例。科学史表明，大凡重大的科学成果都不是孤立的。一方面，它的出现往往要通过许多科学成果的诱导；另一方面，它一旦出现，又可以连锁式地引发大量的各种类型的科学成果出来，所以，成为科学重心的部分，往往在量上也占有优势。

从动态的角度看，在一定历史时期内，它在科学整体的发展速度上处于领先地位。科学重心所在的部分，或将要成为重心的部分，往往是科学的内在因素和外在因素都特别有利于其发展的地方。正因为这样，科学的重心才有可能获得较高的发展速度。需要与可能的统一，使得科学的重心在一定历史时期内的科学整体的发展速度方面，往往处于领先地位。

从作用的角度看，在一定历史时期内，它在全部科学中具有范例或方法论的作用。由于科学的重心是全部科学中最先进、最发达的部分，所以，它能够为整个科学的发展开辟道路，指明方向，并且为科学的其他部分提供范例和榜样；由于科学的重心是全部科学中最根本、最高级的部分，所以，它能够为科学的其他较低级的部分提供理论背景、思想观念和方法论武器。

在大致明确了科学重心的概念以后，让我们来进一步讨论科学重心律的含义。

科学发展的重心律阐明了科学重心的存在和变化的规律。该规律表明：科学的发展过程总是有重心的，并且，在一定的条件下，重心会从科学的这一部分转移到另一部分。

重心律主要有如下两层含义：

首先，在科学的发展过程中，总是有重心的。科学是一个由众多要素组成的复杂系统。在科学的发展过程中，各种要素的内在逻辑不同，它们各自所处的外部环境也不同。因此，它们的存在和发展的状况是不同的，总会有某些要素上升为支配地位或主导地位，因而成为科学的重心；而另一些要素则下降到从属和被支配的地位，因而成为科学的一般部分。可见，科学的重心与非重心的分野，这是科学本身所具有的一种内在的、必然的趋势。科学重心的存在，是由科学的存在所直接决定的。

其次，在一定的条件下，科学的重心是不断发生转移的。在不同的历史时期内，科学的对象和任务不同，科学的工具和手段不同，科学的成果不同，科学的认识主体也会发生相应的变化。因此，科学在其总的发展进程中，会表现出一定的阶段性。在科学发展的不同阶段中，科学的整体要发生变化，科学的每一个部分要发生变化，因而科学每一部分的地位和作用也要发生变化。在新的认识阶段中，原来作为科学重心的部分，可能会蜕化为非重心部分，反之，原来作为科学非重心的部分，可能会上升为重心部分。同时，也可能会发生新产生的部分成为科学重心的事情。总之，只要科学在发展，科学的重心迟早是会发生转移的。对于科学说来，重心的转移，既是它发展的需要，也是它发展的显著标志。从这个意义上，我们甚至可以说，科学重心的转移是科学发展的基本形式之一。

二、重心律的两种基本表现形式

在科学重心的各种形式中，由于带头学科和科学活动中心分别从知识的角度和活动的角度代表着科学的重心，因此，和其他局部性的重心形式相比，它们在表现科学的重心，进而在表现科学发展的重心律上，是两种比较基本的形式。下面，我们仅以这两种基本形式为例，说明一下重心律的作用机制。

（一）带头学科的更替

在科学的发展过程中，经常出现这样的科学部门：(1) 在发展水平和发展速度上，它走在其他科学部门的前面；(2) 它对其他科学部门和整个科学的发展发生重大影响。例如它使其他科学部门受到自己发展规模和水准的影响，并且向其他部门传递本部门所制定的概念、理论和方法，等等。这样的科学部门即所谓带头学科。[①] 带头学科的概念，是由已故著名苏联哲学家凯德罗夫最先提出来的。

① 科学学科的概念，是在科学部门的意义上使用的。

科学史表明，近代科学产生以来，带头学科经历了如下依次更替的过程：

首先是力学，接着是一组学科：化学、物理学、生物学，第三个带头学科是微观物理学，第四个又是一组学科：控制论、力能学、宇航学，将来分子生物学和心理学可能成为第五个和第六个带头学科等等。上述一系列带头学科所延续的时间大致分别是200年—100年—50年—25年—12.5年……

带头学科是怎样形成的呢？从根本上说，带头学科的形成，主要取决于如下两种互相联系、互相作用的因素：

第一，科学发展的基本需要。科学的发展，具有自身的内部逻辑。和其他认识形式一样，科学认识也是沿着由简单到复杂、由低级到高级的路线发展的。因此，在每一个特定的历史时期内，科学发展的最基本、因而也是最迫切的需要，往往首先集中在解决那些关于当时所认识的最简单、最基本的自然现象和规律的认识任务上面。在满足这些基本需要的基础上，才谈得上科学向更高级阶段的发展。

第二，生产和社会实践的基本需要。对于科学说来，一方面，生产和社会实践的需要是其发展的根本动力；另一方面，生产和社会实践的需要是可以进一步划分为不同层次的。生产和社会需要的层次，至少可以划分为基本需要和高级需要两种。既然生产和实践的需要是有层次的，那么，它对科学各个组成部分所发生的动力作用，一定是不均衡的。那些客观上适应了生产和社会最基本需要的学科，一定会在生产和技术上获得最为及时、最为广泛的应用，因此，也最容易获得社会的投资和各种支持。就是说，它所受到的推动力，必然最大、最充分，因而也最有可能优先得到发展而成为带头学科。

总之，带头学科的形成，既是由于科学自身发展的基本需要，也是由于生产和社会实践的基本需要。更确切地说，是这两种需要的统一，或者在这两种需要的交叉点上，促成了带头学科的出现。

对于科学说来，不论何时何地，是不可能没有带头学科的。换言之，带头学科是贯穿于科学发展过程的始终的。但是，对于特定的学科说来，它占据带头学科的地位不可能是永恒的。相反，带头学科在一定的历史条件下形成，也必定会在一定的历史条件下让位于新的带头学科。新的带头学科的形成和旧的带头学科的让位是一个过程的两个方面。这个过程便是带头学科的更替。

（二）科学活动中心的转移

著名英国科学家、科学社会学家贝尔纳基于对科学史的洞察与卓识，在其巨著《历史上的科学》中，最先提出了“科学技术活动中心”的概念。兹后，日本科学史家汤浅光朝经过独到的研究，指出，凡是科学成果数占同期世界总数 25% 以上的国家，可谓之“科学活动中心”。也许，汤浅所指明的科学活动中心的标准是粗糙的，该标准不应是一个单独指标，而应是一个指标体系。比如综合考虑科学队伍、实践设施、图书情报、科学机构和教育水平等因素的作用与相互关系而建立一个指标体系。但是，从科学成果入手衡量科学活动的中心，无疑是抓到了关键。因为，归根结底，科学活动要体现在出成果上面。一个国家科学成果的状况最明显地标志着它的科学发展水平。由于科学连锁发展等方面的特点，对于一个国家说来，如果没有科学成果的相当质量水平作为前提，要达到科学成果在数量上占据同期世界总数的较高比例，那是不可能实现的。所以，汤浅关于科学活动中心的标准或定义，是大致可行的。

根据汤浅的研究，近代科学诞生以来，世界科学活动中心经历了如下的转移：

意大利（1540—1610 年）；英国（1660—1730 年）；法国（1770—1830 年）；德国（1810—1920 年）；美国（1920— ）。

那么，一个国家要成为科学活动中心，究竟需要具备哪些条件呢？或者一般地说，科学活动中心形成和转移的条件是什么呢？由于科学现象本身的复杂性，以及它与社会、文化因素联系的复杂性，上述问题显然是难度很大的问题。这里，仅就该问题的几个侧面略述如下：

从历史上已经发生过的几次科学活动中心转移的情况看，大凡成为科学活动中心的国家，都是当时经济生产比较发达的国家，有的还达到了世界经济中心，即经济发展状况远远领先于世界各国的地步，如 17 世纪的英国和 20 世纪上半叶的美国。这说明，经济生产发达是成为科学活动中心的重要条件之一。

成为世界科学活动中心之所以需要经济生产发达的条件，这是由科学与生产之间的特定关系决定的。经济生产发达了，才会为科学的发展提出大量紧迫的研究课题，从而为科学的发展造成一种巨大的刺激力和推动力；同时，也只有经济生产的发达，才能为科学提供必要的仪器设备以及足够的财力支持等。试想一下，如果一个国家在经济生产上连机械化都还未实现，又怎么有可能站在新技术革命的风口浪尖上，挑起世界科学活动中心的重担呢？当然，一个国家如果其他条件不具备，即便经济生产已经十分发达，也未必一定能成为科学活动中心。生产决定科学不是绝对的、唯一的，它需要其他条件的配合，而且，归根结底，生产对科学的决定作用要通过科学本身的内部因素起作用。

时代进入 20 世纪以后，随着科学的社会化和社会科学化的逐步实现，科学与经济生产的联系变得更加密切了。在当代，一个国家要达到经济发达的目的而不去依靠科学，和要达到科学领先的目的而没有发达的经济作后盾，似乎同样是不可能的。那么，究竟经济发达是科学领先的条件呢，还是科学领先是经济发达的条件呢？看来答案只能是：二者互为条件。这种局面的形成说明，当代一个国家要成为世界科学活动的中心，重要的不是去孤立地发展经济生产，而是科学与生产同时抓，使科学与生产协调发展，并且在它们之间如何形成相互促进的最佳机制上下功夫。简言之，真正实现科学与生产一体化，是当代成为科学活动中心不可缺少的一个重要条件。

科学劳动者是科学活动的主体。在科学活动的诸要素中，它的地位最重要。科学工具要靠科学劳动者制造和使用，科学对象要靠科学劳动者选择与确定。科学活动的每一个环节都离不开科学劳动者的运筹帷幄和操作施行。因此，成为科学活动中心一定要具备科学人才方面的条件。那么，它所需要的人才条件，应该达到什么要求呢？

第一，质量高。一个成为科学活动中心的国家，既然要在众多的科学领域处于领先地位，要产出大大高于其他国家的成果数量，那么，该国家的科学队伍一定要达到足够的质量水平，这是不言而喻的。

第二，数量大。成为科学活动中心，固然非常需要有一大批高水平的科学家，但是，仅仅把目光盯在高水平的科学家身上，而忽视科学队伍的规模是不成的。且不必说由于科学活动的多层次、多环节性，本来就需要大量各种类型的人才，仅只科学家数量与质量的内在关联性一点，就足以使人们对科学队伍的数量问题刮目相看了。科学学家普赖斯发现，在杰出科学家人数和科学家总数之间，有一种比较稳定的联系。这种联系是：科学家的总人数大约是其中优秀者的平方。譬如，假定要把优秀科学家人数扩大5倍的话，就必须把科学家总数扩大25倍。这就是科学学上著名的普赖斯定律。

第三，“人才外流”的受惠国。一个国家的科学队伍数量大、质量高，这还只是着眼于本国的人才资源。事实上，一个国家要成为世界科学活动中心，在依靠本国科学人力的基础上，必须设法尽可能地利用世界各国的科学人力。比如向国外派遣学者和向国内引进外籍学者等等。其中最为重要的是，创造条件，使本国成为他国“人才外流”的受惠国。美国之所以能够取代德国而成为世界科学活动中心，一个最直接、最明显的因素就是德国等国的人才外流帮了它的大忙。当时纳粹政权疯狂迫害科学家，致使德国和欧洲许多科学家相继流亡到美国。从那时至今，美国一直是人才外流的受惠国。据法国报刊公布，从1952—1961年，10年间，美国从西欧输入了53000名高级专家，从而节约了100亿法郎培养专家的经费。这项节约超过法国全国科学年度预算（1962年）的一倍，也大大超过了英国每年的科学拨款！除美国以外，以往曾一度成为科学活动中心的国家都不同程度地从他国人才外流中受过益。

三、重心律的意义

作为科学发展的基本规律之一，重心律无论是在科学的理论研究方面，还是在发展科学的实践方面，都有其不可忽视的意义。

（一）理解科学的一把钥匙

在科学的整体中，科学的重心不仅是一个起支配作用的重要组成部分，而且还是一个有代表性的、典型的组成部分。科学重心的这种特殊地位，足以使它能够大致反映科学的基本面貌。这样，当人们对科学进行研究的时候，完全可以通过对科学重心的典型研究，达到了解科学整体的目的。当然，研究科学不一定运用典型分析的方法，直接研究科学整体也是可取的。

但是，在后一场合，科学的重心必须受到特别的注意，否则脱离科学的重心去研究科学，那是很容易误入歧途的。比方说，研究 17、18 世纪的科学技术发展，不去对力学的发展进行重点剖析，这种研究的可靠性是很值得怀疑的。重心律告诉人们，研究科学及其发展规律，一定要把科学的重心当作研究的典型或重点。这样做，不仅便利，而且有效。正是在这个意义上，我们说，重心律为理解科学提供了一把钥匙。

（二）科学规划的重要理论根据

一个国家，要发展科学技术事业，总要制定规划，而制定规划，涉及的方面固然很多很多，但其中有一个问题是不能回避的，即，对于科学技术的各个部门、学科和分支，如何安排次序？如何区分轻重缓急？重要的是，应当把重心律自觉地作为制定科学规划的理论依据，按照重心律办事。既然重心律已经表明，科学发展本身是有重心的，那么，在科学规划中，相应地突出和强调科学重心的地位和作用，换言之，把科学重心放到它应当占有的地位上去，就是理所当然的。科学的重心对科学的全局具有关键性和核心性的作用，抓住科学重心就是牵住了牛鼻子，可以收到事半功倍之效。当前的带头学科是什么？下一个带头学科是什么？诸如此类的问题，非常值得关注。围绕带头学科制定科学规划，把本国的人力、物力和财力相对集中使用在带头学科上，是迅速发展科学技术的一项有效措施。研究表明，当力学作为带头学科时，英国有 53% 的科学家在力学领域工作；当化学、物理学成为带头学科时，法国把 30% 的科学家投放到化学领域，20% 的科学家安排在物理领域。这样的规划措施，有力地促进了英国和法国在不同的历史时期成为世界科学活动中心。

（三）科学研究的方法论武器

如果说在一个国家那里，重心律是起着制定科学规划的理论根据的作用的话，那么，到了科学家个人或集体手中，重心律就变成科学研究的方法论武器了。不论是哪个行业的科学家，是否自觉地运用重心律，其结果是大不一样的。譬如，对于在非带头学科领域工作的大批科学家来说，自觉地运用重心律，将会对带头学科的带头作用有一个十分清醒的认识，并且在适当的时机，大胆地从带头学科那里吸收先进的理论、观念和方法，以推动本学科的研究。这样做，往往能收到出人意料的奇效。20 世纪 40 年代，正当微观物理学充当带头学科的时候，奥地利物理学家薛定谔用热力学和量子力学理论解释生命的本质，在生物学中引进“非周期性晶体”、“负熵”、“密码”传递、“量子跃迁”式的突变概念，来说明有机体的物质结构、生命活动的维持和延续、生物的遗传和变异等问题，从而开拓了研究生命现象的某些新途径。一般地，非带头学科通过大量吸收带头学科的新鲜养分，可以形成本门学科的小重心。在一个历史时期内，包括主要学科在内的大多数学科的小重心和全部科学认识的重心是协调一致的。如果不一致，那大半标志着该学科具有时代色彩的小重心还未形成，就很有必要考虑引进带头学科的理论和方法的问题。

第四编

科学精神的普及

本编共设五章，旨在从科技哲学的角度对科学精神的各个方面作出理论上的探索。第十八章，科学精神的核心与内容。本章首先介绍了何为科学精神，指出从科学存在和发展的角度、从科学构成的角度以及从科学赖以生存的文化传统的角度看，求真都是科学精神的核心。本章进一步指出，围绕求真，科学精神最重要的基本内容有二：一是理性精神，二是实证精神。此外，本章还对当前我们应从哪些方面重视科学精神作出理论指导。第十九章，科学社会学视野下的科学精神。在论及科学精神时，默顿的科学规范思想是不可回避的。本章旨在通过对默顿科学规范思想的介绍，加深读者对科学精神的理解。本章首先介绍了默顿科学规范思想产生的历史背景，指出科学规范的产生是历史的必然。其次，本章介绍了科学规范的主要构成（普遍主义、公有性、无私利性、有组织的怀疑），分析了科学规范的基本精神及其有效性，并对今后科学规范的修正和扩展方向提出了独到的见解。第二十章，科学精神的普及。本章从三个方面分析了科学精神的普及：一是科学精神普及的紧迫性；二是科学精神普及的基本途径；三是科学精神普及的社会环境。第二十一章，在科技队伍中普及崇尚真理的价值观。前文已述，求真是科学精神的核心，崇尚真理是求真精神的直接体现。本章以崇尚真理为视角，强调科学家应将崇尚真理的精神贯彻到底，再一次向读者展示了科学精神的核心——求真。文章首先介绍了崇尚真理价值观的内涵：一是坚信外部世界具有客观规律性；二是坚信客观规律的可认识性；三是坚信认识趋向于简单性。其次介绍了崇尚真理价值观的作用及如何普及崇尚真理的价值观。最后，本章指出，对于科学家来说，崇尚真理的价值观就意味着其勇于承担社会责任。第二十二章，弘扬中华民族的求真精神。如前所述，求真是科学精神的核心，对求真精神的深入探讨，对我们理解科学精神的内涵有着重大的意义。长期以来，不少人认为中华民族没有求真精神，或者说中华民族的求真精神相对薄弱。本章针对这个问题，对中华民族有没有求真精神及中华民族求真精神的特点作了深入的分析，指出中华民族有着很强的求真精神，且其特点有三：一是勇于献身；二是以“止于至善”为目的；三是以直觉体悟为方法。最后，本章主张协调真善关系，推进求真精神。本章还对中国为什么没有产生近代实验科学及中国古代为什么没有走上法制化的道路作出有说服力的回答。

总之，本编紧紧围绕科学精神的各个侧面展开，对于科学精神的普及意义重大。

第 十 八 章

科学精神的核心与内容

早在20世纪初，科学精神问题就引起了中国学者的注意。1916年中国科学社社长任鸿隽曾在《科学》月刊上发表了《科学精神论》的专文。此后，关于"科学精神"的论述开始频频出现在中国学者的著述和言论里。总的看，五四运动前，人们大都基于"向西方学习科学、发展科学要抓住根本"的立场而关注科学精神；五四运动以后，人们大都基于"以科学精神改造中国的传统文化"的立场关注科学精神。1996年，开始有学者倡导科普的中心在于科学精神的普及。随后，人们逐渐转向主要基于"反对迷信、伪科学和反科学等错误思潮"的立场而关注科学精神。可以说，许多有识之士已经充分认识到，不论是理解科学、发展科学，还是与迷信、伪科学和反科学进行斗争，都必须紧紧抓住科学精神这一根本。尤其是近几年来，在与"法轮功"的斗争中，人们更加深切地感到，要彻底铲除"法轮功"产生的认识土壤，在人民大众中间需要广泛普及科学知识，更需要普及科学精神。后者当是科普的重中之重。

然而，由于科学精神的高度抽象性，科学精神的普及远不如科学知识的普及来得容易些。具体说来，科学精神普及的困难主要来自以下三个方面：一是科学精神的实质难以准确理解；二是科学精神普及的战略意义容易受到忽视；三是科学精神普及的途径和方法普遍感到生疏。

关于科学精神的理解，目前理论界意见分歧严重，主要表现为：(1) 关于科学精神的核心理解不同，如有人认为是"理性"，有人认为是"求真"，有人认为是“实证”，等等。(2）关于科学精神的内容理解不同。内容罗列少则两条，[①] 多则七八条，甚至十几条；等等。直至2001年1月12日，在中国科普研究所和《科学时报》社于北京共同举行的“科学精神高级研讨会”上，与会专家对“何谓科学精神、科学精神包括哪些内容”等问题仍争论不休。对科学精神理解的这种混乱状况，严重地阻碍着科学精神普及的顺利进行。

一、准确理解科学精神的核心

准确理解科学精神的核心，首先需要明确科学精神的核心得以认定的基本原则。否则，就有可能出现从不同角度或不同层次看科学精神核心的情况。这也是长期以来，人们在科学精神核心的理解上，出现众说纷纭局面的基本原因。认定科学精神核心的基本原则是什么呢？我认为，科学精神的核心应当是：(1）从纵向看，科学由以产生并赖以生存和发展的东西；(2）从横向看，贯穿科学各个侧面的东西；(3）从其与社会文化背景的关系看，在科学发达国家的文化传统中较为突出而在科学落后国家的文化传统中较为欠缺的东西。

按照上述原则，科学精神的核心应理解为“求真”。就是说，所谓科学精神就是对真理不懈的追求精神，即“求真”精神。

（一）从科学的存在和发展的角度看

近代科学之所以产生，固然有其社会上的、认识上的以及科学自身等方面的原因。不过，就整体而言，求真精神的确立，不能不说是关键原因之一。众所周知，近代科学的诞生并非一蹴而就，而是自1541年哥白尼《天体运行论》出版始，迄1687年牛顿《自然哲学的数学理论》问世，一个长达140余年的历史过程。如果说，哥白尼提出日心说，在某种程度上，还包含着哥白尼对宇宙和谐秩序的追求，而他的求真精神并非像科普读物所渲染得那样强烈的话，那么，经由培根、笛谷、开普勒，一直到牛顿，求真精神

① 刘华杰：《科学＝逻辑＋实证》，《中华读书报》2001年第1期。

便逐步成为科学界的主旋律了。培根关于求真精神的热心倡导、[①] 第谷和开普勒对天文现象坚持不懈地系统观测和缜密分析，伽利略率先实现实验方法和数学方法的结合而对地面力学规律的探求，以及牛顿在综合开普勒行星三定律和伽利略动力定律基础上对经典力学大厦的构建等，无不表明，科学界求真精神由自发到自觉，经历了一个逐步增强的过程。而且，正是靠着这种精神，在与宗教神学、世俗力量和法西斯专政等黑暗势力的血与火的斗争中，近代科学从无到有，从弱到强，逐步踏上了现代科学的金光大道。基于此，爱因斯坦认为，科学家尤其是科学界的中坚人物，无不是充满求真精神的人，"视科学为理解宇宙的神圣事业的人"。他认为，诸如牛顿、普朗克和居里夫人等，都是科学舞台上为寻求永恒真理而奋斗的优秀科学家。

（二）从科学的构成角度看

一般认为，科学可以有多种形象，但最基本的有三种。就是说，基本上可以在三种不同的意义上理解科学，或科学大致有三个侧面。这就是：(1) 以实验和观察为核心的认识世界的社会活动。(2) 反映客观事物规律的真理性知识体系。(3) 作为旨在从事科学活动的职业和部门的社会体制。从根本上说，这三个侧面，无不生动地体现了和始终贯穿着鲜明的求真精神。就科学活动而言，求真，不仅是基础，而且也是其得以顺利进行的根本保障。失却求真精神的科学活动，不是真正的科学活动；进一步说，在科学活动的全过程中，不论哪个环节失却了求真精神，都会使科学活动难以为继。正因如此，求真精神对科学家和科学共同体无不具有严格的规范意义。譬如，默顿关于科学精神气质的四条"规范"所贯穿的一根主线就是求真精神；"普遍主义"是说，科学家在评价科学研究成果的时候，所依据的标准只能是成果自身的内在价值，而不能是国家、种族、阶级、宗教、年龄等任何科学家个人的社会属性；"公有主义"是说，任何科学研究成果即真理性的知识，即便以个人命名的概念、公式、定理和理论都不归属于发现者个人，而是属于全人类，科学家个人无任何使用和支配科学研究成果的特殊权利；"无私利性"是说，科学家从事科学研究的唯一目的只能是促进真理的

① ［英］弗·培根：《培根论说文集》，水天同译，商务印务馆 1984 年版，第 5 页。

增长，而不应是谋取个人私利；“有条理的怀疑主义”是说，科学家不承认任何未经实验检验或逻辑确认的东西为真理。

就科学知识而言，它既是科学求真精神的结晶，也是科学求真精神的具体体现。科学知识的真理性是从两方面予以保证的：一是从内容上，它是关于世界客观规律的反映；二是从形式上，它具有逻辑上的自洽性和数学预言所提供的精确性。有人说科学知识与科学精神是“形”与“神”的关系，这是千真万确的。

就科学体制而言，不同的国家和地区有不同的科学体制，不同国家和地区的不同的历史时期也有不同的科学体制。但不论采取哪种具体的科学体制，它都应当为科学的求真精神服务，为求真精神的贯彻实施提供支撑条件。例如，它在组织的构成方式、运行机制和各项管理制度上不能有意为压制科学家的学术自由或少数人的作伪等留下可乘之机。否则，这样的科学体制迟早会被摒弃的。

（三）从科学赖以生存的文化传统角度看

鉴于科学精神是科学的本质和灵魂，可以认为，科学精神的状况和科学发展的状况存在一种正相关的关系。就一个国家和地区来说，科学精神不是独立存在的，而是和该国家或地区的文化传统融合在一起的。因此，科学发展状况和不同国家或地区的文化传统存在着一种内在的关联。大量事实表明，一般情况下，科学发达的国家或地区的文化传统中求真精神表现得比较突出；而科学相对落后的国家或地区的文化传统中，求真精神则表现得比较薄弱。中西文化的比较，充分说明了这一点。自19世纪末20世纪初以来，许多有识之士对中西文化的异同进行了思考。大家的理解可谓见仁见智。但主流意见认为，西方文化中求真精神突出，中国文化中求真精神薄弱。例如严复在谈到西方文化命脉的时候说：“苟扼要而谈，不外于学术则黜伪而崇真，于刑政则屈私以为公而已。”[①] 严复不仅推崇西方的求真精神，而且对中国文化求真精神的薄弱十分焦虑，甚至，他把求真精神和提高中国民智民德的水平联系起来。他说：“使中国民智民德而有进今之一时，则必自宝爱真

① 《严复集》，中华书局1986年版，第134页。

理始。"① 诚然，指出科学发达的国家或地区与科学相对落后的国家或地区在求真精神上的落差，丝毫没有渲染文化决定论的意识。确切地说，求真精神决不是制约科学发达与否的唯一因素，但它却是制约科学发达与否的不可或缺的重要因素之一。

顺便指出，不少人把科学精神的核心理解为理性精神。这种看法对不对呢？这涉及对"理性"概念的理解。如果把理性理解为合规律性，那么，上述看法就是对的，因为在这种意义上，理性精神和求真精神是一回事；如果把理性理解为合逻辑性，那么，上述看法就有些片面化了。因为，合逻辑性并非唯有科学才具有。哲学乃至宗教也都十分讲究合逻辑性。或许有人会说，哲学、政治和法律等不也讲究求真吗？为什么单单说求真是科学精神呢？事实上，哲学、政治和法律等都只是包含求真的成分，更重要的是：哲学主要是一种世界观、人生观和价值观，体现了充分的人文精神；政治往往还包含有信仰的成分，如革命烈士夏明翰所说的"只要主义真"中的"主义"(即共产主义)，实际上是真理和信仰的统一；法律则主要是为了达到一定的目标，人为制定的约束人们行为的规则、规范等等。

二、全面把握科学精神的内容

明确了科学精神的核心，就为全面把握科学精神的内容提供了一个支点。因为，说到底，科学精神的内容是科学精神的核心在不同侧面、不同层次上的具体体现。

原则上说，科学精神的内容是不可穷尽的，求真精神在科学的每一个侧面、每一个环节、每一种特定情况下的表现，都属于科学精神的内容。例如，有人曾将科学精神的内容列举为以下 12 个方面的特征：执着的探索精神；创新、改革精神；虚心接受科学遗产的精神；理性精神；求实精神；求真精神；实证精神；严密精确的分析精神；协作精神；民主精神；开放精神；功利精神。上述 12 项，在作者看来还仅仅是科学精神的特征，若展开为科学精神的具体内容，大概要多出数倍了。不能不承认，上述各项，的确属于科

① 《严复集》，中华书局 1986 年版，第 134 页。

学精神的范围，但是，要害在于：这样罗列，缺乏统一的标准，彼此间参差不齐、过于凌乱，不仅模糊了科学精神的真谛，而且即便照此继续罗列下去，照旧会给人以“欠完整”的印象。

科学精神固有的内涵决定了科学精神的丰富内容之间是有轻重之分的。那么，科学精神最重要、最基本的内容是什么呢？我同意学术界这样一种意见：围绕求真，科学精神最重要的基本内容有二：一是理性精神，二是实证精神。例如，樊洪业先生认为，“科学精神是对科学之本质的理解和追求，其内容是由理性精神和实证精神所支撑的‘求真’，也算是‘一个中心，两个基本点’吧”①。许良英先生也认为“求实和崇尚理性是科学精神的主要内容，它一方面要求科学家在治学上必须诚实，严谨，尊重实践，忠于事实；另一方面又要善于思考，勇于探索，勇于创新，坚信自然界的统一性和规律性（即‘自然界的一致性’）及其可知性（即‘可理解性’）。这种科学精神是科学发展历史本身的产物，也是开创未来科学历史的基础和前提”②。

除了从共时性角度看到科学精神是有重心、有结构的特性以外，还应从历时性角度看到，科学精神是一个变动不居的历史范畴。科学精神的“一个中心，两个基本点”通常是稳定的，而其他有关内容就要随着科学发展状况和时代的不同，而发展变化了。这种变化的一个突出的表现，就是在不同的历史条件下，科学精神各项内容的地位将有所不同，就是说，人们对科学精神所侧重或所强调的内容有所不同。例如，五四运动前后的科学启蒙时期，人们对科学精神中的逻辑思维原则就特别感兴趣。鲁迅曾说：现在有一班好讲鬼话的人，最恨科学，因为科学能教人明白道理，能教人思路清楚，不许鬼混，所以，自然而然地成了讲鬼话的人的对头。陈独秀认为：头脑不清楚的人评论事，每每好犯笼统和以耳代目两样毛病，这两样毛病的根治，用新术语说起来，就是缺乏实验观念，用陈话说起来就是不求甚解。傅斯年说：中国学者之言，联想多，而思想少，想象多而实验少，比喻多而推理少。持论之时，合于三段论法者绝鲜，出之于比喻者较繁。

世纪之交的中国，科学精神重新引起了举国上下的高度关注。中央领

① 樊洪业：《科学精神的历史线索与语义分析》，《中华读书报》2001 年第 1 期。
② 樊洪业：《科学精神的历史线索与语义分析》，《中华读书报》2001 年第 1 期。

导层频频发出“弘扬科学精神”的号召，科学界、文化界和社会各界关于科学精神的议论也日渐升温。之所以出现这种情况，原因是多方面的。其中，主要有以下几点：(1) 全国城乡迷信、伪科学和反科学现象的蔓延，其中，尤以法轮功事件的出现引人注目；(2) 科教兴国战略的颁布和实施、科技界对科技创新的强烈呼吁；(3) 腐败、作伪等不良社会风气的盛行；(4) 社会主义精神文明建设取得实质性突破的迫切需要，等等。

在当前，我们应当强调科学精神的哪些内容呢？我认为，应当特别强调以下几点：

1. 普遍怀疑的态度。怎样判定一种观点或理论是否正确？不能依靠书本或者什么权威人物所提供的现成的结论，更不能仅凭倡导或宣扬这种观点或理论的人的表白，应当严格审查该观点或理论的理论根据和事实根据，经过缜密思考，然后独立地作出判断。这种不盲从、不轻信，坚持审查对象理论根据和事实根据的态度，就是普遍怀疑的态度。它是追求真理、反对谬误的法宝。所以，许多科学家和思想家都十分推崇这一态度。例如，法国数学家、哲学家笛卡尔就极力倡导普遍怀疑的态度，甚至说：“要想追求真理，我们必须在一生中尽可能地把所有事物都来怀疑一次。”① 爱因斯坦也说：“这种经验引起我对所有权威的怀疑，对任何社会环境里都会存在的信念完全持一种怀疑态度，这种态度再也没有离开过我。”②

2. 彻底客观主义的立场。反对游谈无根，无中生有。按照事物的本来面目及其产生情况来理解事物，决不附加任何外来的成分。自觉地把相信有一个离开直觉主体而独立的外在世界，作为一切自然科学的基础和前提。同时主张：有一分根据讲一分话；实践是检验真理的唯一标准，而且实践检验必须具有可重复性。

3. 逻辑思维原则。以归纳和演绎作为基本的思维方法，坚信特殊蕴含普遍，普遍统辖特殊。为此，高度尊重事实，但不局限于事实。眼见不一定为实。对于眼见的事实要进一步追问：它是否合乎逻辑？是否和已经确定的普遍真理相符合？如果不合，原因是什么？总之，既尊重事实，又在事实面

① ［英］笛卡尔：《哲学原理》，关琪桐译，商务印书馆 1959 年版，第 1 页。
② 《爱因斯坦文集》第一卷，许良英等译，商务印书馆 1979 年版，第 2 页。

前不放弃理论思维的权利。

4. 继承基础上的创新精神。科学发现只有第一，没有第二，创新是科学的生命。鄙薄重复研究，杜绝抄袭他人。用于解决前人未解决过的问题，努力为人类知识大厦添砖加瓦。同时，与伪科学随意否定前人研究成果的做法相反，主张高度尊重他人和前人的成就，在继承前人已有成果的基础上，大胆创新。

5. 精确明晰的表达方式。反对迷信和伪科学模棱两可、含糊其词的通病，不仅力求概念和命题含义明确、无歧义，而且重视定量研究，在有条件的地方，尽可能地把概念和命题间的关系运用数学符号表达出来。

第十九章

科学社会学视野下的科学精神

在科学精神的研究方面，美国著名科学社会学家默顿的科学规范思想是国际学术界最具代表性的成果之一。所以，论及科学精神，不可回避默顿的科学规范思想。

科学规范思想是默顿学派科学社会学的核心内容之一，也是默顿本人对科学社会学最卓越的理论贡献之一。然而，恰恰是这一思想，在科学社会学领域曾一度引起了广泛而激烈的争论。迄今，这一争论所引发的许多理论问题仍未完全解决。这里，我们将从科技哲学的角度进一步评论和澄清有关默顿科学规范思想的若干理论问题。

一、科学规范的必然性

对于默顿科学规范而言，其形成背景，在一定程度上彰显着它的存在根据和思想内核。事实上，人们常常会提出疑问：为什么科学一定要有自己的独立规范？这个问题与默顿科学规范的形成背景是具有密切的关联的。因此，很有必要弄清默顿科学规范形成的背景。默顿本人没有系统阐述过这个问题，但相关资料表明，默顿科学规范形成的历史背景和学术背景主要有以下几点：

（一）“危机唤起了自我评估”

20世纪二三十年代，第一次世界大战以及随后接连发生的经济危机，充分暴露了科学的负面作用。在战争手段全面升级、化学武器滥用，以及机器生产所造成的生产过剩、生产结构调整和工人失业中，科学所扮演的角色给人们留下了灰色印象。于是，在大众层面，抱怨、批评甚至反对科学的声浪四起，而在思想文化界，具有程度不等的反理智主义和反科学主义色彩的思潮更是气势汹汹。旨在批判或否定理性的所谓新黑格尔主义、现象学、存在主义、弗洛伊德主义等哲学思潮就是在这个时候得以流行的。梁启超以“科学破产”概括当时欧洲知识界的心态；张君劢则称该时期为“新玄学时代”:“此二三十年代之欧洲思潮，名曰‘反机械主义’可也，名曰‘反主智主义’可也，名曰‘反定命主义’可也，名曰‘反宗教论’亦可也。”① 这些情况造成了科学的空前危机，严重干扰了科学工作的正常秩序，使科学界强烈感受到了社会对科学发展的制约作用。

16、17世纪近代科学刚刚诞生时，科学体制几乎还提不出任何要求社会支持的理由的时候，自然哲学家尚能证明科学具有“赞颂上帝、为大众谋利益”的社会功能。然而，随着科学规模的扩大及其社会功能的急剧膨胀，科学逐步成为社会发展的主要目标，反倒使科学家模糊了科学与社会的联系而心安理得地“认为自己独立于社会，并认为科学是一种自身有效的事业，它存在于社会之中但不是社会中的一部分”②。现在，科学对社会所产生的负面作用，以及反理智主义和反科学主义思潮的泛滥，对那种认为科学可以完全脱离社会而具有绝对自主性的观念无疑是当头棒喝。这种情况，迫使人们在对待科学的态度上，必须“由自信的、孤立主义态度转变为现实地参与革命性的文化冲突之中”③，必须清醒地认识到科学并非独立存在于社会之外，而是作为一种社会体制、作为社会的一部分，与社会整体及其各个部分处于一种复杂的相互作用之中，从而认真对待科学与社会的关系。而要澄清科学与社会的关系，关键的一点是说明科学作为一种社会体制它所具有的精神

---

① 张君劢等:《科学与人生观》，山东人民出版社1997年版，第100页。

② ［美］默顿:《科学社会学》，鲁旭东等译，商务印书馆2003年版，第362页。

③ ［美］默顿:《科学社会学》，鲁旭东等译，商务印书馆2003年版，第362页。

气质是什么，用默顿的话说就是：“受到抨击的制度必须重新考虑它的基础，重申它的目标，寻找它的基本原则。危机唤起了自我评估。”①

总之，正是对科学与社会关系进行深刻反省的需要，“导致了对现代科学的精神特质的明确化和重新肯定”②。为此，默顿在回忆这段历史时说：“无论周围的环境如何影响科学知识的发展，或者，考虑一下我们更熟悉的问题，无论科学知识最终如何影响文化和社会，这些影响都是以科学本身变化着的制度结构和组织制度为中介的。为了研究科学与社会之间那些相影响的特征以及这些影响是如何发生的，因而有必要扩大我以前的努力去发现一种思维方式，以便思考作为制度化的精神特质的科学（它的规范方面）以及作为社会组织的科学（科学家之间的互动模式）。”③

（二）由纳粹主义所引发的政治论战的一部分

20 世纪 30 年代初，科学史上发生了非同寻常的两件大事。一件是 1933 年德国希特勒上台后，纳粹政权对科学施行种族主义政策：凡与非雅利安人合作或接受了非雅利安人科学理论的科学研究，均在被禁止或受限制之列。爱因斯坦和哈伯等一批优秀科学家因为种族歧视遭到放逐。海森堡、薛定谔、冯·劳厄和普朗克都因为没有与爱因斯坦的“犹太物理学”划清界限而受到当局批评。另一件是苏联把科学武断地划分为无产阶级科学和资产阶级科学，以 30 年代初在列宁格勒召开的全苏遗传学与育种会议为起点，上演了一幕幕压制和迫害遗传学等学科和从事相关研究的科学家的闹剧。这两件事引起了世界科学界对科学自主性的关注，不久在英国还引发了一场关于科学的“计划与自由”的国际性大讨论。

默顿认为，上述事件尤其是纳粹迫害科学家事件的发生表明，每个国家的社会规范与科学规范都有可能发生冲突。一旦冲突发生，“科学的精神特质规范必定被牺牲掉了，因为它们的要求与政治上所强加的有关科学有效性和科学价值的标准背道而驰”④，“科学的精神特质包括功能上必需的要

① ［美］默顿：《科学社会学》，鲁旭东等译，商务印书馆 2003 年版，第 362 页。
② ［美］默顿：《科学社会学》，鲁旭东等译，商务印书馆 2003 年版，第 362 页。
③ ［美］默顿：《科学社会学散忆》，鲁旭东译，商务印书馆 2004 年版，第 349 页。
④ ［美］默顿：《科学社会学散忆》，鲁旭东译，商务印书馆 2004 年版，第 394 页。

求，即对理论或概括的评价要依据于它们的逻辑的一致性和与经验事实的相符性。而政治伦理会引入理论家与此无关的种族或政治信仰的标准”①。为了预防和抵制对科学自主性的侵蚀和损害，社会学家有责任也有义务从理论上揭示和阐明科学规范，以期帮助科学界对于科学规范保持一种高度的自觉意识；同时，使全社会也在一定程度上了解科学与其他社会体制以及科学家与其他社会角色迥异的特殊性，进而爱护、尊重科学和科学家。所以，默顿称他的关于科学规范的两篇论文实际上是由纳粹主义所引发的政治论战的一部分。

事实上，《科学的规范结构》最初就是应一位来自纳粹统治下的法国难民乔治·古尔维奇之邀而写的。文章发表在此人所创办的《法律社会学与政治社会学杂志》创刊号上，题目也被改为《论科学与民主》。总之，正是捍卫科学的自主性，以及为抵制纳粹主义对科学的摧残而提供理论基础，成为默顿在《科学与社会秩序》和《科学的规范结构》两文中引进并深入研究“科学的精神特质”概念的直接原因。

（三）功能主义理论的内在逻辑发展

在社会学界，默顿属于功能主义学派，而且与帕森斯（T.Parsons）齐名，是该学派的领军人物。按照功能主义的观点，社会是一个有机整体，由多种多样的社会体制组成。一种社会体制之所以存在，乃在于它能够满足社会赋予的某种基本需要，即具有某种功能。而为了完成某种功能，每种社会体制也必须具有特定的一整套社会规范，这套社会规范集中体现了该社会体制所尊崇的价值体系，被用来维护和调节体制内从业人员之间的相互关系。对于科学体制而言，扩展被证实了的知识是其功能。那么，它的社会规范是什么呢？就是说，基于功能主义立场，默顿理所当然地要把科学规范研究作为对科学的社会研究的重点。事实正是这样，在1938年发表的题为《十七世纪英格兰的科学、技术和社会》的博士论文中，尽管默顿还没有充分认识到具有一套科学规范乃是科学体制化的本质特征之一，不过，这种思想萌芽已经具备了。

---

① ［美］默顿：《科学社会学散忆》，鲁旭东译，商务印书馆2004年版，第350页。

例如，在该文中，默顿写道："一旦科学成为牢固的社会体制之后，除了它可能带来经济效益以外，它还具有了一切经过精心阐发、公认确立的社会活动所具有的吸引力。……社会体制化的价值被当作为不证自明、无需证明的东西。但是所有这一切在激烈过渡的时期都被改变了。新的行为形式如果想要站住脚……就必须有正当理由加以证明。一种新的社会秩序预设了一套新的价值组合。对于新科学来说，也是如此。"① 这里，默顿已经明确认识到，近代科学实现体制化以后，具备了一套新的价值组合。事实上，他关于新教伦理与科学价值观念相一致的比较研究，正是基于这种明确的认识，而他关于清教主义所蕴含的价值体系包括功利主义、神佑理性、经验主义倾向和禁欲主义的概括，已经初现科学规范概念的雏形了。随后，根据博士论文一个脚注中提出的"现在准备研究科学与其周围的社会体制之间的这种关系"② 的计划，在博士论文发表的同一年，默顿写下了《科学和社会秩序》一文。这篇论文首次引入了"科学的精神特质"概念，并将其定义为"有感情情调的一套约束科学家的规则、规定、习俗、信仰、价值和预设的综合体"③。从此以后，在默顿的科学社会学研究路线上，发生了一种从把科学作为知识社会学的一个"战略研究基础"到把科学作为本身值得研究的对象的转变，开始重视科学精神特质的研究。接着，1942 年默顿便发表了他那旨在具体阐明科学规范的《科学的规范结构》一文。为此，默顿声称："1942 年论科学的精神特质的论文，它是相当快地从《科学、技术与社会》引导出来的。"④

二、科学规范的主要构成

默顿认为，作为一种社会体制，科学以扩展被证实了的知识为最终目

① ［美］默顿：《十七世纪英格兰的科学、技术与社会》，范岱年等译，商务印书馆 2000 年版，第 122 页。

② ［美］默顿：《十七世纪英格兰的科学、技术与社会》，范岱年等译，商务印书馆 2000 年版，第 287 页。

③ ［美］默顿：《科学社会学》，鲁旭东译，商务印书馆 2003 年版，第 350 页。

④ ［美］默顿：《十七世纪英格兰的科学、技术与社会》，范岱年等译，商务印书馆 2000 年版，第 7 页。

标。这一目标决定了科学方法的实证性，进而也大致规定了科学家的行为规范。就是说，科学目标以及科学方法共同规定了科学规范，而科学规范之所以是必需的，不只是因为它们在方法上是有效的，还因为它们在服务于科学目标上，被认为是正确的和有益的。

科学规范由哪些内容构成呢？默顿指出，构成现代科学精神气质的科学规范主要有以下四条：

（一）普遍主义

所谓普遍主义，即是：评价科学知识的唯一标准是其与经验事实相一致、和已被证实了的知识从根本上相一致，而与发现者的个人主观因素和社会属性无关。之所以强调和已被证实了的知识从根本上相一致，是因为具有新的经验基础的知识可以补充、纠正或代替相关的被旧的经验事实证实了的知识，但不能和全部已有知识系统相矛盾。即便引发科学革命的新知识，它和已有知识的矛盾也必定带有一定的局部性，不可能否定全部已有知识。这一条说的是，科学是客观的、非个人的。科学知识是外部世界客观过程和关系的如实反映，与人的意志和人的社会属性无关，科学知识具有客观性和逻辑融贯性；相应地，人们评价科学知识的时候，也应当拒斥特殊主义，而不考虑科学发现者的性别、种族、年龄、国籍、宗教、阶级、政治立场和个人品质等任何社会属性。一句话，普遍主义的本质即是客观性。

为什么普遍主义应成为科学家的行为规范？这主要是因为：第一，这是科学发展的内在要求。背离普遍主义，既可能把非科学甚至伪科学的东西带进科学，也可能把真正科学的东西排斥出去，从而造成破坏科学、压制科学、阻碍科学的恶果。苏联以所谓的政治标准衡量科学，结果“李森科主义”大行其道，而现代遗传学却被打入冷宫，就是典型的例证。第二，科学知识是普遍主义的，人们评价科学知识的时候也应当持普遍主义的态度。就是说，普遍主义这一科学规范的根据来自于科学知识的非个人特征，即普遍主义性质。

普遍主义为科学家所广泛认同。任何与普遍主义相对立的社会文化观念都难以改变科学家信守这一行为规范的立场。例如，当少数科学家在行为上背离普遍主义而倒向民族中心主义的时候，他们往往借用科学的幌子去掩盖其政治目的。这表明，在他们的内心深处仍然具有普遍主义的自发情结；而那些批评某些科学家陷入民族中心主义泥潭的科学家，所使用的主要武器，往往是谴责他们背离了科学的普遍主义规范，破坏了科学的价值中立，玷污了科学的纯洁性，更是公开坚持普遍主义。可见，科学规范的坚持，有正、反两种形式。正面形式是直接肯定科学规范，反面形式则是在为违反科学规范的实际行为所罗织的堂而皇之的理由中，暗中或间接地肯定了科学规范。

此外，普遍主义还有另一种衍生含义：科学职业对所有的人一视同仁，科学的大门是向所有有才能的人敞开着的。抑或说，科学职业的开放性是普遍主义的另一种表现方式。不论财产多寡、地位高低，任何人只要有适当的才能，都可以自由地从事科学职业。这样有利于延揽人才，自由竞争，更好地促进科学的发展。因此，普遍主义的这一含义也是科学自身的内在要求。在这种含义上，普遍主义也常常与某种社会文化观念发生冲突。例如，有些国家的意识形态认为，某些类型的人天生不能从事科学，至少，某些类型的人在科学上的贡献总是被有意贬低。这样做的理由通常是“维护”科学的客观性、纯洁性和尊严。这表明，尽管普遍主义在实践上有时被抵制，但在理论上总是被或明或暗地予以肯定。

（二）公有性

所谓公有性，即是科学知识共产、共有、共享。科学发现以知识的长期积累为基础，是社会协作的产物。它们是经过专家评审后汇聚而成的公共知识，是科学共同体、全社会、全人类的公有财产，不属于任何个人。发现者对知识“财产”的要求仅限于获得“承认”和“尊重”，而没有任何特权，不能据为己有，随意隐匿、使用和处置它们。

以科学知识公有为核心内涵的公有性之所以应当成为科学规范，是因为任何科学发现都不可能是平地起高楼，而是以前人和同时代人的大量劳动为基础的。因此，科学发现乃是社会协作的产物，进而，科学家以公有性态度对待科学知识就是理所当然的了。

既然公有性明确认定科学知识属于科学共同体乃至全社会公有，而科学家的产权仅限于科学界的承认和尊重，那么，据此就不难认清科学史上优先权之争的实质了。优先权之争根源于科学界对原创性的重视和追求，争执往往引发了竞争性合作。其结果是科学发现被公有化，科学发现者仅仅受到承认和尊重。所以，优先权之争实质上起到了维护公有性的作用。

公有性在科学中有一系列表现形式。例如，科学家被要求：一旦科学知识产生出来，就应当公开发表，以期尽快进入科学交流系统，保守秘密是不允许的。这就是说，科学知识是公有财产，任何科学家都没有权力隐匿自己或他人的科学发现。科学是一种前赴后继的社会性事业，只有每个人都及时地将自己的发现公之于众，也才能让他人及时、充分地利用该发现，并在此基础上作出进一步的新发现，从而推动科学的不断进步。从这个意义上说，公有性也是科学体制的内在要求。

再如，科学家无不承认他们的成就是建筑在前人和他人劳动成果基础之上的。这首先是一种谦逊，这种谦虚，不单单是个道德品质的问题，而且是公有主义规范的一种直接体现；同时，这也是一种尊重他人劳动成果的表现。使用他人的观点、事实和数据等必须予以注明，这样做，既是公有主义规范的要求，也有利于促进科学家在他人工作的基础上做进一步的创新。

公有性的衍生含义是：限制甚至取消专利。默顿认为，相当多的科学家，如爱因斯坦、密立根、康普顿和巴斯德等，都曾主动放弃专利要求，或者通过倡导社会主义寻求公众可自由利用专利的制度保障，这些，也都是公有性的体现。他坚持认为，要彻底贯彻公有性规范，就应当全面废止专利制度。

（三）无私利性

所谓无私利性，即是：科学家从事科学活动的最高目的是发展科学知识而不是寻求包括个人利益、商业利益和集团利益在内的任何私人利益。

应当指出，这一规范虽然涉及科学家从事科学活动的动机问题，但默顿强调，从根本上说，无私利性更是科学体制的必然要求。正是对科学家可能有的各种动机的体制性支配，决定了科学家摈除私利的行为。此外，无私利性并非绝对排斥科学家的私利或不允许科学家有任何的私心。默顿认为，无私利性代表了科学家的根本利益，“因为一旦制度要求无私利的行动，遵从这些规范是符合科学家的利益的”①。它所主张的仅只是科学家应当把发展

①　[美] 默顿：《科学社会学》，鲁旭东等译，商务印书馆 2003 年版，第 373 页。

科学知识、追求真理放在第一位，一旦这一最高目标与自己的私利发生冲突，科学家就应当毫不犹豫地舍弃自己的私利，绝不允许以牺牲发展科学知识和追求真理为代价或为诱饵，去谋取个人的私利。正如波兰社会学家彼得·什托姆普卡对无私利性的解释所说的：“无私利性要求外在利益要服从发现真理的内在满足。”①

无私利性的衍生含义是：禁止科学家为沽名钓誉而越轨；利用他人成果或接受别人帮助要公开注明或鸣谢。

对于科学家来说，这一条是所有科学规范中最难做到的。尽管如此，绝大多数科学家也还是自觉地按照这一规范约束自己的行为的。这方面比较典型的表现是“在科学编年史中，欺骗行为实际上是很罕见的”②。美国科学社会学家杰里·加斯顿指出：“除了科学，没有什么建制（体制）有这样少的欺骗，不诚实和狡诈。甚至在那些偶然的行为发生的时候，科学同行经常最有可能是那位揭露罪行的人。”③ 科学中的欺骗行为少，严格地说，这与科学家道德水准的关系毕竟是次要的。其主要根源在于科学概念、科学理论必须具有实验检验上的可重复性，这使得每个人所进行、所参与的科学研究活动都将置于整个科学界的严格监督之中。大众之所以对科学中偶尔或个别发生的欺骗行为留有深刻的印象，正是因为这种欺骗现象轻易不会发生，而一旦发生，人们将会感到十分意外、十分惊奇，加上新闻炒作，使得人们的印象反而比对社会其他领域大量司空见惯的欺骗行为更加深刻了。此外，科学领域所存在的激烈竞争，也可能会导致某种个人崇拜、非正式的派系、大量而无价值的出版物的泛滥，以及个别科学家的越轨，但这些现象终归是微不足道和昙花一现的。

科学家不仅在科学界内部绝少有利用科学谋私利的情形，即便与外行打交道，他们也很少像有些行业那样，利用门外汉的轻信、无知和依赖性以售其奸，科学真正做到了童叟无欺。“但当科学家与门外汉的关系成为最重要的关系时，就会出现一种对科学惯例规避的刺激。而有资格的同行所确立

① ［波］彼得·什托姆普卡：《默顿学术思想评传》，林聚任等译，北京大学出版社 2009 年版，第 53 页。

② ［美］默顿：《科学社会学》，鲁旭东等译，商务印书馆 2003 年版，第 373 页。

③ ［美］杰里·加斯顿：《科学的社会运行》，顾昕等译，光明日报出版社 1998 年版，第 240 页。

的控制结构如果变得无效，滥用专家权威和炮制伪科学的现象就会应运而生。”① 不过，伪科学盗用科学的名义，从事获利勾当完全是另一码事。之所以某些伪科学还有一定的市场，这主要是因为外行常常不能把虚假学说与科学学说严格区别开来；而且，对一般公众来说，神话比科学理论看起来更合理和更易于理解，因为它们更接近于常识、经验和文化偏见。伪科学的获利行径丝毫无损于科学的无私利规范。

（四）有组织的怀疑

所谓有组织的怀疑，即是：科学家对于自己和别人的工作都不轻信，均持一种毫无保留的怀疑和批判态度。正所谓科学不承认在神圣的、不能批判的东西和不神圣的、可以进行研究的东西之间有绝对固定的界限。所谓“有组织的”，是指对于科学而言，怀疑贯穿于科学活动的各个环节，并且已经实现程序化、制度化。如科学交流中的同行审查、发表前的审稿制度、发表后的重复性实验检验、科学奖励的同行评定等等。在科学界，审稿人、各类评委乃至每一位科学家都是正式的或业余的科学“警察”。这种怀疑，已远远超越了这个人或那个人偶然表现出的怀疑倾向，而是一种周密的制度设计或严谨的认知警惕系统。默顿认为，有组织的怀疑既是科学方法论的要求，也是科学体制的要求。

有组织的怀疑充分表现在科学家常有的以下特点之中：不承认永恒的、终极性的真理；坚持对科学理论进行经验与逻辑相结合的客观审查；以追求与事实尽可能吻合的真理为最高目的等等。简言之，有组织的怀疑的核心思想是：不轻信任何未经经验事实检验过的知识。它的衍生含义是：反对过度集权和不崇拜权威。

这些特点导致了科学家经常陷于和其他社会体制的冲突之中。因为其他社会体制中，许多认识常常是被固定化、制度化了。而科学家根本不承认在神圣的、不能批判的东西和世俗的、可以进行客观研究的东西之间存在绝对分明的界限。因此，有组织的怀疑通常是其他社会体制抵制科学体制的主要根源。在现代，宗教对科学的抵制似乎有所减弱，只有当一些科学发现似

---

①　［美］默顿：《科学社会学》，鲁旭东等译，商务印书馆 2003 年版，第 374—375 页。

乎有损于教会的某些信条时，科学与宗教的冲突才会表现出来；反倒是经济和政治两种社会体制对科学的抵制更为经常、更为突出了。有人认为怀疑主义会威胁社会权力的分配，这有点牵强。因为，科学所主张的有组织的怀疑，只不过是科学家在科学活动中的行为规范而已。至于超越科学范围之后，这一行为规范是否仍然适用，这不是科学所要考虑的事情。现代的集权主义社会，随意限定科学活动的范围，不允许科学家在全部科学领域中按照有组织的怀疑规范行事，这势必会造成科学与该社会政治体制的严重冲突。

三、科学规范的基本精神

一般认为，默顿科学规范理论无非是他所提出的普遍主义、公有性、无私利性和有组织的怀疑四条规范。其实默顿科学规范理论要比单纯的四条规范丰富得多。从默顿的有关论述中可以看出，除四条规范外，默顿科学规范理论至少还应包含这样一些要点：其一，含义：科学规范是指约束科学家的有感情色彩的一整套价值体系；其二，存在形式：没有明文规定，以科学活动中科学家对各种行为的“规定、禁止、偏好和许可的方式”① 而存在；其三，起作用的机制：在不同程度上被科学家内化、形成了他们的良知或“超我”，通过科学界的奖励和惩罚得以稳固，通过一代代年轻人的社会化薪火相传；其四，与社会制度相匹配的本性：“与科学的精神特质相吻合的民主秩序为科学的发展提供了机会”②；其五，与认知规范相辅相成：默顿科学规范又称社会规范，它是相对于认知规范而言的，两种规范共同实现科学的体制目标；其六，功能：保护科学的自主性，用默顿的话说就是：“科学不应该使自己变为神学、经济学或国家的婢女。这一情操的作用在于维护科学的自主性。”③

单就四条规范而言，它们也不是孤立存在的。应当说每条规范的含义都是明确的，可它们之间的内在联系是什么呢？人们频繁引用这四条规范，但鲜见有人论及它们之间的内在联系。尤其是以下的情况更是加剧了这一问

① ［美］默顿：《科学社会学》，鲁旭东等译，商务印书馆2003年版，第363页。
② ［美］默顿：《科学社会学》，鲁旭东等译，商务印书馆2003年版，第364页。
③ ［美］默顿：《科学社会学》，鲁旭东等译，商务印书馆2003年版，第352页。

题的扑朔迷离：一是默顿在其《科学的规范结构》一文中，没有正面阐述四条规范的内在联系；二是默顿提出四条科学规范之后，他本人以及巴伯、斯托勒、米特罗夫、齐曼等人又分别对科学规范进行了补充，增加了创新性、谦虚、理性精神、情感中立性、客观性、概括性和无偏见性等。甚至有人把规范增加到 11 条之多。面对这种五花八门、没完没了的增加，人们自然会问：这种增加是必要的吗？这样增加以后，科学规范就完备了吗？总之，上述情况使得明确默顿四条科学规范之间的内在联系变得更加迫切了。

要弄清默顿四条科学规范之间的内在联系，关键是要洞察默顿科学规范的精神实质，找到把四条规范贯穿起来的那根红线。默顿说："制度性规则（惯例）来源于这一些目标和方法。学术规范和道德规范的整体结构将实现最终目标。"[①] 显然，在默顿看来，科学规范是由"科学的制度性目标"决定的。默顿明确指出，科学的制度性目标是"扩展被证实了的知识"，而"知识是经验上被证实的和逻辑上一致的规律（实际是预言）的陈述"[②]，即科学知识奠定在纯粹中性、无污染的经验事实的基础上，其内容如实反映外部世界的客观规律，任何个人的主观因素和社会因素的渗透，都只能造成科学知识的失真，并且妨碍科学的正常发展。因此，为了保证科学制度性目标的实现，需要科学家在生产科学知识的各个环节中都要尽可能全面彻底地防止和减少个人的主观因素和社会因素对科学知识的侵蚀。这一点，是默顿所揭示的科学家行为规范的宗旨，或者精神实质，也是把四条科学规范贯穿起来的那根红线。找到了这根红线，默顿四条科学规范的内在联系就一目了然了：四条规范从不同的侧面堵塞了个人的主观因素和社会因素污染科学知识内容的渠道。

普遍主义主要是通过排除发现者的社会属性，防止在科学评价过程中个人的主观因素和社会因素对科学知识的干扰。因为在评价过程中任凭个人的主观因素和社会因素的侵袭，就有可能要么使非科学的东西混进科学，要么把真正科学的东西排除在外，从而造成妨碍科学、压制科学的恶劣后果。

公有性主要是通过是禁止保密防止在科学的交流传播和运用过程中个

① ［美］默顿：《科学社会学》，鲁旭东等译，商务印书馆 2003 年版，第 365 页。
② ［美］默顿：《科学社会学》，鲁旭东等译，商务印书馆 2003 年版，第 365 页。

人的主观因素和社会因素对科学知识的干扰。新发现一旦产生，就应当立即进入科学交流过程，自觉地置于科学共同体的严格监督之中。这样既便于防止个人的主观因素和社会因素的侵袭；同时，也便于其他人随时加以利用，最终达到促进科学不断进步的目的。此外，从产权上明确科学属于全社会，科学家个人所能获得的最珍贵的报酬就是科学界的承认和尊重。这就促使科学家特别关注科学成果的客观性和质量，从而有利于科学的发展。

无私利性是通过摈斥以私害真，从制度所要求的科学家从事科学活动的动机层面，防止个人的主观因素和社会因素对科学知识的干扰。它规定，推进科学知识的进展高于科学家的任何私人利益。诚然，现实中，科学家们的业绩往往与工资、奖励、资助乃至名誉和地位挂钩，但严格地说，这些外在的东西与科学成就不对等，也无法对等，是可遇不可求的。如果科学家名利熏心，将科学的客观性和严肃性置之度外，剽窃、作伪，把科学视为攫取名利的工具，那么，必定会受到科学共同体的唾弃。

有组织的怀疑主要是通过反对盲从，在科学研究过程中防止科学家个人的主观因素和社会因素对科学知识的干扰。有组织的怀疑一旦成为科学家的行为规范，实际上就把科学研究过程的每一个环节，以及科学家自己研究的成果和他将面对的所有前人的研究成果，统统置于一种科学界有组织进行的、永不间断的待检验状态。这对于克服个人的主观因素和社会因素对科学的侵袭以及科学理论的不断发展，大有好处。

在四条规范中，普遍主义是基础，也最重要。因为普遍主义强调了科学知识的经验基础和逻辑标准，从知识评价上为科学的客观性提供了根本准则。其余三条则从不同侧面服务于保障科学的客观性。正如默顿所强调的那样："客观性是科学的精神气质中的核心价值观。"① 另外，有组织的怀疑和普遍主义都涉及科学检验。二者的区别是：前者侧重于要不要检验；后者侧重于怎样检验，即检验的形式和标准问题。

总之，四条科学规范共同规定了科学家的行为方式，为科学的自主性提供了充分的理论根据，也形成了科学区别于其他社会制度的"精神特质"。

① ［波］彼得·什托姆普卡：《默顿学术思想评传》，林聚任等译，北京大学出版社2009年版，第51页。

这也就是默顿所说的“科学有其一套独特的历史上形成的社会规范，它们构成了科学的‘精神气质’。”①

依据上述分析，这里不妨对默顿规范争论中所涉及的几个问题予以扼要讨论：

1. 关于科学中有没有统一的社会规范问题。一些默顿的批评者认为科学中并不存在统一的社会规范。他们提出默顿所提出的社会规范需要重新加以检验，或者认为像科学这样的社会体制并不必然包含一种规范的秩序。这种观点是错误的。的确，在处理有关伦理关系的问题上，不同的科学家具体情况不同或者在不同的场合会遇到的“具体情景”不同，因此，科学家践履社会规范也会因时因地而需要进行变通。但这是社会规范的灵活性问题而不是社会规范的有无问题。科学的体制目标和科学活动性质的确定性决定了科学家的行为必须具有一定的社会规范。当然，默顿规范所提供的主要是科学中社会规范的一些原则性建议，它的四条规范中的每一条都还可以逻辑地推演出一系列更为具体的行为准则。如普遍主义和有组织的怀疑包含着“勇于向权威挑战”、“不怕孤立”、“真理面前人人平等”等等行为准则。默顿规范作为统一的灵魂贯穿于形形色色的具体的科学规范之中。

2. 关于默顿科学规范是否为科学所特有的问题。一些默顿的批评者认为默顿所提出的社会规范并非科学所特有。如，巴恩斯和多比尔认为普遍主义和有组织的怀疑不是科学所特有的，在日常生活中也存在；科林斯也认为，这些规范特别是普遍主义规范是其他大部分公共生活领域中共有的规范。事实上这个问题应当这样来看：首先，默顿科学规范是科学体制的内在要求。上述关于默顿科学规范本质的论述表明，默顿科学规范为适应发展科学知识的制度性目标而提出，其贯彻施行直接关系到科学体制的存在和运行。其次，默顿规范为科学所特有主要体现在四条规范的整体效应上。在一定意义上，默顿的四条规范是一个整体。它们既是对科学家提出的一整套职业守则，也是对科学本性从科学的不同侧面和科学研究的不同侧面所作出的生动刻画。普遍主义是着眼于科学的客观性；无私利性是着眼于科学的目的；公有性是着眼于科学知识的公共性质；有组织的怀疑是着眼于科学的严

① ［美］默顿：《社会研究与社会政策》，林聚任等译，三联书店 2001 年版，第 6 页。

谨态度。对于默顿所提出的四条规范，或许其他社会体制可以具有其中的某一、两条，但要全部具有是很难的。加斯顿说得好："默顿从未说过这组规范中的哪一个是不能在社会中存在的。的确，社会对科学的规范支持程度有多大——至少是支持科学遵守这些规范——科学可以同社会协调进步的可能性就相应有多大。关于科学规范，似乎特别的问题是：作为一组，它们是科学界所独有的。"① 第三，默顿科学规范和其他社会体制的社会规范或一般社会规范有一定交叉是客观存在，也属正常。这是社会体制区分的相对性和社会整体的有机性使然。或许，个别规范的内容在其他社会体制中有表现，但具体表现是有重要差别的。譬如"有组织的怀疑"，许多社会体制都主张怀疑，即便宗教，在一定限度内或枝节问题上也是允许怀疑的。例如，印度教和佛教对通过个人的启示获得新智慧持某种开放态度；一些教派允许对创立者的经文解释有所争论等等。但是，科学所主张的怀疑，是把一切已有理论统统置于全面而永恒的经验监控与待检验状态之下，并且这种怀疑的权利原则上属于科学共同体及其成员中的每一个人。科学设有重复实验以及会议交流、期刊审稿等同行评价制度。这种怀疑的经验性、公众性、严密性和彻底性，即有组织性，任何其他社会体制都是难以望其项背的。再如"公有性"，其他知识领域如文学、艺术等，也提倡为学术而学术，也追求同行承认，但它们未必像科学对研究成果的公开发表要求得那么严格、那么刻不容缓。就是说，至少在履行公有性的具体要求上，彼此之间还是有明显差别的。此外，就追求客观性以及防止和避免个人与社会因素对知识内容的浸染而言，任何一种社会体制都难以像科学制度那样强烈和彻底。所以从整体上说，默顿科学规范颇能表征科学根本精神，当是科学所特有的。

3. 关于默顿规范是否仅仅为维护科学的自主性而提出，并非真正的伦理规则问题。默顿规范不仅如上所述，是为科学的自主性提供了充分的理论根据，而且它也的确主要是为维护科学的自主性而提出来的。20 世纪 30 年代初，德国纳粹迫害科学家事件的发生表明，每个国家的国家规范与科学规范都有可能发生冲突。一旦这种冲突发生，"科学的精神特质规范必定被牺牲掉了，因为它们的要求与政治上所强加的有关科学有效性和科学价值的标

① ［美］加斯顿：《科学的社会运行》，顾昕等译，光明日报出版社 1988 年版，第 221 页。

准背道而驰”①。默顿认为，为了预防和抵制对科学自主性的侵蚀和损害，社会学家有责任也有义务从理论上揭示和阐明科学规范，以期科学界对于科学规范保持一种高度的自觉意识；同时，使全社会也在一定程度上了解科学与科学家迥异于其他社会体制和社会角色的特殊性，进而爱护、尊重科学和科学家。为此默顿毅然进行了科学规范的系列研究。

然而，上述情况与默顿规范的伦理性质并不矛盾，其主要原因有二：第一，默顿规范的伦理性质是毋庸置疑的。不仅默顿规范的主旨正在于协调科学家之间、科学家与科学共同体之间以及科学家与社会之间的关系，而且，默顿在《科学的规范结构》一文中谈到科学的社会规范时，也频频使用了“道德规范”、“道德上的规定”和“道德共识”等称谓。第二，默顿规范的伦理性质与科学的自主性是一致的。科学具有一套独立的道德规范是科学自主性的突出表现，因此，保证默顿规范的正常实施，是维护科学自主性的必要条件；反过来，维护科学的自主性，首当其冲的就是在默顿规范的协调下，科学界保持一种良好的社会秩序。

4. 关于默顿科学规范与科学精神的关系问题。通常，人们把默顿科学规范视为科学精神的范畴，默顿本人也把科学规范视为科学的精神特质。然而，在具体阐述科学精神的内容时，许多人往往并不直接援引默顿科学规范。例如，我国许多人关于科学精神的内容所提到的往往是“求实和崇尚理性是科学精神的主要内容”②、“追求逻辑上的自洽和追求可重复性的经验证据”③、“科学精神中最重要的，一个是实事求是，一个是追求真理，这是最根本的内容”④等等。于是，有人便提出疑问：科学规范与科学精神究竟是什么关系，默顿科学规范是否表达了科学精神？

关于科学精神的含义是一个见仁见智的问题。事实上，由于科学自身的复杂性和变动不居，在科学精神问题上恐怕永远也不可能有一个统一的看法。科学精神是相对于科学形体而言的东西。关于科学形体，一般认为最

---

① ［美］默顿：《科学社会学》，鲁旭东等译，商务印书馆2003年版，第349页。

② 李佩珊等：《20世纪科学技术史》，科学出版社1999年版，第759页。

③ 参见《中华读书报》2000年1月23日。

④ 周光召：《弘扬科学精神是科技工作者的责任·序言》，载王大珩等主编《论科学精神》，中央编译出版社2001年版，第2页。

主要的是三个侧面：一是关于世界客观规律的真理性知识体系；二是一种探讨世界客观规律的社会性认识活动；三是一种以发展真理性知识为目标的社会制度。就第一个侧面而言，科学精神与科学成果的哲学意蕴大致相当；就第二个侧面而言，科学精神与科学方法的基本精神大致相当；就第三个侧面而言，科学精神与科学家行为规范的基本精神大致相当。通常人们谈论科学精神的时候，往往与科学活动相关联，很少有专门针对科学知识而言的。所以，一般情况下，科学精神的含义主要包括后两项内容。这两项内容也就是默顿所说的学术规范（即技术规范或认知规范）和道德规范（即科学规范或社会规范）。不过，在默顿那里，科学规范与“科学规范的基本精神”未加区别，是等价的。此外，人们在阐述科学精神的时候，有专门列举科学方法本质内容的，如求实、创新、追求精确等；有把科学方法的基本精神与科学规范两者综合在一起，如有人把科学精神概括为：实事求是、敢于创新，勇于实践和百家争鸣等；也有专指科学规范的。默顿明确指出，科学规范即是科学精神特质的核心部分。尽管默顿科学规范带有逻辑实证主义的先天弊端，不可能完美无缺地表达科学精神，但却可以认为，默顿规范基本上表达了科学精神的核心：普遍主义主要表达了客观主义和理性主义，公有性主要表达了含有谦虚、诚实意蕴的高度尊重他人的劳动成果的自觉意识，无私利性主要表达了把追求真理无条件地置于个人利益之上的求真精神，有组织的怀疑主要表达了高度的怀疑批判精神。显而易见，默顿规范表达的所有这些内容，与上述我国学界关于科学精神的一些概括基本上是一致的。

最后，默顿科学规范对科学精神的表达未免窄了些、高了些。关于这一点，下文将细述。科学精神是科学家在科学活动中凝聚和升华出来的一种精神风貌，是整个科学界在科学活动中所表现出来的一以贯之的思想和行为上的特征。科学是人类最高级、最重要的认识活动，科学精神则是人类区别于动物的理性精神的集中体现，它的核心是通过不断纠正认识错误和扩大认识范围而不懈地追求真理。在当前的历史条件下，我们应当强调科学精神的以下内容：(1）普遍怀疑的态度；(2）高度尊重事实的客观立场；(3）严密的逻辑思维原则；(4）一往无前的创新精神；(5）追求精确的严谨作风。

四、科学规范的有效性

默顿科学规范提出后，很快成为默顿学派的研究纲领。该学派所进行的有关科学奖励制度、科学界社会分层、科学交流，以及科学与其他社会体制互动关系等项研究，在一定的意义上均可视为对默顿科学规范思想的检验和发展。但是，默顿的科学规范观点却受到了一些社会学家和科学家的批评。尤其是20世纪60年代和70年代之交的数年间，批评声浪曾一度比较高涨。对它的批评，主要不是科学规范的构成或内容上，而是主要集中在这些规范是否在实际中指导着科学家的行为。一些人倾向于否认默顿科学规范的有效性。在批评者看来，默顿所制定的四条规范是主观的、空想的，科学界在科学实践中并不按照默顿的科学规范行事，甚至压根就不存在控制科学家行为的所谓社会规范。

例如，马尔凯曾就默顿科学规范的适用性列举过以下否定性证据："(1)从事基础科学研究的科学家不支持默顿的科学规范。有人做过一些问卷调查，尽管回收率不太理想，但结果却无一例外，全是否定性的。(2)即使科学家在言语上支持某条规范，也并不表明他们照此行事。如在一项研究中人们发现，虽然某大学物理系中的所有成员都声称研究人员应该有尖锐的批判精神，但他们中却没有任何一位实际上曾对低劣的工作发表或提出过任何批评意见。"① 此外，还有其他一些否定性证据。如，假定默顿规范在科学界普遍存在，甚至被有效地体制化，那么，科学发展的任何阻力就只能来自科学界外部，而不可能来自科学界内部。但实际情况并非如此，科学史上所发生的许多阻碍科学发展的情况，有不少恰恰是来自科学界内部。如科学史上司空见惯的"小人物"受压制、科学发现遭冷落等等。总之，马尔凯认为："科学的规范并未得到遵守，即使得到遵守，这些规范也不能解释科学中的成长和变迁"②；"那些科学家用来解释其行为的规范化声明因所处的情景不同具有相当大的不确定性。天文学家呼吁一种复杂的规则表，其规则的运用

① ［英］迈克尔·马尔凯：《科学研究共同体的社会学》，《科学学译丛》1988年第4期。
② ［美］杰里·加斯顿：《科学的社会运行》，顾昕等译，光明日报出版社1988年版，第235页。

可以随情况不同而有所差异，规则和具体行为之间的联系是‘不确定的’，从而科学中不存在占统治地位的前后一致的单一规范。”①

除马尔凯的上述批评意见外，著名社会学家卡普兰（Kaplan）对默顿科学规范提出的批评意见也颇有代表性。他认为：“科学家们严重背离默顿提出的科学的精神气质。”②“在欧洲，四个建制（体制）的强制中只有一个是存在的，即有条理的怀疑主义”，“但是这一规范并非流行于科学家的活动之中，而在于市民的活动之中。”③洛斯曼（Rothman）认为：“……各种各样的证据指出，与科学的精神气质所体现的理想状态的背离，是广泛存在的”，并且，他力图证明四条规范中的任何一条都不再是适宜的了④。斯克莱尔（Sklair）曾逐一讨论了四条科学规范，“然后指出它们对于科学是不必要的”⑤。米特洛夫（Mitroff）认为“科学家有时积极地遵守制度上的规范，而在其他时候则是消极地遵守”⑥。他还认为，“如果始终遵守默顿的规范，科学可能会受到损害，因为他看到了反规范的积极功能”⑦。

如何看待默顿科学规范的有效性呢？至少应强调以下两点：

（一）默顿科学规范是有根据的“应然”

简单说来，默顿科学规范是基于科学的制度性目标而提出来的。就是说，科学的制度性目标要求科学家“应当”具有那样的行为规范；反过来，科学界只有按照科学规范行事，也才能充分地实现“扩展被证实了的知识”这一科学的制度性目标。其间的缘由乃是前面说到的：扩展被证实了的知识，即扩展建立在观察和实验事实基础之上的知识，需要最大限度地抑制社会性因素对科学知识的侵蚀。而四条规范，恰恰就是从不同的侧面抑制社会因素对科学知识的侵蚀的。既然是“应然”，那么，这四条科学规范就不一

① ［美］杰里·加斯顿：《科学的社会运行》，顾昕等译，光明日报出版社1988年版，第210页。

② ［美］杰里·加斯顿：《科学的社会运行》，顾昕等译，光明日报出版社1988年版，第212页。

③ ［美］杰里·加斯顿：《科学的社会运行》，顾昕等译，光明日报出版社1988年版，第223—224页。

④ ［美］杰里·加斯顿：《科学的社会运行》，顾昕等译，光明日报出版社1988年版，第227页。

⑤ ［美］杰里·加斯顿：《科学的社会运行》，顾昕等译，光明日报出版社1988年版，第232页。

⑥ ［美］杰里·加斯顿：《科学的社会运行》，顾昕等译，光明日报出版社1988年版，第232页。

⑦ ［美］杰里·加斯顿：《科学的社会运行》，顾昕等译，光明日报出版社1988年版，第232页。

定会被科学界的每一个人都高度自觉地接受。由于制度性目标的压力，在某些科学家那里，偶尔有越轨行为是正常的。

默顿已经意识到了这一点。例如，在讲到普遍主义时，他说："普遍主义在理论上被有偏差地肯定了，但在实践上却受到压制。"① 在谈到公有性时，他强调保守科学发现的秘密是公有性的对立面，并且批评了著名科学家亨利·卡文迪什（H.Cavendish）因谦虚而违犯公有性的行为：卡文迪什因为他的才能，或者因为他的"谦虚而受到尊重。但是，从制度方面考虑，依照科学财富共享的道德要求来看，他的谦虚完全用错了地方"②。后来，默顿对越轨现象特地进行了一系列专题研究，认为个别违反规范现象的存在，不足以说明科学界践履默顿科学规范的全部情况。关于这一点，默顿指出："没有哪种社会制度能绝对地使其规范获得普遍遵从。不能因为对科学规范的偶尔背离，如伪造数据，就错误地得出结论，说它仅仅是认识论的或者仅是观念性的规范（同样，也不能因为出现凶杀偶尔违背了道德和法律规范，而下结论说它们是完全无关紧要的）。同样，根据理论社会学，我也不会坚持这些科学规范是一成不变的，纵使它们被刻在了永久性的石碑之上。"③

不过，应当指出，尽管默顿科学规范是"应然"，但它是有一定经验根据的。默顿说："尽管科学的精神特质并没有被明文规定，但可以从科学家的道德共识中找到，这些共识体现在科学家的习惯、无数讨论科学精神的著述以及他们对违反精神特质表示的义愤之中。"④ 这表明，默顿关于科学规范内容的选择和确定，充分考虑到了科学家的习惯、无数讨论科学精神的著述，以及在对违反精神气质表示义愤中所包含的"科学家的道德共识"等经验事实。换言之，默顿的科学规范就是对科学家在科学活动中的行为方式的概括和升华。

另外，在叙述每一条规范时，除了理论上的论证外，默顿也是处处以经验事实为基础的。例如，在《科学的规范结构》一文的"普遍主义"一节中，默顿说道："纽伦堡的法令不能使哈伯（Haber）制氨法失效，'仇英者'

① ［美］默顿：《科学社会学》，鲁旭东等译，商务印书馆2003年版，第369页。
② ［美］默顿：《科学社会学》，鲁旭东等译，商务印书馆2003年版，第371页。
③ ［美］默顿：《社会研究与社会政策》，林聚任等译，三联书店2001年版，第7页。
④ ［美］默顿：《科学社会学》，鲁旭东等译，商务印书馆2003年版，第363—364页。

(Anglophobe) 也不能否定万有引力定律。沙文主义者可以把外国科学家的名字从历史教科书中删去，但是这些科学家确立的公式对科学和技术却是必不可少的。无论纯种德国人 (echt-deutsch) 或纯种美国人最终的成就如何，每一项新的科学进展的获得，都是以某些外国人从前的努力为辅助的。普遍主义的规则深深地根植于科学的非个人性特征之中。"①

关于默顿科学规范的"应然"性质，默顿的夫人朱克曼在晚年也曾明确指出过。她说："作为普遍的规范，科学的精神特质指明了科学家共有的期待或观念：科学家应该如何进行研究以及如何对待其他的科学家。"② 默顿的学生 S. 科尔在为悼念默顿而发表的一篇文章中谈到默顿的《科学的规范结构》一文时说："该文后来被'建构论'学派的成员所曲解，他们认为默顿主张这就是科学的实际状况。恰恰相反，默顿主张，科学规范，如普遍性、公有性、无私利性和有条理的怀疑主义，是科学家怀着矛盾心理而接受的理想。"③ 英国物理学家、科学社会学家齐曼也认为，默顿科学规范"这是一幅学术共同体把自己和自己的工作展现给世界的图景。它描述了应该是什么，而不是通常是什么"④；"实际上，规范只是坚定理想，并不描述现实。他们的作用在于抵制相反的冲动"⑤。

对默顿科学规范的诸种批评意见大都混淆了"应然"和"实然"的界限。立足科学界行为规范的"实然"来批评默顿，应当说，这是对默顿本意的一种误解。

（二）现实中默顿科学规范基本上得到了遵守

为了检验默顿科学规范以及应对有关的批评，默顿学派曾经进行了许多经验研究。或许考虑到普遍主义的根本性，这些经验研究大都是针对普遍主义的有效性而进行的。比较有代表性的经验研究是：第一，默顿和朱克曼

---

① ［美］默顿：《科学社会学》，鲁旭东等译，商务印书馆 2003 年版，第 366 页。

② ［美］朱克曼：《科学社会学五十年》，《山东科技大学学报》2004 年第 2 期。

③ ［美］S. 科尔等：《默顿对科学社会学的贡献》，《科学文化评论》2005 年第 3 期。

④ ［英］齐曼：《真科学——它是什么，它指什么》，曾国屏等译，上海科技教育出版社 2002 年版，第 71 页。

⑤ ［英］齐曼：《真科学——它是什么，它指什么》，曾国屏等译，上海科技教育出版社 2002 年版，第 41 页。

于 1971 年发表的关于物理学领域里的顶尖级期刊《物理学评论》的计量学研究。他们利用了该期刊 1948—1956 年 9 年间作者、编辑与评议人之间的通信，编辑所做决定的记录，稿件在评议人中的分配，对论文的评价和最终处理意见等档案资料，对它的评议人制度进行了严密的计量学研究。其研究结论是："评议人对论文所运用的评议标准大致是相同的"，"评议人和作者的相对地位对评价方式没有明显影响"①。第二，J. 科尔和 S. 科尔兄弟俩于 1972 年发表的以美国物理学界为主要研究对象的关于科学分层和科学奖励制度的经验研究。该项研究使用了十余个大小不等的物理学家的样本进行数量分析，最后两位社会学家说："我们得出的一般结论是：科学的确是在很大程度上接近它的普遍主义理想。"② 第三，J. 加斯顿于 1978 年发表的关于英美科学界的奖励系统研究。加斯顿从《美国科学家》和《英国科学知名人士》两部权威性工具书中，随机抽取了英美两国各 300 位科学家。其中，物理学家、化学家和生物学家各 100 位。然后，汇集了这 600 位科学家的有关资料，并对他们的承认变量和科学产出率以及各种变量之间的关系进行了分析。得出的结论是：科学家任现职研究机构的声望、职业年龄、获得博士学位机构的声望等先赋变量对奖励和引证等承认变量的影响是微不足道的，因而英美科学界奖励系统的运行基本上是遵循普遍主义原则的。

另外，哈格斯特洛姆、加斯顿、沙利文等人对公有性也进行了经验研究，得出的结论是：绝大多数科学家赞成论文应及时发表，甚至主张论文发表前，就应当在同行之间进行必要的讨论。

当然，默顿科学规范与科学实践毕竟是有些距离的。之所以如此，其源盖出于默顿所采取的实证主义科学观的哲学立场。实证主义关于理论与观察界限绝对分明的假定、科学事实可以完全证实科学理论的观点，以及真理问题上的积累发展观等，已被哲学界公认为是粗放的、具有一定片面性的。不难想见，建立在这样的哲学基础之上的科学规范必定会与生动活泼的科学实践存在一定的差距。不过，实证主义追求科学客观性的总体方向没有错。因而，默顿科学规范的基本精神也还是可取的。尽管它只能不断接近而不可

① ［美］默顿：《科学社会学》，鲁旭东等译，商务印书馆 2003 年版，第 673 页。
② ［美］J. 科尔等：《科学界的社会分层》，赵佳苓等译，华夏出版社 1989 年版，第 255 页。

能绝对实现，但毕竟是引导科学家不断实现自我超越的一种目标和理想，值得科学家坚持不懈地去追求。

这正像在古希腊医药卫生界，不可能要求所有的医护人员都自觉、模范地遵守希波克拉底医学誓言。该誓言的意义何在？意义就在于：只有医护人员都努力地按照它所要求的去做，才能实现医药卫生事业治病救人的人道主义目标，才能有效地维护医护职业的崇高威望、使得医护关系更加和谐，才能保障医药卫生事业健康永续地发展。不能因为少量医护人员有违背誓言的越轨行为，就贬低誓言的作用或妄言取消它。恰恰相反，正是因为某些医护人员难免有越轨行为，才更有必要宣传誓言、强调誓言，要求医护人员自觉地去学习它、践行它。

总之，我们决不能因为科学规范在事实上不能绝对地实现，不能被所有的科学家自觉地遵循，就认为它是荒谬和无意义的。试想，假如科学家完全抛弃科学规范甚至反其道而行之，对同一科学理论的检验可以因时因地因人而异，科学可分为无产阶级科学和资产阶级科学，科学家对自己的发现可以随意无限期地保密，科学论文中允许写进招徕顾客的广告语，科学家从事科学可以像资本家那样唯利是图，对已有的科学理论只许因循守旧、不许丝毫怀疑，等等。那将是一种什么局面呢？若如此，科学大业如何正常进行？科学知识又怎能不断进步？因此，从反面看，默顿科学规范的基本精神也是无可厚非的。科学知识社会学从批判科学规范走向全面否定科学规范是错误的。因为否定了理想中的科学规范，科学家在处理科学共同体内部的关系时将无所遵循，失去了判断科学家行为是非的标准，乱了科学家角色的“方寸”，进而必定导致科学整体上的功能紊乱乃至消亡。简言之，科学规范对于保障和维持科学的自主存在和健康发展具有不可忽视的效用。

五、科学规范的修正和扩展方向

1942 年默顿科学规范提出后不久，关于它的修正和扩展问题就被提了出来，然而迄今尚无定论。这个问题基本上来自默顿学派内部或默顿学派的支持者、同情者。最初主要表现为上面所说的包括默顿本人在内的一些人关于默顿科学规范的补充与调整的一系列努力。后来则表现为有人提出默顿科学规范已经过时，不再适应新的时代，应从根本上予以修正和扩展。如有人针对默顿科学规范宣称："随着二战后科学技术的迅猛发展，今天的科学家们，无论就其研究内容，还是就其工作方式而言，都发生了天翻地覆的变化，科学似乎已明显偏离了默顿所描述的'理想'形态，在歧途上越走越远。……默顿所描述的科学模型已远远落后于今日之科学现状。"①

默顿科学规范是否已经过时，要不要对它从根本上进行修正和扩展呢？讨论这一问题，一个十分重要的前提就是要澄清默顿科学规范的适用对象。应当说，在默顿那里，关于他所提出的科学规范的适用对象问题已经作出了较清楚的交代，这就是旨在"扩展已被证实的知识"的研究活动，即通常所说的基础研究活动。基础研究中的"基础"意味着原理性的或根本性的。因此，基础研究是一切知识的源泉，是整个科学技术活动中的核心部分，自然也应当是大科学或后学院科学的核心部分。就是说，默顿科学规范的适用对象既不是大科学和后学院科学，也不是小科学或学院科学，而是自科学诞生以来全部科学技术活动中的那些基础研究部分。原则上说，只要科学技术活动中的这一部分存在着，默顿科学规范作为协调科学家之间社会关系的行为规范就不会过时，也不可能过时。

当然，我们必须正视以下的事实：随着现代科学技术的发展，基础研究呈现出新特点，变得越来越复杂了。其中，突出的表现就是基础研究与应用研究相互交叉和融合的现象日益普遍。研究者从应用或实际问题中作出基础性突破的情况时有发生，而重大的基础性研究迅速取得广阔应用的情况也频繁出现。以至可以认为：基础研究和应用研究的划分往往是事后的，在实际活动中，不论是从认识内容、研究者的动机，还是研究者所在机构的运行特点都难以从实质上区分它们。

通常，基础研究和应用研究的相互交叉和融合具有一定的不平衡性。这种不平衡性将会直接形成基础研究的多样性。于是，人们逐渐认识到，可以把基础研究区分为不同的类型。如，可以在"好奇心定向研究"之外，再单独划出一类针对解决当前和将来实际难题的知识基础的"战略研究"。前者是无明显应用目标，后者的应用目标是粗放的战略性；也可以把基础研究

① 苏湛：《让科学回归现实——对两种科学模型的一些思考》，《科学学研究》2005年第4期。

划分为三种类型：认识驱动型研究、可能目标导向型研究和现实任务定向型研究。认识驱动型研究即好奇心定向研究；可能目标导向型研究和现实任务定向型研究是指那些虽属基础研究，但却分别受到可能的应用目标和现实的应用任务的引导。所有这些，既可以看成是应用研究向基础研究的渗透或应用研究范围的扩大，也可看成是基础研究向应用研究的渗透或基础研究范围的扩大。总之，在现代科学技术活动中，较之过去，以扩展知识为目标的基础研究和基础研究成分不仅没有缩小，反而明显扩大了。这一点决定了默顿科学规范仍将具有广泛的适用性。

随着科学的快速发展，现代科学技术呈现出一系列特点，如：(1) 多极交叉性。除基础研究和应用研究的交叉外，还有不同学科的交叉、人文社会科学和自然科学的交叉等。(2) 复杂性。主要指科学技术所面对的研究对象日益呈现出非线性、宇观性、超微观性和高度有机性，所用数学手段的日益复杂等。(3) 科学自主性与科学对社会依赖性的同步加强等等。这些特点的出现，无不要求默顿科学规范应当作出适当调整。事实上，正如前面所述，默顿本人也曾明确表示不会坚持认为这些科学规范是一成不变的。

此外，前面已经说过，默顿科学规范的基本精神是基于实证主义立场，追求以可证实性的经验基础和科学知识内部的逻辑融贯性为前提的科学知识的客观性。尽管对科学知识客观性的理解过于狭窄和僵硬，但它追求科学知识客观性的基本方向是完全正确的。

当然，追求科学知识客观性的方向是否正确，也是可以怀疑的。长期以来，在科学知识是否应当具有客观性的问题上，学界就一直存在争论。例如，SSK 学派中就有不少人宣称，科学知识是科学家磋商的产物，自然界对于科学知识内容的形成只起很小的作用甚至完全不起作用。不过，从整体上说，SSK 所强调的是：没有与人无关的科学知识的客观性。科学知识的客观性是在科学实验的基础上，通过科学家之间以及科学家与企业家、政府官员等等有关方面意见交锋或磋商而得出的一种超越个体经验的一种客观性。一种客观性倘若与人无关，那就意味着它还没有进入人的视野，又怎么能是真正的客观性！任何真实的客观性必定是在某种人的观念、信念、心理和社会的文化因素等背景中产生的。人的观念、信念、心理和社会的文化因素等背景对科学知识的客观性既有积极作用，也有消极作用。实证主义仅仅看到了后者，并有所扩大；SSK 则充分揭示了人的观念、信念、心理和社会的文化因素等背景对科学知识的客观性不可或缺的积极作用。总之，SSK 丰富和深化了人们对知识客观性的认识，但并没有从根本上否定人类追求科学知识客观性的可能性和正当性。

默顿科学规范追求科学知识客观性基本方向的正确性保证了它的基本精神的正确性。因此，对默顿科学规范没有必要从根本上进行修正和扩展，根据需要对其适当局部修正和扩展就可以了。

大致说来，对默顿科学规范进行局部修正和扩展所采取的方式可主要有以下几种：

1. 放宽理解。默顿科学规范受实证主义立场的束缚，导致它所阐发的科学规范的一些条款内容过窄、过严、颇有点理想化。为了使之在有利于实现科学体制目标的前提下更加贴近科学活动复杂多变的实际，可以考虑根据情况对默顿科学规范的某些条款予以放宽理解，或者增加一些切合实际、更具可操作性的内容。如鉴于应用研究向基础研究的渗透和某些基础研究中应用研究成分的增加，就无私利性而言，防止以私害真和把追求真理置于一切私利之上等原则不能变，但是，对于科学家正当的个人利益不可一概否认，而应有选择地予以承认和保护。那些从事可能目标导向型研究和现实任务定向型研究的科学家，带有某种程度的谋利动机是在所难免的。此外，任何基础研究的深入发展必然伴随应用的扩大，这既是社会的需要，也是科学自身发展的需要。为了搞好应用，需要一部分搞基础研究的人转向或兼顾应用研究；同时，基础研究的攻坚性质，也要求基础研究队伍不断新陈代谢、人员流动。因此，某些搞基础研究的人转入或兼顾应用研究去谋利，是正当的，也是必要的。再如，就公有性而言，考虑到大科学时代科学研究对社会依赖性的增强，应当允许科学家为了更好地开展科学研究而在保密制度和国家利益的冲突之间适当作出妥协：为了国家利益，可以在科学成果发表的速度上适当放宽要求。

2. 内容补充。原则上说，研究科学家的行为规范有许许多多的角度。默顿科学规范立足于保障科学知识客观性的角度，这是相当关键、相当重要的。但可以肯定地说，这一角度不是唯一的。例如，科学创新和科学家的社会责任等等，都是研究科学行为规范应予关注的重要角度。在某些情况下，分别以这些角度为核心制订科学规范是很有必要的。

3. 逻辑延伸。在现代科学技术的发展中，除了基础研究，还包括应用研究、发展研究、生产和销售等环节。而且从广义上说，科技管理、科技教育和科学传播等，也都属于科技活动的有机组成部分。所有这些环节，都需要特定的行为规范，而这些行为规范远不是默顿科学规范所能容纳得了的。因此，需要分别对这些行为规范进行较深入的研究；同时，由于当代科学技术以基础研究和应用研究的相互交叉、融合为特点，它们都不同程度地包括以扩展知识为目标的环节，所以，默顿科学规范对这些科学活动环节中的行为规范具有一定的辐射作用。在一定的意义上说，参照默顿科学规范的基本精神或模式，制订科学活动中其他环节里的行为规范，也是对默顿科学规范的一种修正和扩展工作。

第二十章

科学精神的普及

一、科学精神普及的紧迫性

在人类社会的早期，根植于人类认识的土壤，科学和迷信的原始形式，可说是同时诞生的。而伪科学和反科学的幼芽则包容于迷信之中。随着近代实验科学的诞生和蓬勃发展，尤其是随着当代科学的一路凯歌行进，迷信不仅没有销声匿迹，反而有增无减，逐步发展到了它的现代阶段；各种伪科学和反科学也从迷信中独立出来、粉墨登场了。应当说，这些年来，迷信、伪科学、反科学现象之所以在中国四处蔓延、甚嚣尘上，原因是多方面的：政治上的、经济上的、社会上的、心理上的，不一而足。但基本的一条，这是人类认识规律的正常体现，不足为怪。就是说，我们一定要充分认识到科学与迷信、伪科学和反科学的斗争过去有，现在有，将来也还会有。这种斗争将是长期的、复杂的和艰巨的。

既然科学与迷信、伪科学和反科学的斗争是长期的、复杂的和艰巨的，而且，建设中国特色的社会主义一定要高举科学的旗帜，弘扬科学精神，坚决反对封建迷信和愚昧落后，揭露和抑制各种伪科学、反科学行为，那么，理论工作者，尤其是科技哲学专业工作者就有责任，也有义务正视和回答以下的重大问题：怎样和人民大众一道卓有成效地与迷信、伪科学和反科学进行斗争？

从根本上讲，我们与迷信、伪科学和反科学进行斗争，除了需要进一步坚定马克思主义信仰以外，极其关键的一条是要在人民群众中间大力普及科学精神。

为什么要在人民群众中间大力普及科学精神？这是因为，尽管迷信、伪科学和反科学三者之间有明显的差异，但它们都是违反科学、与科学背道而驰的。因此，拆穿它们的西洋镜并战胜它们，最终要靠经受过实践检验的科学知识。然而，一方面，任何个人学习科学知识都需要一个过程，而且终其一生所能掌握的科学知识是有限的，而迷信、伪科学和反科学所直接反对的科学知识却是包罗万象、无边无际的；另一方面，随着科学疆域的大幅度扩张，人类的未知领域也在大幅度扩张，而且一般情况下，后者扩张的速度远远超过前者。而人类的未知领域恰好是迷信、伪科学和反科学泛滥的肥土沃壤。上述两点足以表明：科学知识对抗迷信、伪科学和反科学很有效，但效力毕竟是有限的。有没有对抗迷信、伪科学和反科学的更有效的武器呢？有的，这就是科学精神。

科学精神是科学家在科学活动中凝聚和升华出来的一种精神风貌，是整个科学界在科学活动中所表现出来的一以贯之的思想和行为上的基本特点。科学是人类最高级、最重要的认识活动，科学精神则是人类区别于动物的理性精神的集中体现。它的核心内容是理性精神。其具体内容主要包括以下几项：

1. 普遍怀疑的态度。不盲从、不轻信，拒斥任何凌驾于真理之上的经典、权威和权力。对一切既成的结论，决不放弃审视其根据的权利。

2. 彻底客观主义的立场。反对游谈无根，无中生有。按照事物的本来面目及其产生情况来理解事物，决不附加任何外来的成分。自觉地把相信有一个离开知觉主体而独立的外在世界，作为一切自然科学的基础和前提；同时主张：有一分根据讲一分话；实践是检验真理的唯一标准；实践检验要遵循双盲原则，而且必须具有可重复性。

3. 逻辑思维原则。以归纳和演绎作为基本的思维方法，坚信特殊蕴含普遍，普遍统辖特殊。为此，高度尊重事实，但不局限于事实。眼见不一定为实。对于眼见的事实要进一步追问：它是否合乎逻辑？是否和已经确定的普遍真理相符合？如果不合，原因是什么？总之，既尊重事实，又在事实面前不放弃理论思维的权利。

4. 继承基础上的创新精神。科学发现只有第一，没有第二，创新是科学的生命。鄙薄重复研究，杜绝抄袭他人。勇于解决前人未解决过的问题，努力为人类知识大厦添砖加瓦。同时，与伪科学随意否定前人研究成果的做法相反，主张高度尊重他人和前人的成就，在继承前人已有成果的基础上，大胆创新。

5. 精确明晰的表达方式。反对迷信和伪科学模棱两可、含糊其词的通病，不仅力求概念和命题含义明确、无歧义，而且重视定量研究，在有条件的地方，尽可能地把概念和命题间的关系运用数学符号表达出来。

科学精神是科学的本质和灵魂。有了它，不仅可以加速或缩短人们学习和掌握科学知识的过程，使已有的科学知识发挥出更大的效力，而且，可以使人们在暂时缺乏某些具体科学知识的情况下，采取一种正确的态度和方法，以不变应万变，有效地击败迷信、伪科学和反科学的进攻。

二、科学精神普及的基本途径

如何普及科学精神？首先，普及科学精神不能脱离普及科学知识而进行。要把科学精神的普及作为灵魂和主线渗透、贯穿到科学知识的普及中去。

其次，普及科学精神还需要引导群众做到以下几点：

1. 参与科学实践。亲自参加科学实践是培养科学精神的基本途径之一。科学研究的目标、科学实验和科学观察的操作规范，对科学精神有一种内在的需求。具备科学精神的人并非一定是参加过科学实践的人，但参加科学实践肯定有利于培养科学精神。可是，为什么有的科学家还做了迷信、伪科学和反科学的俘虏？这是因为，尽管他们在科学实践中坚持了科学精神，但科学精神并没有在他们头脑中扎根，因而在专业以外的活动中，迷失了方向，栽了跟头。当然，绝大多数人没有条件也没有可能亲自参加科学实践。在这种情况下，经常参观一下实验室，经常向科学家了解一下有关他们科学实践的过程和进展情况，也是有利于培养科学精神的。

2. 反思科学知识。学习科学知识并对科学知识进行反思的过程，往往也是接受科学精神熏陶的过程。因为，科学理论和科学体系静态结构的精美、科学知识产生、确立和发展过程的曲折迂回和激动人心，以及科学知识对人类社会影响的广泛与深入等等，都有可能在科学精神方面给人以某种启迪和教育。

3. 熟悉科学发展史。一部科学发展史，往往就是一部科学精神发展史，或者是一部科学与迷信、伪科学和反科学进行斗争的历史。因此，学习科学史，能够给人以科学精神的生动教育，是培养科学精神的一条颇有成效的途径和方式。与此相关，阅读科学家传记，了解科学伟人成才和取得科学成就的过程，对于培养科学精神，也具有特别重要的意义。

4. 推进教育改革。对于一个民族的科学精神的培养，基础在教育。人们一般认为，目前，我国从小学到大学乃至各种形式的成人教育，最突出的缺陷是重视知识教育而相对忽视素质教育。所谓素质教育，其中极为关键的一项就是科学精神教育。为了改变科学精神教育薄弱的现状，我国现行教育内容、教育方法等，都要作出相应的变革，力求使之贯彻注重培养科学精神的宗旨。例如，为了培养学生的怀疑精神，教育内容上除了介绍主流观点以外，还可以适当介绍对主流观点有异议的非主流观点，适当加强学生课堂讨论的教学环节，等等。

5. 防范科学主义。反科学任意贬低科学、夸大科学的消极作用是错误的；同样，主张科学万能、拒绝承认科学存在消极作用的观点也是错误的。后者即是通常所说的科学主义。每个公民都有义务、有责任防范科学主义的侵蚀，以免由于对科学的过度崇拜而失去对伪科学侵袭的免疫力。应当认识到：首先，科学知识和科学方法都不是万能的。科学疆界尽管逐日扩大，但永远不能穷尽外部世界，未知领域永远大于已知领域；而且，在人的道德和价值领域，科学的作用更加有限。其次，科学方法可以广泛地应用于人文社会科学领域，但这种应用不仅有限度，而且不能照搬，需要创造性转换。第三，科学既能用于造福，也能使其为患。随着科学的发展及其造福功能的扩大，它的为患功能也将日益膨胀。科学家和全社会应当齐心协力，从科学研究的方向、科学知识应用的范围，以及社会制度的变革、价值目标的完善、伦理观念的教化和社会发展战略的调整等方面着手，努力缩小和消灭科学的消极作用。

三、科学精神普及的社会环境

此外，在全国人民中间培养科学精神，除了个人努力，也还都有一个社会提供环境和条件的问题。其中，尤为重要的一条是整个科学普及工作的现代化问题。

目前，随着科学技术的迅猛发展及其与社会作用深度和广度的扩大，科普工作在相当多的国家已经受到高度重视，并且在理论和实践上创造出了卓越佳绩。如果说，20 世纪我国科普工作一直未走出低谷的话，那么，在知识经济正在大步走来的 21 世纪，我们再也不能坐失良机、甘居人后了。应当奋起直追，全面推进我国科普工作现代化。正如中央领导于 1999 年 12 月 15 日致全国科学工作会议的信中所说的那样，“要把科普工作作为实施‘科教兴国’战略的重要任务和社会主义精神文明建设的重要内容，切实加强起来，在全社会大力弘扬科学精神、宣传科学思想、传播科学方法，使中华民族的科学文化水平不断提高”。为此，需要在以下几方面作出不懈努力：

1. 矫正科普内容。科普内容不仅包括科学知识、技术知识，还包括科学精神、科学思想、科学方法和科学道德等。和技术知识相比，科学知识更重要；和具体的技术知识、科学知识相比，科学精神、科学思想等项内容更重要。要纠正目前科普工作中的重技术知识轻科学知识，以及重科技知识轻科学精神、科学思想等的错误做法。

2. 扩大科普对象。科普对象要以青少年为主，但青少年远非科普的唯一对象。科普对象要考虑中老年和社会各界人士，如工人、农民、军人、干部、妇女、人文社会科学工作者，甚至包括科学技术工作者。只不过不同的对象普及的内容和形式不同罢了。如，对于科技工作者，需要普及本人专业以外的科技知识和人文社会科学知识等。要把科普作为继续教育的一项重要内容来抓。

3. 丰富科普形式。除了文字、图片、音响和演讲以外，科普形式要包括实物展览、趣味活动等。实物展览包括科技馆、展览馆、博物馆、科技公园、模拟实验室和街道科技橱窗等。所谓趣味活动是指以科普对象为中心的各种科普形式。如，提供一定设施，让参观者亲自做一些简单的科学实验。

再如，最近某些发达国家比较盛行的“无确定答案的动手型展览”、“青少年科学夏令营”、“学生—科学家伙伴关系专题活动”、“科技博物馆夜宿”等。

4. 改进科普作品。不论采取何种媒体，如图书、期刊、电视、广播、互联网等，所有科普作品都要加强原创性。就是说，不要仅限于科学内容的呆板转述，而应当本着通俗、生动、形象、简明、透彻等项原则对科学内容进行一番创造性的加工制作功夫，以便大众喜闻乐见、高效吸收。

5. 明确科普主体。科学工作谁来做？这就是科普的主体问题。一个国家的科普主体是否明确、力量是否强大，直接关系到该国家科普工作的成败。目前，我国受条块分割计划体制遗迹的影响，科技出版社和少数几家科普出版社、科普研究所等的科普主体地位是明确的，其他机构和团体与科普的关系都处于一种可为可不为的状态。基于科普工作的极端重要性及其内在的需求，我们应当迅速扭转上述局面，尽快实现科普主体的社会化，壮大科普主体的力量。原则上说，科普人人有责，但最基本的科普主体应当是：政府、科技团体、大众传媒、大专院校、研究机构、企业和民间基金会等，其中尤以政府和科学研究机构或科学团体的作用不容忽视。政府应当把科普纳入日常管理工作范畴，制定年度和中长期科普计划，设立一定规模的科普项目资助计划，加大科普投入，重视必要的科普设施建设，督促和指导社会各部门、机构和团体的科普工作，开展国家科普周活动等等；科学研究机构和科学团体应该从科技只有取得政府与民众的理解和支持才能健康发展的高度，认识科普的重大意义，把科普视为科技工作不可分割的组成部分，为此，勇挑重担，争当科普主角。所有科学研究机构和科学团体，以及每一位科学家，在从事科学研究工作的同时，都有责任、有义务积极组织和主动参加各项科普活动。

6. 规划科普工作。科普工作量大面广，任务繁重，需要有计划、有步骤、坚持不懈地进行。但是，目前我国某些地方或某些环节的科普工作常常出现放任自流、零打碎敲、忽冷忽热、低水平重复等现象。例如，有的出版社科普图书选题基本上是编辑的个人行为，甚至在选题上报前，编辑之间互相封锁。出版社缺乏统筹规划，更谈不上与其他出版社之间的协调了。为了避免盲目性，减少浪费，提高效率，在科普工作上，各级政府和基层单位都应加强科普工作的计划性。各级政府和基层都应明确自己的科普对象、科普任务、科普方法和步骤等，有一个三五年之内的计划，然后，按照计划，逐项落实，扎扎实实地做下去。

7. 研究科普理论。长期以来，我国科普工作基本上处于有实践无理论的状态。退一步讲，至少是科普理论研究比较薄弱，没有形成自己的理论范式，许多基本理论问题没有解决。例如：(1) 什么是科学精神？科学精神包含什么内容？怎样在人民大众中间普及科学精神？（2）科学知识和技术知识浩如烟海、日新月异，一个单位、部门或地区，怎样有计划、有秩序地把最基本、最重要的科学技术知识普及到各类群众中去？（3）一个地方科普工作做得如何，表现在许多方面，如：科普活动的多样性和规范性、科普设施的计划性和先进性、科普队伍的规模性和稳定性、科普对象的层次性和广泛性、科普内容的计划性和针对性、科普形式的丰富性和生动性，等等。基于此，如何在准确反映上述各种因素权重及其相互关系的基础上，制定一个既客观、全面，又有可操作性的测评体系，以便正确、有效地评价和引导科普工作的开展。诸如此类的问题，至今没有得到较深的讨论。应当对新时期科普工作的对象、内容、方法、手段、设施、组织、科学知识和科学精神的传播规律等基本理论问题，以及我国科普工作经常遇到的其他许多具有较大代表性的问题，开展研究；同时，注意借鉴国外的科普理论和实践经验，争取尽快建立起中国自己的“科普学”。此外，还应在大学开设科普方面的课程，创建科普专业，以便使科普理论研究和科普人才的培养尽快实现体制化和规范化。

第二十一章

在科技队伍中普及崇尚真理的价值观

20世纪以来，科学越来越成为人类的一项主要社会活动，而且，科学对于社会发展和人类日常生活的主导和支配作用，也越来越突出。为此，较之过去，以认识世界和理解世界为根本任务的科学，更加需要人文精神的关怀。鉴于价值观对人的活动的导向作用，可以认为，在科学所需要的各种人文精神中，最直接、最重要的，莫过于价值观尤其是崇尚真理的价值观了。

然而，长期以来，尽管在我国具有一定崇尚真理价值观的科学家绝非个别，但整体上，我国科技队伍在崇尚真理价值观的建设方面，还远远不能令人满意。尤其应当看到，中国传统文化一向是以伦理为本位的。时至今日，伦理本位的影响仍然根深蒂固。许多人在日常行为中往往自觉不自觉地把伦理关系置于求真目标之上。即使在学术研究和学术评论活动中，地位、年龄和辈分等伦理因素的作用仍然十分严重。因此，我国科技队伍崇尚真理价值观的建设问题，应当引起高度重视。

一、崇尚真理价值观内涵

崇尚真理的价值观，就其属于价值观而言，它是一种人文因素；就其属于科学的内在要求而言，它又是一种科学精神。所以，确切地说，它是人文精神和科学精神的融汇，是一种典型的“科学人文”因素。

作为科学人文因素的崇尚真理的价值观，对于科学家来说，是有特定内涵的。首先，它意味着科学家应当：(1) 坚信外部世界具有客观规律性；(2) 坚信客观规律的可认识性；(3) 坚信认识趋向于简单性。其次，崇尚真理的价值观要求科学家要有勇气把对自然界客观规律的认识作为自己的第一生活需要。就是说，在他看来，不是官本位、不是伦理本位，也不是金钱本位、名誉本位，而是事实本位、真理本位。

爱因斯坦曾经根据科学动机的不同，把科学家分为三种类型：(1) 视科学为特殊娱乐的人；(2) 视科学为猎取功利工具的人；(3) 视科学为理解宇宙的神圣事业的人。实际上，第三种就是真正具备崇尚真理的价值观的人。他认为，前两种人充其量不过是科学的同路人，只要一有机会，他们可以随时脱离科学队伍去从政、经商或从事任何一种职业。第三种人则大不相同，他们是一批对求真情有独钟的人，是科学事业名副其实的中坚力量。爱因斯坦颇为自己属于第三种人而自豪。同时，他也认为，诸如牛顿、普朗克和居里夫人等优秀科学家的一生，都是科学舞台上为寻求永恒真理而奋斗的一幕。崇尚真理的价值观，既是他们作为杰出科学家的标志，也是他们取得卓越成就的基本条件之一。

二、崇尚真理价值观的作用

为什么崇尚真理的价值观会成为科学家取得成功的基本条件呢？主要原因有以下几点：

首先，崇尚真理的价值观，可以帮助科学家恰当处理求真与致用的关系，确定正确的研究方向。众所周知，任何一门学科的科学理论可以区分为根本理论和非根本理论。以根本理论为核心，众多的非根本理论又区分为不同的层次。科学理论的层次愈是远离核心或愈是接近外部经验世界，则其科学价值愈小、愈容易发生变化。原则上说，较内层次的理论是较外层次理论的基础；而较外层次的理论，则是较内层次理论的推广应用。基于这种情况，科学家在选择研究方向的时候，不可避免地会面临一个如何恰当处理求真与致用的关系问题。例如，有的人以致用为实、求真为虚，把致用无条件地凌驾于求真之上；或者以为求真可以举世共享，而致用才真正属于自己，因而疏远求真。于是，如果他们是从事基础研究的科学家，就会竞相选择较外层次、难度较小的非根本理论或国外较有研究基础的非根本理论，作为研究对象。相反，对那些在本学科发展或本国科学发展中具有重大意义的较内层次的理论乃至根本理论问题，则退避三舍。如果他们是从事应用研究的科学家，就会一窝蜂涌向短平快的课题，而对那些本国经济发展所面临的具有战略意义或由于特殊情况需要本国自力更生解决的重大问题，却少有问津。可以想见，按照这种方式进行研究，对于科学家个人而言，将使他们很难始终保持相对独立的、冷静的求真精神，相反，却容易受到致用目的本身的性质、范围和程度的局限，从而在具体的科学研究中表现出专业精神上的脆弱多变或浅尝辄止，并最终使得科学家难以取得理想的科学成就。而对于整个国家而言，它将使得国家的科学研究基本上处于零打碎敲、模仿跟进的状态，不仅在整体科技水平上和发达国家的差距越来越大，而且最终应用研究也很难有长足发展。因此，科学家必须认真对待求真与致用的关系。

其次，崇尚真理的价值观可以帮助科学家战胜世俗因素的诱惑，保证科学研究的顺利进行。科学并非生长在真空里，而是运行于喧嚣的社会中，它每时每刻都要受到各种世俗因素强有力的作用。这种情况决定了科学研究决不单单是一种认识活动，而同时也是一种价值活动。当科学家面临各种不可避免的社会因素作用的时候，随时需要作出自己的价值判断，以保持科学研究的顺利进行。可以说，科学家的价值观对他本人的研究方向、研究态度，甚至研究方法的选择等，都具有不可忽视的制约作用。鉴于科学研究以追求真理为目标，所以，科学活动内在地要求科学家应当具备坚定而明确的崇尚真理的价值观。任何模糊和消解科学家崇尚真理价值观的倾向，都必将导致减缓甚至终止科学研究过程的严重后果。譬如，名誉和地位，对于社会的伦理生活必不可少，但对科学活动来说，则并非是绝对必要的。诚然，名誉和地位有时会使科学家的研究条件得到改善，进而对科研效率产生积极作用。正是基于这一点，全社会应当精心营造尊重人才、尊重知识的氛围，以同行评价为基础，在社会声望和社会地位方面，维护科学家的正当权益。不过，从根本上说，名誉和地位绝非科学研究效率的关键因素。相反，在许多情况下，名誉和地位有可能成为某些意志薄弱的科学家思想上的包袱，对科学家起到腐蚀灵魂、瓦解斗志、模糊目标的消极作用。许多优秀科学家正是深刻洞察名誉和地位的这种消极作用，所以，他们对名誉和地位往往淡然处之。正像爱因斯坦所说的那样，真正的科学家“已经尽他的最大可能从自私欲望的镣铐中解放了出来，而全神贯注在那些因其超越个人的价值而为他所能坚持的思想、感情和志向”①。

总之，在一定意义上，科学家成就的大小，在相当大的程度上与其崇尚真理的价值观是否明确和坚定密切相关。推而广之，一个国家的科学队伍中占主导地位的价值观的状况，对于该国家科学发展的速度与水平也具有重要作用。为什么欧洲一些国家取得了出色的科学成就？爱因斯坦认为，欧洲知识分子的出色成就的基础，“是思想自由和教学自由，是追求真理的愿望必须优于其他一切愿望的原则”②。相反，在特定条件下，由于科学家崇尚真理的价值观遭受到压制和扭曲，致使该国家的科学家遭受重大挫折的情况也时有发生。

三、崇尚真理价值观的普及

目前，我国科技现代化的水平亟待迅速提高。值此之际，在科学队伍中普及崇尚真理的价值观是一项战略性举措。

怎样在科学队伍中普及崇尚真理的价值观？关键是使科学家们对“真理”有一个自觉而清醒的认识。说到底，在自然科学的范围内，真理就是对自然界客观规律的正确认识。而“对自然界客观规律的正确认识”的结晶，就是依据逻辑上相互独立并且数量上尽可能少的假说所建立起来的揭示自然现象因果关系的概念体系，就是忠实描绘自然现象和过程的“一幅简化的和易领悟的世界图像”③，或者简单点说就是能够借以把握自然界的某些“基本观念”。“崇尚真理”就是对这种“观念体系”、“世界图像”或“基本观念”的倾心和敬仰。具有“崇尚真理价值观”的人，往往具有一种理解自然、利用自然和改造自然的高度自觉的主体意识，以及对于人格独立、人性完美和心灵宁静有一种执着的追求，因而，他们对于有可能建立这种“概念体系”、“世界图像”或有可能从观念上把握自然界，有一种不可名状的冲动和激情。

① ［美］爱因斯坦：《爱因斯坦文集》第3卷，许良英等译，商务印书馆1979年版，第181页。
② ［美］爱因斯坦：《爱因斯坦文集》第3卷，许良英等译，商务印书馆1979年版，第48页。
③ ［美］爱因斯坦：《爱因斯坦文集》第1卷，许良英等译，商务印书馆1977年版，第101页。

可见，在一定的意义上，让科学家树立崇尚真理的价值观，也就是激发科学家从观念上把握世界的“兴趣”或“宇宙宗教感情”。这项工作，可谓是一项复杂的社会工程。其中，至少涉及如下各项：(1) 科学精神的熏陶；(2) 科学实践的升华；(3) 杰出科学家的示范；(4) 浸透崇尚求真精神的教育内容和方法；(5) 科学界优胜劣汰机制的建立；(6) 民主制度和社会公平的实现；(7) 与此相适应的文化环境的形成等等。

四、科学家的社会责任

此外，还应当强调指出，对于科学家来说，树立崇尚真理的价值观意味着，作为科学认识主体的科学家应当把探索真理的主导价值追求贯彻到底，勇于承担下列各项社会责任：

1. 关心技术应用。首先，科学家应当积极推进技术应用。科学成果一旦产生，就应当及时转化为技术，以期服务社会发展，惠及千家万户。然而，科学成果转化为技术应用需要多方面的条件，其中技术的成熟度是重要条件之一。对于提高技术的成熟度，科学家有得天独厚的优势，也有义不容辞的责任；其次，科学家有责任预测、防止或尽可能降低技术应用的负面效应。科学家对技术应用的负面效应应当提前介入，尽可能在科学研究及其转化为技术应用的过程中，预见其负面效应，及时采取适当的预防措施。一旦技术成果负面效应充分暴露，应当积极研究应对措施，努力从技术上为消除或减少技术应用的负面效应提供条件。

2. 引领社会风尚。科学关于扩展被证实了的知识的体制目标决定了科学家在科研活动中必须遵守一整套行为规则。这套行为规则是“约束科学家的有情感色彩的价值和规范的综合体”。其具体内容被美国社会学家默顿概括为普遍主义、公有性、无私利性和有组织的怀疑等规范。普遍主义强调彻底的客观精神，所针对的是企图以家庭、种族、信仰等个人的社会属性影响甚至支配科学成果评价和科学队伍准入资格的行径；公有性和无私利性强调科学是公共知识的增长、以追求真理为最高使命，针对的是专制国家以国家目标为借口压制科学界学术交流和研究自由的行径；有组织的怀疑强调独立的批判精神，针对的是非民主社会所惯用的愚民政策等。尽管默顿科学规范所设定的尽可能排除社会因素和主观随意性干扰的目标颇有些理想化色彩，但大体说来，这套规范所体现的尊重事实、崇尚理性、追求真理的基本精神是正确的。而且，这套规范虽然旨在用于科学活动，但在许多基本点上，对社会各界的行为规范均具有一定的示范作用。科学家对科学规范的践行，有利于求真、理性、批判、自由、平等、公正、敬业、诚信等良好社会风气的形成，有利于社会道德水平的提高。

3. 热心科学普及。应当充分认识科学家包括顶尖级科学家参与科普的不可替代性和无比重要性。这是因为：(1) 科普是科学研究的延伸和继续。在科学普及过程中，科学成果可以进一步接受社会实践的检验，科学家也可以从大众对科学成果的反应中，了解社会对科学成果的多样化需求和发现研究的新线索。(2) 科普是培养科学新人的大课堂。科学研究是年轻人的事业，需要一代代人的前赴后继。科普尤其一线科学家身临其境的科普，可以激发年轻人对科学的兴趣，增强他们的科技意识，从而吸引更多的青年才俊加入科学队伍。(3) 科普是营造科学发展良好社会氛围的重要途径。科普是科学知识、科学方法、科学思想和科学精神的大众化，它可以促进公众对科学技术及其与社会关系的理解，可以有效地提高公民的科学素质。而这些，对于引导公民爱科学、学科学、用科学和支持科学都是至关重要的。(4) 科普是科学家利用科学文化推动中华民族文化进步的必由之路。中华民族文化源远流长、成就辉煌，但随着时代的发展，中华民族文化需要与时俱进，不断更新和发展。欲使中华民族文化与时俱进，除了在继承中华民族优秀文化传统的基础上，开放性地吸收其他民族文化的优长之处以外，特别重要的一点就是向中华民族文化传统不断注入科学精神、科学思想和科学方法等科学文化的精髓。总之，正像美国天文学家卡尔·萨根在《科学家为什么应该普及科学》一文中所说："科学，它不仅是专业人员所讨论的科学，更是整个人类社会所理解和接受的科学，如果科学家不来完成科学普及工作，谁来完成呢？"

第二十二章

弘扬中华民族的求真精神

在一定意义上，一个民族的民族精神可以分为三个互相关联的方面：求真精神、求善精神和求美精神。因此，弘扬中华民族精神，自然包括弘扬中华民族上述三个方面的精神。众所周知，由于历史的原因，中华民族这三个方面的精神传统是很不相同的。譬如，中国社会历来以伦理本位和以道德代宗教著称，因此，中华民族的求善精神是闻名天下的；中国的诗歌、戏曲、绘画、音乐、园林和建筑等成就斐然，因此，中华民族的求美精神也颇受推崇；至于中华民族的求真精神，情况似乎有点复杂。甚至，中华民族有没有求真精神都是有分歧的。因此，弘扬中华民族的求真精神与弘扬中华民族的求善、求美精神，不能一律看待，必须正视在弘扬中华民族求真精神上的特殊性。在弘扬中华民族求真精神方面，至少应当明确解决如下几个基本问题：如何全面估价中华民族的求真精神？中华民族求真精神的特点是什么？如何看待和处理真与善的关系？

一、中华民族求真精神的估价

弘扬中华民族的求真精神，首先要解决一个估价问题。中华民族有没有求真精神？求真精神是强还是弱？这些基本问题不解决，弘扬就是一句空话。

一些人否认中华民族具有求真精神。例如，吴世昌先生说："中国文化史上有一件平凡的事实，说出来大家也许要惊诧，六经中没有西洋人所谓

'真'、'善'、'美'或'真理'的'真'字！……连先秦诸子所谓'真'，也没有真理的观念。"[①] 中国古代既然没有"真理"观念，又怎么能谈得上有什么求真精神！更多的人依据近代以来中国科学技术落后的事实和官本位的文化背景等，认为中华民族的求真精神即便有，也是很薄弱的。

我们认为，否认中华民族具有求真精神，是十分荒唐的；笼统地断言中华民族求真精神薄弱，也欠公允。估价中华民族的求真精神，关键是看历史事实，不应囿于咬文嚼字，而且，看待历史事实应当全面，不宜固执一孔之见或以偏概全。

为此，有必要注意如下几方面的历史事实：

第一，中华民族具有追求自然真理的历史传统。早在先秦时代，中国就形成了有机论自然观，一向注重观察和思考自然界的整体性以及事物之间的内在联系。在有机论自然观的引导下，中国人不懈地探求自然的奥秘、自然与人的关系，以及人在自然界中的地位等，逐步形成了有特色的科学技术思想体系，并且几乎在科学技术的所有部门都作出了伟大的贡献。其中，有的在中国文化发展中发挥了重要作用，如，元气说、原子说和阴阳五行说等等；有的在世界文化发展中立下了奇功，如四大发明和其他许多流布四海的科学创造；有的不仅在古代而且在现代仍不失为世界文明史上的瑰宝，如，中医论、气功技术、有机农业思想、生态思想和水利思想等等。从整体上看，在古代，中国的科学技术是长期居于世界领先地位的。正如英国科学史家李约瑟所说："中国在公元三世纪到十三世纪之间保持一个西方所望尘莫及的科学知识水平"，而且中国的科学发现和发明"往往远远超过同时代的欧洲，特别是十五世纪之前更是如此"[②]。这种情况说明，中国人对自然界一直有相当的了解，对自然界真理的热烈追求是源远流长、代代相传的。

第二，中华民族具有追求社会真理的历史传统。中国是世界上最早进入文明时代的社会之一。而且，中国人一向宗教观念淡薄，对人生与社会持一种清醒的理性主义态度，这比长期受制于宗教迷信的西方人要先进得多。此外，中国的政治理论、伦理理论、军事理论、史学理论等人文科学，也有许多优长于

① 转引自韦政通《中国的智慧》，吉林文史出版1988年版，第22—23页。

② ［英］李约瑟：《中国科学技术史》第1卷，科学出版社1975年版，第3页。

西方的地方。到了近代，中国人一旦意识到了自己的落后，立即兴起了一场向马列、向西方、向中国国情和传统文化寻求真理的波澜壮阔的伟大运动，涌现出了一大批杰出人物。这种情况说明，中国人对中国社会乃至整个世界都有相当程度的认识，对社会真理的热烈追求是源远流长、代代相传的。

第三，中华民族具有追求人类思维真理的历史传统。早在春秋战国时期，中国的《墨辨》就已经在研究人类思维规律的形成逻辑方面取得了很高的成就，提出了形式逻辑的基本原理，触及了同一律、排中律和矛盾律等。唐宋元明时期，我国积极输入了印度的因明学和西方的逻辑。尤其难能可贵的是，“当希腊人和印度人很早就仔细考虑形式逻辑的时候，中国人则一直倾向于发展辩证逻辑”(李约瑟语)。在世界文化史上，中国人对发展辩证逻辑作出了卓越的贡献。例如，先秦时代的《易传》已经明确地表达了对立统一原理，屡讲“通变”、“变通”、“一阴一阳之谓道”，等等。到了宋代以后，沈括、张载、王夫之和黄宗羲等人又对辩证逻辑作出了重大发展，以至于辩证思维成为中华民族思维方式的一大特征。这些情况说明，中华民族对于人类思维有深湛的见解，对人类思维真理的热烈追求是源远流长、代代相传的。

总之，各方面的历史事实表明，中华民族的确具有求真精神。而且，如果考虑到中国落后于西方的三五百年较之中国领先于西方的数千年不过是短暂的一幕的话，那么，我们甚至不妨说，中华民族的求真精神是强大的。

二、中华民族求真精神的特点

应当说，中华民族不仅具有求真精神，而且，和其他民族的求真精神相比，它是独具风采的。认识中华民族求真精神的特点，对于提高弘扬中华民族求真精神的自觉性是很有意义的。大致说来，中华民族的求真精神具有如下三大特点。

第一，勇于献身的气概。在中国思想史上，《易传》所提出的“天行健，君子以自强不息”的思想，对后世发生了无比深远的影响，以致可以说，“刚健有为、自强不息”，堪称中华民族典型的精神气质。这一点，进一步影响到中国人对待真理的态度。中国人一向把“立德、立功、立言”看得高于一切，说明中国人极为重视对人生和社会有所“立”，即有所贡献。在这一价值观中，尽管立德高于立言，但是，和一时的利益乃至个人的生命比较起来，立言，即追求真理，无疑仍然居压倒地位。因此，在必要的时候，为了求真，中国人可以毫不犹豫地做到牺牲一时的利益乃至身家性命，表现出了一种勇于献身的豪迈气概。

例如，范缜反对佛教迷信，主张“神灭论”。宰相萧子良派人以中书郎职位作为诱饵，劝他改变观点。范缜义正词严地回答：决不卖论取官。后来，梁武帝亲自写了《敕答臣下神灭论》，为神灭论罗织“违经背亲”等罪名，企图利用皇帝地位逼范缜就范。范缜义无反顾、寸步不让，立即撰文答对皇帝。这就是他那篇批判佛教因果报应说、宣传唯物主义无神论思想的不朽名著《神灭论》的由来。

李贽后半生颠沛流离，居无定所，以致两个女儿在灾荒中病饿而死。但他却酷爱真理，以为“穷莫穷于不闻道”。他勇敢地提出“穿衣吃饭即是人伦物理”的见解；坚决反对“以孔子之是非为是非”；对历史上的重要人物和重大事件，作出了有独到见解的评价。为此，他被统治阶级视为“洪水猛兽”，以“敢倡乱道，惑世诬民”的罪名，捉拿下狱。临捕时，他面无惧色，喝道：“为我取门片来！”遂卧其上，疾呼：“速行！”

其他，诸如孔子所说的“三军可夺帅也，匹夫不可夺志”、孟子所说的“富贵不能淫，贫贱不能移，威武不能屈”、屈原所说的“路漫漫其修远兮，吾将上下而求索”、谭嗣同所说的“我自横刀向天笑，去留肝胆两昆仑”、鲁迅所说的“横眉冷对千夫指，俯首甘为孺子牛”，等等，统统是这种献身精神的生动写照。

第二，“止于至善”的目的。“止于至善”，语出于《大学》：“大学之道，在明明德，在亲民，在止于至善。”这一提法号称“三纲领”。表明中华民族压倒一切的价值目标是追求一种理想的道德境界和实实在在的社会利益。这一点贯穿于中华民族的一切活动当中，同样也贯穿于其求真活动之中。

首先，在思想观念上，中华民族对于为至善而求真具有异常明确的认识。例如，孔子说：“知之者不如好之者，好之者不如乐之者。”[①] 孟子说：“君子深造之以道，欲其自得之也，自得之则居之安，居之安则资之深，资

① 《论语・雍也第六》。

之深则取之左右逢其原，故君子欲其自得之也。"[①]"乐之"、"自得道"，都是一种"从心所欲不逾矩"的精神自由的境界，即对于"道德"达到高度自觉的境界。这种境界怎样得到呢？"知之"或"深造"（深研学问），即"求真"可也。荀子说："君子之学也，入乎耳，著乎心，布乎四体，形乎动静，端而言，蠕而动，一可以为法则。……君子之学也以美其身。"[②]学习知识，追求真理，其目的乃在于行为的改造与美德的提高。后儒周敦颐说得更明确："圣人之道，入乎耳，存乎心，蕴之为德行，行之为事业。"[③]研讨真知，必表现于德行与事业。

其次，在实践活动中，中华民族正是按照为至善而求真的目的去做的。这里，不妨以中国科学界的求真目的为例说明之。例如，贾思勰撰写《齐民要术》，声称"起自耕农，终于醯醢资生之业，靡不毕书"[④]。资生，即益于国计民生，是其著书目的。医圣张仲景以为，"留神医学，精究方术"，上可以"疗君亲之疾"，下可以"救贫贱之厄"，中可以"保身长全，以善其生"[⑤]。李时珍著《本草纲目》，其意在于"寿国以寿万民"[⑥]。在各门科学中，最抽象的莫过于数学了。数学家的情形如何呢？和其他部门的科学家毫无二致：南宋著名数学家秦九韶宣称：数学研究的成果，"可以经世务，悉万物"，他的《数书九章》就是"窃尝设为问答，以拟于用"[⑦]的。另一位南宋数学家李冶则说："术虽居六艺之末，而施人之事，则最切务"，认为数学对于人事之用较礼、乐、射、御、书要实惠得多[⑧]。连徐光启翻译西洋算书《几何原本》，也是基于几何学是"众用所基"，"其裨益当世，定复不小"的善的目的而为之的[⑨]。

---

① 《孟子·离娄》。

② 《荀子·劝学》。

③ （宋）周敦颐：《周子通书》。

④ （北魏）贾思勰：《齐民要术·序》，载缪启愉校释《齐民要术校释》，农业出版社1982年版，第5页。

⑤ （汉）张仲景：《伤寒论·自序》，载朱佑武校注《宋本伤寒论校注》，湖南科学技术出版社1982年版，第2页。

⑥ （明）李建元：《进〈本草纲目〉疏》，载《本草纲目》，1596年金陵胡成龙刻本。

⑦ （宋）秦九韶：《数学九章·序》，商务印书馆1936年版。

⑧ （元）李冶：《益古演段·自序》，丛书集成本，商务印书馆1936年版。

⑨ （明）徐光启：《徐光启集》，刻几何原本序，上海古籍出版社1984年版，第75页。

诚然，就中国科学家的个体而言，他们各自的求真目的并不尽一致。为天下者有之，为一己者有之，致用者有之，尽心性者有之，等等。但是，就历代中国科学家的整体而言，追求利于人生、利于社会或一种理想的道德境界，概而言之追求“至善”，乃是一种始终占据主导地位的求真目的。

第三，直觉体悟的方法。直觉，是外来语。它相当于中国的“体认”。按照朱熹的解释，“体认”就是“置心物中”，即把心融入对象之中。中国占主导地位的思想历来认为，天人一道，人与自然融为一体。宇宙的根本法则与心性相通，研究宇宙即是研究自己。正所谓“道未始有天人之别，但在天则为天道，在地则为地道，在人则为人道”。[①] 这种天人一道，人道即是天道的思想观念，把人们认识外部世界的主要注意力引向了反身内求之途，以至主张“不求于内（心）而求于外，非圣人之学也”[②]。为此，中国相当多的思想家都甚是推崇直觉体悟，以其为求真之主要方法。例如：

孔子主张“一以贯之”为求真第一原则。（参见《论语》“里仁”、“卫灵公”等篇）一以贯之，即有一个中心观念或根本原则，将所有知识贯穿起来，这是后来直觉法之渊源。

老子强调“玄览”。主张“不出户，知天下；不窥牖，见天道”[③]。这已是公然倡导直觉方法了。

庄子提出“见独”。在《庄子·外篇》中指出：无思无虑，始能知“道”。即见“道”须依赖直觉。

孟子重视“尽心知性”。“尽其心者，知其性也，知其性则知天矣。”[④] 知天的前提是尽心知性，无疑要依靠直觉的功夫了。

荀子创“解蔽”说。他认为人所以不能得到真知而常陷于谬误，原因在于有“蔽”。如何解蔽呢？涉及甚广，其中，荀子强调：“虚壹而静，谓之大清明。万物莫形而不见，莫见而不论，莫论而失位。”[⑤] 心能虚壹而静，便是大清明。大清明即心修养到无蔽的境界。若如此，则于万物能无所不见，

① （宋）程颢等：《二程集》上册，中华书局1981年版，第282页。

② （宋）程颢等：《二程集》上册，中华书局1981年版，第319页。

③ 《道德经》第四十七章。

④ 《孟子·尽心》。

⑤ 《荀子·解蔽》。

而不至有见于此无见于彼了。可见，直觉方法对于解蔽是至关重要的。

先秦诸子，大都如此崇尚直觉体悟方法，以后历代思想家是如何崇尚它，无须赘言，就可想而知了。

顺便指出，在求真方法上，除肯定直觉体悟占主导地位外，还应注意如下几种情况：其一，中国思想家并非仅仅主张直觉体悟方法，如荀子除重直觉之外，还提倡对物体进行考察。其二，并非所有的中国思想家都推崇直觉体悟方法，如墨子和清代的颜元推崇“验行”，颇有今日实践方法的意味。惠子、公孙龙、后期墨家以及清代戴震都推崇“析物”方法，即对于物体加以观察辨析。其三，并非所有的求真活动领域都是以直觉体悟为主体的。如在天文、医学、地质和生物等科学技术领域，观察方法就很盛行。

总之，中华民族求真精神的特点，可大致归结为三点：勇于献身的气概；止于至善的目的；直觉体悟的方法。

三、协调真善关系，推进求真精神

毫无疑问，认识中华民族求真精神的存在和特点，最终应落脚到弘扬或发展这一精神上来。所谓弘扬和发展求真精神，要旨在于针对中华民族求真精神的特点，发扬其长处，克服其不足。譬如，对于献身真理的精神应当发扬光大，对于止于至善的求真目的要辩证分析，对于直觉体悟的求真方法应予以改造。当然，求真精神的弘扬和发展是一个复杂的问题。这里，仅针对中华民族求真精神止于至善的目的这一特点，着重谈一下协调真、善关系的问题。

从根本上说，真是合规律性，善是合目的性。目的，可以是利益上的，也可以是伦理原则、道德规范上的。所以，善有两重含义，一是有用的、有利的、有益的；一是有道德的。根据这种理解，可以认为，真与善具有如下几方面的关系：首先，真是善的基础。合目的性不可完全脱离合规律性，不合规律性的目的是注定要落空的；其次，善是真的归宿。人们为什么要寻找规律、掌握规律和利用规律呢？说到底还是为了合目的；第三，真与善具有复杂的相互作用。一方面，善对于真具有正反两个方面的作用。即，在一定的条件下，合理的善促进求真和真理的发展，不合理的善则抑制求真和真理的发展；另一方面，真对于善也具有正反两个方面的作用，即真可以用来善，也可以用来为恶。上述三点，即是真与善的基本关系。在中华民族的求真传统中，关于真与善的这种关系没有处理得很好，似乎过分强调了善是真的归宿一面，而相对忽略了真是善的基础的一面。在某些场合出现了以善损真或以善代真的现象，由此引出了一系列弊端：

中国为什么没有产生近代实验科学？中国的科学为什么偏重于技术？从真与善的关系的角度说，是与中国过分强调善是真的归宿有关的。由于过分强调善是真的归宿，所以，过分要求科学技术具有实用性，而忽视距离实用较远的基础理论研究。最突出的例证是中国的天文学。中国古代天文学，无论是从积累的观测材料还是从发明的观测工具方面说，都早于和一度胜于西方。但是，由于我们死死地把天文学局限在历法、占卜等实用问题的狭隘圈子里，所以，始终没有出现类似托勒密地心说或哥白尼日心说那样强有力的天文学理论体系，从而阻碍了中国天文学的长足发展。

中国古代为什么没有走上法制的道路？在一定的意义上说，也多少与中国过分强调善是真的归宿这一点有关。《论语·子路篇第十三》中记载有这样一件事：叶公谓孔子曰："吾党有直躬者，其父攘羊而子证之。"孔子曰："吾党之直者异于是：父为子隐，子为父隐。直在其中矣。"在孔子看来，父亲偷了羊，儿子不去举报，而是为父亲把事情隐瞒下来，这才是正直。因为这样尽管作了假，但它是符合"孝"的伦理观念的。这是典型的以善损真和以善代真的行为！伦理关系第一，私人感情第一，这怎么可能产生法制呢？中国古代的法家，尽管提出了一整套法制理论，但由于秦朝实践法家理论的失败，以及它与儒家思想居中心地位的中国民情的不合，所以，终究没有推行开其法制理论，中国也到底没有走上法制的道路。

中国古代为什么没有产生典型的民主传统？在一定的意义上，也与中国片面强调善是真的归宿这一点有关。一个人当了官，首先想到的是我是老爷，我是老大，我要说了算。不是严格地、一无例外地尊重客观规律、实事求是，而是论地位、讲辈分。当官的、当民的都这样想：谁有权，谁说了算，谁说了灵。这实际上是把伦理关系无条件地置于主客观关系之上，即以善损真、以善代真。所以，在这样的文化氛围里，民主传统是不可能成长壮大起来的。

当然，这里不是说，中国的一切缺点都源于真善关系的不协调。我们的意思是：鉴于真、善、美三个概念的根本性，至少，真与善的关系问题是中国文化或中华民族精神中一个具有关键意义的大问题，更是中华民族求真精神中一个具有关键意义的大问题。

很明显，真善关系的不协调，对于中华民族的求真精神，从内部机制到外部环境都起到了严重的抑制作用。为此，要发展和推进中华民族的求真精神，重要的是应当努力做到，一方面，强调善是真的归宿要适当；另一方面，增强真是善的基础的观念，并以此协调真善关系。当然，如何真正实现这一目标，涉及面是很广的。这里，仅略陈两点看法：

第一，承认并尊重真理发展的相对独立性。善是真的归宿，说的是，任何具体的真，归根结底是服务于善，要通过善体现自身的价值。这一点，表明了善对真在根本上或方向上的制约性。但是，善是真的归宿并不包含这样的意思：真服务于善，一定要亦步亦趋、立竿见影。须知，任何言之成理、持之有故的思想一旦产生出来，都会有自身的逻辑系统。作为相对真理和绝对真理相统一的科学理论，尤其是如此。较之常识等前科学的知识，科学理论最显著的特征之一，就是其逻辑系统性。而且，愈是成熟的科学理论，其逻辑系统性愈发达、愈严密。科学理论的逻辑系统性，主要表现在它的结构上面：科学理论可以进一步区分为层层递进、错落有致的根本理论和非根本理论，活像一棵大树，可以区分为棵、干、枝、叶等不同层次。各种科学理论的地位不同，作用不同，彼此间密切关联，共同构成一个整体。科学理论的这种结构性，决定了它相对于外部因素和外部世界，具有自身的相对独立性。什么部位优先发展？循着什么步骤发展？不仅取决于社会的需要，也关乎科学内部的逻辑关系。一般地说，科学的生长点必定是社会需要与科学内部逻辑发展需要的结合部或交叉点。片面强调科学内部的逻辑需要，固然不现实；但是，倘若片面强调社会需要，急功近利，而置科学内部的逻辑需要于不顾，其结果也必定是适得其反、欲速而不达。中国科技发展缓慢的历史教训一再证实了这一点。为此，我们应当尊重科学的相对独立性，尊重科学自身发展的逻辑。对于自然科学，要正确处理基础研究和应用研究的关系，在大力发展应用研究的同时，千万不要忘记有计划地逐步加强和拓宽基础研究；对于社会科学，则应着重施行宏观上、方向上的领导，并坚决贯彻“双百”方针。

第二，承认并尊重真理的基础地位。作为合目的性的善，既具有主观性，也具有客观性。它的主观性是一望而知的；它的客观性则充分地体现在：其一，它应当真正体现和符合客观规律的要求以及客观规律所决定的可能条件；其二，它应当真正体现和符合绝大多数主体的真实欲望和需求。简单点说即是：一要符合客观世界的发展和趋势；二要符合绝大多数人的根本利益。符合这些条件的，就是名副其实的善或合理的善，违犯这些条件的，则是虚伪的善或不合理的善。善的这种客观性要求，即是其以真为基础的具体表现。所以，是否承认并尊重真的基础地位，实际上关系到善的真假问题，反过来，又影响到善是否能够真正发挥其真的归宿的地位和作用的问题。为此，我们务必做到承认并尊重真的基础地位。当真与伪善发生冲突的时候，应当坚持真理，敢讲真话。譬如，当人们普遍相信神、崇拜神的时候，应当有勇气告诉人们这样的事实：神是不存在的；当人们普遍“尊经”、“征圣”的时候，应当有勇气告诉人们这样的事实：“六经”和“圣人”也都是有缺陷的；如此等等。不是伦理本位，不是官本位，也不是金钱本位，而是事实本位，真理本位！不是怀着“怕得罪人”、“怕伤感情”、“怕对方下不了台”之类的伪善动机而去瞒和骗，而是“万般皆下品，唯有真理高”、“砍头不要紧，只要主义真”，让崇尚真理、追求真理和捍卫真理的精神蔚然成风，融汇到新时代的民族精神中去。

第五编

“科技与社会”认识的普及

本编共设五章，旨在对科技与社会的关系作深入的探讨。第二十三章，“科技与社会”的宏观视野。本章从宏观视野分析了科技与社会之间的关系。文章介绍了科技与社会在科技哲学中的位置及其哲学定位，并介绍了科技与社会作为一门学科的研究主题。最后，分析了科技与社会的分析框架与经验基础。第二十四章，科学的社会功能。本章从科学的社会功能方面向读者展示了科技与社会的关系，对科学的社会功能作出了一个总的评价，探讨如何实现科学的善的社会功能，以及如何克服科学的恶的社会功能。第二十五章，科学的认识功能。本章从科学的认识功能方面向读者展示了科技与社会的关系。指出，长期以来，人们只讲实践的认识功能而忽视科学的认识功能，实为一件憾事。第二十六章，“科技与社会”的微观视野。本章从微观视野分析了科技与社会的关系，对作为一种社会体制的科学进行了全方位的研究，着重探讨科学体制的运行机制。指出，科学具有一套历史形成的社会规范，有自己特有的奖励制度，有高度的社会分层，有特殊的学术交流方式。针对上述观点，SSK 学者提出了尖锐的批评。对此，本章作了全面的介绍并作出深入的分析。最后指出，此论与马克思主义科学观形成了鲜明的对照，二者在理论上具有互补性。第二十七章，科学的社会性、自主性及二者的契合。科学的发展离不开社会的支撑和制约，这是科学的社会性。与此同时，科学自身又是一个由众多因素组成的独立系统，它有自己独特的行为规范、奖励制度、组织结构和运行机制，这是科学的自主性。了解科学的社会性、自主性以及二者的关系，对我们深入理解科技与社会的关系大有帮助。本章分别介绍了科学的社会性、科学的自主性及二者的契合，分析细致、见解独到。第二十八章，正视科学知识的社会性。本章以“冥王星事件”作为案例，对科学的社会性作出了深刻的理论探讨。指出，科学知识并非单纯由自然界决定，社会因素是科学知识面貌的影子，有时甚至是十分关键的因素。因此，呼吁正视科学知识的社会性。

总之，本编紧紧围绕科技与社会的关系而展开，对于“科技与社会”认识的普及意义重大。

第二十三章

“科技与社会”的宏观视野

在我国历次的公民科学素养调查中，通常是以公民对求签、相面、星座预测、周公解梦和电脑算命五种迷信方式的相信程度，作为公民对科技与社会之间关系理解程度的测量指标的。事实上，这种做法便于操作，但其合理性是十分有限的。这是因为，科技与社会之间关系相当复杂，甚至，它是科技哲学的主要研究分支之一。欲对科技与社会之间的关系有一个宏观的把握，很有必要对科技哲学的这一研究分支有一个大概的了解。

一、科技与社会在科技哲学中的位置

（一）科技哲学科学观的主要组成部分

在马克思主义经典作家看来，研究自然界的辩证法，不可直接面对自然界而重蹈单纯依赖玄思冥想的黑格尔自然哲学的老路，一定要以立足于客观经验基础之上的自然科学为中介。因此，恩格斯在《自然辩证法》一书中创造性地提出“自然科学的辩证法”，并把它作为全书主要内容之一，作了多侧面的阐发。后来，当人们把自然辩证法确定为一个隶属于哲学而又致力于沟通哲学与自然科学联系的研究领域的时候，以研究自然科学辩证法为宗旨的自然科学观，便理所当然地成为该领域的主要研究内容之一。科学观包含什么内容？对此，人们的看法基本一致。这里有两个有代表性的说法：其一是高等教育出版社出版的《自然辩证法讲义》在第二篇“自然科学观”中说：“……从总体上分析和研究它（指科学）的性质、作用和它在社会历史中的发展规律，提出了科学和生产的关系问题，科学属于生产力范畴的问题，科学的发展受社会制度、阶级及其思想体系的影响问题，科学对社会发展的革命作用问题，等等。这些，就构成了反映自然科学本质和规律的自然科学观。”[①] 其二是《自然辩证法百科全书》的开篇条目《自然辩证法》把“自然科学辩证法”，作为与“自然界辩证法”、“自然科学研究的辩证法”、“自然科学各部门的辩证法”、“技术辩证法”相并列的五大内容之一。该文指出：“自然科学辩证法也称自然科学观、自然科学论”，它主要是关于“自然科学作为社会现象的本质及其发展规律的研究”。具体内容可分为：(1)“对自然科学这种社会现象的基本性质的研究”；(2)“科研产业生产力的发展规律”；(3)“科学向直接生产力转化的规律”；(4)“科学作为生产力和经济、政治、军事、教育、社会的相互关系的发展规律，这包括科学革命和技术革命、产业革命、社会革命的关系等问题”；(5)“科学作为社会意识形式和哲学、宗教、道德、法律、艺术、文化的相互关系”；(6)“科学在不同社会制度下的特殊发展规律”。不难看出《自然辩证法讲义》中所说的自然科学“在社会历史中的发展规律”，以及《自然辩证法百科全书》中所列举的六项具体研究内容，大都属于科技与社会的范畴。事实上，科学不能脱离社会而存在，科学的本质与发展规律正是在科技与社会的互动关系中得以展现的。所以，科学观的研究不能脱离开科技与社会互动关系的研究，必须把后者包容于自身、作为自身的有机组成部分予以对待。基于此，我们说，科技与社会属于科学观的主要组成部分。

（二）科技哲学科学观中最能体现马克思主义特色的部分

倘若不限于恩格斯的《自然辩证法》及其所开辟的研究方向，而是上升到整个马克思主义的高度去看，“科技与社会”也本来属于马克思科学观的题中应有之意；而且，关注科技与社会的互动关系正是马克思主义科学观的特色之所在。

---

① 《自然辩证法讲义》编写组：《自然辩证法讲义》，人民教育出版社 1979 年版，第 153 页。

众所周知，按照马克思主义哲学关于社会存在决定社会意识的基本原理，可以认为，作为一种特殊社会意识形式的科学，它的产生和发展是取决于社会条件、环境等社会存在的。就是说，科学存在于社会存在基础之上，它与社会须臾不可分离。为此，马克思主义认为，只有将科学作为一种社会现象并置于社会的整体之中予以考察，才能真正把握其本质。

主要基于上述理由，马克思主义经典作家一向重视从社会的角度理解科学。他们围绕科技与社会的关系，阐发了一整套新人耳目的观点。如：(1) 他们高度评价了科学在社会发展中日益增长的作用，认为"科学是一种在历史上起推动作用的革命力量"①。(2) 论述了科学与物质生产力之间的互动关系。一方面指出："生产力中也包括科学"②，而且"劳动生产力是随着科学和技术的不断进步而不断发展的"③；另一方面又指出"自然科学本身（自然科学是一切知识的基础）的发展，也像与生产过程有关的一切知识的发展一样，它本身仍然是在资本主义生产的基础上进行的，这种资本主义生产第一次在相当大的程度上为自然科学创造了进行研究、观察、实验的物质手段"④、"科学的发生和发展一开始就是由生产决定的"⑤、"经济上的需要曾经是，而且愈来愈是对自然界认识进展的主要动力"⑥，等等。(3) 论述了科学与生产关系之间的互动关系。一方面充分肯定了科学变革生产关系的作用，指出，18 世纪"科学和实践结合的结果就是英国的社会革命"⑦；另一方面也指出了社会制度对科学发展的制约作用，指出："只有在劳动共和国里面，科学才能起它的真正的作用。"⑧ (4) 详尽阐发了科学和哲学的互动关系。提醒人们不仅要看到"随着自然科学领域中每一个划时代的发现，唯物主义必然要改变自己的形式"⑨；而且，也要看到"不管自然科学家采取什么样的态度，他们还是得受哲学的支配。问题只在于：他们是愿意受某种坏的时髦哲

① 《马克思恩格斯全集》第 19 卷，人民出版社 1963 年版，第 375 页。
② 《马克思恩格斯全集》第 46 卷，人民出版社 1979 年版，第 211 页。
③ 《马克思恩格斯全集》第 23 卷，人民出版社 1972 年版，第 664 页。
④ 《马克思恩格斯全集》第 47 卷，人民出版社 1979 年版，第 572 页。
⑤ 《马克思恩格斯全集》第 37 卷，人民出版社 1971 年版，第 489 页。
⑥ 《马克思恩格斯全集》第 37 卷，人民出版社 1971 年版，第 489 页。
⑦ 《马克思恩格斯全集》第 1 卷，人民出版社 1956 年版，第 666—667 页。
⑧ 《马克思恩格斯全集》第 17 卷，人民出版社 1963 年版，第 600 页。
⑨ 《马克思恩格斯全集》第 21 卷，人民出版社 1965 年版，第 320 页。

学的支配，还是愿意受一种建立在通晓思维的历史和成就的基础上的理论思维的支配”①。

马克思主义经典作家围绕科技与社会所提出一系列深邃观点，成为马克思主义科学观最具创造性的内容，进而成为与实证主义科学观等迥然相异的特征之一。为此，它在学术界产生了广泛影响。苏联理论界普遍认为，“正是唯物主义历史观为恰当地解释科学的社会本性、科学在社会生活中所处的地位和作用开辟了道路”②。而一向高度关注科学与社会互动关系的科学社会学界更是对它给予了高度评价。例如享有“科学社会学之父”美誉的默顿称马克思为科学社会学的三位远祖之一，又说“马克思主义是知识社会学风暴的中心”③。

二、科技与社会的哲学定位

既然科技与社会属于科技哲学中的科学观范畴，那么，科技与社会基本上属于哲学性质的研究则是理所当然的了。然而，我们发现，有不少的人对科技与社会的研究性质存在误解。例如，许多人甚至包括某些科技哲学的从业人员以为它是社会学性质的；另一些人则往往把科技与社会研究与STS混为一谈。这种情况，使人们不能不提出以下的问题：科技与社会究竟属于什么性质的研究？

我认为，科技与社会属于哲学性质的研究，是毫无疑义、不能动摇的。除了上述“科技与社会属于科技哲学中的科学观范畴”的缘故外，尚有以下两点基本理由：

（一）保持科技与社会特点的需要

随着科学技术的日益发达，以及科学社会化和社会科学化进程的明显

① 《自然辩证法》，人民出版社1971年版，第187—188页。

② ［苏］C. P. 米库林斯基等主编：《社会主义和科学》，史宪忠等译，人民出版社1986年版，第18页。

③ Merton & Robert K，The Sociology of Science，Chicago and London：University of Chicago Press，1973，p.13.

加速，关心科技与社会互动关系的学科或研究领域日渐增多。其中，除科技与社会以外，最令人瞩目的莫过于科学社会学和 STS 了。

科学社会学有广、狭两种含义。广义科学社会学广泛研究科学与社会的互动关系，既不对科学做特定限制，也不对社会做特定限制，只要属于科学与社会及其诸因素互动关系范围的，统统在其视野之中。广义科学社会学最典型的代表人物是英国物理学家贝尔纳及其学派。他们的研究方法灵活多样，广泛使用社会学、哲学、历史学和数量统计学等各种方法。

20 世纪 30 年代末至 60 年代，狭义科学社会学以默顿学派为主流。就默顿学派而言，他们在特定意义上研究科学与社会的互动关系。一方面，他们主要关心作为社会体制的科学，即主要从社会体制的角度考察科学；另一方面，他们主要关心由科学界所构成的“小社会”，注重研究科学共同体内部的社会关系及结构，研究科学家的行为规范、科学奖励制度、科学体制的形成与发展等。20 世纪 70 年代以后，科学知识社会学异军突起，很快在狭义科学社会学中成为主流。该学派高度关注科学知识与社会的关系，一方面，把科学作为一种哲学文化现象进行“宏观定向相一致”的研究；另一方面，则以实验室研究、科学争论研究、科学家谈话分析等方式对科学进行微观发生学研究。其宗旨乃在于表明科学知识的内容不是决定于自然界，而是决定于社会因素。该学派的典型代表是英国的爱丁堡学派和法国的巴黎学派等。狭义科学社会学各派的研究方法主要是专门的或经过改造的社会学方法。

总之，不论是广义科学社会学还是狭义科学社会学，它们的共同特点是立足于社会看科学技术与社会的互动关系。例如，默顿研究 17 世纪英国的科学、技术与社会，“只是因为他因此可能发展一些关于‘观念’或‘文化’在社会系统中的作用以及关于观念对于社会系统之稳定和变迁的影响的理论思想”，目的在于“发展并应用社会理论”①。此外，狭义科学社会学还以其对科学的体制或知识角度以及专门的社会学方法为特点，等等。

STS 于 20 世纪 60 年代末 70 年代初诞生于美国，现在已在世界许多国家展开研究。尽管目前对它的研究对象、研究方法和研究内容等多有分歧。

① ［美］巴伯：《科学与社会秩序》中文版序言，顾昕等译，三联书店 1991 年版，第 3—4 页。

但一般认为：(1) 以包括科学与社会、技术与社会、科学与技术相互关系在内的科学、技术与社会相互关系为研究对象。(2) 20 世纪 60 年代的环境问题和由越战导致的反战和平运动等是其产生背景。与此相关，STS 始终贯穿着对科学技术的批判态度、较多地关注科学技术对社会的负面作用。(3) 广泛使用社会学、哲学、历史学、经济学等多种学科的方法，因而 STS 被称为一门“综合性的新兴交叉学科”。(4) 研究内容主要分为理论 STS 和应用 STS 两大部分。但核心研究内容是科学技术带来的各种引人注目的社会问题。所以，尽管 STS 和科技与社会名称几乎相同，但二者毕竟有本质的不同。

原则上说，科技与社会和科学社会学、STS 有部分交叉或重叠是正常的，也是在所难免的。但是，如果彼此间大部分重叠，鉴于科学社会学作为独立学科的相对成熟性、STS 的广泛性及其如日中天的进展势头，就需要考虑科学技术与社会独立存在的必要性了。因此，为了与科学社会学的社会学性质，以及 STS 的多学科综合与交叉的性质相区别，从而保持自己的特色，科技与社会应当顺应科技哲学整体上的要求，基本定位于哲学性质的研究。

（二）增加科技与社会理论深度的需要

哲学定位，要点在于准确把握哲学研究的角度和方法。一般地，相对于研究有限对象的各门具体科学，哲学是专门研究无限对象的。而哲学方法，核心在于反思。正如黑格尔所说：“哲学的认识方式只是一种反思。”① 可见，哲学定位的实质，乃是要求人们运用反思的方法研究无限对象。无限对象与有限对象的一个重大区别，即后者在直观中是可以给定的。因此，对有限对象的思维可以有现成的起点，即不证自明的前提，或者说，“相信有一个离开知觉主体而独立的外在世界，是一切自然科学的基础”②。相反，无限对象无法在直观中给定，对无限对象的思维也没有不证自明的前提。所以，黑格尔说：“哲学缺乏别的科学所享有的一种优越性：哲学不似别的科学可以假定表象所直接接受的为其对象，或者可以假定在认识开端和进程里有一种

① ［德］黑格尔：《小逻辑》第二版序言，贺麟译，商务印书馆 1981 年版，第 7 页。
② ［美］爱因斯坦：《爱因斯坦文集》第 1 卷，许良英等译，商务印书馆 1976 年版，第 292 页。

现成的认识方法。”① 这种情况决定：科学不再追问也无法追问的前提，即是哲学研究的起点，换言之，科学的终点即是哲学的起点。哲学就是打破砂锅问到底、专门追问具体科学不再追问也无法追问的前提的学问。

毋庸置疑，在科技与社会互动关系领域内，存在着大量亟待深究的前提性问题。这些问题，西方科学哲学往往不去研究，科学社会学和STS也大半无暇顾及，唯有科技哲学的科学与社会责无旁贷。研究这些前提问题对于理解科学技术及其与社会的互动关系，乃至对于科学社会学、STS研究都具有重大意义。譬如，关于科学对社会消极作用的根源问题，不论是社会制度根源论，还是科技自身根源论，一个共同的前提性问题是科学技术的价值属性问题，即科学是否负荷价值？技术是否负荷价值？科学和技术价值属性的辨明，不仅对于正确认识科学消极作用的根源问题具有重要意义，而且，对于深刻理解科学和技术的本质也具有至关重要的意义。再如，在中国古代科技与社会的关系（其中包括“李约瑟难题”等）问题上，不论持什么观点，都无法回避这样一个前提性的问题：中国古代是否有科学？鉴于中国古代科学缺乏理论系统性的特点，还可以进一步追溯出以下前提性问题：什么是科学？真理性是否是科学的唯一特征？理论系统性是否是科学必备的根本特征？等等。这些前提性问题同样具有如下的意义：一方面，对于解决中国古代科技与社会的关系问题上存在的种种分歧有重要意义；另一方面，对于理解科学技术的本质具有至关重要的意义。

说到底，科技与社会互动关系领域存在的大量前提性问题，都是科技与社会研究中深层次的理论问题。提出和研究这些问题是推进科技与社会研究的迫切需要，也必定会起到深化科技与社会研究的良好效果。

此外，作为哲学方法的反思，除了超验性以外，它还有批判性、目的性等许多特性。这里需要强调的一点是哲学反思的独立自主性。同具体科学一样，哲学的目标也是求真，但哲学所求之真，不是经验事实之真，也不是现象描述之真，

而是逻辑之真、本体论之真。这种“真”映现了事物的本质和永恒，是真正的深刻。然而，这种“真”的获得，要求反思主体必须排除一切外部

① ［德］黑格尔：《小逻辑》，贺麟译，商务印书馆1981年版，第37页。

干扰，在独立自主的条件下，大胆求索。科技与社会领域的一部分作者之所以远离深刻，一个很重要的原因，就是违背了哲学反思的独立自主性。要想达到学术观点上的深刻，应当坚持思想上的独立自主，扎扎实实地进行哲学反思。

三、科技与社会的研究主题

科技与社会的研究主题是什么？科技哲学界的观点不尽一致。我以为，既然科技与社会属于科学观的一部分，那么，它的研究主题理应和科学观的研究主题相一致。就是说，应当以研究科学技术的本质及其发展规律为主题。

具体说来，这一主题可大致包括以下几个方面：

（一）科学技术对社会的作用研究，即科学技术的社会功能研究

在某种意义上，这是为了阐明科学技术存在的价值，是科技发展规律研究的前提性问题。其中，关于科学发展负面功能的根源和控制，科学技术的伦理效应，科学技术对人性的依赖、改造与异化，包括克隆技术、人类基因图谱、网络技术、纳米技术等在内的各项前沿技术以及各学科最新科学成就对人类社会影响的预料，科学精神的本质与普及，以及科学精神与哲学精神的关系等问题，已经引起普遍关注。

（二）社会对科学技术的作用研究，即科学技术发展的动力研究

该研究既是理解科学技术本质和本性的一个重大视角，也是科技发展规律研究的主要侧面之一。其中，物质生产对科技发展的作用有一个正确理解的问题。实践证明，过分夸大科技研究内容对物质生产的依赖性而无视或淡化科技研究的自主性，是会阻碍科技发展的；但是，科技投入却是制约当代科技发展的关键问题之一。诸如科技投入的量、投入配置、投入体系的运行与完善等有关问题的理论反思都是很重要的；随着社会交往的类型及其深度和广度的扩大，社会交往对科技发展的影响，必将成为科技与社会研究的新亮点；宗教对科技发展的作用随着当前我国宗教势力的蔓延，开始引起学

界的广泛关注；哲学与科技的关系过去研究较多。近年来，由于哲学主义哲学思潮的影响，哲学能不能把概括科学成果作为发展自己的途径之一，业已受到质疑；此外，哲学对科学的作用是指导、辩护抑或其他，也一度引起了激烈争论；由于资深科学家李政道等人的热心倡导，艺术与科学的关系近期成为一个热门话题。其实，由于强调艺术与科学的相通必然导致强调科学的自主性，因而深入研究艺术对科学的作用意义非同小可；我国正在进行中的科技体制改革，既是对体制因素重要作用的认可，也是对关于体制因素在科技发展中作用研究的有力呼唤和推动；腐败腐蚀社会机体，也是当前阻碍我国科技发展最凶恶的敌人；从权力腐败到学术腐败的实质、危害、产生根源、斗争方略等问题的理论研究，应予加强；改革开放后，我国学界三番两次的“文化热”使得传统文化环境的选择和营造研究备受青睐。如此等等，不一而足。

（三）综合考虑各种社会因素对科技发展的作用，以及科学技术内部因素的作用，从总体上进行科学和技术发展规律的研究

这方面的研究主要是回答科学和技术如何发展的问题。

首先，科学和技术发展规律的研究意义十分重大。当代科学技术成为第一生产力的情况下，如何加快科学技术的发展无疑成为每个国家和地区的头等大事。显而易见，高度尊重和善于利用科学和技术发展的规律，是加快科学技术发展的前提。从管理层科技政策的制定和科技管理的实施，到科技人员提高科研效率，直至大众对科学技术的正确理解和有力支持，统统离不开对科学和技术发展规律的认识与掌握。此外，科学和技术发展规律的研究可以在三种不同的意义上进行。倘若从知识的意义上进行，即进行科学知识或技术知识发展规律的研究，那么，鉴于科学知识和技术知识是人类较发达、较高级、较典型的一种知识或认识形式，这种研究对于了解其他种类的知识或认识乃至人类知识或认识整体的本质与发展规律，将具有重大的价值；倘若从活动的意义上进行，即进行科学活动或技术活动发展规律的研究，那么，鉴于科学活动和技术活动是人类较发达、较高级、较典型的一种活动形态，这种研究对于了解其他种类的活动乃至人类活动整体的本质与发展规律，将具有重大的价值；倘若从体制的意义上进行，即进行科学技术体制发展规律的研究，那么，鉴于科学技术体制是人类社会较发达、较精致、较典型的一种体制形态，这种研究对于了解其他种类的体制乃至人类社会体制整体的本质与发展规律，将具有重大价值。

其次，西方科学哲学和科学社会学关于科学发展规律的研究取得了某些实质性进展，值得我们借鉴。科学发展的模式问题一直是西方科学哲学的研究主题之一。科学发展的模式是把科学发展的规律模式化。因此，科学发展的模式研究其实就是科学发展规律的研究。早期西方科学哲学十分倾心按照科学的样板改造传统哲学。既然以科学为样板，那么，随着研究的深入，就不可避免地要遭遇以下一系列问题：科学与作为旧哲学的形而上学乃至一切非科学如何划界、科学的依据是什么、科学是怎样发展的等。这些问题直接关系到对科学的基本认识，属于科学哲学的元理论研究，因而居于核心地位。科学发展的模式研究就是这样进入众多科学哲学家视野的。在一定意义上可以说，科学哲学的每一流派甚至每位代表人物都提出了颇有特色的科学发展模式。这些科学发展模式的研究大都思考深入、新意盎然，从不同的侧面揭示了科学发展的某些特性，加深了人们对科学本质以及科学发展规律的认识，如库恩的模式对各学科主导理论作用的突出，对科学共同体活动方式的揭示，对形而上学和科学信念作用的强调，对科学发展内在因素与社会因素的整合等，无不给人留下深刻的印象。然而，西方科学家所提供的科学发展模式基本上又都具有片面性的缺陷，因而往往也给人留下了种种遗憾。

科学的社会学尽管没有正面提出科学发展规律研究的课题，但从其研究成果看，他们在科学发展规律的研究上也作出了突出贡献。例如，默顿及其学派关于经济和宗教等社会因素和科学技术发展的关系、科学的社会规范、科学的社会分层和性别分层、科学奖励体系、学术交流机制的研究，以及科学计量学关于科学发展的指数规律、科学论文生产率的逆二次幂规律、科学文献的半生期研究等；贝尔纳及其学派关于科学负面功能的根源、科学社会功能的有效控制和充分发挥、科学中心转移的规律等研究；科学知识社会学关于社会因素和科学知识发展关系的研究等等，十分值得我国科技发展规律的研究予以借鉴。

第三，我国关于科学发展规律的研究亟待加强。总的看，我国关于科学发展规律的研究仍然有点散和浅，几乎没有出现像西方科学哲学所提出的那样有巨大影响力的科学发展模式成果。为尽快扭转我国关于科学发展规律的研究滞后于实践需要和落后于国际学术界的被动局面，很有必要从以下几个方面加强该项工作：

1. 澄清基本认识。在科学发展规律的研究方面，有些基本理论问题至今仍然歧见丛生。例如，有没有普遍适用的科学发展规律？涉及社会因素的科学发展规律能不能规范化？如何规范化？诸如此类的问题没有一个端正的认识，是很难使该项研究工作深入进行下去的。

2. 深化知识发展研究。科学知识发展的规律即科学发展的内在规律研究十分重要。相对于科学发展的外在规律，它是整个科学发展规律研究的基础；此外，科学知识的发展具有鲜明的逻辑性，易于规范化。因此，人们一向看重知识发展规律的研究。西方科学哲学曾一度沉湎于纯粹的科学知识发展模式研究，只是到了历史学派才开始考虑社会因素的作用。即便如此，历史学派及其以后的流派和人物，基本上仍然以科学知识的发展为主要研究对象。客观地说，西方科学哲学在科学知识的发展规律研究上开了个好头，我们应当虚心吸收他们在研究角度、研究方法以及理论观点等方面的优长之处，开展独立研究，积极与之对话，力争有所建树。

3. 实现综合研究的突破。毕竟科学发展在实际上要受到社会因素的制约，因此，科学发展规律的研究不能不考虑社会因素的作用，并把它与科学自身的因素联系起来进行综合研究。西方科学哲学发展到历史学派，开始把社会因素纳入视野可说是科学发展规律研究的必然。要使研究得以深入、最大限度地贴近科学发展的实际，这一步是非走不可的。尽管历史学派一直陷于“相对主义”、“主观唯心主义”等一片批评声浪之中，但它在科学发展规律的综合研究方面毕竟有筚路蓝缕之功，中国学界由于马克思主义传统的缘故，在审视社会因素的作用，进行科学发展规律的综合研究方面应该做得更好。在揭示科学与哲学、生产、文化、体制等社会因素之间内在的、必然的、本质的联系研究方面，我们毕竟已经有了厚实的积累。现在关键的问题是在科学发展规律的综合研究上怎样使研究更加贴近科学的本性和科学发展的实际，更具有覆盖面、解释力和预见性。

4. 联系中国实际。1949 年以来，中国的科学发展取得了骄人的成绩，但也走了许多弯路。而且，至今在世界科技发展的格局中，我们仍然处于边缘地位。那么，1949年尤其改革开放以来，中国科技发展走过的道路表现出了什么规律性的东西？这些规律与发达国家和各主要发展中国家的科学发展规律有什么异同？能否使得中国科学发展规律的研究对中国科学政策的制定和科学管理的实施产生更加直接、有力的影响？能否对中国未来科技的发展作出种种短期的和长期的科学预测？中国一向坚持以长期和短期的科学规划以及各种各样的科技"计划"为科技发展的主导政策，这种做法的利弊如何？怎样进一步改进以期最大限度地提高科研效率？这些都是十分诱人的研究课题。

四、科技与社会研究的分析框架与经验基础

（一）分析框架多元化

作为一个研究分支或研究领域，科技与社会的定名似乎是近些年的事，然而，就其研究内容而言，它绝不是科技哲学研究的新拓展。科学技术观所研究的乃是在科技与社会相互关系中所显现出来的科学技术的本质与发展规律。因此，可以认为，中国自然辩证法工作者过去乃至现在所进行的科学技术观研究，基本上等价于今天的科技与社会研究。对于我国科技与社会研究的主流而言，不仅有其分析框架，而且相当明确，这就是历史唯物主义科学观。

众所周知，按照历史唯物主义观点，自然科学属于社会意识，乃是社会存在的反映。不过，自然科学是一种特殊的社会意识形式，它不为特定的阶级利益服务，因而不属于上层建筑。从科学在社会有机体中的这一定位看去，科学将主要和以下三种因素发生相互关联和相互作用：其他社会意识形式；生产力；生产关系。

这就是我国绝大多数自然辩证法工作者多年来使用过，至今在一部分研究者中间仍然继续使用的分析框架。按照这一分析框架，多年来我国科技与社会研究的内容主要集中在以下几个方面：科学技术与生产力互动关系的研究，如，科技对物质生产的依赖关系，科技发展的自主性、科技生产力功能的表现与实现机制，等等；科学技术与生产关系互动关系的研究，如，社

会制度对科学技术发展的影响、科技发展与社会革命、科技发展与体制改革等；科学技术与各种社会意识形式互动关系的研究，如科学技术与哲学、艺术、法律和宗教等之间的互动关系等。

这个分析框架的特点是强调了科学技术对社会的依赖关系。其中，特别突出了物质生产或经济需要对科技发展的动力作用。客观上为引导科技为经济生产服务、与生产劳动相结合张了本，因而，1949 年以后，在中国共产党于相当薄弱的基础上逐步建立起自己的科学技术研究体系并力图令其为社会主义经济建设服务的半个世纪里，这一分析框架与共产党的科技政策十分合拍。在这一框架下的科技与社会研究，则有效地为后者提供了理论基础。以至于人们一度认为，该框架或许是科技与社会研究的唯一或最优分析框架。

然而，默顿科学社会学传入中国以后，一个崭新的分析框架呈现在人们面前。在默顿看来，“近代科学除了是一种独特的进化中的知识体系，同时也是一种带有独特规范框架的社会制度（即社会建制或社会体制）”①。作为一种社会制度，科学不仅与经济、军事和文化等其他社会制度发生互动关系，而且，它自身也是由科学共同体组成的一个富有个性的小社会，拥有自己相对独立的内部的社会结构和运行机制。科学制度最基本的个性是科学家与科学共同体有一套与众不同的“科学规范”，科学制度的社会结构突出地表现在科学界高度的社会分层；科学制度的运行机制集中地表现为，它有一套基于“同行承认”的奖励和荣誉分配制度，以及有一套以“无形学院”为核心的科学交流系统。按照这种分析框架，默顿科学社会学除了关心科学与其他社会制度的互动关系以外，把主要精力放在了研究科学规范、科学奖励制度、科学界的社会分层，以及科学交流等科学共同体小社会内部的互动关系上面了。

尽管默顿的研究是社会学性质而非哲学性质的，但是它的研究主题和科技与社会相同，也是紧紧围绕科技与社会的互动关系这一中心。此外，默顿的这一分析框架确有许多弱点，如，它较少关心技术，过度强调科学的自

① ［美］默顿：《十七世纪英格兰的科学、技术与社会》，范岱年等译，商务印书馆 2000 年版，第 12—13 页。

主性，与现实中的科学有一定脱节因而带有浓厚的理想色彩等，但是，它毕竟有其独特的视角，在极大地增进人们对科学社会本性的理解方面功不可没。尤为重要的是，它启示人们：科技与社会研究的分析框架应该多元化，也一定能够多元化。

分析框架规定着科技与社会研究的范围，制约着研究者的视野，进而影响到研究的质量。例如，上述历史唯物主义的分析框架，尽管有许多优点，但它容易遮蔽人们关注科学家和科学共同体的视线，忽视科学内部社会因素的研究，分散人们对科学的文化本性的注意力，以及忽视对科学组织、科学内部运行机制的分析等。鉴于科学具有多种形象，科技与社会研究的分析框架肯定也是多种多样的。因此，我们应当尝试各种可能的框架，在比较和综合的过程中，选择和建立新的更佳分析框架。

（二）加强科技社会史的研究

应当说，康德的名言“没有科学史的科学哲学是空洞的；没有科学哲学的科学史是盲目的”①，也适用于“科技与社会”和“科技社会史”的关系。因为如上所述，科技与社会是科技哲学的一部分，属哲学性质。但对于没有科技社会史的科技与社会是空洞的，还需做进一步的说明，否则，这一命题也难免流于空洞。

没有科技社会史的科技与社会是空洞的，至少包含如下的意思：作为一个研究分支或领域，科技与社会应当奠定在科技社会史的基础上。作为一名科技与社会的研究者，应当兼搞一点科技社会史的研究，或具有一定的科技社会史的知识背景，不然的话，科技与社会的研究将难以深入、难以生动活泼地开展起来。这是因为，对于科技与社会研究，科技社会史有以下几方面的作用：

1. 激发直觉和灵感。说到底，科技与社会乃在于研究科学技术的社会本性，以及科学技术与社会因素间互相制约、互相影响的内容、特点、条件、规律和模式等等。科技与社会的理论观点来自哪里？它应当来自科技与

---

① 转引自［英］伊·拉卡托斯《科学研究纲领方法论》，兰征译，上海译文出版社1986年版，第141页。

社会互动的历史实践之中。不过，科技与社会的理论观点并非经由科技社会史所提供的大量经验事实的归纳而获得。爱因斯坦所主张的经验和理论之间“并没有逻辑的道路，只有通过那种以对经验的共鸣的理解为依据的直觉，才能得到这些定律”① 的观点，具有普遍意义。就是说，科技与社会理论观点的提出，首先是在对科技与社会互动经验事实产生直觉或灵感基础上形成假设，然后再对该假设进行严格而广泛的检验，最终才能使有关的理论观点暂时确立起来。在这个过程中，科技社会史对于科技与社会研究充分发挥了“激发直觉和灵感”的作用。正如科学社会史研究最重要的代表人物之一、美国科学史家库恩所说：“我不胜惊讶地发觉，历史对于科学哲学家，也许还有认识论家的关系，超出了只给现成观点提供事例的传统作用。就是说，它对于提出问题、启发洞察力可能特别重要。”②

在默顿关于17世纪英格兰科学、技术与社会的研究中，人们看到了这一状况的范例。以清教伦理与17世纪英格兰科学、技术发展之间的互动关系为内容的默顿命题的提出，得益于默顿与一批属于科技社会史性质的史料的邂逅。为此，默顿曾回忆说：“在阅读17世纪科学家们的书信、日记、回忆录和论文的过程中，笔者慢慢注意到，这个时期的科学家们往往具有宗教信仰，而且更有甚者，他们都倾向于清教。只是到了此时（而且这几乎使他未能跟上研究生学习计划的日程安排），笔者才太迟地注意到了由马克斯·韦伯、特罗尔奇、托尼和其他人所确立的，围绕着新教伦理和近代资本主义的出现之间的互动为中心的智力传统。”③

2. 提供历史的检验。既然我们认定科技与社会的研究是哲学性质的，那么，就必须承认它既有超验的一面，也具有不能与经验完全相脱离的一面。其超验性的突出表现是：科技与社会的理论观点不能靠有限的科技与社会互动关系的经验事实予以证实或否证；它不能脱离经验的一面的突出表现是，科技与社会理论观点的正确性归根结底要靠科技与社会互动关系长期发展的历史实践来检验。

① ［美］爱因斯坦：《爱因斯坦文集》第1卷，许良英等译，商务印书馆1976年版，第102页。

② ［美］库恩：《必要的张力》，纪树立等译，福建人民出版社1981年版，第170页。

③ ［美］默顿：《十七世纪英格兰的科学、技术与社会》，范岱年等译，商务印书馆2000年版，第12—13页。

通常认为，科学史对于哲学观点可以提供历史的检验。例如，人们所熟知的恩格斯的一段话，说的就是这个道理："世界的真正的统一性是在于它的物质性，而这种物质性不是魔术师的三两句话所能证明的，而是由哲学和自然科学的长期的和持续的发展来证明的。"① 世界的物质统一性原理是如此，其他哲学原理也是如此。说到底，任何哲学理论和观点完全脱离历史实践而单纯在逻辑推理上绕圈子，都会因失去基石和坐标而迅速枯萎下去。

上述观点在西方许多科学哲学家那里也是一致认同的。例如，劳丹就曾在其《进步及其问题》一书中，设专节讨论过科学史在科学哲学中的作用问题。他明确指出："科学哲学在两个重大方面依赖于科学史。第一，科学哲学旨在阐明隐含在我们对于 HOS（指实际的科学史）的某些事例的直觉之中的合理性标准。第二，对于任何哲学模型的鉴定都需要对 HOS2（指历史学家的科学史著作）详加研究，以便对这一模型可否应用于 PI（对于科学理性的前分析直觉）事例作出评价。"② 拉卡托斯也认为，对于科学哲学所提供的任何理论模型来说，"历史可被看成是对其命题合理重建的一种'检验'"。汉森则认为："……对任何科学的有益的哲学讨论，依赖于彻底通晓这一科学的历史和现状。"③

既然科学史对于哲学、科学哲学都有一种提供历史检验的作用，那么，作为科学史一部分的科学社会史对于哲学性质的科技与社会也有一种提供历史检验的作用，则是理所当然的了。

此外，科学社会史对于科技与社会还具有提出研究课题、提供解释理论观点的典型事例等作用，兹不赘述。

然而，当前科技社会史的研究现状是远远不能令人满意的。就科技社会史的研究而言，不论是以赫森和贝尔纳为代表的马克思主义传统，以默顿为代表的科学社会学传统，以巴恩斯、布鲁尔、夏平等为代表的科学知识社会学传统，以库恩、本·戴维等为代表的科学哲学传统，还是以李约瑟等为代表的具有综合性质的研究传统，专题研究和案例研究居多，较为成功的通史研究比较少见。譬如，贝尔纳的《科学的社会功能》和《历史上的科学》，

---

① 《反杜林论》，人民出版社 1970 年版，第 41 页。

② ［美］劳丹：《进步及其问题》，刘新民译，华夏出版社 1990 年版，第 156 页。

③ ［美］汉森：《发现的模式》，邢新力等译，中国国际广播出版社 1988 年版，第 4 页。

尽管所研究的时限贯通古今且不乏真知灼见，但终究失之于史料单薄、立论粗疏。用贝尔纳本人的话说即是“但我已设法写成的书同我原定计划要完成的工作一比，就显出文献引用得不足，论辩也不够严密”，以至于贝尔纳称自己的书“它不是，也不打算是另一部科学史”①。

此外，科技社会编史学的研究也还比较薄弱。这一点突出地表现在科技社会史研究中一些常见的基本理论问题往往不甚了了，甚至歧见丛生。例如，如何理解马克思主义关于“经济需要是科学发展主要动力”的论断？这个论断受到了许多非马克思主义者的攻击，而在马克思主义阵营内部，理解上也颇见差异；如何看待宗教与科学的关系？在这个问题上有对立说、并行说（双方并行发展，不相关联）、互补说、对话说以及基石说（宗教为科学诞生和发展奠定基石，离开宗教，科学既不可能诞生，也不可能正常发展）等等，长期众说纷纭，迄无定论；如何在社会因素和特定的科技发展之间建立起相应的因果关系？这个问题历来是科技社会史较之科学思想史的一个致命弱点。今后有无取得实质性突破的可能？诸如此类，还有许多。如，科学的文化气质、科学和技术是否负载价值、现代科学技术是否已经成为意识形态、哲学对科学具有何种性质的作用、资本主义和社会主义这两种社会制度与科学的关系等等。

上述基本理论问题，有不少带有一定的哲学性质，它们不仅属于科技社会编史学，而且也属于科技与社会研究的范畴。这说明科技社会编史学和科技与社会存在交叉，抑或说，后者实际上承担着一定的科技社会编史学的责任。此外，这些基本问题与科技社会史之间存在着一种互为因果、互相掣肘的关系。它们不解决，势必直接影响科技社会史研究的进度和质量；反过来，要推进这些基本理论问题的解决，又需要到科技社会史中汲取营养，离不开对当前科技社会史研究的进一步加强。这种互为因果的关系，其实也正是科技与社会研究和科技社会史研究之间的关系。唯其如此，我们也才说，加强科技社会史的研究，当是提高科技与社会研究水平的一项根本性措施。

---

① ［英］贝尔纳：《历史上的科学》，伍况甫等译，科学出版社 1983 年版，第 4 页。

第二十四章

科学的社会功能

从历史唯物主义的形成到现在，一个多世纪过去了。在这段时间里，科学技术得到了飞跃发展，世界和社会的面貌也发生了翻天覆地的变化。其中，突出的变化之一是：科学在社会发展中的地位和作用大大提高了。也就是说，科学的社会功能大大提高了。那么，怎样从总体上评价科学的社会功能？又怎样实现科学的社会功能？历史唯物主义必须作出明确的回答。

一、关于科学社会功能的总评价

和马克思恩格斯时代相比，当代科学在社会发展中的地位和作用得到了空前的提高，这是人们一致公认的。但是，从总体上说，科学的社会功能究竟提高到了什么程度呢？这需要给予理论上的说明。

目前，我国理论界存在着明显的意见分歧。一种意见认为，科学是社会发展的决定性因素。理由是：生产力是社会发展的决定力量，而生产力又是由科学所决定的。第二种意见认为，科学不是社会发展的决定性因素，因为科学是社会意识，如果承认科学是社会发展的决定性因素，就是主张意识决定论，就是历史唯心主义。第三种意见认为，社会发展的决定力量是可变的。有时生产方式是决定性因素，有时科学技术是决定性因素，要根据社会发展的不同阶段来具体分析。①

① 参见中国人民大学报刊复印资料《自然辩证法》1987年第2期。

从总体上评价科学的社会功能，关键在于怎样从本质上理解科学。通常人们总是从知识的角度看科学，把科学理解为客观真理的知识体系。所以，尽管面对科学在社会发展中所起巨大作用的现实，也不敢毫无保留地从社会发展的动力方面理解科学。担心承认科学的动力作用，就是意识决定论。即便承认科学是社会发展的决定性因素，也是局限在“转化”的意义上。而仅仅从转化的意义上承认科学是生产力，是社会发展的决定性因素，那是苍白无力的，因为，除了科学以外，艺术、道德、哲学等也都可以这样那样地转化为生产力。

事实上，仅从知识的角度看科学是片面的。科学有多种形象。例如，贝尔纳曾指出：“科学可作为（1）一种建制；（2）一种方法；（3）一种积累的知识传统；（4）一种维持或发展生产的主要因素；（5）以及构成我们的诸信仰和对宇宙和人类的诸态度的最强大势力之一。”① 各个国家的《百科全书》或《哲学百科全书》对科学的理解也不同。例如苏联《大百科全书》（1958 年），就是从活动的角度看科学的，该书认为“科学是对现实世界规律的不断深入认识的过程”②。由于科学的其他特征大致都可以归结为知识的特征和活动的特征，所以，知识和活动是科学的两大基本特征。

如果从活动的角度理解科学，我们会马上发现，和马克思恩格斯时代相比，当代科学有了一个非常显著的不同，这就是当代科学已经或者正在和人类的物质生产活动融为一体。按照贝尔纳的说法，一直“到 18 世纪末叶为止，工业向科学提供的知识，远比科学向工业提供的为多，18 世纪末叶是一个转折点”。但整个 19 世纪在科学与生产的结合上并未迈出关键的步伐。“只是到本世纪才有力地再迈出了关键性的一步。”③20 世纪以来，从整体上说，科学已经进入大科学时代。大科学的根本特征是与社会的科学化同时发生的科学的社会化。大科学，不仅本身各学科相互渗透、综合、逐步走向一体化，而且达到了与经济和社会的发展相融合的程度。当今的物质生产部门，如果完全脱离开科学，那是不可想象的。工农业生产的总趋势是：科

---

① ［英］贝尔纳：《历史上的科学》，伍况甫等译，科学出版社 1981 年版，第 6 页。

② ［苏］《苏联大百科全书》第 29 卷，转引自舒炜光主编《自然辩证法原理》，吉林人民出版社 1984 年版。

③ ［英］贝尔纳：《科学的社会功能》，陈体芳译，商务印书馆 1982 年版，第 193—194 页。

学的成分日益增加，经验的、传统的成分日趋减少，工业部门设有科研机构，科研机构设有附属工厂，已经是相当普遍的了。在一定意义上，可以说，科学是物质生产的探索性的、理论上的准备，而物质生产则是科学的应用过程。当然，物质生产对于科学的基础和动力作用也还是存在的，物质生产仍然为科学提出课题，指引方向，提供物质条件和检验手段。从今天的情况看，完全可以说，二者是互相促进、互相推动的关系。而且，随着科学走在生产前头的势头的增长，科学对物质生产的作用将变得越来越重要起来。

如果承认这一点，那么，我们就不应仅仅从知识的角度承认科学是间接的生产力，还应从活动的角度，看到科学是直接生产力，而且是生产力中越来越重要的组成部分。进一步说，从活动的角度看，科学不仅是社会意识形式，而且还具有社会存在的一面。它兼具社会意识和社会存在的属性，是一种复杂的、综合的社会现象。如果考虑到科学知识只是科学活动的一个环节的话，那么，就更应当强调科学是生产力并且属于社会存在的范畴了。

如果承认科学是生产力，那么，科学是社会发展的决定性因素的结论就是不可避免的。诚然，这种决定作用，本质上属于生产力对社会所起的决定作用的范畴之内。

对科学的社会功能明确地作出上述总评价，既有理论意义，也有实践意义。从理论上说，它涉及丰富和发展历史唯物主义的科学观的问题；从实践上说，它涉及怎样摆正科学事业和其他事业关系的问题，涉及摆正科学事业在人类全部事业中的地位问题，尤其在当前，这个问题对于我国的现代化建设具有重要的现实意义。我们不能只是一般地、笼统地承认科学的社会功能，而应当把科学的社会价值提到它应有的高度来认识，真正做到像十三大报告中所说的那样，“把发展科学技术和教育事业放在首要位置，使经济建设转到依靠科学进步和提高劳动者素质的轨道上来”。

二、关于科学的善的社会功能的实现

关于科学社会功能实现的问题，早在20世纪30年代末，著名的科学学家贝尔纳就异常尖锐地提出来了。他说：“大多数科学家和门外汉都满足于官方的一个神话：纯自然科学家们工作成果中对人类有用的那一部分，马上就会被有进取心的发明家和实业家所采用，并以最廉价和最便宜的方式交给公众使用。任何人只要认真了解一下科学和工业过去或现在的状况，都会知道：这个神话的全部内容都是虚假的。”“事实上，过去把科学应用到实际生活中总是遇到极大的困难，即使在现在，当它的价值逐渐开始被人认识的时候，人们还是以极其偶然和无效的方式进行这项工作。”①

可见，科学的社会功能的实现问题，是客观存在着的，它是科学的社会功能问题的一个重要的、有机的组成部分。可是，在现行历史唯物主义科学观中，却没有讲到这个问题。鉴于科学的社会功能只有实现出来才是真正的现实的功能，以及只有科学的社会功能得到充分的实现，才能反过来更快地促进科学的发展，从而使科学的社会功能不断增值等情况，可以认为，历史唯物主义仅限于罗列科学的社会功能表现，而没有进一步讨论科学的社会功能的实现问题，这不能不是一个明显的漏洞。

科学的社会功能的实现是一个复杂的问题，历史唯物主义应当充分吸收科学学或科学社会学在这方面的研究成果，对这个问题给予根本上的、理论上的说明。从总体上看，科学的社会功能实现的基本途径有二：一是以技术为中介，转化为社会物质；二是以哲学为中介，发挥精神功能。此外，任何科学功能的实现，都要以人为中介，与许多社会因素有关。上述几个方面都有大量的理论问题需要探讨和说明。譬如，科学转化为技术的条件是多方面的，其中至少包括：科学理论的实验证实；技术发明的初步设想；技术原理的产生；科技知识的普及和教育；工程设计和试验；材料和设备等的齐备；等等。科学要发挥精神功能，有时，不经过中介也可以。譬如，科学知识的普及本身就是对封建迷信思想的有力冲击。但是，仅靠科学知识的普及发挥科学的精神功能毕竟还是分散的、低效率的。科学精神功能的充分发挥，最基本的途径，还应当靠把科学理论及时而正确地上升为哲理性的知识和方法。历史充分表明，以科学为基础的正确的世界观和方法论是人类精神生活领域里最重要的东西。当然，科学知识要上升为哲学理论，还需要正确而有效的哲学概括工作。如何恰当地概括科学成果是一个重要的问题，科学的社会功能的实现，实质上是科学研究过程的继续，和科学研究一样，它是一种

① ［英］贝尔纳：《科学的社会功能》，陈体芳译，商务印书馆1982年版，第191页。

社会性的事业，而且前者的社会性更甚于后者。社会制度的因素、文化因素、经济因素、心理因素等对科学的社会功能的实现都有影响。

三、关于科学的恶的社会功能的克服

科学不仅有善的社会功能，而且还有恶的社会功能，人们充分认识到这一点，严格地说来，还只是20世纪以来的事。长期以来，人们普遍认为，科学既是人类智慧的最高贵成果，又是最有希望的物质福利源泉。可是，科学的生产方法所引起的失业和生产过剩，世界大战中应用科学理论所制造的惨无人道的杀人武器，等等，迅速改变了人们的科学功能观。贝尔纳的名著《科学的社会功能》就是20世纪30年代重新审查科学的功能观的世界性思潮的产物。自那时以来，随着科学的善的社会功能的进一步实现，科学的恶的社会功能也暴露得更加充分了。在一定的意义上说，当前困扰人类的能源、粮食、人口和环境污染等全球性问题，无一不与科学技术的高度发达有关。因此，科学的恶的社会功能问题已经引起人们的密切关注。

在谈到科学所具有的恶的社会功能的时候，有一个问题需要交代，即，科学的恶的社会功能与善的社会功能并不是并驾齐驱、平分秋色的。科学在本质上是善的。就是说，善的社会功能是科学的本质属性，而恶的社会功能是从属的、非本质的属性。这是因为，从根本上说，科学之所以能够产生，乃是基于科学能够满足人类认识世界和改造世界的需要。远古时代，当科学尚处于萌芽状态的时候，许多有识之士就认识到了这一点。“给我一个支点，我就可以撬动地球”，阿基米德的这句名言充分表达了他对科学价值的无比信任。培根为什么那么起劲地提倡实验科学呢？据说，主要基于如下的明确认识：“人类支配自然，只有依靠知识。人类活动能力所及，仅限于人类理解了的东西，没有任何力量能够打破自然因果关系的链条。除了顺从自然以外，别无它法可以控制自然。”① 当然，科学之所以能够促使一个个国家和团体把大笔大笔的钱财花费到它上面，也无不是由于科学具有满足人类认识和

① ［英］M. 戈德史密斯等主编：《科学的科学——技术时代的社会》，赵红州等译，科学出版社1985年版，第26页。

改造世界需要的功能。科学既是人类自我认识、自我解放的手段，又是人类认识世界、改造世界的武器。这就是科学的根本功能。

那么，科学为什么会具有恶的社会功能呢？或者说，科学为什么会做危害人类的坏事呢？一般地说，科学表现出恶的社会功能，主要有如下两种情形：

第一，有意之恶。所谓有意之恶，就是坏人有意利用科学做坏事。科学的功能总是与人的需要关联在一起的，脱离开人的需要，无所谓科学的功能。而人则有善恶之分，坏人为了达到其丑恶的目的，常常以科学作为手段。例如帝国主义分子在战争中使用化学毒品和原子弹，犯罪分子利用科学知识制造出来的武器杀人等。在这种情况下，科学之所以表现出恶的社会功能，不是科学本身的缘故，而是由于坏人从中作祟。可见，这种有意之恶是坏人强加给科学的，并非科学的本质属性。随着人类社会向共产主义的逼近，科学的这种有意之恶的功能迟早是会消除掉的。

此外，还有一种情况。由于科学的发展，必然引起人们社会生活中各种关系的变化，比如机器生产中，分工的加剧，劳动内容的简单化等等，在资本主义制度下，这会把人变成分工的奴隶，限制了人性的发展，或者由于劳动内容的简单化而滋生了童工制度。而在社会主义制度下，分工的加剧、劳动内容的简单化，既不可能产生童工制度，也不可能把人变成分工的奴隶，限制人性的自由发展。因为，社会主义以满足人性的自由发展为天职，它会创造出各种条件满足人性的自由发展。可见，这种在资本主义制度下科学所产生的消极后果，是社会制度使然，而非科学的本性，可姑且称之为制度之恶。这是一种特殊类型的有意之恶。

第二，无意之恶。所谓无意之恶，是指人们本来想利用科学做好事，在出现好结果的同时，却伴生了坏的结果。例如，科学的发展促进了医学的发展，医学的发展减少了疾病，延长了人的寿命，降低了人的死亡率。可是这样一来，却加速了人口的增长，导致了粮食和能源的危机；同时出现了老年社会及其种种弊端。再如，由于科学技术的进步，促使工业高速发展和现代化大城市兴起。可是，这样一来，却出现了废气、废水和噪声等污染问题，出现了各种各样的城市问题。不少人以这种无意之恶指责科学，甚至主张取消科学，减缓发展科学的速度。其实，这种无意之恶也并非科学的本质属性，而是由于人们在运用科学的时候，缺乏远见、缺乏系统观念，或者由于科学本身的发展程度不够，人们对客观规律的认识有一定的局限性而造成的。恩格斯指出："我们对自然界的整个统治，是在于我们比其他一切动物强，能够认识和正确运用自然规律。"① 反过来，我们在许多场合和领域之所以不能够统治或驾驭客观世界，则是我们没有真正认识和正确运用自然规律的缘故。由科学技术所造成的各种各样的消极后果，原则上，绝大部分都可以通过进一步发展科学给予解决。只是，由于人与自然的矛盾永远不会消失，因此，旧的问题解决了，新的问题又会不断出现。无论如何，在这种问题不断产生和解决的过程中，人类社会将会不断走向光明，获得进步。技术悲观主义的担心是没有根据的。

此外，和科学的有意之恶一样，有些科学的无意之恶，也不能单纯依靠科学进步来解决，而应当借助生产关系的调整或者社会革命的途径来解决。

① 《自然辩证法》，人民出版社 1971 年版，第 159 页。

第二十五章

科学的认识功能

在科学真善美诸方面的精神功能中，科学的求真功能即认识功能是首要的。可是，在大力强调科学物质生产力功能的气氛中，容易忽视科学的精神功能，更不必说科学的认识功能了。应当说，在中国，相对忽视科学的精神功能，这既是个现实问题，也是个历史问题。早在60多年前，中国近代启蒙思想家梁启超先生就曾抱怨中国人一向对科学的精神功能有所忽视，"中国人因为始终没有懂得'科学'这个字的意义，所以，五十年前很有人奖励学制船、学制炮，却没有人奖励科学"①。为此，他向民众大声疾呼："科学所要给我们的，就争一个真字。"②提醒人们重视科学的求真功能。然而，当时梁先生似乎言犹未尽，以后，他本人没有，也鲜见有人专门去做这个题目。为此，作者不揣谫陋，接过梁先生的话题，发一点议论，意在多少有助于唤起人们对科学认识功能的重视。

众所周知，人类认识的历史同人类自身存在的历史一样久远。但是，在相当长的一个历史时期内，人类主要是采取神话以及日常认识等初级认识形式，只是到了人类完成体力劳动与脑力劳动的分工以后，并且在生产实践获得充分发展的基础上，才产生了科学这种特殊的认识形式。与历史上的其他认识形式不同，科学利用专门的仪器设备，通过有目的地干预、控制、变

---

① 《梁启超哲学思想论文选》，北京大学出版社1984年版，第386页。

② 《梁启超哲学思想论文选》，北京大学出版社1984年版，第386页。

革、模拟和再现研究客体，以达到对其本质和规律性的认识，因而使人类的认识由神话变成了科学，从玄想到达了实证，从粗糙进步到精确，从定性发展到定量。无论是从认识所获得的成果看，还是从取得成果的方法看，科学都分明是人类认识长期发展、达到高级阶段的产物。科学在成果和方法上的优越精良，以及它在人类社会中所实际产生的巨大而广泛的影响，使得其他的认识形式相形见绌。包括科学在内的一切人类认识形式归根结底都是认识主体反映认识客体的过程，那么，其他认识能不能达到科学这样的高度呢？其他认识形式可以向科学学习或借鉴些什么呢？在科学日益获得巨大成功的历史背景下，科学作为人类认识的一种高级形式，不能不对人类的认识表现出多方面的巨大功能。

一、目标功能

追求真理，是人类认识的直接目的，但还不是最终的目的。人类认识的最终目的是为了把认识的成果应用于实践活动。因此，为了更有效地服务于实践活动，人们决不会满足于追求一般意义上的真理，对认识理所当然地会提出更高的要求。这种要求，集中地体现在期望所追求的真理能够具有尽量精致和高级的属性上面。倘若人们认定真理就是符合客观事物及其发展规律的认识的话，那么，人们对真理的进一步要求就是：这种认识与客观事物及其发展规律不仅应当是符合的，而且还应当是尽量确定的符合、精确的符合和发展中的符合等等。这就是说，真理有朴素与精致之分，人们总希望获得更加精致的真理，以期更有效地适应人类实践对认识所提出的各种需要。那么，精致真理是可能的吗？它是什么样子的？科学作为真理性的认识，肯定了精致真理的存在，并且为真理认识提供了生动、具体的典范。这一点，正是科学对认识的首要功能。

和其他的认识成果相比，科学知识在和客观事物及其发展规律的符合上，具有许多鲜明的特点，譬如，内容上的确定性，形式上的精确性、融贯性、简单性，动态发展上的开放性，以及功能上的有效性，等等。其中，最主要的是确定性、精确性和融贯性。科学在真理上所具有的目标功能，主要就体现在它所具有的这些特点上。

首先，作为真理性的认识，科学知识具有确定性。就是说，科学知识不仅具有自己的经验事实的基础或内容，而且，它和外部世界的经验事实具有确定的、较为严格的对应关系，这种确定性，突出地表现在科学的可检验性上。在科学中，不论其成果普遍性大小，原则上都可以通过演绎规则和观察、实验事实联系起来。只存在有暂时不具备检验条件的命题，而不存在永远不能检验的命题。西方科学哲学中的历史学派否认科学的检验性，是对科学的一种曲解，也是他们陷进相对主义泥潭的重要原因之一。诚然，不论有多少次观察或实验，也不能最终地、完全地证实某一普遍性命题，但是，这并不妨碍一切科学成果都必须接受观察和实验的无情检验，而且，如果某项成果和已有的观察、实验事实不能很好地符合，那么，它就会被修正或淘汰；如果某项成果和已有的观察、实验事实都相符合，那么，它就会被承认和接受，只不过这不是一劳永逸地承认和接受罢了。由于科学知识在客观内容上的这种确定性，使得它既和伪科学的主观臆造，也和前科学与外部世界的若即若离划清了界限。同时，在科学内部，经验科学的可检验性要比社会科学强一些，这从各自的检验过程的复杂程度、检验周期的长短和检验方法的完备程度等方面可以明显地看出来。

其次，作为真理性的认识，科学知识具有精确性。这突出地表现在：其一，科学不局限于飘忽不定的现象，而刻意追求本质上的认识。和现象上的认识相比，本质的认识对事物入木三分，是更加鲜明、更加准确、更加有力的反映。譬如，在前科学中，金子只是被作为一种黄色的金属来看待的，而在科学中，金子则是由一系列物理的和化学的特征来规定的。两相对照，其间精确与模糊的分野，是一望而知的。其二，科学知识通常包含定量认识。同质一样，量也是事物的基本规定性。而且，定量认识直接影响和制约着定性认识。在缺乏定量认识的时候，我们对事物性质的认识，只不过是初步的、粗略的认识而已。相反，有了定量认识作基础，我们对事物性质的认识就精确得多了。科学知识就是这样的认识。其三，科学语言的规范化。科学知识借助于科学语言来表达，而科学语言是与自然语言有重大区别的人工化语言。它在自然语言的基础上，主要由数学符号、图形图表和科学术语等等组成。在表达科学知识的内容上，科学语言的精确程度远远超过了日常语言。譬如，“今天天气很热”和“今天温度高达32℃”，二者在精确程度上的差别是一目了然的。而且，随着科学的发展，这种精确的范围和程度正在与日俱增。

第三，作为真理性的认识，科学知识具有以客观性为基础和彻底的逻辑融贯性。若一个命题和它所在的那个陈述系统或体系处于无矛盾性状态，则称这个命题具有融贯性。在非科学的认识系统中，个别认识形式如宗教认识，也可以具有逻辑融贯性，即教义是由“圣经”或某种先验观念演绎而成的思想体系。但是，从根本上看，诸如宗教理论之类的非科学认识系统的融贯性是不彻底的和虚伪的。首先，宗教理论作为演绎大前提的观念是虚假的、杜撰的，并无客观基础。其次，宗教理论在遇到经验事实的反驳时，不是有意回避，就是乞求于增加辅助性假说，最终使得理论日趋庞杂、晦涩，而根本不顾及简单性要求。与此相反，对于科学知识，不仅作为其理论前提的观念来自于观察和实验，具有客观基础，而且，当遇到经验事实的反驳时，它从来不采取回避态度，即便有时采取增加辅助性假设的手段，但这种手段不是权宜之计，而是意在补充和完善理论，这与简单性要求并不相悖。所以说，科学知识所具有的逻辑融贯性是具有客观基础的和彻底的。

在经验科学中，物理学是典范；在科学中，经验科学是典范；在认识中，科学是典范。这一点，事实上已经得到了越来越多的人的承认。人世间所存在的各种具体的认识形式，只要是以追求真理为目标的，都在以这样那样的方式引进科学、效法科学，尽可能地按照科学的标准和要求来修正和完善自身。经验科学作为科学的典范，更广泛地说，科学作为认识的典范，所产生的实际影响之广大、深远，在实证主义运动中，得到了极其鲜明的反映。不论实证主义有多少派别，也不论他们的观点是何等的五花八门，以经验科学为核心的科学是认识的典范，却是他们一致无二的出发点或认识立场。

诚然，科学作为真理认识的典范，并不包含这样的主张：一切认识都必须成为科学认识，这不可能也不必要。关键在于，科学知识所具有的确定性、精确性和融贯性等特点，是优长于其他认识形式的地方，其他认识形式有必要也有可能向科学的这些长处学习。

此外，科学的目标功能不仅表现在一般认识身上，而且也表现在它自身上。科学对于它自身具有目标功能指的是，已有的科学知识对于未来的科学知识，发达的科学知识对于不发达的科学知识有目标功能，等等。

二、方法功能

如果说，在一定意义上，科学的目标功能是回答认识向什么方向发展的问题的话，那么，科学的方法功能就是来回答怎样认识的问题了。科学的方法功能主要表现在两个方面：一是从知识角度看，科学知识，譬如科学理论等，可以转化为认识方法；二是从活动的角度看，科学活动除了包括认识主体和认识客体以外，还包含方法等中介要素。科学活动所包含的方法要素，即科学方法，对认识具有方法上的直接借鉴意义。

首先，科学知识可以转化为认识方法。

科学知识是目的与手段的统一。在人类的认识活动中，尤其是在科学活动中，科学知识通常是被当作目的的。但是，一旦某种科学知识产生以后，它在另外的、往后的认识活动或实践活动中，又可以被作为获得新的科学知识或进行实践活动的手段。譬如，在物理学领域，物理学理论是科学活动的目的，而一旦到了化学领域或生物领域，物理学理论便可以作为手段使用，反之亦然。化学理论或生物学理论在本领域是科学活动的目的，而一旦被运用到物理学中去，它们便成为手段。在自然领域，各门自然科学理论是科学活动的目的，而一旦到了社会领域，自然科学理论便可以在一定范围或一定限度内作为手段使用。当前正在勃兴的软科学就是以综合运用各门自然科学理论和方法来解决复杂社会问题为特点的。即便在同一领域，先前的科学理论往往既充当着先前科学活动的目的，又可以成为往后科学活动的手段。由此可见，科学知识具有目的与手段两重性，是目的与手段的统一。科学知识的这种特性，决定了它可以转化为方法。

科学知识是理论与方法的统一。科学知识是对认识对象或实践对象客观本性和发展规律的正确反映，它形成并决定着人们对客观对象的观点或看法。科学知识的典型形式是理论，并且在科学发达的领域和部门通常形成了系统化的理论，即理论体系。作为人们对客观对象的观点和看法，理论不可避免地要影响、制约甚至支配人们的行动。而理论一旦作为人们进行认识活动和实践活动的起点、方针、原则或框架时，它就转变成了方法。任何理论都可以转变为方法，只是不同类型的理论转变为不同类型的方法。一般地说，普遍性大的理论所转变成的方法的普遍性也大。例如，哲学理论是普遍性最高的理论，当它转变为方法时，这种方法也具有最一般的性质。它所提供的是如何对待和处理主观意识和客观规律的总原则，并以此影响和制约着人们对一切具体方法的理解和运用。各门具体科学的理论普遍性小于哲学，当它们转变为方法时，这种方法同样也具有具体的性质。譬如，具体的物理学理论所转变成的方法通常只是直接运用于物理学或其他少数领域。诚然，具体的科学理论也包含有更一般的方法意义。但是，要揭示其更一般的方法意义，需要进行一番概括和抽象的工作。① 此外，在理论的等级结构中，普遍性大或抽象度高的理论对于较具体的理论具有方法意义。例如，哲学理论对于具体的科学理论，控制论对于神经控制论等等。而在一定的意义上，整个科学本身实质上则是社会实践活动的方法工具。

其次，科学活动所包含的方法要素，即科学方法对认识具有方法功能。

科学方法可以起到认识方法的作用，这似乎是无须多加理论证明的问题了。因为科学方法向各种认识形式的渗透，或者说各种认识形式积极引进科学方法的大量事实，已经异常鲜明和有力地表明了这一点。譬如，在哲学认识的领域内，如果说当初斯宾诺莎致力于把几何方法引入哲学的研究工作，所得到的报酬不过是热嘲冷讽的话，那么，到了现代，各种不同的科学方法以各种不同的方式和渠道引进各种不同的哲学，则已经变为一种地地道道的时髦了。例如，经验科学通常使用观察和实验方法来判定理论陈述真假的做法，特别是爱因斯坦把一向列入思辨范畴的时间、空间概念也放到思想实验中考察的做法，引导逻辑实证主义建立了著名的可证实性原则；经验科学在观察和实验活动中所进行的操作分析的关键性作用，诱发了操作主义的诞生；数学方法和形式化方法在自然科学中的广泛使用及其日益扩大的发展趋势，是结构主义产生的最重要的科学背景。此外，科学中的数学方法和形式化方法，还深刻地影响了普遍语义学，而试图在科学史中总结研究方法的愿望，则强烈地吸引着科学哲学中的许多流派。一些马克思主义哲学家和其他流派的许多哲学家所提出的哲学数学化的主张，也是科学方法对哲学认识

① 马来平:《科学成果哲学概括的三种基本方式》,《山东大学学报》1990 年第 2 期。

发生重大影响的有力证据之一。

再如艺术认识领域。艺术是一种特殊的认识形式。用马克思的话来说，它对现实的认识和把握所采取的是一种“实践—精神掌握”的方式。这种方式既不同于对现实的纯粹精神掌握（它是理论知识所特有的），又不同于纯物质的实践。[①] 但它毫无疑问是认识大家庭的一个成员。因此，具有认识功能的科学方法的光辉也照射进了艺术的天地。首先，科学方法对艺术的影响绝非自今日始，可以说科学方法对艺术发生作用的历史与科学的历史一样久长，而且，这种影响在艺术的发展过程中，从来没有停止过。例如，早在文艺复兴时期，当时的许多绘画大师就已经有意识地在绘画中运用几何透视法、光学投影法等科学方法了。其次，科学方法对艺术的影响并非只是与个别领域有关，而是广泛地涉及音乐、舞蹈、绘画、雕塑、戏剧、文学、建筑、装潢美术和电影等几乎所有的艺术领域。现代艺术派的许多流派甚至就是以科学方法和科学知识的运用为区别于传统艺术的特色的。如二次大战后出现的序列音乐，其中的达姆施塔派的新鲜之处，就是它在“全面的序列音乐”中采用了数学性很强的作曲操作方法。第三，科学方法对艺术的影响不是涓涓细流，而是形成了有冲击力的滚滚大潮。我国艺术界的现状就是如此。近年来，我国艺术界关于艺术研究方法科学化的呼声日趋高涨。在理论上，艺术家们提出了许多新见解，如“艺术概念的精确化和规范化”、“用系统论的典型论补充传统的典型研究”、“艺术系统是一种耗散结构”、“创作的信息系统和反馈系统”等等。这些见解，明眼人一看就知道是来自科学方法的影响。

在科学内部，自然科学方法向社会科学领域的渗透，更是大量的和经常的。它和社会科学方法向自然科学领域渗透的潮流汇合在一起，致使当代科学明显地形成了一体化的态势。自然科学方法向社会科学领域渗透的事实触目皆是，兹不赘述。

三、条件功能

认识是主体对客体的能动反映，认识主体具有反映客体的能力和客观

① 《马克思恩格斯全集》第12卷，人民出版社1971年版，第752页。

需要，这是认识之所以发生的根据。除此以外，认识还有其特定的条件，认识的根据决定了认识的性质、规律和发展趋势；认识的条件通过认识的根据起作用，并起着加速或延缓认识进程的作用。

认识的条件是个复杂的系统，它包括对认识主体和认识过程发生影响和作用的一切社会的和认识内部的因素。这些认识条件，绝大部分都与科学认识有直接或间接的关系。其中，由科学所直接提供的认识条件，主要有如下三种：

（一）变革思想观念

在认识过程中，人类逐渐形成了关于世界和科学等不同认识对象的根本看法。这些看法，都是思想观念性的，人们通常称之为世界观、自然观和科学观等等。人类的认识活动是理性的活动，它离不开思想观念的参与。思想观念充当着认识的框架、立场或方法论原则，对认识起着指导、限定或支配的作用。

人类的思想观念从来不是凝固不变的。是什么带来思想观念变化的呢？或许，这涉及许多的因素。但是不论涉及的因素有多少，科学的基础和背景是少不了的。这是因为，思想观念不是凭空产生的，而是人类对客体认识成果的概括和总结。在神话和日常认识的基础上形成的思想观念注定是易悖和多悖的。相反，以科学为基础的思想观念才有可能是正确的和卓有成效的。科学的成果及其发展，不但会冲击一切错误观念，而且也将修正和充实一切表现出局限性的思想观念。哥白尼的日心说宣告了自然科学的解放，更是对中世纪盘根错节的宗教世界观的重创。生物进化论以物种进化的观念代替物种不变的观念，敲响了神学目的论的丧钟。它不仅为生物学奠定了科学基础，而且为认识人类社会的阶级斗争起到了启迪作用。因此，马克思把达尔文的《物种起源》这部著作，“当做历史上的阶级斗争的自然科学根据”①。爱因斯坦的相对论出人意外地提出了时空观念的新观点，为论证辩证唯物主义哲学的时空观、运动观，提供了自然科学的新论据。统计物理学以及耗散结构理论和协同学的新成就，突出了事物发展过程中的或然性、不确定性和

① 《马克思恩格斯全集》第30卷，人民出版社1971年版，第574—575页。

涨落趋势等，大大提高了概率论规律的地位，使人们的规律观经历了一场心理上的变革。正是基于这一类史实，人们才一次次地提起恩格斯的如下观点：随着自然科学领域中每一划时代的发现，唯物主义必然要改变自己的形式。诚然，史实也同样表明，在科学的重大发展面前，唯心主义哲学也不得不改变其形式。虽然，整个说来，唯心主义哲学对科学成果的利用是片面的和零散的，但是，它们确实在关注着科学的进展，确实从不同的角度，以各种不同的方式利用着科学成果。随着科学的发展，唯心主义的许多派别应运而生了。上述种种情况表明，科学变革思想观念是确定无疑的，只是，科学基础并非形成正确观念的充分条件；或者说，观念以科学为基础，有一个真假和程度的问题。要形成正确的观念，不仅要以科学为基础，而且还有一个如何正确地、全面地利用科学成果的问题。

（二）提供知识背景

认识是在一定的知识背景下进行的。知识背景，即认识主体所继承的前人遗留下的知识及其自身通过认识和实践活动所获得的知识总和。它在认识活动中起着十分重要的、不可缺少的作用。这是因为，从一定意义上说，认识的任务就是解决特定的问题。但是，如果在某一领域缺少起码的知识背景，那么，人们在该领域甚至连问题也难以提出来。至于决定问题是否重要，以及恰当选择解决问题的程序和方法，那就更谈不上了。因为任何问题都是有内容的，都与该领域内外的大量知识有着千丝万缕的关联。因此，可以说，知识背景是认识的基础或出发点，它在认识活动的每一个环节中起着制约甚至支配的重要作用。

那么，知识背景是怎么形成的呢？不能不说，在形成和提供知识背景方面，科学扮演着重要角色。这是因为，在人类知识的总和中，科学所提供的知识，即科学知识，占据有特殊的地位。首先，科学知识是可靠的、精确的和系统化的知识，人类其他一切知识不仅只有在和它不发生冲突的前提下才能存在下去，而且往往要以它为基础或受到它各种形式的影响。例如常识是直观和分散化的知识，它随时要接受科学知识的纠正、深化或系统化。艺术知识不仅其构成中往往包含有一定的科学知识成分，而且它要依靠科学知识所提供的概念和范畴进行表达和传播。而哲学知识则是科学知识的概括和总结，等等。其次，在人类知识的总和中，科学知识在数量上占有较大比例。如果说，在人类社会的早期，科学知识在人类知识总和中的比例还很小的话，那么，随着科学社会化和社会科学化的实现，以及科学本身的加速度发展和增长，科学知识的比例将会日益提高，并成为人类知识总和中的主要成分。

（三）输送科学精神

追求真理是要有一点精神的，哥白尼、布鲁诺、伽利略以及无数共产主义先驱为真理奋斗终生的事迹有力地表明了这一点。由于科学活动是最典型的追求真理活动，因此，科学家在科学活动中所形成和表现出来的精神气质，即科学精神，完全有资格成为一般认识活动所需精神气质的典范。正是在这种意义上，我们说，科学可以为认识输送科学精神。

爱因斯坦曾指出，所谓科学精神，其实是一种对真理热烈追求的宗教式精神。他说："促使人们去做这种工作的精神状态是同信仰宗教的人或谈恋爱的人的精神状态相类似的；他们每天的努力并非来自深思熟虑的意向或计划，而是直接来自激情。"[①] 著名英国社会学家罗伯特·K. 默顿提出，科学精神气质有四个成分：普遍性（即公众性）、社团性、不谋私利以及有组织的怀疑。[②] 还可以举出其他一些观点。其实，科学精神原本是一个由众多因素组成的集合体，从不同的角度可以看到它不同的面貌。因此，关于它有不同的观点，这是很正常的。关键在于，科学精神的实质和核心是什么呢？众所周知，科学精神之所以从其他种类的精神中独立出来，完全是由科学活动的特殊性决定的。科学活动有许多环节，其中，最基本的，是发现问题和解决问题两个环节。对于发现问题而言，重要的是具有批判的精神。只有对已有理论持一种批判、审查的精神，才有可能发现问题，对于解决问题而言，重要的是具有尊重事实的精神，只有面向经验事实、立足经验事实或者从经验事实出发，才有可能找到一切理论问题的解决方案，只知求助于经典、权威或权力，归根结底是无济于事的。为此，我们说，批判的精神和尊重事实

---

① ［美］爱因斯坦：《爱因斯坦文集》第一卷，许良英等译，商务印书馆 1977 年版，第 103 页。

② ［美］丹尼尔·贝尔：《后工业社会的来临》，高锋等译，商务印书馆 1984 年版，第 420 页。

的精神是科学精神的实质和核心，离开了这两条，科学精神的其他方面难以正常发挥，也不可能有任何真正的科学活动了。

事实上，科学精神向其他认识领域的渗透现象，从来没有停止过。随着科学的发展，尤其是在当代新技术革命潮流席卷全球的形势下，科学精神更加充分显示了它对人类认识精神的渗透和改造作用。譬如，今天在科学精神的感化下，忠于事实、脚踏实地、一丝不苟和严肃认真的求实精神普遍受到崇尚，而不崇拜权威、不忌讳错误、独立思考和不把伟人奉为神灵等观念，则已经深深潜入大众意识之中了。

以上考察说明，科学具有多方面的重要的认识功能。可是，长期以来，我们的认识论研究，只讲实践对认识的作用，即实践的认识功能，而对科学的认识功能以及其他各种认识形式对认识的功能，均相对有所忽视。这不能不是一件憾事。为了更加全面和深入地理解科学的认识功能，这里有必要对科学的认识功能与实践的认识功能的关系，略作说明。

首先，科学的认识功能从属于实践的认识功能。科学是认识的一部分，它也必定承受着实践的认识功能。就是说，实践对认识的作用，包括实践对科学的作用部分，而且后者还是其中比较重要的部分。因此，科学的认识功能和实践的认识功能，尽管同属于认识功能，但本质上是两个层次上的事情，前者较为直接，后者则较为根本。

其次，科学的认识功能是实践认识功能的必要补充。对于认识的发展说来，仅仅有实践的认识功能还是不够的。换言之，脱离开科学的认识功能，实践的认识功能是不能充分发挥出来的。例如，人们说实践是认识发展的动力，所持理由主要是，实践提出需要和课题、提供认识工具和手段、锻炼和提高主体的认识能力等等。不难看出，第一，实践为认识提供认识工具和手段，这大多是在科学发展的基础上才具有的一种功能。对于认识来说，实践的工具、手段功能和科学的工具、手段功能不能分割开，二者相辅相成，是互相补充的。第二，实践的需要对于认识的发展是很重要的，甚至说它是推动认识发展的根本动力，也不过分。不过，孤掌难鸣，仅仅有实践的需要，还不能对认识形成现实的推动力。若如此，还必须有认识发展的内在逻辑和认识发展的实际水平相配合。否则，就很难理解尽管人类对认识的需要无边无际，而认识发展的实践历程却是循序渐进的了。那么是什么影响和决定着认识发展的内在逻辑和实际水平呢？不能不说，科学的发展是一个较为直接和重要的因素。或者说，这里分明有科学的认识功能在里面。第三，实践可以锻炼和提高主体的认识能力，这是一点也不错的，只是，锻炼和提高主体的认识能力，并非只有实践这一条途径。和直接实践相比，间接实践，如学习科学知识，对于锻炼和提高认识主体的认识能力的意义也相当重大，并且，二者是相互补充的。这就是说，科学为认识提供知识背景等认识条件的功能，实际上是对实践所具有的锻炼和提高主体认识能力的功能的一个必不可少的和重要的补充，实践对认识的动力功能需要科学的认识功能作补充，同样，实践对认识的其他方面的功能也需要科学的认识功能作补充。一句话，科学的认识功能是实践的认识功能的必要补充。历史事实也完全表明了这一点。科学诞生以前，实践虽然同样对认识有作用，但由于缺少科学的认识功能的必要补充，因而人类的认识发展比较缓慢，实践的认识功能也相应地显得比较脆弱，只有在科学诞生以后，实践对认识的功能才真正如虎添翼、日趋强大起来。

第二十六章

“科技与社会”的微观视野

一、科学体制社会运行的理想图景

默顿科学社会学基于“结构—功能主义”的社会学立场，认为科学是社会结构中的一个特殊组成部分，即一种新兴的、蓬勃发展中的社会体制。该学派基于微观的角度，对作为一种社会体制的科学进行了全方位的研究，其重心是探讨在科学共同体内部科学体制的运行机制。在这方面，默顿学派多有创获。其中，最主要的是以下几点：

（一）科学具有一套历史形成的社会规范

科学关于扩展被证实了的知识的体制目标决定了科学家在科研活动中必须遵守一整套行为规则。这套行为规则是“约束科学家的有情感色彩的价值和规范的综合体”，其具体内容被默顿概括为普遍主义、公有性、无私利性和有组织的怀疑等规范。普遍主义强调彻底的客观精神，所针对的是企图以家庭、种族、信仰等个人的社会属性影响甚至支配科学成果评价和科学队伍准入资格的行径；公有性和无私利性强调科学是公共知识的积累，以追求真理为最高使命，针对的是专制国家以国家目标为借口压制科学界学术交流和研究自由的行径；有组织的怀疑强调独立的批判精神，针对的是非民主社会所惯用的愚民政策等。尽管默顿科学规范所设定的尽可能排除社会因素和主观随意性干扰的目标，颇有些理想化色彩，但大体说来，这套规范所体现的尊重事实、崇尚理性、追求真理的基本精神是正确的。

（二）科学具有自己特有的奖励制度

科学奖励制度的实质是科学共同体对科学家研究成果的“承认”。就是说，在科学界，对科学家的最高奖赏不是金钱、地位，而是同行对科学家首创性的承认，获得同行承认是激励科学家从事科学研究的力量源泉。默顿在《科学界的马太效应Ⅱ：累计优势与知识财产的象征意义》中。明确指出：“这一制度的结构和动力机制相当清楚。由于同行承认肯定是科学界外在奖励的基本形式，其他所有的外在奖励，例如与科学有关的活动获得的货币收入，在科学家等级制中的晋升以及获得更丰富的人力和物质的科研资本，都是从这一形式演变出来的。”同行评价较之媒体评价、政府评价和公众评价等社会评价具有基础性和绝对的至上性。同行承认的形式主要有：论文在高水平刊物上的发表、已发表论文被国际同行参考或引用、经同行严格评选获得高层次奖励或研究基金、应邀到国际高水平专业会议上宣读论文或应约在权威性杂志上撰写论文或评论，等等。尽管同行承认不可避免地会受到科学家的毕业学校、工作单位、师承关系、社会关系、性别和年龄等社会因素的影响，但从根本上起作用的依然是科学家所发表成果的质量。

（三）科学界具有高度的社会分层

和社会其他界别不同，科学界分层的标志既不是金钱的多少，也不是权力的大小，而是以科学家所获同行承认为基础的“威望”的高低。科学界“只有第一没有第二”和“数量绝对服从质量”等特殊的游戏规则，决定了荣誉分配在科学家中的不均衡性；马太效应则加剧了这种不均衡性，促成了科学界的优势和劣势积累现象。按照威望高低的不同，科学界的社会分层呈塔形，这与社会中往往中产阶级居多数，而富有者和贫穷者占少数的菱形结构形成了鲜明的对照。科学界的最上层是诺贝尔奖获得者甚至更高层次的精英科学家。他们在科学队伍中所占的比重极小，但科学贡献极其巨大。中层是一大批较优秀的科学家；下层是普通科学工作者，数目十分庞大，但所发表成果能见度低，因而对科学知识的创造几乎谈不上多少实质性贡献。所以，科学界基本上是一种精英统治，为数不多的科学精英们主导着科学研究、科学评价、科学奖惩以及学术交流，在很大程度上，他们的质量、数量和工作状态决定了一个国家或地区的科技实力。此外，科学界的社会分层还具有无层间冲突、无继承性等特点。

（四）科学具有特殊的学术交流方式

在各个学科或研究领域，除了专业学会、学术会议等正规的学术交流形式外，一些研究兴趣相近的比较活跃的优秀科学家之间，往往还自发地保持着一种密切的非正式的学术交流关系，如彼此传递研究动态、交流论文初稿、通讯讨论、视频对话、互相访问和以各种形式进行短期合作等等。相对于大学、研究所等研究实体而言，这些科学家所保持的这种非正式的学术交流关系，俨然构成了一种松散的“无形学院”。无形学院原本是英国科学家波义耳用来指称英国皇家学会这一强大有形学院产生之前的一小群自然哲学家的专用术语，后来逐步演变为泛指科学界各学科普遍存在的那些地域分散而认识互动却非常频繁的精英群体。无形学院产生于科学共同体内部，主要是科学共同体高层之间一种自发的高效率的学术交流形式。由于科学精英站在科学前沿、引领科学潮流，所以，无形学院这一科学交流方式在科学发展中的作用举足轻重。爱护并创造条件发展无形学院，保障精英科学家之间非正式学术交流渠道的畅通无阻是至关重要的。

在默顿学派看来，科学体制的上述特性不是孤立的，而是彼此间存在着千丝万缕的有机联系。这里，仅就科学界的社会规范、科学界的社会分层和科学奖励制度之间的联系略述如下：

第一，科学界的社会规范和科学奖励制度之间相互依赖。一方面，科学界的社会规范所倡导的普遍主义是科学奖励制度的灵魂。对于科学奖励制度而言，尽管完全达到普遍主义是很难的，但是要想使其卓有成效地健康运转，关键在于使其真正做到根据科学家科学成果的质量来分配荣誉，努力避免或减少科学家的各种社会属性或其他社会因素的影响。就是说，最大限度地趋近普遍主义。否则，科学奖励制度将难以起到它应起的作用。另一方面，科学奖励制度是科学界的社会规范得以实施和传承的保障。科学家为什么要遵守苛刻的科学界的社会规范？这既有赖于科学家的自律，也有赖于来自科学奖励制度的他律。科学奖励制度利用荣誉分配这一杠杆，对于遵守科学界社会规范的行为和违背科学界社会规范的越轨行为分别给予奖惩，最终达到推动科学家遵守科学界社会规范获取创新性成果的目的。科学界的社会规范和科学奖励制度之间的这种互动关系对于科学体制的运行是至关重要的，以至于默顿学派的重要成员斯托勒认为："社会规范结构与奖励结构之间互动这种基本思想，为理解作为一种社会制度的科学提供了一个坚实的基础。"①

第二，科学界的社会规范和科学界的社会分层之间相互依赖。一方面，科学界的社会分层是科学界的社会规范所集中体现的普遍主义精神的结果。一位科学家在科学共同体中的地位，决定性的因素是其科学贡献的质量，而与其性别、民族等社会属性基本没有关系。尽管科学界的社会分层不是完全普遍主义的，但与其他社会体制中的分层相比，当是普遍主义程度最高的。另一方面，科学界的社会规范的维系和传承要依赖于科学界的社会分层所形成的科学精英。在科学共同体中，位居顶层的精英科学家扮演着极富魅力的角色。正如默顿在谈到科学精英时所说："他们不仅自己获得了优异的成就，他们还有能力唤起其他人的优异品质。……这些科学巨匠不仅把他们的技术、方法、信息和理论传授给和他们一起工作的新手，更重要的是，他们把指导重要研究的规范和价值观传给了其同事，通常在晚年，或者是在去世后，这种个人的影响变得常规化，就像马克思·韦伯所描述过的其他人类活动领域的方式那样。超凡魅力在思想学派和研究团体中变得制度化了。"②

第三，科学奖励制度和科学界的社会分层之间相互依赖。一方面，科学奖励制度是科学界的社会分层的前提。在科学界，科学荣誉的分配是按照科学家的贡献大小进行分配的，而荣誉是影响科学家在科学界地位的关键因素之一。所以，荣誉的差异必定导致科学家地位的差异。按照默顿的研究，在科学界的荣誉分配中存在着马太效应。马太效应加剧了科学界所获荣誉和地位的两极分化，于是，最终形成并维系着科学界的塔式社会分层。另一方面，科学界的社会分层深刻影响着科学奖励制度。科学精英发挥着科学守门人的作用。科学奖励的实质是同行承认，而在同行承认中最重要的就是获得

---

① ［美］默顿：《科学社会学》，鲁旭东等译，商务印书馆 2003 年版，第 379 页。

② ［美］默顿：《科学社会学》，鲁旭东等译，商务印书馆 2003 年版，第 623—624 页。

科学权威的承认。科学权威与普通科学家对一项科学成果的承认的分量是大不相同的；同时，担任审稿人、成果鉴定专家、各种奖励和职称评审人等角色的往往是一定范围内的科学界权威。此外，科学界的社会分层影响着科学奖励的分布。马太效应表明，在科学界，荣誉越多的人越容易获得更多的荣誉；地位越高的人，其科学成果能见度越高，获得承认越快。这在一定程度上，加剧了科学奖励向少量精英人物集中的趋向。

总之，默顿学派从体制角度揭示出的科学所具有的以普遍主义为核心的社会规范、以同行承认为实质的奖励制度、以塔形结构而分布的社会分层和以精英科学家自发组成的无形学院为核心的学术交流系统等，是默顿学派所描绘的一幅关于科学体制运行机制的壮丽图景。这一图景的主要部分仅限于科学共同体小社会内部，未考虑科学体制外部的社会因素的影响。甚至在默顿学派看来，不仅科学知识的内容与社会因素绝缘，应当拒绝对之进行社会学分析，而且，为了保证“扩展被证实了的知识”的科学的体制性目标的实现，科学家在从事科学研究的全过程中，也应当最大限度地避免或排除社会和个人主观因素的污染。所以，该图景关于科学体制运行机制的描绘实质上是揭示了科学体制相对独立于社会的性质和发展规律，是对科学自主性的充分伸展；同时，由于它对社会因素的过度排斥，使得它不可避免地带上了相当的理想色彩。这一情形为它在与 SSK 和马克思主义发生关系时埋下了伏笔。

二、SSK 学者的尖锐批评

默顿学派所勾画的科学运行机制图景遭到了 SSK（科学知识社会学）学者全面而猛烈的批判。对于默顿的科学规范理论，SSK 学者认为，它是主观的、空想的，“科学的规范并未得到遵守，即使得到遵守，这些规范也不能解释科学中的成长和变迁”①；科学家在科学实践中绝非默顿意义上的“规范傀儡”，而是在不同社会因素所造成的“与境”中，因时因地、机会主义式地行动着。再如，对于作为默顿科学社会学核心内容的科学奖励制度，SSK

① ［美］杰里·加斯顿：《科学的社会运行》，顾昕等译，光明日报出版社 1988 年版，第 235 页。

学者认为“功绩概念和奖励概念一样，仅分析研究人员的行为是不足以说明问题的。这一概念仅解释了有限的现象，如在一项科学发现之后资源分配的拖延现象”①。为此，他们中有人主张用“可信性”代替“同行承认”。认为激励科学家从事研究的动力，不是为了获得同行的承认，而是要不断积累“可信性”。科学家通过自己的工作提高可信性，而可信性的提高会成为科学家改善工作条件的资本，并有利于进一步提高可信性，整个科研活动就是一种以可信性为核心的资本投入循环。SSK 学者以可信性取代默顿的同行承认意味着，在他们看来，对于科学家的科学贡献，仅仅同行承认是不够的，还应当包括社会各界的承认，例如决策者、投资者和实验室的辅助人员乃至社会公众等方面的承认。就是说，科学研究绝不仅仅是所谓科学共同体小圈子内的事，而是一种全社会广泛参与的“超科学场域”或“行动者网络”中的事。

很明显，SSK 学者不赞成默顿学派把社会因素对科学的作用仅仅局限于影响科学家对研究领域和研究课题的选择，仅仅局限于科学共同体这一小社会内部不同科学家之间的互动关系上。他们通过大量的不同形式的经验研究力图表明：(1) 包括科学知识在内的所有知识都是人的信念，而信念都是人们在一定社会情景中磋商的结果，因而是相对的、受社会因素支配的。社会因素是科学知识内容的有机组成部分，尽管它并不一定是唯一的构成部分。(2) 社会因素影响科学知识生产的全过程，从选题到观察和实验，再到提出理论，以至理论的选择与评价等。(3) 对科学发挥作用的社会因素绝不仅限于科学共同体内部的小社会，而是包括广泛的超科学领域。一句话，SSK 学者把科学对社会的依赖性夸大到了无以复加的地步。科学完全成为社会因素的附庸，成为任凭社会因素摆布的玩偶，科学自主性被彻底消解掉了。

但是，SSK 学者对默顿所勾画的科学运行机制的图景的批判走过了头。

首先，SSK 学者过分强调了社会变量的作用。SSK 学者极力渲染社会变量在科学知识产生过程中的作用，以致给人造成这样一种印象：社会变量

① ［法］布鲁诺·拉图尔等：《实验室生活：科学事实的建构过程》，张伯霖等译，东方出版社 2004 年版，第 181 页。

无处不在、法力无边。然而，无情的事实是：SSK 学者并没有成功地在科学认识的内容中辨别出独立的社会变量；没有成功地证明科学知识的何种内容是由何种社会变量决定的；没有对自然界在科学知识建构中的作用予以认真的辨认；没有对称性地、恰当表明自然界的作用和社会因素的作用在科学认识过程中所分别扮演的角色；没有成功地解决如何解释同样由社会因素随机建构的科学知识和科学实践的多样性问题；没有真正解决从根本上威胁 SSK 理论合法性的自反性难题，等等。因此，从根本上说，SSK 学者在诸如社会建构自然、社会建构科学理论和社会建构科学事实等命题中对社会因素作用的渲染，未免有些过头了。

其次，SSK 学者过分否定了科学理性。SSK 学者一笔抹杀默顿所勾画的科学体制运行机制的图景，未免有些武断。科学作为人类的一种理性活动，一种社会体制，它的运行必定是有一定规则的。这些规则代表着科学的本质和特点，制约着科学体制的存在和发展。任何社会因素的作用都只能改变这些规则作用的方式或面貌，而不可能从根本上取消它们；相反，这些规则对社会因素作用于科学知识的方式和力度却有着不可忽视的制约作用。或许默顿所勾画的科学运行机制的图景并不能全面、准确地刻画科学运行的实际规则，但是可以肯定地说，它的基本精神没有错。例如，就主要适用于基础研究领域的默顿科学规范而言，（1）普遍主义要求科学家在科学评价时，不考虑发现者的个人属性而将科学知识符合观察事实且与已被证实了的知识相一致作为评价的唯一标准。事实上，在科学评价的实践中要完全做到不受发现者个人属性的影响是很难的。此外，科学知识与观察事实相符合，也会由于观察事实渗透理论和受社会因素的影响，而成为一个充满随机性和复杂性的过程。但是，普遍主义所主张的科学知识应当具有客观性和逻辑融贯性的评价标准，方向上没有错。（2）公有性要求科学家认识到科学发现是社会协作的产物，不属于任何个人，一旦作出，就应当发表，无保留地进入交流过程，自觉地将其置于科学共同体的随时检验和严格监督之中。事实上，如果出于维护科学研究的正常秩序或者人类的生命与安全等根本利益的考虑，对科学发现作短暂保密是无可非议的。不过从根本上说，科学发现及时进入交流过程，是科学健康发展的内在要求，从原则上要求科学家尽可能快地公开科学发现没有错。（3）无私利性要求科学家将发展科学知识置于一切个人利益之上。实际上，有许多的利益是正当的、必要的，要求科学家远离或戒除一切利益不现实也不必要。但是，要求科学家原则上把追求真理放在第一位，在科学家中间提倡一种无私的奉献精神没有错。(4) 有组织的怀疑要求科学家对于包括自己在内的一切人的科学成果都不可轻信，均持一种高度批判性的怀疑态度，并且，应使这种怀疑批判态度贯穿于科学活动的每一个环节，努力使之体制化。事实上，由于社会因素的影响，在实践中彻底实现上述要求是很难的。但是，怀疑批判态度有利于去伪存真，促进科学知识的不断进步，因而是应予提倡的。

再如，在科学体制运行的动力问题上，默顿学派突出了同行承认作为鼓励科学家从事科学活动动力的重大作用，是其突出贡献。但在科学实践中，同行承认及其正面作用的实现决非易事。首先，独创性的本意就是与传统或主流观点相左，因此，愈是带根本性的独创性，遭到同行反对与压制的可能性就愈大。其次，在不同学科的交叉地带最容易实现突破，通过学科交叉而实现整体上的跨越是科学发展的基本规律之一。而学界权威尤其是那些退出科学前沿的学界权威，由于对本学科情有独钟或囿于成见，往往对交叉性选题或成果不能作出客观的评价。第三，科学家也是血肉之躯、“社会人”，因此要求同行科学家在进行科学评价时完全遵循客观标准和逻辑标准而对“个人主义”“一尘不染”，是不现实的。同行评价最终“普遍主义”到什么程度，肯定会受到社会因素的影响。第四，同行评价过程中对被评价成果发生有意拖延、不正当利用甚或剽窃等个别越轨行为也是很有可能发生的。第五，任何科学成果都会不同程度地遭遇政府评价、公众评价、利益集团评价等社会评价，而社会评价并不一定以同行评价为基础，相反，却可能会对同行评价产生干扰。上述种种情况都会使同行评价偏离预定的轨道。不过，应当认识到：第一，同行评价是科学体制正常运行的内在要求。以探索自然为目标的科学体制对科学家提出了创新性要求，因此，每位具有一定角色意识的科学家都把对于自己的研究成果获得同行承认看得高于一切。第二，同行评价是科学知识专业化以及专业化程度呈日益提高趋势的内在要求。学科分化历来是科学发展的基本形式之一，因此，随着学科的越分越细，对科学成果的严肃评价，只能采取同行评价的方式进行。把科学评价的权利交给媒体、大众或政府，不仅于事无补，而且贻害无穷。第三，同行评价是科学体制民主化的内在要求。在科学上不能搞少数服从多数，但是，认真倾听同行专家各种各样的意见，甚至在一定范围内开展争鸣，是必要的、有益的。同行评价实质上就体现了科学体制的这种特殊的民主化。事实证明，同行评价对科学研究具有多方面的积极作用。例如，它促使作者在发表前尽可能提高研究成果的质量；促使作者在与审稿人的互动过程中不断修改和完善研究成果；促使作者在审稿人的帮助下与其他作者建立联系，扩大交流，以及避免无意中的重复研究；等等。通过建立专家库，采取多轮评审、匿名评审和实名评审相结合、通讯评审和学科评审组评审相结合、高水平专家评审和高水平专业研究会评审相结合等方式，以及实行评审意见的反馈制度、被评审人的答辩和申诉制度、评审人的回避制度、评审人和评审机构的信誉档案制度等，再辅以严格的监督机制和有力度的奖惩制度等，同行评价完全可以做到把难免发生的种种不公正和越轨现象，压缩到最低限度。一切真正的科学发现迟早会获得同行的普遍承认；从主流和长远上看，科学评价中的普遍主义必定会压倒和战胜个人主义；同样，社会评价不论失真的成分有多大，最终它还是要回到以同行评议为基础的格局中的。

诚然，对于默顿所勾画的科学运行机制的图景，我们应当承认它是有相当缺陷的。其中最突出的一点就是，默顿科学社会学奠定在具有浓厚实证主义色彩的科学观基础之上，因此，它具有大量实证主义性质的理论前提，如：观察事实是中性的、经验可以完全证实理论、科学知识积累式发展，等等。这些观点经过多年来科学哲学界的批判性省察，已公认是简单化和脱离实际的。这一点决定了默顿所勾画的科学运行机制的图景具有浓厚的理想主义色彩以及远离生动活泼的科学实践的缺陷等。正是基于默顿所勾画的科学运行机制的图景的种种缺陷，SSK 学者对它的批判具有一定的合理性：(1) 充分反映了大科学时代科学与社会关系空前密切的现实状况，从科学知识生产的目的、过程和结果等多侧面、全方位地揭示了一切可能存在的科学对社会的依赖性。(2) 摈弃了那种把社会因素一无例外地视为干扰科学认识进程的消极因素的传统观念，充分肯定了社会因素对科学认识过程乃至科学知识内容产生上的必要性和一切可能存在的建设性作用。(3) 突出了科学家的主体地位和科学活动的社会与境性，充分肯定了科学认识主体的能动性。通过对科学实践过程地方性、随机性和偶然性的强调，为科学家的随机应变以及创造性和想象力的自由发挥预留了广阔的空间等等。

三、与马克思主义科学观的互补性

默顿学派所描绘的科学运行机制的图景强调的是科学的自主性，这与马克思主义的科学观对科学社会性的强调，形成了鲜明的对照。

马克思主义基于其历史唯物主义立场认为，从知识形态上说，科学是一种特殊的社会意识形式；从实践形式上说，科学为技术提供基础，技术是直接的生产力，科学是间接生产力，在现代社会科学技术整体上则表现为第一生产力。在社会意识形式意义上，马克思主义主要关心的是科学与社会存在以及科学与其他社会意识之间的互动关系；在生产力的意义上，马克思主义主要关心的是科学所具有的生产力属性的表现、科学如何转化为直接生产力及其在社会发展中的关键性作用。简言之，不论强调科学是一种社会意识形式，还是强调科学是生产力，马克思主义科学观的要义乃是：科学依赖并服务于物质生产，物质生产是科学发展的根本动力。

显然，默顿科学社会学的科学观和马克思主义的科学观分别关注和强调了科学的不同侧面。马克思主义主张物质生产是科学发展的根本动力，旨在强调科学不仅扎根和依托于社会的经济和政治，而且，还应当服务于社会的经济和政治，充分强调了科学的工具性；而默顿学派强调科学的自主性，并非意味着主张科学可以脱离社会、不需要社会的依托。默顿在《十七世纪英格兰的科学、技术与社会》中所提出的两个所谓“默顿命题”，明确主张清教伦理和经济、军事、技术等社会因素通过影响科学家的关注焦点或课题选择而影响科学发展的方向和科学进步的速度。只不过默顿仅仅在“影响”或一般“动力”而非“根本动力”的意义上估价社会因素对科学发展的作用，并且一再声明，两个命题的适用范围仅限于 17 世纪英格兰的科学、技术而已。就默顿科学社会学思想的整体而言，它的重心乃是强调科学的自主性。他认为，就科学知识发展的路径和方法、科学知识的评价和奖励，以及科学知识的交流和传播等，乃是科学界内部的事情，或一定要在科学共同体作出独立判断的基础上去进行，不能逾越，不能乱加干涉，更不能包办。二者都是旨在维护科学的存在和发展，以期更好地服务于社会，根本立场是一致的。另外，必须清醒地认识到，所谓物质生产是科学发展的根本动力，主要是在归根结底的意义上讲的。这丝毫不排斥物质生产因素起作用的条件性，以及物质生产与其他社会因素相互作用并共同对科学发展起作用；也不排斥在一定条件下，其他社会因素有可能起直接的主要作用。另外，不论何种因素，都必须通过科学内部的逻辑发展需求和科学制度的自主性因素才能对科学发生作用。任何漠视乃至践踏科学自主性的观点和做法都是错误的、有害的。在洞察和把握科学的自主性方面，默顿科学社会学无疑贡献了极其丰富的思想资源。

诚然，马克思主义对科学的自主性并非习焉不察。相反，基于马克思主义立场依然可以明确认识到：“自然科学作为一种认识活动，还有它自己的历史发展，有它内部的矛盾运动和继承积累关系，以及内部各部门之间相互影响的过程。”① 不过，基于马克思主义立场所看到的科学自主性与默顿学派所揭示的科学自主性是有原则区别的。这种区别最突出地表现在二者所关注科学自主性的侧重点不同。基于马克思主义立场所看到的科学自主性聚焦于科学认识的发展，而且充分体现了唯物辩证法的精神。恩格斯指出：“当我们深思熟虑地考察自然界或人类历史或我们自己的精神活动的时候，首先呈现在我们眼前的是一幅由种种联系和相互作用无穷无尽地交织起来的画面，其中没有任何东西是不动的和不变的，而是一切都在运动、变化、生成和消逝。”② 就是说，在马克思主义经典作家看来，自然科学发展和它所反映的自然界一样，也是充满辩证性质的。具体说来，这种充满辩证性质的科学认识发展的自主性主要表现在以下几个方面：

首先，自然科学发展的形式是假说。新的理论通常并非一下子产生出来的，而是一开始仅仅以有限事实为基础的假说。进一步的经验事实会增加假说中的科学内容，减少错误成分，直至建立起正确反映客观规律的理论。这样，假说就成为科学理论的预制品，成为自然科学发展的形式。

其次，自然科学发展内在的根本动力是理论和事实的矛盾运动。是什么力量推动着科学假说向科学理论过渡呢？是新事实的发现。恩格斯说得

① 龚育之：《关于自然科学发展规律的几个问题》，上海人民出版社1978年版，第63页。
② 《马克思恩格斯选集》第3卷，人民出版社1995年版，第359页。

好:“一个新的事实一旦被观察到，对同一类的事实的以往的说明方式便不能再用了。从这一刻起，需要使用新的说明方式——最初仅仅以有限数量的事实和观察为基础。进一步的观察材料会使这些假说纯化，排除一些、修整一些，直到最后以纯粹的形态形成定律。”① 事实是科学假说向科学理论过渡的基础，也是科学理论假说性质不断得以缩小的基础。所以科学假说和科学理论这样的理论形态的东西和事实的矛盾运动，是推动自然科学得以发展的内在的根本动力。

第三，自然科学发展的实质是物质运动形式。运动是物质的存在方式，而运动又包含由单纯的位置移动起直到思维的一系列形式，所以，直接面对自然物质的自然科学，实际上是以物质的运动形式为研究对象的。不同的自然科学门类研究不同的物质运动形式或一系列互相关联和互相转化的运动形式，因而，科学分类就是这些运动形式本身依据其内部所固有的次序的分类和排列。着眼于自然科学的发展，则可以看到，科学产生的顺序是由研究较低级、简单的运动形式的科学，向研究较高级、复杂的运动形式的科学的顺序发展。这也就是恩格斯所说的:“在自然科学的历史发展中，最先产生的是关于简单的位置变动的理论，即天体和地上的物体的力学，随后是关于分子运动的理论，即物理学，紧接着，几乎同时而且在有些方面还先于物理学而产生的，是关于原子运动的科学，即化学。只有这些关于支配着无生命的自然界的运动形式的不同知识部门达到了高度的发展以后，才能成功地阐明各种现实生命过程的运动进程。”② 科学产生的顺序是由研究较低级、简单的运动形式的科学，向研究较高级、复杂的运动形式的科学的顺序发展，同样，科学的进一步发展也是如此。而且，由于物质及其运动形式的不可穷尽性，科学发展永无止境。为此恩格斯说:“在科学的长期的历史发展中，而科学认识的较低级阶段向越来越高的阶段上升，但是永远不能通过所谓绝对真理的发现而达到这样一点，在这一点上它再也不能前进一步，除了袖手一旁惊愕地望着这个已经获得的绝对真理，就再也无事可做了。在哲学认识的领域是如此，在任何其他的认识领域以及在实践行动的领域也是如此。”③

① 《马克思恩格斯选集》第 4 卷，人民出版社 1995 年版，第 336—337 页。
② 《马克思恩格斯选集》第 4 卷，人民出版社 1995 年版，第 346 页。
③ 《马克思恩格斯选集》第 3 卷，人民出版社 1995 年版，第 217 页。

第四，自然科学发展的速度具有加速性质。恩格斯是科学认识发展加速律的最初倡导者。[①] 他把这一规律表述得十分明白，他说，近代科学诞生以后，“……科学的发展从此便大踏步地前进，而且很有力量，其发展势头可以说同其出发点起的距离（时间距离）的平方成正比”[②]。尽管恩格斯对这一规律并未给予必要的论证，但它的基本精神是正确的。后来，经过科学学家普莱斯的定量研究，该规律得以初步确立，并获得了较为精致的形式。恩格斯所表述的这一规律使科学认识的永恒发展和不停顿的运动的性质得到了十分真切、生动的刻画。

马克思主义经典作家所主张的科学自主性的观点远不止这些，但上述几项已足见一斑了。

默顿学派也看到了体现为科学认识活动发展逻辑的自主性。例如，默顿曾专文分析过基础研究和应用研究的区别和联系，并认为“对科学来说，自主性的核心体现在科学家对基础研究的追求方面”[③]，但它所揭示的科学自主性聚焦于科学体制。其含义是避免和防止人为和社会因素的干扰和控制，让科学按照自己的行为规范、自己的学术奖励制度和学术交流制度运行。这一点对于科学正常而健康地存在和发展，是至关重要的。

此外，马克思主义和默顿学派就科学自主性分量的认识也有所不同。基于马克思主义立场所看到的科学自主性是十分矜持的：“当然，自然科学发展对于生产发展的独立性只具有相对的意义。首先要强调自然科学对于生产的依赖关系，强调生产是自然科学发展的基础和根本动力，它决定着自然科学发展的趋势、方向、速度和规模，即决定着自然科学发展的总进程。然后才能在这个为生产所决定的总进程范围内来观察自然科学的独立发展。”[④]就是说，表现为科学内在矛盾运动的科学自主性相对于物质生产，只具有从属性；默顿学派所揭示的科学自主性是科学的精神特质或本质。科学体制一旦形成，它的这种自主性对于科学就具有生命般的意义。尽管科学体制也离不开物质生产、归根到底也要以物质生产为基础，但就其对于科学体制的存

① 马来平：《科学认识发展的加速律》，《山东社会科学》1989年第5期。

② 《马克思恩格斯选集》第4卷，人民出版社1995年版，第346—263页。

③ ［美］默顿：《社会研究与社会政策》，林聚任等译，三联书店2001年版，第249页。

④ 龚育之：《关于自然科学发展规律的几个问题》，上海人民出版社1978年版，第63页。

在和发展所起的作用而言，表现为独具特色的科学规范、科学奖励制度和科学交流制度等方面的自主性，相对于物质生产并不具有从属性质，二者起码是一种并重与互补的关系。

不难看出，在强调科学自主性的侧重点上，默顿科学社会学和马克思主义科学观存在一定的互补性。前者强调科学认识发展方面的科学自主性，后者强调科学体制方面的自主性。两种自主性都是科学自主性的有机组成部分，而且从不同的侧面彰显着科学的理性精神，二者彼此映衬，相得益彰。

科学存在高度自主性的事实告诉我们，任何国家和地区要加速发展科学，在为实现国家目标适度实行科学计划，以及注重资金、物质和人力的投入的同时，必须从体制、政策乃至文化等方面确保高度尊重科学的自主性。科学的自主性是科学发展规律最重要、最突出的表现。例如，默顿学派所揭示的普遍主义、质量至上、精英统治和无形学院交流等即是从体制角度看最为典型的科学发展规律。科学自主性是科学赖以生存和发展的根本，漠视乃至践踏科学的自主性无异于扼杀科学。对于科学的自主性，只能因势利导、合理利用，不能弃置不顾甚至恣意践踏。为此，默顿特别强调指出："科学的重大的和持续不断的发展，只能发生在一定类型的社会里，该社会为这种发展提供出文化和物质两方面的条件。"①

总起来看，默顿学派较全面地揭示了科学作为一种社会体制所表现出来的科学自主性。在默顿学派看来，这种科学的自主性是高度理性主义的。默顿学派的工作对于马克思主义关于科学作为一种社会性的认识活动所表现出来的科学自主性的观点是一种有益的补充；同时，它对现实中某些马克思主义者过分强调科学对于政治和经济依赖性的工具主义是一种矫正。它警示人们，在尊重科学作为一种社会性的认识活动所表现出来的自主性的同时，也应当高度尊重科学体制所固有的科学自主性。SSK 对默顿学派科学自主性思想的批判过了头，但毕竟击中了默顿学派的要害。SSK 的工作大大拓宽了人们对科学社会性的认识。科学的自主性和科学的社会性是互相依赖、互为前提的，过分强调或忽视任何一方都是一种不可容忍的武断。

---

① ［美］默顿：《十七世纪英格兰的科学、技术与社会》，范岱年等译，商务印书馆 2000 年版，第 14—15 页。

第二十七章

科学的社会性、自主性及二者的契合

大致说来，科学具有两种基本属性：一是科学的社会性，二是科学的自主性。前者是指：科学的发展离不开社会条件的支撑和社会因素的制约，而且社会因素影响科学知识的构成和生产过程；后者是指，科学自身是一个由众多因素组成的独立系统，它有自己特殊的行为规范、奖励制度、组织结构和运行机制，它深刻地影响着社会的发展和变化，却不受社会的制约和控制。具体说来，科学的自主性是指：其一，科学自在。即，科学固有一定本性、一定自我发展的能力、一定运行的规则、一定知识内在发展逻辑和发展趋向等。其二，科学自由。即，科学家享有研究什么和怎样研究的自由。

科学社会学的创始人默顿明确地把科学社会学的研究对象定位为科学与社会的互动关系："最广义地讲，科学社会学研究的内容是科学——作为一项带来了文化和文明成果而正在进行的社会活动——与其周围的社会结构之间动态的相互依赖关系。正如那些认真地致力于科学社会学研究的人士所被迫认识到的，科学与社会的相互关系正是科学社会学所要探究的对象。"①与此同时，科学社会学家们认为，科学的社会性和科学的自主性是密不可分的。既没有纯粹的科学的社会性，也没有纯粹的科学自主性，科学的社会性是以科学的自主性为前提的，反过来，科学自主性是科学和社会互动中的自主性。所以，在以科学的社会性为研究主线的同时，科学社会学家就科学的

① ［美］默顿：《社会理论和社会结构》，唐少杰等译，凤凰出版传媒集团2006年版，第793页。

自主性以及科学的社会性与科学自主性的契合问题也发表了大量真知灼见。

应该说，20 世纪的科学社会学，在关于科学的社会性、科学的自主性以及二者契合的认识方面，为世人贡献了一笔宝贵的精神财富。客观分析和有选择地继承这笔精神财富，不论是对于科技哲学的学科建设，还是对于提高大众现代科学意识，为科技政策的制订提供更扎实的理论基础等，都具有重要的意义。

一、科学的社会性

默顿学派率先把科学体制作为独立研究对象，发掘了对科学的体制性认识。默顿学派对科学体制的研究主要是对科学的社会性、科学的自主性以及二者关系的研究。其中，默顿学派关于科学的社会性所做的研究主要有以下几个方面：

（一）关于宏观社会因素与科学的关系

在《十七世纪英格兰的科学、技术与社会》中，默顿探讨了宏观社会因素作用于科学的方式，取得的成果主要有二：

一是在文化（其中主要是清教伦理）与科学的关系方面，默顿通过经验研究证明了 17 世纪清教伦理由于与科学的精神气质或价值观念体系相契合，起到了促进近代科学体制化实现的作用，从而既凸显了科学与宗教之间的内在统一性，又对科学发展的经济决定论有所矫正。

二是在经济、军事、技术与科学的关系方面，默顿通过经验研究探究了经济、军事和技术等宏观社会因素对科学发展施加作用的性质、范围和限度，从而对马克思和恩格斯关于科学与社会的观点有所深化。

（二）关于科学内部微观社会因素和科学的关系

科学内部的微观社会因素，主要是指科学的社会规范、科学的奖励制度、科学界的社会分层、科学交流制度和科学评价系统等。这些因素相对于科学知识和科学家个体是社会因素，它们与科学知识的发展之间有互动。在默顿看来，表现在科学体制内部的社会性，即是科学家和科学共同体之间的互动，以及科学知识进步和科学的社会结构之间的互动。如，科学的社会规范通过清除科学活动各个环节上个人的主观因素和社会因素对科学的侵蚀，而对知识的增长有促进作用；科学奖励制度通过为科学家提供从事科学活动的动力，而对知识的进步有促进作用；科学界的社会分层通过建立和维护以精英为核心的科学界秩序，而对保障科学的健康运行和知识的进步有促进作用，等等。

综合以上两点，科学是社会性的，它处于其他社会体制所提供的宏观社会因素的环境之中，与宏观社会因素有互动关系；同时，它自身也是一个特殊社会，存在着科学体制内部的微观社会因素与科学之间的互动。宏观社会因素主要是通过为科学发展提供需求（即动力）和条件影响科学的发展；微观社会因素则通过为科学活动提供各方面的游戏规则、构筑科学活动的秩序影响科学的发展。宏观社会因素和微观社会因素的划分说明了，社会因素对科学发展的影响无处不在、无时不有，只不过对于具体的某项科学研究来说，社会因素的影响有大小、缓急、直接与间接的区别而已。

（三）提出了一系列重要观点

1. 强调科学的发展需要匹配特定的社会环境。默顿认为，科学的社会性最突出、最集中地表现于它需要匹配特定的社会环境。关于这一点，他曾多次予以阐明。例如，他说："科学的持续发展只能发生在具有特定秩序的社会里，这种社会秩序服从一系列复杂的潜在前提和制度约束"①；"科学的重大和持续发展只能出现在一定类型的社会之中，该社会为这种发展提供了文化和物质两方面的条件。这一点在近代科学发展的早期，在它被确立为一种具有自己非常明显的价值的主要制度之前，表现得尤为突出"②；"与科学的精神特质相吻合的民主秩序为科学的发展提供了机会。"③

上述论断表明，默顿异常强调科学发展对社会环境的特殊要求。默顿在这方面的基本观点有三：其一，科学的发展与社会环境的匹配不可或缺；其二，在近代科学早期，科学不够成熟的时期，科学对特定社会环境的依赖

① ［美］默顿：《社会理论和社会结构》，唐少杰等译，凤凰出版传媒集团 2006 年版，第 800 页。
② ［美］默顿：《科学社会学》，鲁旭东等译，商务印书馆 2003 年版，第 249—250 页。
③ ［美］默顿：《科学社会学》，鲁旭东等译，商务印书馆 2003 年版，第 364 页。

表现得更加突出；其三，与科学发展相匹配的社会环境，一定要具有民主精神气质。其中，第三点不仅对科学发展最重要，也是默顿在《科学的规范结构》、《科学与社会秩序》等文中反复强调、最为看重的观点。为什么民主精神气质对于科学发展至关重要？说到底是因为具有民主精神气质的社会尊重个人的权利和自由，鼓励人们独立思考和大胆怀疑，有利于贯彻和实施科学的普遍主义精神气质。

2. 揭示了反科学的社会根源。默顿认为，形形色色的反科学运动和反科学思潮得以产生的最重要的社会根源，乃是某些国家和地区的社会制度的精神气质与科学的精神气质相对立。为此，他说："在一定程度上，反科学运动来自于科学的精神特质（即气质）与其他社会制度的精神特质之间的冲突。"① 默顿举例说，种族主义与普遍主义、公有性与资本主义经济中把技术当作"私人财产"的概念就是水火不相容的。

默顿进一步说："对科学的敌意可能至少产生于两类条件……第一类条件属于逻辑性的，尽管不一定是经验证实的结论，即认为科学的结构或方法不利于满足重要价值的需要。第二类条件主要包括非逻辑性的因素。它基于这样一种感觉，即包含在科学精神特质中的情感与存在于其他制度中的情感是不相容的。只有当这种感觉受到挑战时，它才会变得理性化。这两类条件都在不同程度上构成了现在对抗科学的基础。"② 显然，在他看来，科学所具有的精神气质是科学的灵魂，一切反科学的思潮和行为，不论其表现形式如何，都必定在反对、拒斥或压抑科学的精神气质上有所表现。

3. 提出了关于科学与社会关系研究的一些基本问题。默顿在为他的博士论文 1970 年版写的序言中曾开列了一份关于科学与社会关系研究课题的清单："从最一般的方面来说，我们仍然要面对此研究所提出的主要问题，即社会、文化与科学之间相互作用的模式是什么？在不同的历史环境中这些作用模式的性质和程度会发生变化吗？是什么促进了这种大规模的转移，即新人流向智力型学科——各门科学和人文学科，从而导致这些学科的发展发生了重大变化？在那些从事科学研究工作的人们当中，又是什么促进他们的

① ［美］默顿：《科学社会学》，鲁旭东等译，商务印书馆 2003 年版，第 360 页。
② ［美］默顿：《科学社会学》，鲁旭东等译，商务印书馆 2003 年版，第 345 页。

研究中心发生转移：从一门科学转向另一门，或在一门科学内从某一组问题转向另一组问题？在什么条件下，关注焦点的转移是有目的制定的政策计划中的结果，而在什么条件下，他们主要是科学家和控制着对科学资助的那些人的价值取向的非预期结果？当科学处在制度化过程中时，这些情况是怎样，而当科学完全制度化之后，其情况又是怎样？一旦科学业已发展出内部的组织形式之后，科学家之间的社会互动方式和频率怎样影响科学思想的发展？当一种文化强调社会效用是科学研究工作的一条基本的（且不说是唯一的）标准时，它如何以不同的方式影响科学发展的速率和方向?”①

默顿认为，上述课题至今仍有着普遍意义，其核心是社会、文化与科学之间相互作用的模式。具体包括：社会因素作用的性质和程度是变化的吗？人才流向各门学科的原因是什么？科学研究中心发生转移的原因是什么？其中，哪些是科技政策因素带来的？哪些是科学家和控制科学资助的那些人的价值取向的非预期结果？社会与科学的互动关系在科学体制化过程中与科学实现体制化之后，有什么不同？科学体制化之后的科学家之间的社会互动方式和频率怎样影响科学的发展？当一种文化过分强调科学的应用价值时，将会如何以不同的方式影响科学发展的速率和方向？默顿所提出的这些问题，尽管是直接针对17世纪英格兰科学、技术与社会关系的，但正如其所说，它们具有普遍意义，其中的许多问题对于科学与社会的研究都是十分基本和关键的。

总体来看，科学社会学的默顿学派在科学的社会性研究方面的主要贡献是：(1）首次提出并阐发了科学体制内部微观社会因素与科学知识进步的关系问题；(2）就宏观社会因素影响科学发展的机制问题进行了有一定开创性的研究，并对科学发展的经济决定论着力进行了矫正。主要缺陷是：(1）否认科学知识有任何的社会性，表现出明显的科学主义倾向，在这方面，SSK对默顿学派提出了严厉批评，并矫枉过正，发表了大量激进观点；(2）在科学与社会的互动关系上，侧重社会对科学的作用，基本未涉及或较少涉及科学对社会的影响，在这方面，恰好贝尔纳学派与之形成了互补；(3）关于宏观社会因素与科学关系的研究不足，这方面的研究主要集中在默顿早期

① ［美］默顿：《科学社会学》，鲁旭东等译，商务印书馆2003年版，第239—240页。

的博士论文中，以后有关研究用力不多。事实上，这方面的研究任务十分繁重。随着现代科学大规模的发展，在宏观社会因素和科学的关系上呈现出了许多新的特点。有许多新的问题有待科学社会学家去研究。例如，当代军事对科学的需要已不完全是在战争意义上了。在发达国家和部分发展中国家，武器生产已经发展成为庞大的军事工业生产。据新华社电，瑞典斯德哥尔摩国际和平研究所发表的报告显示，世界军火交易量在 2005 年至 2009 年间大幅增长，比 2000 年至 2004 年期间增加 22%。美国仍是世界上最大的军火供应商，其供应量占全球总供应量的 30%。紧随其后的是俄罗斯，占全球总供应量的 23%。然后是德国、法国和英国，这 5 国的军火供应量占全球总供应量的 76%。在相当程度上，这些国家武器生产的直接目的是军售和盈利，形成了“科研—武器生产—军售—再科研……”循环加速链条，而且军工生产转变为民用生产的机制也已健全。在这种情况下，如何看待军事与科学的关系？怎样估价军事在科学发展动力系统中的地位和作用等，都是亟待研究的重大问题。

二、科学的自主性

在科学与社会互动关系的研究中，默顿及其学派突出强调了科学自主性的重要性。甚至在一定意义上可以认为，默顿学派的科学社会学的中心线索之一就是阐发科学的自主性。

（一）科学体制所显现出来的科学自主性

默顿学派的研究纲领是科学界的社会规范，而默顿关于科学界社会规范研究的直接起因，则是 20 世纪初纳粹政权统治下的国家的社会规范企图代替和取消科学界的社会规范。默顿将纳粹政权的这种做法视为对科学自主性的严峻挑战。也正是基于此，默顿由科学界的社会规范研究入手，从科学体制角度充分揭示了科学的自主性。

科学固有一套以普遍主义为核心的社会规范，一种以“同行承认”为实质的奖励制度，一种以少量精英科学家为“顶”，大量普通科学家为“底”和“腰”的塔式社会分层体系，一种主要由精英科学家自发组成的无形学院的内部互动为核心的学术交流方式，一种以研究成果质量为基础的科学评价系统，等等。所有这些，从精神气质、发展动力、组织结构和运行机制等方面，共同构成科学这样一个自我支配、彼此独立、不受外部力量控制的完善系统。

上述这些既是科学体制内部最贴近科学共同体的微观社会环境，也是科学体制与宏观社会环境之间互动中所表现出来的科学体制运行的特点和规律，因而相对于宏观社会环境，是科学体制的自主性。

（二）科学自由所体现出来的科学自主性

默顿认为，科学家在基础研究领域应享有充分的自由，科学自由不仅是科学自主性的题中应有之义，更是重中之重。科学体制的微观社会环境一致服务于增进被证实了的知识这一体制性目标，对于科学家而言，增进被证实了的知识的研究活动即是通常所说的基础研究，基础研究是整个科学大厦的基石。因此，默顿明确提出："对科学来说，自主性的核心体现在科学家对基础研究的追求方面。"① 国家应当允许和保障科学家们有条件去研究他们认为重要的和有兴趣的问题。只有这样，才能充分鼓舞他们的干劲，激发他们的创造热情。任何为从事基础研究的科学家附加经济或政治上应用目标的做法都是不恰当的，也是有害的。为此，默顿强调说："显而易见，为什么许多科学家在评价科学工作时，除了着眼于它的应用目的外，更重视对扩大知识自身的价值。只有立足于这一点，科学制度才能有相当的自主性，科学家也才能自主地研究他们认为重要的东西，而不是受他人支配，相反，如果实际应用性成为重要性的唯一尺度，那么科学只会成为工业的或神学的或政治的女仆，其自由性就丧失了。"②

科学家在基础研究领域应享有的自由中最突出的就是选题自由。在谈到扶持具有潜在价值的基础研究的政策时，默顿特别强调了保障科学家选题自由的重要性。他说："它保证科学家对问题的选择有很大的自由度。这就使得科学家们更有可能完全从事自己的研究工作，而且通过自我选择，他们

---

① ［美］默顿：《社会研究与社会政策》，林聚任等译，三联书店 2001 年版，第 249 页。
② ［美］默顿：《社会研究与社会政策》，林聚任等译，三联书店 2001 年版，第 48 页。

会探讨那些他们最有条件研究的问题。自然选择过程自然不是无缺点的，它会出现使科学家陷入只关心研究问题的错误。但是总的来说，它倾向于唤起研究者的最深层的动机，发挥他们各自的技能与能力。”① 显然，科学家享有选题的自由不是一句空话，关键是国家应为科学家围绕所选课题较方便地获得必要的研究条件提供保障。

基于维护科学自由的立场，默顿反复告诫，一定要拒绝功利性对基础研究的侵蚀。他说：“科学不应该使自己变为神学、经济学或国家的婢女。这一情操的作用在于维护科学的自主性。……当纯科学的情操被排除后，科学就会受到其他制度机构的直接控制，而且它在社会中的地位也会变得日益不稳定，科学家不断地拒绝把功利规范应用于其研究工作，其主要作用就是可以防止这种危险，这一点在现代尤为明显。”② 当然，从默顿关于多重发现研究中强调科学的社会性和自主性相契合的观点看，他认为，科学家可以有应用目的，但这种应用目的不是刻意的，更不是外界强加的。由此可见，那种对基础研究和应用研究不加区分，或者对科学和技术不加区分，而一股脑儿地要求科学技术为生产服务或面向经济生产的观点，势必会对科学的自主性造成一定的损害。为什么不应当把应用目的强加给基础研究？这是因为所谓“基础研究”是相对于应用研究而言的，它其实是一种增进知识、发现真理，为人类知识大厦添砖加瓦的认识活动。说到底，它是人类存在的一部分，尤其是人类精神生活的一部分。它有自身独立存在的价值。它自身就是目的，而无须外在力量或应用研究赋予它什么目的。摆在基础研究面前第一位的是使新知识与客观事实相一致，与已有知识相融汇，至于新知识的应用方向、范围和条件等均在其次，也是一时难以确认的。如果在追求知识的过程中，过早地锁定其应用目的，势必会限制科学家的眼界，束缚科学家的手脚，延缓科学发展的进程。总之，默顿力挺科学的自主性，坚决反对使科学制度仅仅成为政治制度、经济制度和其他社会制度的附属物，或使实际应用性成为重要性的唯一尺度。

---

① ［美］默顿：《社会研究与社会政策》，林聚任等译，三联书店 2001 年版，第 250—251 页。

② ［美］默顿：《科学社会学》，鲁旭东等译，商务印书馆 2003 年版，第 352 页。

（三）两类科学自主性的关系

关于科学体制内部结构、运行机制所体现出来的科学自主性和基础研究领域中的科学家的自由所体现出来的科学自主性的关系，大致可以这样理解：前者主要针对科学体制，后者主要针对科学活动，二者共同构成科学自主性的有机统一体。如今随着科学的突飞猛进，两类科学自主性不断增强，它们对科学发展的制约作用也在不断增进。当然，“与科学的相对自主性的历史进程相伴而行的，是科学大规模的组织化带来的这样一种相关结果，即推进科学知识发展所需的资源对社会的依赖性大大增加了”①。

默顿还特别强调，社会对科学自主性的威胁往往突出地表现在科学界的社会规范与一般社会规范的冲突上。科学界的社会规范的形成是科学体制化的主要标志之一，其在科学运行的社会机制中居于核心地位。一定意义上，科学的奖励制度和社会分层都是科学界的社会规范所具有的普遍主义精神气质的贯彻和体现。或许正是这种至关重要性，使得社会对科学自主性的威胁突出地表现在科学界的社会规范与特定社会制度下所拥有的一般社会规范的冲突上。所以，默顿指出：“科学要求具有相当大程度的自主性，并已形成了一种制度化的保证科学家忠诚的体系。但是现在，科学在其传统上的自主性及其游戏规则即其精神特质方面，受到了外部权威的挑战。包含在科学的精神特质中的各种情操表现为学术诚实、正直、有组织的怀疑、无私利性、非个人性等，但它们却被这个国家的一组新的情操践踏了，这组情操会干扰科学研究领域。”②“因此，集权国家与科学家之间的冲突，在一定程度上是来自于科学伦理与新的政治准则之间的不一致，这种政治准则强加在一切之上，根本不考虑职业信义。”③

总的来看，默顿学派在科学自主性研究方面的主要贡献是：(1) 最先提出并阐发了科学界的社会规范，以及科学奖励制度和科学界的社会分层等科学运行的机制，有力地从科学体制角度揭示了科学的自主性。(2) 把科学家在基础研究领域享有充分的自由视为科学自主性的核心。(3) 研究了科学自

① ［美］默顿：《科学社会学》，鲁旭东等译，商务印书馆 2003 年版，第 349—350 页。

② ［美］默顿：《科学社会学》，鲁旭东等译，商务印书馆 2003 年版，第 484 页。

③ ［美］默顿：《科学社会学》，鲁旭东等译，商务印书馆 2003 年版，第 515 页。

主性得以实现的社会条件。主要缺陷则在于:(1) 对科学自主性尤其是应充分保障科学家在基础研究领域享有自由的根据，其阐述略欠充分。(2) 在科学自主性上的普遍主义诉求根源于实证主义，因此，它关于科学界的社会规范和科学运行机制的研究结论有一定的理想化和简单化，进而与生动活泼的科学实践有点相脱离。这一点已受到 SSK 的尖锐批评，但我们有必要作出自己独立的评判。(3) 对于从科学知识角度所表现出来的科学自主性未从理论上给予正面阐述。

三、科学的社会性和自主性的契合

科学的社会性和自主性是什么关系？二者在科学的发展中是怎样结合的？基于多重发现的普遍性，默顿选择多重发现作为研究场点，给出了自己的回答。

（一）多重发现具有普遍性

在前人研究的基础上，通过对大量科学史案例的研究，默顿发现，多重发现绝非个别，而是有极高的普遍性，甚或可以说所有单一发现都是占了先的多重发现。为此，默顿竟列举出以下 10 种相关证据:(1) 长期以来被看作是单一发现的那类情况，结果往往被证明是以前发表过的成就的重新发现。(2) 在包括社会科学在内的每一门科学中，许多已发表的报告都说某个科学家已不再继续某项趋于完成的探讨了，因为某部新的论著已经领先于他的假说和他所设计的对假说的探讨了。(3) 一些科学家虽然被别人占了先，但仍然继续报告他原来的、尽管已被别人领先的工作。(4) 未被记载的被人占先的多重发现数量可能远远超过了有公开记载的多重发现。(5) 有些似乎是单一发现的情况屡屡被证明是多重发现。(6) 被别人占先的多重发现模式，通常是口述传统而非成文传统的一部分，它的出现还有另一种形式即演讲。(7) 人们倾向于把潜在的多重发现改变为单一发现。(8) 抢先报告某项发现的竞赛证明了这个假设：如果一个科学家不迅速作出发现，别人就会完成这项发现。(9) 并非所有认识到自己卷入了某一潜在的多重发现之中的科学家，都准备对此坦率直言。(10) 科学共同体事实上确实假定，发现都是潜在的多重发现。如，早在17世纪，科学院和科学学会就已经把存放在它们那里的手稿密封起来并注明日期，以便对思想和优先权加以保护了。① 这些证据的要义是：单一发现往往最终被证明是多重发现；相反，多重发现往往遭受忽略、不被记载或被修改为单一发现；科学家陷入多重发现的情况屡屡发生；科学界争夺优先权和注重保护优先权的一些做法或规则表明科学界对多重发现的普遍性是有明确意识的。由此他得出结论说："……我现在想提出这样一个假说，即科学中的多重发现模式，既不是古怪的、奇怪的，也不是奇异的，大体上讲它是一种占主导地位的模式，而不是一种次要的模式。而单一发现，亦即科学史中仅作出过一次的发现，才是附属现象，需要特别解释。说得更严厉一些，这种假说认为，所有科学发现，包括那些表面上像是单一发现的发现在内，大体上都是多重发现。"②

既然所有的发现大体上都是多重发现，那么，如何解释这一现象呢？

（二）科学的社会性和自主性的契合

关于多重发现的解释，学界历来存在分歧。一种观点认为："一旦出现了对某一发现的社会需求，就会有许多人在同一时间作出同一发现。"③ 显然，依照这种观点，外部的社会需要是导致多重发现的原因。这种观点的困难在于：一是许多发现往往超前于社会需要，不是社会对科学发现提出了需要，而是科学发现刺激了社会需要；二是社会需要往往很多、很广泛，但真正能够通过科学发现得到满足的，毕竟是少数。简言之，外部的社会需要只是科学发现的必有条件，还不足以构成充分必要条件。另一种意见与此相反，认为只有科学内部的需要才是导致多重发现的原因。为什么呢？这是因为，为了证实或否证某一理论，由多人同时发现同一事实是完全可能的；同样，为了证实或否证某一较高层次的理论，由多人同时发现较低层次的同一理论也是完全可能的。而所有的发现，除却各学科最重大的、革命性的核心理论发现，要么是作为检验某一理论的事实，要么是作为检验某一较高层次理论的理论，因而科学内部的需要作为多重发现的原因是具有普适性的。这

① ［美］默顿：《科学社会学》，鲁旭东等译，商务印书馆2003年版，第491—502页。

② ［美］默顿：《科学社会学》，鲁旭东等译，商务印书馆2003年版，第491—502页。

③ ［英］伊·拉卡托斯：《科学研究纲领方法论》，兰征译，上海译文出版社1986年版，第159页。

种观点似乎形式上颇具逻辑必然性，但它彻底割断科学与社会的有机联系，视科学为世外桃源，因此，这种观点恐怕很难经得起各种场合下科学发现的事实检验。

令人欣慰的是，默顿对于多重发现现象的解释，既没有陷入外在论，也没有陷入内在论。他指出，多重发现的大量事件表明，“当人类文化的储备中积累了必要的知识和工具时，当相当多的研究者的注意力集中在因社会需要，因科学内部的发展或者因这两方面的需要而出现的问题时，科学发展实质上就成为不可避免的了”①。就是说，默顿从多重发现的普遍性读出的信息是：一切发现原则上都是多重发现这一事实表明，科学发现带有一定的必然性，这种必然性来自哪里？首先是科学内部积累了必要的知识和工具等因素的具备；同时还需要科学研究者们明确地意识到相应科学问题的存在。一句话，来自科学内部因素和外部条件的契合。在另一个地方，默顿说得更加明确。他说他本人非常赞同培根的观点，就科学发现的原因而言，“除了这三个组成部分（知识的渐进积累、科学工作者之间的互动以及研究程序有条不紊的应用）之外，他（指培根）还为他含蓄的关于发现的社会理论加上了第四个也是更著名的组成部分。所有创新，无论是社会创新还是科学创新，都是‘时代的产物’。‘时代是最伟大的创新者’。……一旦所需的前提条件得到满足，发现就会成为他们那个时代自然而然的产物，而不会完全偶然地出现”②。通过引述培根，默顿在这里强调了科学发现不仅包括科学内部因素的作用，而且还是时代的产物，即受到特定历史条件下社会因素的作用。也就是说，他明确主张：包括多重发现在内的所有科学发现，都是科学内部因素和社会因素相契合的结果。

此外，默顿还研究了天才在科学发展中所扮演的角色，指出了科学天才的社会学理论，以期通过对科学天才的社会学分析，表明科学发现是社会需要和科学内部需要的契合。

默顿认为天才科学家等价于一群普通科学家。他说：“按照这种扩展了的社会学构想，天才科学家就是这样一些人，他们的成果最终有可能成为别

---

① ［美］默顿：《科学社会学》，鲁旭东等译，商务印书馆 2003 年版，第 512 页。

② ［美］默顿：《科学社会学》，鲁旭东等译，商务印书馆 2003 年版，第 479 页。

人的重新发现。这些重新发现可能不是被某一个科学家作出的，而是被一批科学家作出的。按照这种观点，科学天才个人在功能上等价于一大批具有不同天资的科学家。”① 这说明天才科学家并非不可或缺，而是以一当十。伟大的科学家往往多次涉及多重发现，比如心理学家弗洛伊德和物理学家开尔文一生中都涉及了 30 多项多重发现，所以默顿说：“他们都是些多次涉及多重发现的科学家；他们不可否认的才干就在于他们能独立地创造这样一些成就，若是没有他们，这些成就肯定会由相当多的具有不同天分的其他科学家来实现，但我们有理由可以推测说，成就实现的速度会慢一些。因此，科学发现的社会学理论，没有必要坚持在科学的积累发展和科学天才的独特作用之间进行假选言推理。”②

天才科学家较之普通科学家往往更多地涉及多重发现的现象表明，对于科学发现，科学家天才的作用十分有限，起决定性作用的乃是科学内部需要和外部需要的契合。

默顿关于多重发现现象和天才理论的研究表明，科学发现具有某种必然性。这种必然性决无宿命论意味，而是有其客观原因的。对于某项具体的科学发现而言，这些客观原因，要么主要是社会需要，要么主要是科学内部的需要。而对于整体上的科学发展而言，由于科学存在于社会之中，须臾离不开社会的支撑，所以，只能是社会需要和科学内部需要的契合。换言之，科学的发展既不是完全自主的因而无须社会因素的参与，也不是完全社会性的因而全部由社会因素支配科学的发展，科学发展是社会因素和科学内部因素共同作用的结果。由于科学的社会性强调的是科学发展对社会因素的依赖，而科学的自主性强调的是科学发展对科学内部因素的依赖，所以，在一定意义上，当我们说科学发展是社会因素和科学内部因素共同作用的结果的时候，实际上即是指科学发展是科学的社会性和科学的自主性共同起作用的结果，即科学发展是科学的社会性和自主性的契合。

---

① ［美］默顿：《科学社会学》，鲁旭东等译，商务印书馆 2003 年版，第 505—506 页。
② ［美］默顿：《科学社会学》，鲁旭东等译，商务印书馆 2003 年版，第 509 页。

（三）几个有关的理论问题

应当说，默顿学派关于科学发展是科学的社会性和科学自主性相契合的观点完全正确，他从多重发现现象和科学天才理论等角度所作的论证也是十分有力的。但遗憾的是，默顿学派对科学发展是科学的社会性和科学自主性相契合观点的论述尚显单薄，对二者契合的根据和形式等问题不甚了了。这里，仅就有关问题略述如下：

1. 科学的社会性和科学自主性契合的根据。大致说来，科学的自主性最突出的表现有三：一是科学体制拥有一套特殊的社会规范、奖励制度和运行机制；二是已有科学知识固有一定的内在逻辑系统；三是科学主导和引领社会的发展。前两个方面说的是，科学可以自成系统，自足自立，摆脱对社会的依赖。默顿的研究表明，第一个方面一以贯之的基本精神是普遍主义，即以客观性和逻辑性为旨归。其实，第二个方面一以贯之的基本精神也是普遍主义，因为科学知识的逻辑秩序乃是科学知识内容的客观性和形式上逻辑性的统一。尽管 SSK 和整个后现代主义思潮对科学的普遍主义极尽攻击之能事，但他们的攻击只能说明普遍主义的表现是复杂的和多样化的、与一定的社会因素相缠绕，绝对排斥社会因素不可取。但实际上，普遍主义所包含的客观精神内核不可动摇，更何况，到头来，SSK 和整个后现代主义思潮在证明自己观点正确性的时候，也不得不乞灵于经验事实，努力使自身尽可能具备自然科学的普遍主义品格。第三个方面说的是，科学不仅不受社会的制约，反而能够主导和引领社会的发展。当代，在发达国家和绝大部分发展中国家，这一点已经变成现实。应当说，这一点也最能说明科学的自主性了。科学的自主性是科学实现体制化和发展出一定知识系统后所具有的根本属性。在科学发展的历史进程中，对于科学的自主性只能顺应，不能弃之不顾甚至任意践踏，否则，就不可能有科学的正常发展。

科学的社会性最突出的表现有两个方面：一是科学离不开社会的支撑和制约；二是社会因素对科学知识的构成和生产过程有一定的渗透。对于前者的揭示，马克思主义有开创之功；对于后者的揭示，主要是 SSK 的贡献，只不过 SSK 把社会因素的作用过分夸大了。可以说，科学的社会性是科学一经诞生就具备的根本性质。在科学发展的历史进程中，对于科学的社会性，同样不能弃之不顾，甚至为所欲为。尤为重要的是，随着大科学时代的到来，科学规模日渐扩大，科学所需投入日渐增多，科学对国家和社会的依赖也日益增强；同时，科学与社会相融合的程度日渐提高，社会因素对科学知识的构成和生产过程的渗透也日益显著。在这种情况下，科学要取得大踏步发展，就必须积极寻求社会的支持，必须充分考虑科学研究和国家战略目标以及和社会重大需求相结合；同时，必须与复杂的社会相适应，正确认识和恰当处理社会因素对科学知识的构成和生产过程渗透的问题。

简言之，对于科学的发展，既要高度尊重科学的自主性，又要高度尊重科学的社会性。二者不可偏废、不可截然分离。在充分发挥科学社会性的地方，一定要充分尊重科学的自主性；反之亦然。就是说，要保障科学的顺利发展，关键乃在于：在科学的社会性和科学自主性之间寻找适度的结合点，使二者密切配合、相得益彰，而这也就是科学的社会性和科学自主性的契合。

2. 科学的社会性和科学自主性契合的表现形式。原则上说，科学的社会性和科学自主性契合的表现形式是多样化的。首先，最主要的表现形式有两种：一是社会需要主导型，即主要在社会需要的强力推动下，科学得以发展；二是科学内部需要主导型，即主要在科学内部环环相扣的逻辑发展需要推动下，科学得以发展。对于前者，由于社会需要的强大，往往掩盖了科学内部需要的存在；对于后者，由于科学内部需要的强大，往往掩盖了社会需要的存在；但严格地说，孤掌难鸣，单纯由一种需要推动科学发展的情况是不存在的。只不过，在不同情况下，两种需要的强度和表现形式有所不同而已。另外，不同学科或同一学科不同的组成部分、不同的发展阶段，两种需要的表现形式有所不同。愈是成熟的学科，科学内部需要愈是占主导地位，因而科学自主性的表现愈强烈；一个学科内部，愈是接近核心理论，科学内部需要愈是占主导地位，因而科学自主性的表现愈强烈；一个学科的常规发展阶段，科学内部需要占主导地位，因而科学自主性表现得强烈些；一个学科的革命阶段，社会需要占主导地位，因而科学社会性表现得强烈些。

需要说明的是，科学内部的需要既可以是科学知识发展逻辑的需要，也可以是科学体制运行规则的需要。所以，科学的社会性和科学自主性的契合往往表现为科学的社会性和科学运行规则的契合。在这一方面，默顿亦有不少论述，如前面说到的一般社会规范和科学界的行为规范如何避免冲突、保持一致的问题。科学的运行规则需要配置民主的社会制度和特定的文化环境问题，等等。但事实上，这方面所包含的内容还有许多，如关于净化学术环境、矫正学术失范问题；关于建立科学、公正的学术评价体系，改革科学奖励制度的问题；关于改革资源配置方式，提高科学研究效率的问题；关于实施人才战略，改善高层次人才的引进、培养和使用的问题等。可以认为，通常所说的科技体制改革，其实质和核心就是科学的社会性和科学自主性如何实现契合的问题，也就是说，科技体制改革的成败关键就在于各方面社会因素如何最大限度地尊重科学的运行规则，如何使科学的运行规则得以健康、有序地运转。

3. 科学的社会性和自主性契合的动态性。科学的社会性和科学的自主性的存在都是相对的、有限度的和有条件的。二者互相依赖，谁也离不开谁，是一种时而此消彼长，时而同步增长，并长期共存共荣、互为前提的关系。尤其值得强调的是，二者也是可以互相转化的。科学原本是社会的一部分，而且科学与社会的划分有一定的相对性，所以随着科学与社会双方的发展、变化，科学内部因素和社会因素进而科学的自主性和社会性发生一定的相互转化是理所当然的。首先，大科学时代，传统上视为社会因素的某些内容，可能会融入科学，成为科学的内部因素。拉图尔的行动者网络理论，在一定意义上就是对这种现象的反映。拉图尔认为，现时代科学、技术和社会的界限已经不复存在，科学、技术和社会的关系是一个伪命题。传统意义上的社会因素已经内化，融入科学实践活动。工程技术人员、企业家、慈善家和政府官员等所谓社会人，已经和科学家一样，都是科学家行动者网络中的重要成员，正是这些成员之间的相互纠缠和相互作用主导着科学实践的进行。显然，拉图尔的观点无视科学、技术与社会之间的差异，片面夸大了科学、技术与社会的联系，但它所反映的科学、技术与社会的联系日渐加强的趋势是正确的。反过来，传统上视为科学内部因素的某些东西转化为科学社会因素的情况也经常大量发生。例如，随着网络时代的到来，社会科学化的进程加快，科学界的行为规范和运行机制中的某些成分正在悄然向社会各领域渗透。

总体来看，尽管较之大科学时代科学发展所呈现的无比丰富性和复杂性，默顿学派关于科学性质的研究仅只是初步的，但该学派所取得的成就是公认的；同时，它也给予我们多方面的启示，其中，从科技哲学研究的方法论角度说，有两点值得特别注意：

1.“从精神气质分析入手”与研究科学与文化的关系。在研究科学与清教的关系时，默顿首先从分析清教的精神气质入手，然后对清教的精神气质和科学的一致性进行分析，继而对于这种一致性从经验事实上给予验证，最后得出清教对于科学具有促进作用的结论。精神气质既是清教的根本，也是科学和其他任何一种文化的根本。科学与其他文化在精神气质上的一致和差异支配着科学与其他任何一种文化的关系。换言之，科学与其他文化的冲突与融合必定能够在双方的精神气质那里找到根源。只有真正弄清双方精神气质上的异同，也才能从根本上透彻理解科学与其他文化的关系。所以，当我们在科学观研究中讨论科学与儒学、科学与道教、科学与佛学、科学与民俗文化的关系，以及科学与其他任何一种具体文化的关系时，从精神气质分析入手，都将是一种十分有效的方法论武器。

2. 高度重视理论研究和经验研究的结合。重视理论研究和经验研究的结合，既是默顿学派关于科学性质研究的特点，也是默顿学派整个科学社会学研究的特点。在默顿学派关于科学的社会性、自主性及二者关系的研究中，诸如基于 17 世纪英格兰科学、技术和社会的历史而对默顿命题的研究、基于科学家科学研究活动的实践而对科学规范和科学奖励制度的研究、基于对诺贝尔奖获得者的大面积采访以及科学家的日记、信函和传记材料而对马太效应的研究、基于对多重发现和天才科学家的分析而对科学的社会性和科学的自主性关系的研究等，都突出地说明了默顿这位擅长理论研究、其影响力以理论贡献为主的“社会学先生”，在科学社会学的理论研究中是非常重视经验研究的。

通常认为，哲学研究是思辨性的，主要依靠从先验观念出发逻辑地推演概念和命题，最终形成理论。因此，不少科技哲学学者热衷于逻辑推演规律或模式等普适性命题和构建所谓宏大的理论体系，相对忽视甚至排斥艰苦细致的经验研究。默顿学派的成功经验表明，必须高度重视经验研究对理论研究的作用。尽管从经验中无法归纳出理论，但可以肯定地说，经验不仅具有检验理论的作用，而且还可以激发新的理论猜想，对已有理论发挥不可忽视的重塑、转变和澄清的作用。科学社会学的这一经验原则上也适用于科技哲学。

总之，既不能把科技哲学的科学观研究蜕变为单纯的经验研究，以免使之囿于描述性说明而缺乏必要的深度，也不能脱离经验研究而使其陷于空洞无物、游谈无根的境地。应当学习默顿学派的榜样，把理论研究和经验研究紧密结合起来，通过经验研究先建立适用于特定范围的中层理论，然后以中层理论为基础，逐步建立较一般的概念框架，最后汇聚各种具体理论，达到形成理论系统的目的。

第二十八章

正视科学知识的社会性

一、问题的提出

20世纪70年代以来，随着科学知识社会学（SSK）的异军突起，科学知识的社会性问题逐渐成为学界关注的焦点。SSK一反科学哲学家从哲学的角度研究科学本质的套路，通过大量实验室研究、科学争论的案例研究，以及文本、话语分析研究等社会学、人类学的经验研究，就科学的本质尤其科学知识的社会性问题发表了一系列不同凡响的观点。以致20世纪90年代在科学的实践者（即科学家）和科学的评论者（即科学社会学家、科学哲学家和科学史家）之间引发了一场以如何看待科学知识的社会性为核心的、历时数年、波及全球的“科学大战”。在科学知识的社会性问题上，SSK所挑起的主要争端是：社会因素在科学知识的生产过程中起不起作用？起多大作用？简言之，科学知识是社会建构的吗？这个问题事关科学知识的客观真理性和科学划界的可能性等，是科学观中的大是大非问题，我们应予以高度重视、认真对待。

碰巧的是，刚刚被评为2006年世界十大科技新闻的冥王星降级事件为讨论科学的社会性问题提供了一个极好的案例。为此，我们不妨就从这个案例说起：

天文学界曝出一桩新闻：在一个由外行参与的专门委员会长达两年多讨论和磋商的基础上，2006年8月24日第26届国际天文学联合会大会经过几轮投票，最后决定：将冥王星从行星中予以除名，同时修改原有的行星概念。

在全球众目睽睽之下，一次高规格的科学会议公开用投票表决和磋商的方式解决科学问题，令人咋舌。所以，消息传出，世界各地媒体竞相炒作，社会各界纷纷评论。有人叫好，有人声讨。12名天文学家联名在英国《自然》杂志网络版公开发表了《抗议冥王星降级请愿书》；另一些天文学家则主张全球天文学家通过电子投票对冥王星的行星资格重新进行公决；等等。一时间究竟如何看待冥王星事件成为公众关心的话题。

一些年来，人类在太阳系边缘区域发现了一些较大的天体，如谷神星（1801）、卡戎（1978）和编号为"2003UB313"的"齐娜"（2003）等。对于这些天体是否可称之为行星，天文学界产生了严重分歧。这是因为，如果拒绝这些天体称为行星，由于它们的质量、体积和运行轨道状况都和冥王星比较接近，那么，冥王星的行星资格也应取消、自1930年冥王星发现以来全世界公认的太阳系九大行星概念则将被颠覆；如果承认这些天体为行星，由于和这些天体运行轨道状况相接近、仅仅质量小一些的天体还有许许多多，而且今后还会继续发现大量类似的天体，那么，太阳系行星的数量将会剧增，太阳系行星的蓝图将会彻底改观。为此，国际天文学联合会成立了一个由天文学家、作家和史学家组成的7人委员会，专门研究行星的定义和冥王星的归属问题，经过两年多的讨论和反复磋商，该委员会拟出了一份决议草案。在捷克首都布拉格举行的第26届国际天文学联合会大会（IAU）上就这份决议草案进行投票表决。经过一番曲折，最后决定：(1) 启用新的行星定义"行星乃围绕太阳运转，自身引力足以克服其刚体力而使天体呈圆球状，并且能够清除其轨道附近其他物体的天体"；(2) 将冥王星逐出行星行列，降格为"矮行星"。皆因冥王星和"卡戎"大小接近，彼此绕着对方运动，同步绕太阳旋转，并且二者间的引力中心不在冥王星内部。就是说，它和"谷神星"、"卡戎"、"2003UB313"一样，不能清除其轨道附近的其他物体。

二、冥王星事件的含义

从哲学角度看，冥王星降级事件具有多重含义：

首先，它毕竟充分体现了科学的客观精神：(1) 冥王星事件的出现是基于和冥王星相类似的一系列天体被连续发现的天文事实。整个事件的基本性质是科学界的纠错行为，即纠正过去对太阳系已知天体分类上的错误，让太阳系星体的分类更好地与天文事实相吻合、相协调。(2) 国际天文学会议表决和磋商的不是冥王星和类冥王星的质量、体积、密度、形状和运行轨道等天文参数，而是太阳系天体的分类和冥王星的归属问题。正像其他许多事物的分类和归属问题一样，天体的分类和个别天体的归属问题带有一定的人为约定性质似乎无可厚非。(3) 科学界解决天体的分类和冥王星归属并没有仓促决定或以个别人的意志为指归，而是经过长时间充分的酝酿、磋商，并且选择了国际天文学联合会大会这样的场合，充分听取和高度尊重天文学界精英层的意见。

其次，特别令人感兴趣的是，这件事十分突出和典型地体现了科学知识的社会性。科学概念是人类认识的结晶，是科学理论体系之网的纽结。可行星概念的修正并没有像人们通常所期待的那样，按照科学事实或现有科学体系的特定要求，严格、精确地进行，而是在一种既可以包含天体“能够清除其轨道附近的其他物体”的条款，也可以不包含该条款的情况下通过投票表决和磋商的方式随机地进行的。而且，最终多数投票人主要以照顾人们多年来关于太阳系存在数大行星的习惯、避免让太阳系一下子有许许多多个大小不等的行星的结局为出发点，才决定索性连冥王星一起将大批“矮行星”和“小太阳系天体”拒之于行星门外。这种做法把科学知识的社会性异常鲜明地突出出来了。“齐娜”的发现者迈克·布朗把这层意思一语道破：“‘行星’这个词既是科学用词，也有文化上的意义。科学家们并不需要‘行星’这个词的定义，只有文化需要，在我看来我们应该注意文化。”

应当说科学知识具有一定的社会性是不奇怪的。科学认识活动由科学家以及由科学家组成的科学共同体进行，而科学家和科学共同体是充满社会性和主观性的；科学认识活动所运用的工具和方法是人制造或创造的，内化着人的智慧、观念和目的；科学认识活动的对象是经过人的选择或加工过的自然现象或自然过程；作为科学认识活动成果的科学知识的表达所运用的语言是社会的、人为的；整个科学认识活动的过程基本上都是在社会中进行的。因此，诸如有关当事人的政治立场、宗教信仰、经济利益、专业背景、伦理观念、心理状态和价值目标之类的经济、文化、政治等社会因素必然会对科学知识的内容或表达方式发生这样或那样的影响。这些影响有些经过科学家的主观努力或合乎社会规范的行为而避免或减少，有些则无法避免甚至倒是应当主动予以考虑和加以利用的。此外，科学哲学界的探讨也已表明，中性观察不可能，严格的判决性实验不存在，等等。说到底，社会因素乃是科学知识形成的必要条件，要完全避免一切社会因素的影响是不可能的。就是说科学知识并不单纯由自然界决定，社会因素是科学知识面貌的影响因子，有时甚至是十分关键的支配性因素。正像这次行星概念的修正，人类有关太阳系认识的习惯和历史竟不期成为裁定争论的重要砝码。

但是，当我们说社会因素影响科学知识的时候，并非像许多 SSK 学者所说的那样，是指科学知识之筐中所装的统统是社会因素这样一种情况，而是指由于表达某个客观对象的理论或概念的形式常常不是唯一的。所以，究竟最终采取哪种形式，往往取决于社会因素。其实，不论哪种理论或概念形式都仍然是客观对象不同程度的真实反映。正像冥王星降级事件所涉及的行星概念问题一样，不论是包含天体“能够清除其轨道附近的其他物体”条款的新定义，还是不包含该条款的旧定义，它们都不是空穴来风，而是对行星客体不同程度的反映。只不过较之旧定义，新定义更加精致，对行星客体反映得更全面、更深刻些罢了。就是说，社会因素对科学知识起作用，主要是影响其表现形式，并通过表现形式对科学知识的内容施加影响。

第三，冥王星降级事件还告诉我们，从效果上看，社会因素对于科学知识，既是带来真理的福音，也是造成错误的根源。对待社会因素正确的态度不是讳莫如深或视而不见，而是实事求是地予以正视、分析和利用，利用它促进真理的积极作用，祛除其造成错误的消极作用。真正的科学知识之所以可靠、值得人尊重，不是它毫不受社会因素的影响，乃是因为它是在不断排除社会因素所造成的偏差和错误的过程中进步的。一部科学史乃是不断以较正确的认识取代错误较多的认识的历史。行星概念的演化史就是这样的一部历史。行星的新定义优于旧定义，但新定义仍然有许多缺陷。例如，在地球、土星和火星的轨道之间都有许多的小行星，如果严格执行新的行星定义所规定的天体“能够清除其轨道附近的其他物体”标准，这些星体的行星资格也是有疑问的。事实上最近已有天文学家预测，随着一套由多台天文望远镜组成的小行星观测网络的投入使用和人们对行星认识的继续深入，此次通过的行星定义很可能在下一届国际天文学联合会大会上被再次修订。

三、正视科学知识的社会性

总之，冥王星事件有力地说明，SSK 曾一度宣扬的社会建构论的观点的确走过了头。尽管科学知识的形成不可避免地会受到社会因素的影响，但这决不意味着彻底排除了自然界为科学知识提供客观基础的可能性。社会因素影响的主要是科学知识一时一地的表现形式，这一时一地的表现形式也基本上源于自然界，受自然界的支配；而且，从长远和根本上看，科学认识是一种把握局部、发现错误、克服有限、深入本质、走向全面的过程，科学知识的面貌归根结底还是要朝着最大限度地反映自然界客观规律的方向前进的。总之，科学知识的客观真理性不可动摇，也动摇不了。令人欣慰的是，SSK 并非铁板一块，其观点也不是固定不变的。他们中的一些人对科学知识是“利益支配”的或实验室内外各方“磋商”出来的标准建构论观点有所保留；另一些人则随着研究的深入以及与科学界对话的开展，其强硬的社会建构论立场逐渐淡化。例如，爱丁堡学派的领军人物布鲁尔在其代表作《知识与社会意向》1991 年再版后记中说：“但是，难道强纲领不是说过知识‘纯粹是社会的’吗？难道‘强’这个表述语所指的不就是这种意思吗？不，强纲领的意思是说，社会成分始终存在，并且始终是知识的构成成分。它并没有说社会成分是知识唯一的成分，或者说必须把社会成分确定为任何变化的导火索：它可以作为一种背景条件而存在。”① 布鲁尔的这番话表明，在强纲领出笼 15 年之后，尽管依然坚持“社会成分始终存在，并且始终是知识的构成成分”，但他的强纲领观点则明显弱化了。无独有偶，SSK 巴黎学派的代表人物拉图尔的观点变化更加明显。最近，当他回答采访者所提出的“您的建构论思想是什么”的问题时，他解释说：“建构论并不是在某种程度上定义某物是由什么构成的，而只是说它具有历史性，即它依赖于时间、空间和人而存在的，它会有成败，更重要的是，要使某物得以存在下去，必须

① ［英］大卫·布鲁尔：《知识和社会意象》，艾彦译，东方出版社 2001 年版，第 262—263 页。

维持它和小心地呵护它。"① 拉图尔的这番话表明，他已从当初激进的相对主义立场大踏步后退，不是盲目地排斥科学的客观性，而是要在科学的客观性和被夸张了的社会性之间寻找必要的张力了。

同时，冥王星事件启示我们，冲破传统哲学和文化观念的束缚，正视科学的社会性是当前我国科学观念变革的任务之一。应当认识到，这件事具有多方面的重要意义：(1) 适应大科学时代科学与社会关系更加紧密和复杂的现实。大科学时代，随着科学规模和科学投入的扩大，科学对社会的依赖性空前扩大，相应地，政府和社会对科学的控制的程度也空前扩大。科学与社会这种互动关系变得更加紧密和更加复杂。这种情况不可避免地会影响到科学知识生产的过程。尽管我们不可像 SSK 那样激进地夸大社会因素的作用，但是，恰当地正视和客观地估价科学的社会性，还是很有必要的。(2) 有利于对科学认识过程中的社会因素区别对待和因势利导。受传统科学观的支配，人们习惯于把社会因素统统视为滋生谬误、干扰科学认识进程的消极因素。其实从根本上说，社会因素对科学认识进程的渗透是正常的，不可避免的。它既有危害科学认识的一面，也有有利于科学认识的一面。关键是，我们应当区别对待和因势利导。而要做到这一点，前提是对社会因素不是有意回避甚至掩盖，而是勇敢面对和冷静对待。(3) 有利于发挥科学认识主体的主观能动性。承认科学认识过程中的社会性，也就意味着承认科学知识与科学认识主体具有密切的关联性，承认人心的创造在科学知识生产中的重要地位。这样一来，就为科学家在科学创造过程中充分发挥想象力以及对社会因素的主动选择和积极适应预留了广阔的空间。(4) 有利于引导公众按照科学的本来面貌尊重科学。在传统科学观的熏陶下，公众往往把科学知识等同于神圣的真理、赋予科学知识以完全可靠、绝对确定的形象。其实，科学认识是由人作出的，科学是人的科学，与人有关，与社会文化有关；科学认识并不单纯由自然决定，往往要受社会文化的制约，要随着社会历史的演化而演化，那种将科学认识静止化、标准化、理想化、绝对化的行为和观念，是错误的。通常，公众对科学知识本来存在的可错性、变动性和不确定性估计不足。所以，一旦面临科学界内部对某种科学问题的意见不一致、以往公认

① 成素梅:《拉图尔的科学哲学观——在巴黎对拉图尔的专访》,《哲学动态》2006 年第 9 期。

正确的理论被推翻或者意识到在关于科学或技术的重要决策中应该有独立知情权或发言权的时候，公众对科学知识的看法很容易从一个极端走向另一个极端，滋生某种不应有的否定科学知识或敌视科学知识的偏激行为。正视科学知识的社会性，在一定程度上可以引导公众客观、冷静地看待科学，这样做“将不会对科学有什么损害，反而有利于引导公众按科学原来的面目来尊重科学”①。(5) 有助于为科学营造宽松、优越的文化环境。从根本上说，科学知识是对自然界的反映，但这种反映不是简单、直接的摹写或在纯粹的状态下进行的。尽管人们完全可以通过严格实验程序和实验条件或要求科学家尽量按照科学的社会规范行事等，以期尽量减少社会因素的侵袭，但是，科学认识不可避免地要受到多种意想不到的社会因素的作用。在这些社会因素的作用下，整个科学认识过程充满了探索性、曲折性和发生错误的可能性。为此，对于科学研究应当允许失败、宽容失败；此外，科学认识具有社会性的观点表明，科学与常识、神话、宗教等非科学认识形式尽管有根本的不同，但它们并非截然对立，而是在具有一定社会性上存在深刻的统一性。认识到这一点，有助于公众正确对待各种非科学认识形式，在扬弃各种非科学认识形式的基础上，充分发挥各种非科学认识形式的积极作用，从而有利于为科学营造宽松、优越的文化环境。

---

① ［美］杰伊·A. 拉宾格尔等：《一种文化？关于科学的对话》，张增一等译，上海科技教育出版社2006年版，第24页。

第六编

科普理论的若干应用

本编共设三章，分别介绍了作者在科普实践活动中形成的部分理论成果。第二十九章，公民的“环境与生态素质”。前文已述，作者有幸参与了《基准》的起草工作并负责起草“环境与生态”部分。公民的“环境与生态素质”主要包括宇宙环境素质、自然环境素质和生态环境素质三部分，本章对此作出了深入的分析。第三十章，提高农村妇女科学素质。按照城市近郊与偏远地区、先进地区与落后地区的布局考虑，作者和课题组其他同志曾先后到济南市仲宫镇、德州市庆云县、临沂市、菏泽市等地先后进行了6次专题调研，主要采取座谈会和对农村妇女进行面对面访谈的形式。在进行了充分的相关研究工作后，对于如何提高农村妇女科学素质形成了一定的认识。本章旨在介绍此次科普实践活动的理论成果。第三十一章，科学技术与和谐社区建设。2009年，就科技促进和谐社区建设的问题，作者相继到济南市天桥区、历下区、历城区以及泰安市、菏泽市和莱芜市的一些社区进行了调研，在调研的基础上就一些理论问题作了思考。本章主要介绍此次科普实践活动的理论成果。

总之，这三章的材料全部来自于科普实践活动，故而称其为科普理论的若干应用。

第二十九章

公民的“环境与生态素质”

2006 年 2 月国务院发布了《全民科学素质行动计划纲要》(以下简称《纲要》)。受科技部委托，2007 年，笔者有幸与北京大学、北京理工大学、南开大学、中科院研究生院和中科院科学史所等单位的五名专家一起参与了旨在为《纲要》实施和监测评估提供依据的配套文件《中国公民科学素质基准》(以下简称《基准》)的起草工作。《基准》的要义是“根据社会主义现代化战略目标，结合我国国情，借鉴国外相关经验和成果，围绕公民生活和工作的实际需求，提出公民应具备的基本科学素质内容，为公民提高自身科学素质提供衡量尺度和指导，并为《科学素质纲要》的实施和监测评估提供依据”。我们所采取的办法是：选择几个关键领域，以点带面地阐明公民应具备的基本科学素质。关键领域选择的原则是：构成公民科学素质最基本；与老百姓生活生产关系最密切；当前社会发展最需要；落实科学发展观最关键。在我们完成的初稿里最终选择了物质与能量、环境与生态、生命与健康、个人与社会、信息与交往、认识与方法六个领域，其中“环境与生态”部分由笔者负责起草。

“环境与生态素质”的主要内容分为宇宙环境素质、自然环境素质和生态环境素质三部分。中心思想是想说明一个公民所应具备的最基本的环境素质与生态素质。

一、宇宙环境素质

（一）对宇宙环境有一个基本的了解

宇宙环境是目前人类能够观测到的天体范围。宇宙由若干大小不等的天体系统组成，分为河外星系、银河系和太阳系。对宇宙环境有一个基本的了解，主要包括：(1) 知道宇宙是物质的。太阳、恒星、行星、卫星和地球等主要天体的种类、形状、物质构成。空气也是物质。太阳辐射是地球生命能量的主要来源。除了物质并无其他。天上的世界并不神秘。(2) 知道宇宙的结构层次无限。从总星系、星系、星球个体到物质的微观结构，宇宙的构成具有明显的层次性；而且人类观测的范围正向宇观和微观两极不断扩大。(3) 知道宇宙是永恒运动的。物质不灭；恒星不恒，一切天体都在运动着。大千宇宙井然有序。一切天体都在引力约束下做有规律的摄动或轨道运动。人类曾长期相信地球是宇宙的中心。哥白尼以日心说推翻了地心说。伽利略第一个使用望远镜观测天体，用天文事实有力地支持了哥白尼日心说。开普勒提出行星运动三定律，进一步完善了日心说。牛顿使用物质、动量、加速度和力等几个概念以及物体运动三定律和万有引力定律对天空和地球上的物体运动作出了简明而统一的解释。爱因斯坦先是把时间和空间紧密联系在一起，继而又建立了时间、空间和引力的相互关系，超越牛顿理论，使得人类对自然界的认识实现了一次质的飞跃。之后，科学家继续把这种认识向前推进。(4) 知道空间和时间是物质存在的普遍形式。一切天体都有产生、演化和消亡的过程，宇宙、太阳系、恒星和地球起源的科学假说，地貌的演变；所有天体也都在一定的空间范围内运动着，各主要天体的运行轨道。(5) 知道神和神创论都是虚构的。宇宙及其天体的起源是一个物质演化的过程，与神无关。日食、月食、彗星、流星、流星雨、地震、火山、潮汐、海啸、龙卷风、飓风等异常天象事出有因，常见天气、气象、厄尔尼诺现象、旱涝灾害以及年月日、历法、四季更替和二十四节气等均与超自然的力量和人世间的兴衰无关。星座是恒星排列组成的图案，与人的性格和命运无关。神是人编造出来的。人的命运掌握在自己手中。(6) 了解人类探索宇宙的基本情况。知道世界和中国空间科学的主要进展。知道一点天文观测的工具、程序和方法。

（二）能够把对宇宙环境的了解应用于日常生活

能否把对宇宙环境的了解应用于日常生活，是衡量公民们是否具有基本的宇宙环境素质的标志之一。这方面主要包括：(1) 懂点历法。会用北极星辨别方向。会用经纬度确定方位，会用海拔数值表示地面或山岭高度。(2) 会用物候学知识预测天气。(3) 知道气压是单位面积上受到的大气压力；大气密度随海拔高度的增加而降低。(4) 对地震、台风、洪水、泥石流和雪灾等自然灾害具有灾前预防、灾中应对和灾后救援的必要知识和技能。(5) 尝试用肉眼、普通望远镜或其他仪器观察星空。留心观察日食、月食等天文现象。(6) 能够识别和抵制占星术和其他有关星相的迷信言论或行为。

（三）关心与正确对待宇宙的探险和开发利用

同样，是否关心与正确对待宇宙的探险和开发利用，也是衡量公民们是否具有基本的宇宙环境素质的标志之一。这方面主要包括：(1) 关心与正确对待开发利用宇宙空间的活动。宇宙空间是一种宝贵的战略资源。它可用于传递无线电信号、搜集气象资料、勘察地质或地形、监测地面，以及发射各种飞行器进行空间探索。目前世界各国关于空间所有权的争夺十分激烈。(2) 关心与正确对待开发利用宇宙天体可能存在的丰富物质资源的探索。例如，现已查明，水星表面有许多平原和环形山，内部主要是由密度很大的金属铁和镍构成的。被称为地球双胞胎的金星上覆盖着岩石，有许多环形山和一些尚未探明的半圆球状物。火星及其两个卫星上布满了环形山。(3) 关心与正确对待地球以外是否存在生命的探索。过去人们一直以为，液态水、适宜的温度和大气层是生命存在的“金锁链条件”。但后来发现，深海、洞穴和岩石深层也有生命，于是人们认识到或许生命形式的存在并不需要“金锁链条件”。根据 1970 年河床的发现和 1996 年火星陨石可能蕴含化石的报告，人们曾一度推测火星上可能有过生命存在的必要条件，但至今并未发现火星上有生命存在的充分证据。由作为木星卫星之一的“木卫二”上冰块的发现，人们推测来自“木卫二”的热量完全有可能使液态水存在，因而“木卫二”上可能有生命的存在。关于地球外是否存在生命的探索正在继续进行，这种探索具有重大意义。(4) 关心与正确对待极地探险。对于南极和北极的探险具有多重意义：地理、地质、气象和天文等科学考察，挑战极限，振奋民族精神等。

二、自然环境素质

(一) 对环境问题有一个基本的了解

自然环境指人类活动对自然界影响所及的范围。环境问题主要指大气污染、水污染、土壤污染、物理环境污染、人口问题和食品安全问题等。对环境问题有一个基本的了解，主要包括：(1) 知道环境问题。对中国和世界面临的环境问题的现状和发展趋势有一个基本的了解。(2) 了解大气污染。大气污染的类型、污染源与污染物的种类；二氧化硫的排放与光化学烟雾的形成、酸雨的发生；二氧化碳的排放与全球变暖、臭氧层破坏等；控制大气污染的主要技术手段；《京都议定书》的基本精神。(3) 了解水污染。水污染物的种类与特征；控制水污染的方法；水资源短缺的现状和趋势；水资源合理开发与利用的主要途径，城市污水资源化和再生利用。(4) 了解土壤污染。土壤的性质和物质构成；土壤污染的类型、特点和危害；污染物在土壤中的降解；废弃物控制的一般措施；农药、化肥、除草剂等滥用的危害；土壤污染的修复。(5) 了解物理环境污染。噪声、电磁辐射、放射性污染、光污染和热污染等物理环境污染的来源、危害和控制的主要方法。(6) 了解人口问题。世界和我国人口的主要现状；人口增长的特点；人口爆炸对环境的压力和影响的严重性；控制人口的主要对策；阻止人类的过度繁殖，比阻止人类和其他生物的消亡更重要。(7) 了解食品安全问题。食品污染的类型、常见污染源；食品污染所具有的有害健康、食物中毒和产品出口受阻等危害；民以食为安和民以食为天同等重要。

(二) 具有一定的环保理念

是否具有一定的环保理念是衡量公民们是否具有基本的自然环境素质

的标志之一。这方面主要包括：(1) 有“人依赖环境”的理念。人是自然界的一部分，自然界是人类的母亲。人类必须与自然之间建立起有机平衡与生态和谐的关系，否则，就会出现环境危机。地球只有一个，维护好地球是人类的第一天职。(2) 有源头预防的理念。环境问题贵在源头预防，如实行污染零排放，预防较之治理事半功倍。大部分污染物和垃圾中都有可利用的部分，要学会变废为宝。(3) 有环境成本的理念。病态环境与病态经济是孪生兄弟。任何产品的成本都包含着它在生产过程中对环境所造成的有害的或有益的影响。消耗资源生产污染产品，产品越多罪恶越大。(4) 有环境文明的理念。生产或经营工农业产品的最高目的不是为了赚取金钱，而是为了使自己、亲友和他人生活得更美满、更健康、更文明。(5) 有环境道德的理念。把经济利益留给自己，把环境破坏的代价推向社会是一种极不道德的行为。(6) 有环境责任的理念。人人都有为了个人的健康和福利而要求改善环境的权利，也有为了当代与后代人的健康和福利而保护和改善环境的责任。

（三）把环保理念落到实处

把环保理念落到实处，最基本的是应做到以下几点：(1) 培养绿色的生活习惯。在个人的吃穿住行、消费和旅游等各个方面能自觉坚守环保理念。(2) 培养绿色的工作和劳动方式。在工作或生产劳动过程中处处按照环保理念行事。(3) 关心并主动获取必要的环境信息。经常搜集和分析以下信息：水、土壤、动植物、土地和自然景点的状态；对这些状态产生或可能产生负面影响的活动和措施；关于保护这些状态的活动或措施，等。(4) 关心并积极参与环境政策的制定。积极参与环境保护的政策论证、听证会和话题讨论等。积极就环保向社区和各级政府建言献策，积极主张不断更新写进各级政府近期和长远规划的环保条款。(5) 参与并监督环境政策的实施。对环境政策的实施和运行进行有效的监督，对一切违反环境政策的行为勇于举报、敢于斗争，必要时诉诸法律。(6) 参与环境保护的其他社会活动。积极参与环境保护的宣传普及活动；积极参与民间环境组织的环保活动；保护好家庭、本社区、本村镇、本单位的环境；执行计划生育国策，自觉控制人口增长和提高人口素质，反对重男轻女，自觉维护正常的人口性别比。

三、生态环境素质

(一)对生态问题有一个基本的了解

对生态问题有一个基本的了解。主要包括:(1)知道生态问题。了解世界和中国生态问题的大致现状和发展趋势;明白中国的生态与环境问题主要根源在于现代化与城市化进程中传统的工业化生产方式与消费方式;充分认识生态危机的危害以及维护生态平衡的重要意义。(2)知道生物种群。一个物种的所有成员组成种群;种群的特征、分布;空间格局的类型、结构及其数量变动的大致规律;影响和限制种群数量的主要因素;种群内部不同物种间以及种群与环境间的相互依赖。(3)知道生物群落。一个特定区域内所有生物种群组成生物群落;生物群落的性质、组成、结构和分类;群落波动和演替的特点与类型。(4)知道生态系统。一个特定区域内所有生物群落和非生物因素组成一个生态系统;生态系统的类型;生态系统中的生产者、消费者、分解者和非生物环境;食物链与食物网、营养级与生态金字塔;生态效率;生态系统的反馈调节等。(5)了解生态系统中的能量流动。光因子和温度因子的生态作用;生物对光因子和温度因子变化的适应性反应;绿色植物通过光合作用对太阳能的固定是一切生态系统能量的总来源,也是食物链的起点;能量流动的路线、金字塔原理。(6)了解生态系统中的水循环。水因子的生态作用、生物对水的常见适应性反应;水循环的特点、生态意义和主要路径;人口过度集中和人类活动对水循环的干扰及其带来的严重后果。(7)了解生态系统中的碳循环和氮循环。碳是组成生物体的主要物质,在大气中主要以二氧化碳的形式存在;碳循环的主要路径和影响因素;二氧化碳在大气中含量变化的规律和碳循环的调节机制等;森林的碳汇作用;氮素是植物的重要氧分资源,大气固氮、工业固氮和生物固氮;氮循环的路径和影响因素。

(二)具有一定的生态意识

是否具有一定的生态意识是衡量公民们是否具有基本的生态环境素质

的标志之一。这方面主要包括：(1) 树立生态理念。有生态整体理念：自然界是个有机整体；生态系统中的能量循环、水循环、碳循环和沉积型循环等不可随意打断，否则必定会带来生态平衡破坏的严重后果；人类对自然界的一举一动都会产生一定的后果；有生态制约理念：任何物种和个体都只能在一定范围内的自然条件下生存；任何物种个体的数量都将受到生态系统承受能力的限制，因而是有限的；有生态正义理念：尊重生命。任何生物都有生存的权利，至少有求生存的权利，这种权利并不取决于它们对人类是否有直接的或间接的价值；当生物威胁人类的正常生活或生命安全时，人类有权利保护自己，但这种自卫应尽量减少对生物的伤害；有生态平衡理念。当人类为了基本的生活条件和健康需要而考虑是否宰杀动物时，要首先考虑这样做是否符合保护生物多样性和维护生态平衡的原则。人类应当像爱护自己的眼睛一样爱护今天和明天的生物物种与生物基因。(2) 具有可持续发展理念，懂得可持续发展的基本含义：“既满足当代人的需要，又不对后代人满足其需要的能力构成危害的发展”；明白可持续发展的核心观点：一是人类要发展，尤其是发展中国家要发展；二是发展要均衡、合理，要有限度，不能以减缓未来的发展和后代人的发展能力作为代价；三是生态可持续性是可持续发展的最高目标和检验尺度。(3) 了解并遵守国家在环境与生态方面的主要法律、法规和政策。

(三) 保护生态平衡

生态意识要落实到行动上，关键是应当能够做到：(1) 主动参与地方与国家生态政策与法规的制定与落实。(2) 不做任何有可能引起破坏生态的事。勇于和破坏生态的人和事作斗争，对于违反国家生态法律、政策的行为，大胆揭发或诉诸法律。(3) 能够大致判断一种行为的生态后果。遇到常见的生态破坏现象，能够通过分析找到有效的初步解决方法。(4) 支持和参与保护生态公益团体及其活动。自觉保护生物多样性；支持降低二氧化碳和二氧化硫的排放量；保护能量的自然循环；保护水和氮、碳等物质的自然循环。

第三十章

提高农村妇女科学素质

随着 2006 年国务院关于《全民科学素质行动计划纲要》（以下简称《纲要》）的颁发，在各级政府及有关部门的共同努力下，我国公民的科学素质有了大幅度提高。不过，也还有一些薄弱环节亟待加强。例如，我国农村广大妇女的科学素质较低的问题就十分突出。据统计，目前我国 13 亿人口有近 7 亿生活在农村，其中妇女占 48%，达 3 亿之多。农村妇女的科学素质是一件事关全国公民科学素质全局的大问题，开展提高我国农村妇女科学素质的研究是十分必要的。

2013 年到 2014 年间，按照城市近郊与偏远地区、先进地区与落后地区的布局考虑，我们先后到济南市历城区仲宫镇、德州市庆云县、临沂市、菏泽市等地先后进行了 6 次专题调研，主要采取座谈会和对农村妇女进行面对面访谈的形式。调研提纲分为两种类型：一是依据《纲要》的精神，列举出若干生产、生活和社会交往等方面的知识和技能，请座谈嘉宾和受访对象谈有关认识和需求等；二是从农村妇女科学素质的实际出发，启发她们谈近几年所在村镇在提高农村妇女科学素质方面做了哪些工作和取得了哪些进展、当前在提高农村妇女科学素质的认识和实践中存在哪些问题、困惑和困难、对今后进一步提高农村妇女科学素质有哪些建议、当前农村妇女最急需的科普内容是什么等等。

与此同时，我们反复研读了中国科普研究所编写、科普出版社出版的两辑《中国公民科学素质报告》，广泛搜集了有关提高农村妇女科学素质方面的报刊论文、著作、学位论文和政府文件等相关文献，编印了总计约 50 万字的两辑关于本课题的《参考文献》，进行了精读。

在以上工作的基础上，对于提高农村妇女科学素质初步形成了以下认识：

一、端正对提高农村妇女科学素质的认识

在调研中，我们发现，对于提高农村妇女科学素质缺乏认识的情况不仅在相当一部分普通党政领导干部中普遍存在，而且在基层科协领导干部中也存在。例如，有一位县科协主席亲口告诉笔者，他们把县财政每年划拨的用于提高农村妇女科学素质等项工作的 10 万元经费让给了县妇联，所以，提高农村妇女科学素质的工作归县妇联抓，与县科协无关。一个县的农村妇女科学素质工作等价于 10 万元经费，足见这些领导干部对提高农村妇女科学素质工作的认识程度是很成问题的。

如何看待提高我国农村妇女科学素质？大致说来，应该主要从以下几方面予以认识：

1. 建设社会主义新农村的重要内容。目前，不少农村呈现种地农民老龄化和女性化，农村妇女劳动力占农业劳动力的 60% 以上，农村妇女成为农业生产的主力。建设社会主义新农村迫切要求增强农村妇女依靠科技参与发展的能力，因此，提高农村妇女的科学素质乃是建设社会主义新农村的重要内容。

2. 构建和谐社会的基础工程。妇女在家庭中的妻子和母亲的双重角色，使得他们成为联系家庭所有成员的纽带，是家庭和谐的主导力量，提高农村妇女的科学素质将有利于促进家庭和谐，而作为社会细胞的家庭，则是构建和谐社会的基石。所以，提高农村妇女的科学素质乃是在农村构建和谐社会的基础工程。

3. 提高全民科学素质的关键环节。在全民科学素质中，农民的科学素质低于其他人群，而在农民的科学素质中，农村妇女的科学素质又低于男性农民的科学素质。农村妇女的科学素质在一定程度上对于全民科学素质的整体水平具有较大制约作用。因此，提高农村妇女的科学素质乃是提高全民科

学素质的关键环节。

4. 影响我国下一代成长的重大因素。母亲是孩子的第一个老师，也是影响孩子一生的老师。因此，提高农村妇女的科学素质乃是影响我国下一代成长的重大因素。

5. 提高农村妇女生活质量的基本途径。现代社会已经高度科学化。一个人的科学素质与一个人的生活质量密切相关，二者呈正相关关系。试想，当今一位农村妇女对所有的家用电器都不会用，她以及她的家庭的生活质量将会是怎样的呢？因此，提高农村妇女的科学素质乃是提高农村妇女生活质量的基本途径。

二、农村妇女科学素质的现状与问题

（一）农村妇女科学素质是影响全国公民科学素质水平的短板

让我们看一组第八次中国公民科学素养调查的结果：

1. 对科学术语的了解程度：用于测试中国公民科学素养的科学术语共计"分子"、"DNA"、"Internet（互联网）"和"辐射"4个。在性别差异的比较上，女性公民了解科学术语的比例低于男性公民2.7—5.5个百分点；在重点人群差异的比较上，农民了解科学术语的比例低于城镇劳动者13—28个百分点；在城乡差异的比较上，农村居民了解科学术语的比例低于城镇居民14—24个百分点。

2. 对科学观点的了解程度：用于测试中国公民科学素养的科学观点为"光速比声速快"、"我们呼吸的氧气来源于植物"、"地球的板块运动会造成地震"等，共计18个。在性别差异的比较上，女性公民了解科学观点的比例低于男性公民1.3—10.7个百分点；在重点人群差异的比较上，农民了解科学观点的比例低于城镇劳动者7.9—22.8个百分点；在城乡差异的比较上，农村居民了解科学观点的比例低于城镇居民6—22个百分点。

3. 对科学方法的了解程度：用于测试中国公民科学素养的科学方法为"科学地研究事物"、"对比实验"和"概率"，共计3个。在性别差异的比较上，女性公民了解科学方法的比例低于男性公民1—3.2个百分点；在重点人群差异的比较上，农民了解科学方法的比例低于城镇劳动者 8.8—20 个百分点；在城乡差异的比较上，农村居民了解科学方法的比例低于城镇居民 7.4—19.1 个百分点。

4. 对科学与社会之间关系的了解程度：用于测试中国公民科学素养的科学与社会之间关系了解程度的题目为：对“求签”、“相面”、“星座医预测”、“周公解梦”和“电脑算命”5 种迷信现象的相信程度。在性别差异的比较上，女性公民了解科学与社会之间关系的比例低于男性公民近 10 个百分点（女性：59.9%；男性：69.8%）；在重点人群差异的比较上，农民了解科学与社会之间关系的比例低于城镇劳动者 0.9 个百分点（农民：63.8%；城镇劳动者：64.7%）。

上述四项数据① 表明，在科学知识（用科学术语和科学观点两项指标测量）、科学方法和科学与社会之间关系的了解程度上，农民显著低于城镇居民，而在全体居民中，女性公民又低于男性公民。可见，在科学素质上，农村妇女既低于城镇女性公民，也低于男性农民，在全体居民各人群中最低，已足以构成影响全国公民科学素质水平的短板。

（二）文化程度偏低是制约农村妇女科学素质的内在原因

农村妇女科学素质为什么低？或者说影响农村妇女科学素质提高的主要原因是什么？应当说这个问题十分复杂。诸如国家政策、经济发展状况、文化、妇女本人的家庭和个人状况等，都是影响因素。在调查研究的基础上，我们认为，应予特别强调的是以下几项原因：

1. 农村科学传播渠道不畅。科普到了农村，在一些地方往往流于形式。例如，上级要求把“提升全民科学素质科学发展综合考核成绩”纳入各级政府工作的考核指标，于是，地方政府下发了有关文件。可是，有的基层干部告诉我们，到了农村，所谓科学素质考核主要是检查有多少科普宣传栏、搞过几次培训等。不仅考核指标粗放，而且统计数字也大有水分。这表明，一些地方的农村科普有名无实，不过是花架子而已。

① 参见《第八次中国公民科学素养调查》，载任福君主编《中国公民科学素质报告》第二辑，科学普及出版社 2011 年版，第 2—22 页。

2. 农村妇女家庭负担沉重。在调查研究中，一些妇女干部和妇女代表反映，现在农村留守妇女的家庭负担十分沉重。除了照顾孩子，做家务、照顾夫妻双方的老人以外，还要下田种地。整天忙得团团转，闲暇时间少，没工夫学习科学技术知识。这种情况是有相当普遍性的。

3. 农村妇女遭受传统观念束缚。多年来，尽管我国的妇女解放成就辉煌，男女平等得到了法律保障，但在农村，妇女解放依然不够彻底。特别在思想观念领域，许多封建思想的残渣余孽仍有一定的市场，束缚着广大农村妇女。如，“男尊女卑”、“男主外，女主内”、“夫唱妇随”、“女子无才便是德”、“好女不嫁二男”、“多子多福”、“嫁出去的闺女，泼出的水”等。这些陈腐的思想观念从不同的侧面、在不同程度上阻碍了农村妇女学科学、用科学的热情，致使农村妇女科学意识不强。在调查研究中，有的基层干部告诉我们，农民尤其是农村妇女的科技意识不强。最典型的表现是对科普活动热情不高，只要是集中开会，即便是技术下乡活动，不发点小礼品，往往就很难召集。

4. 农村妇女文化程度偏低。我们在调研时，有的地方干部就当前农村妇女的文化程度向我们提供了以下一组数字：

30 岁以下：高中以上，20%；初中，70%；小学以下，10%；

30—40 岁：高中以上，10%；初中，55%；小学以下，35%；

40—50 岁：高中以上，5%；初中，40%；小学以下，55%；

50 岁以上，文盲占 60—70%。

这组数字是毛估，而且有地域的限制。但是，毕竟透漏出农村妇女文化程度的以下情况：留守妇女中，初中及以下文化程度居多数；老年妇女中，文盲和小学文化程度的数量巨大。

在上述影响农村妇女科学素质提高的诸项原因中，农村科学传播渠道不畅、农村妇女家庭负担沉重和农村妇女遭受传统观念束缚等均属于农村妇女的外部原因，而文化程度偏低属于农村妇女自身的内在原因。因此，应当高度重视农村妇女的文化程度偏低问题，正确估价文化程度偏低在提高农村妇女科学素质中的地位。

三、从科技知识普及入手，提高农村妇女的科学素质

前面第五章说过，科技知识与科学素质之间呈“类边际递减规律”，即愈是科技知识较少的人群，科技知识对他们科学素质水准的影响愈大。因此，文化程度偏低，再加上原有文化知识的遗忘和退化，必定会严重影响农村妇女科学素质的水准，甚至构成制约农村妇女科学素质水平的首要因素。既然文化程度低是制约农村妇女科学素质水平的首要因素，那么，就应当从科技知识普及入手，制定倾斜政策、整合社会力量、加大工作力度，全力提高农村妇女的科学素质水平。具体说来，应当做好以下几项工作：

（一）营造提高农村妇女科学素质的浓厚氛围

鉴于农村妇女科学素质对全民科学素质整体水平具有较大制约作用，应当把提高农村妇女的科学素质水平当作落实《纲要》的一项战略任务来抓。为此，需要采取各种措施，在全国范围内营造一种提高农村妇女科学素质的浓厚氛围。例如，中央和省级电视台开设农村妇女学科技、用科技的专题频道；组织志愿者深入农村开展旨在提高农村妇女科学素质的宣讲活动；精心组织专家编写适合各年龄段、各种类型的农村妇女阅读的“科学素质读本”；各级财政设立农村妇女科技教育基金；各级政府定期对妇女科技创业带头人、巾帼科技致富带头人，以及在提高农村妇女的科学素质方面有突出贡献的基层干部进行表彰等。

（二）突出农村妇女科普工作的重点

原则上说，为了提高农村妇女的科学素质，诸如恋爱婚姻、妊娠与生育、子女教育、生理与心理、医疗与卫生、家用电器与互联网、休闲与娱乐、生产技术与技能、环境保护与生态平衡、参与公共事务的知识与技能等，都属于农村妇女科普工作的范围。显然，所有这些侧面不能平均使用力量，必须突出重点，以重点带动全局。选择重点的原则应当是：对于农村妇女的社会地位以及发挥农村妇女的职能与作用具有关键性的影响。基于此可以认为，从内容上说，农村妇女科普工作的重点，首先是帮助她们掌握科技

创业致富的生产技术和技能，促进她们中间涌现更多的新型职业农民；其次是帮助她们掌握关于子女教育的知识与技能，充分发挥其在教育下一代中的重要作用等。从人群上说，农村妇女的科普工作要特别重视农村留守妇女科普服务体系的建设问题。应当把围绕农村留守妇女的基本生活保障、教育、就业、卫生健康、思想情感等实施有效服务，当作一件大事来抓。当然，这只是一般而言，在具体确定农村妇女科普工作重点的时候，还应当随农村妇女的年龄段、文化程度和地域的不同而有所变通。

（三）创新农村妇女科普工作的形式

农村妇女科普工作的形式是制约科普效果的重要因素之一。因此，不断创新农村妇女科普工作的形式，是十分重要的。创新农村妇女科普工作形式的基本原则是：在农村妇女科普工作的形式与农村妇女科普工作的内容，以及不同地区、不同类型农村妇女的具体情况和要求相适应的前提下，不断地从新的科普理念、科普理论那儿汲取营养，不断地寻求新的科普媒介等。例如，英国学者布莱因·温提出的公众理解科学的内省模型认为，科普绝不是科学家或科普工作者单向地向公众宣讲什么，或者公众只能做驯顺的听众。科学家要与公众进行对话，让公众畅所欲言，充分发挥公众所具有的地方性知识的作用，并在充分表达意见的基础上更加完整、准确地理解和接受科普的内容。所以目前许多国家盛行以“共识会议”[①] 作为科普工作的常用形式。“共识会议”的要义是在公众或“公众代表”充分发表意见的基础上达成共识，而不是仅仅由科学家或科普工作者向公众灌输。应当说，对于那些影响面广、认识上又有一定分歧的较为复杂的科普内容，举行“共识会议”，在国内是一种值得推广的科普工作新形式。再如，基于目前新媒体科技传播作用凸显，以及较之传统媒体它所具有的即时性、互动性、个性化等优点，应当加强新媒体科技信息互动平台建设，多渠道开发科普资源，充分利用新媒体，服务于提高农村妇女的科学素质。

---

① 刘兵等：《日本公众理解科学实践的一个案例：关于“转基因农作物”的“共识会议”》，《科普研究》2006 年第 1 期。

（四）着力提高农村妇女的科技意识

在调研中，我们深感，当前对于提高农村妇女的科学素质，最大的障碍是农村妇女普遍存在科普冷淡问题。除了接触种植养殖新技术以及在外地或乡镇企业打工的妇女的情况稍好些外，不少农村妇女认为，科技离她们十分遥远。在她们看来，不仅庄稼活不用学，人家咋着咱咋着，而且，其他方面也一样，随俗从众即可，用不着费力学习科技。所以，不少妇女不愿参加科普活动，更没有学习科技知识的主动性。之所以发生这种现象，重要的思想根源之一是，一些农村妇女缺乏对科学技术的基本认识，一句话，科技意识不强。所以，提高农村妇女科学素质，必须着力提高农村妇女的科技意识。为此，建议在各省市科协的指导下，各县区科协要经常开展旨在提高农村妇女的科技意识的专项活动。采取专家巡讲、分发专题材料、组织收看专题电视短片、进行专题文艺活动等形式，引导农村妇女从科技发展的历史和社会变迁的过程中加深对科技地位和作用的认识；从学科技、用科技受益和科盲受损的大量鲜活事实中，领会科技与人的生活的密切关联以及对人的全面发展的重大影响。

（五）创造农村妇女的良好学习条件与环境

首先，在政府的协调下，科协系统和教育系统联手，既要努力抓好儿童入学率，认真落实好九年制义务教育，又要利用农闲时间，坚持不懈地举办各种业余文化补习班，力争数年内，在广大农村妇女中间扫除文盲、普及初中教育；其次，通过科普，逐渐扭转农村妇女的学习观念，使她们在学习科学技术知识上变被动为主动，从“要我学”转变到“我要学”；第三，下功夫为她们营造良好的自学环境。为此需要多管齐下。如，建好用好每个村庄的农家书屋；搞好全县农家书屋之间的互借和书籍流通；建好每村的科技报栏，并有专人负责及时更换；定期举办农村妇女科技知识竞赛和读书交流活动；办好各县市区的科技网站、电视科技栏目、电话科技热线等等。总之，尽全力为农村妇女学习科学技术知识提供方便，使那些热心学习的农村妇女有条件把自学活动长期坚持下去。

（六）实现农村妇女技术、技能培训的立体化和网络化

科技创业的技术、技能培训是提高农村妇女科学素质的核心工作之一。科协部门要主动加强与农业、林业、科技、教育等部门的沟通与合作，积极争取政策、资金和技术等方面的支持，依靠政府的力量，逐步构建县、乡、村多层次、多元化、结构合理、资源共享、优势互补的新型培训体系，形成技术、技能培训的立体化和网络化。有正规培训，也有业余培训；有单项培训，也有综合培训；有远程网络培训，也有面对面田间地头的培训；有长时段培训，也有短期培训；有统一定制培训，也有个性化培训；有定点培训，也有流动性培训等等。培训要充分考虑妇女的时间特点和学习特点，创新培训方式，保质保量，力争有良好效果。

（七）引导农村妇女在科技创业中提高素质

在一定意义上，用科技比学科技更能有效地提高农村妇女的科学素质。因此，要千方百计地帮助农村妇女积极投身运用科技创业致富的活动。各级科协应发挥专家智力资源优势，在组织农业科技专家和农村科技能人为农村妇女科技创业致富提供技术服务和信息服务等方面形成长效机制；同时，要积极支持农村妇女充分依靠政府的各项惠农政策，争取更多的资金和小额贷款，为农村妇女科技创业解除后顾之忧。

（八）兼顾深层科学素质的普及

提高农村妇女的科学素质水平，强调从科技知识普及入手，并不意味着对于农村妇女不需要进行科学方法、科学思想和科学精神等深层科学素质的普及。原则上说，对于所有的人群，深层科学素质的普及都是重要的、不可或缺的。从提高参与公共事务的能力和防范、抵制迷信、伪科学、反科学的能力的角度看，在对农村妇女进行科技知识普及的过程中，兼顾深层科学素质的普及极为必要。例如，在普及某一科技知识点时，要同时引导农村妇女了解该知识点背后的科学原理以及知识点产生的过程、应用价值和方法等。

（九）重视县市科协领导班子的建设问题

农村妇女科学素质工作乃至整个县级以下科普工作的组织实施者是县市科协，县市科协领导班子的强弱事关重大。目前，县市科协普遍存在人员少、力量弱、边缘化、条件差等问题。为了给提高农村妇女科学素质工作和县级以下科普工作提供组织上的保证，我们呼吁各级党委重视县市科协领导班子的建设问题。

第三十一章

科学技术与和谐社区建设

随着我国经济体制由计划经济向市场经济的转型，以及我国政治管理体制改革向纵深方向的发展，社区作为社会的基本单元，其社会功能呈日益扩大趋势。和谐社区建设在和谐社会建设中的基础性和战略性地位，已成为全社会的共识。为此，中央强调：建设社会主义和谐社会“要加强城市基层自治组织建设，从建设和谐社区入手，使社区在提高居民生活水平和质量上发挥服务作用；在密切党和政府同人民群众的关系上发挥桥梁作用；在维护社会稳定，为群众创造安居乐业的良好环境上发挥促进作用”。2009年，我们就科技促进和谐社区建设问题相继到济南市天桥区、历下区、历城区以及泰安市、菏泽市和莱芜市的一些社区进行了调研，现将在调研基础上就一些理论问题所做的初步思考略述如下：

一、和谐社区的三大指标

什么是和谐社区，抑或是和谐社区的标准是什么呢？关于这个问题，目前人们尚未取得一致意见，网上甚至挂有“全国构建和谐社区标准征求网友意见”的帖子。笔者认为，一个健康、成熟的和谐社区，应该是政府与社区、社区与社会、社区与居民、居民与居民以及居民个人身心处于和谐状态的社区，其中关键指标有以下三个方面：

（一）民主自治

这是社区与社会尤其与政府相和谐的核心内容。就是说，一个社区民主自治程度的高低是衡量其和谐程度的主要指标之一。民主自治程度低的社区，不是也不可能是真正的和谐社区。

所谓社区的民主自治是指：社区居民应当达到自我教育、自我管理、自我服务、自我监督。一句话，自己的事自己管。为什么要求社区应当民主自治呢？这是因为，其一，享受民主是社会主义公民的权利。我们党历来认为，扩大人民民主，保证人民当家做主，是社会主义民主政治的本质和核心，也是中国共产党多年来始终不渝的奋斗目标。我国之所以在《中华人民共和国城市居民委员会组织法》中规定居民委员会是居民自我管理、自我教育、自我服务的基层群众性自治组织，目的就在于尽可能地扩大人民民主。其二，我国政治体制改革进程的重大步骤之一。我国政治体制改革的目标之一是建设“小政府，大社会”，精简政府职能，适当扩大相对独立于政府系统之外的民间横向组织系统与群体系统建设，使得政府管理与民间横向组织系统、群体系统自治形成一种互补互动的良性配合机制。为了推进政治体制改革进程，前些年我国开始实行了基层群众自治制度，并把这一制度作为发展社会主义民主政治的基础性工程予以重点推进。先是农村村委会直选，接着就是城市社区民主自治。这两项进展堪称我国政治体制改革的重大成就和亮点。其三，社区自身健康发展的需要。社区不大，但具体工作也是千头万绪，纷纭复杂。要把社区的事情办好，必须群策群力，紧紧依靠全体居民。这也就是人们经常挂在口头上的一句话：“社区是我家，建设靠大家”。所以实行民主自治，是社区健康发展的需要。

与此相关，有两个问题需要说明。(1) 关于党的领导问题。社区实行民主自治，如何处理与党的领导的关系？毫无疑问社区不能脱离党的领导，和谐社区建设的目标之一正是使社区成为密切党和政府与人民群众关系的桥梁，成为促进和维护党的领导的阵地。但对于社区而言，党的领导要义有三：第一，主要是政治方向上的领导；其次是为社区民主自治保驾护航；第三，提高党领导社区的水平。(2) 关于社区与区政府和街道办事处等基层政府部门的关系问题。目前这个问题十分突出。不论是基层政府还是社区，双方都感到很棘手、很困惑。因为上级部门布置的社会治安、公共卫生、计划生育、优抚救济、青少年教育等工作到了区政府或街道办事处，往往还需要继续贯彻到居民才有可能得到落实，这时候基层政府和社区的关系就很容易转变成指令性关系，社区的民主自治似乎很难得到保全。怎么办？这个问题需要有关方面共同探索，但关键是政府部门要加强对社区自治战略意义的认识，真正实现执政观念和政府职能观念的转变。其中主要包括：一是长期形成的"为民做主"的带有封建色彩的执政观念，转变为在党的领导下更好地发挥公民和社会组织在社会公共事务管理中的作用、让人民群众当家做主的社会主义执政观念。二是"人治"执政观念，转变为通过法律、法规来规范社区内各利益团体和个人行为的"法治"执政观念。三是由"脱离群众"的执政观念，转变为"相信和依靠群众"的执政观念。四是由依赖指令性手段的计划经济执政观念，转变为依靠经济调节手段的市场经济执政观念。总之，基层政府与社区打交道的工作方式不应是发号施令、行政干预，而应是指导、支持和帮助。中共十七届三中全会关于社会主义新农村应当达到"村民自治制度更加完善、农民民主权利得到切实保障"目标的指示，原则上既适用于农村社区也适用于城市社区。当然社区干部和居民也应当有维护社区民主自治的自觉意识，不是把社区看作一级政权，而是看作"基层群众性自治组织"，牢牢树立社区的使命不是接受政府的直接管理而是"协助不设区的市、市辖区的人民政府或者它的派出机关开展工作"①。社区有权决定为本社区居民提供服务的内容和方式。至于上级部门下达的某些指令性任务或指标，如果一定要贯彻到社区居民，那么，就应当在社区居委会的组织下，尽量采取说服、动员的方式，让居民从思想上接受，并自觉自愿地去落实。

（二）公共服务

这是社区与居民、居民与居民和谐的核心内容。

社区与工作单位的最大区别是：(1) 尽管双方都讲究"安居乐业"，但社区侧重"安居"，"单位"侧重"乐业"。(2)"社区人"不像"单位人"那样有密切的工作上的关联和共同的巨大经济利益，而主要是地缘关系和居住

① 参见《中华人民共和国城市居民委员会组织法》。

环境上的共同利益。在计划经济时代，“单位”几乎掌握着所有的生产和生活资源，因此具有很强的社会控制功能。改革开放迄今，尽管“单位”的社会控制功能依然十分强大，但“单位”功能已明显趋于弱化。

有人说，社区有200多项任务。其实，有高质量的公共服务，即扩大公共服务范围，健全公共服务体制和机制，优化公共服务质量，让居民得以安居，是社区所有任务中的重中之重；同时，它也是衡量一个社区和谐程度的关键指标之一。

怎样才算是高质量的公共服务？这个问题包含服务范围和服务水平两个方面。从根本上说，社区服务的范围就是涵盖社区居民安居的基本需要，可简称为服务周到；社区服务的水平就是具有较强的服务能力，使居民达到较高的满意度。根据前几年民政部在全国范围内开展“建设和谐社区示范单位创建活动”所制定的“示范社区基本标准”，所谓高质量的公共服务主要包括以下内容：

1. 管理有序。社区内党组织、居民自治组织和民间组织健全，职责明确，制度健全，能有效地开展工作和活动；民主协商机制、矛盾纠纷调处机制、共建机制、民情民意反映机制健全；社区民间组织搭建沟通人际关系的平台，能够较好地发挥桥梁和纽带作用。

2. 服务完善。逐步把环境卫生、垃圾处理、家用维修、文体设施、医疗救护、鳏寡关爱、民事调解等一切关乎居民利益的事项纳入社区服务范围；尽量扩大公益服务，减少营利性市场服务；设立社区服务站点，有为社区不同群体服务的项目和服务组织，志愿服务、网络服务、上门服务等服务内容和措施齐全，有扶贫帮困载体和促进慈善、公益事业机制，能够为社区居民需要提供满意服务。

3. 治安良好。有专群结合的治安防范队伍，社会治安综合治理机制完善，有安全监控网络和设施，社区发案没有或者基本没有，生活秩序良好，居民群众安全感强。

4. 环境优美。社区内建筑、设施、绿化、垃圾分类、污水处理、噪声控制、能源利用等符合环保要求，社区环境整洁，物品存放有序。

在这众多内容中，贯穿一个基本精神，那就是通过优化服务，使社区居民学有所教、劳有所得、居有所安、病有所医、老有所养，始终保持一种高品质的生活水准。

原则上，社区服务属于全社会公共服务范畴，应朝着低偿乃至无偿服务方向发展，但在目前情况下一时难以完全做到。这就需要遵循以下原则：(1) 逐步扩大政府投入；(2) 争取企事业单位的支持，吸引社会捐助；(3) 注重社区自身服务设施和服务能力的建设，发展社区居民互助服务，等等。

（三）精神文明

这是社区居民个人身心和谐的核心内容。

按照民政部开展"建设和谐社区示范单位创建活动"所制定的"示范社区基本标准"，社区居民精神文明的内容主要包括：居民崇尚科学、热爱学习，群众性精神文明创建活动普遍开展。学习型家庭、学习型楼院等学习型组织普遍建立，有图书室、阅报栏（科普宣传栏、黑板报）并定期更换内容，社区居民遵纪守法，明礼诚信，邻里和睦，团结互助，社会主义荣辱观得以树立，健康、科学、文明的生活方式得到倡导和推行，社区居民邻里之间关系和谐、融洽，家庭成员和睦相处。

在上述精神文明的各项内容中，最为重要的就是：(1) 鼓励社区居民积极参与社会公共事务的政治热情；(2) 提高社区居民的科学文化水平；(3) 树立社区居民高尚的道德风尚；(4) 开展社区居民丰富多彩的精神文化生活；等等。

顺便说及，一些人认为，精神文明应当主要是思想道德方面的事情，与科学素质关系不大。这是对精神文明缺乏深入了解的表现。原则上说，精神文明是指在世界观、人生观、价值观和精神状态方面与现代文明社会的基本要求相适应。现代文明社会对人们的基本要求包含许多方面，其中相当重要的一点是要求人们了解科学、热爱科学、学习科学和应用科学。科学技术全面渗透现代社会生活的各个方面，离开科学技术的高度发达，现代文明社会只能是空中楼阁。所以，让每一位公民都具备基本的科学素质，是社会主义精神文明不可或缺的内容。有人或许说科学是十分高深的东西，让科学家搞去就是了，社区居民科学素质高低有什么关系！应当充分认识到，科学技术的生力军固然是职业科学家，但职业科学家不是生活在真空中，他们迫切需要全国人民的支持和配合。二者的关系恰像过去常说的军民关系那样是鱼水关系。例如，科学是年轻人的事业。科学队伍需要源源不断地补充新人，科学新人哪里来？需要从娃娃开始培养，家家户户都有向科技输送人才的责任和义务；科研工作艰难困苦，固然需要科学家有奉献精神，但同时也需要老百姓的理解和支持。如果全社会对知识和人才缺乏一种应有的尊重，怎么可能让科学家义无反顾地从事科研攻关呢？另外，科技成果最终要进入生产和生活领域，要靠老百姓去应用，老百姓对于应用科学技术有没有积极性、应用是否得当，反过来是会影响科技事业的发展方向和速度的。

总之，全国人民人人需要具备基本科学素质，社区居民自然不能例外。

二、充分认识科技在和谐社区建设中的作用

如何构建和谐社区，工作可谓千头万绪。这里强调一点：依靠科技。在当代，科技是第一生产力，是经济和社会发展的支配性力量。社区是社会细胞，科技理应对和谐社区建设起重大作用。

（一）为民主自治提供信息畅通基础

民主自治的基础是信息畅通。大致说来，信息畅通包括：居民有意见能够及时表达、充分交流；居民对社区事务能够及时和充分知情；居民对时事、政策和法规能够及时了解等等。总之，家庭成员之间、居民之间、居民和社区委员会之间、社区之间、社区和基层政府之间等都要信息畅通。只有信息畅通了，社区自治才能真正实现，否则上情不能下达，下情不能互动，社区自治是无从谈起的。

怎样实现信息畅通？过去信息畅通主要靠口传耳闻、奔走相告。在农村，甚至曾一度是大钟一敲，村民就集合起来了。现在不同了，现在有了先进的科技：电话、传真、手机和先进的交通工具，尤其是互联网技术。20世纪末，中国开始进入互联网时代。据中国互联网络信息中心（CNNIC）统计，截至2015年6月，我国网民规模已达6.68亿，互联网普及率进一步提升，达到48.8%。我国手机网民成为拉动中国总体网民规模攀升的主要动力，半年内新增加3679万，规模已达5.94亿人，网民中使用手机上网的人群占比由2014年12月的85.8%提升至88.9%。手机上网已成为我国互联网

用户的新增长点，我国宽带普及率继续提高。此外，农村网民的规模也持续增长，达到1.86亿，与2014年底相比增加800万。中国网民自2009年年底已大幅度超过美国，跃居世界第一位。预计今后数年内，年增长率将仍呈快速递增趋势。对于越来越多的人来说，互联网所营造的“网络社会”已经成为与现实世界交叉、互补的工作区、生活区、服务区、社交区和自由讨论区，其功能堪与现实世界相媲美。通过网民，互联网所缔造的虚拟世界正在对现实世界发生全方位的影响。在这种形势下，社区信息化势在必行。事实上，现在我国不少地方的先进社区已经实现了一定程度的信息化，譬如，实现了办公自动化，形成了以省、市、区民政机关局域网为核心，以社区事务受理和公共服务为主干，以社区居委会和居民家庭为终端的，融经济发展、社区管理和公共服务为一体的网络体系，有自己独立的社区居民网上论坛，居民在网上有自己的博客，彼此之间可以QQ视频等等，从而为信息畅通和社区民主自治提供了十分优越的条件。

（二）使社区公共服务更上一层楼

社区公共服务包括许多内容，所有这些内容如果要达到高质量，往往离不开科技。正是科技为社区公共服务注入活力，使社区公共服务更上一层楼。因此，社区工作者不可滞留于小农意识，一定要有创新精神和前瞻眼光，在构建社区公共服务体系方面不可忘记依靠科技。

例如社区安全问题，在社区安装电子监控室，昼夜监控社区的每一条道路和每一个角落，较之传统的打更、巡逻，显然要便捷、有效得多；关心老弱病残，为有关家庭安装自动呼叫系统，较之传统的访贫问苦，效果会好得多；实施垃圾分类整理，既有利于环境卫生，也便于废物利用。废物利用看似小事，日久天长效益就大了，而且废物处理的成本也还是很高的。此外还有网上购物、网上支付、网上炒股、网络教育、网上家政服务、远程医疗远程教育，IC一卡通、立体停车场、养老和抚幼的网络化和社会化，等等。

（三）促进社区精神文明举足轻重

精神文明包括思想道德和科学文化两个方面，这一点决定了提高居民科学素质对于促进社区精神文明建设具有举足轻重的重要性。2006年国务院颁发了《全国公民科学素质行动计划纲要》，（以下简称《纲要》）对我国公民科学素质建设作出了全面部署，全国各级政府也都成立了由同级政府副职牵头的公民科学素质领导小组，目前，这项工作正在全国紧张进行。社区应当借《纲要》东风，在推进社区居民科学素质方面把文章做足做好。

什么是科学素质？过去一向见仁见智，《纲要》的一个亮点就是对科学素质给出了一个凝练且有一定深度的定义："了解必要的科学技术知识、掌握基本的科学方法，树立科学思想、崇尚科学精神，并具有一定的应用它们处理实际问题，参与公共事务的能力。"可以简称为"四科两能力"，即：科学技术知识，科学方法，科学思想、科学精神，以及应用它们处理实际问题的能力和参与公共事务的能力。当然也可以这样来理解，基本科学素质是指：(1) 有初步的科学知识基础和应用科学知识、科学方法的能力；(2) 对科学有一个较为准确的理解。如对什么是科学、什么是伪科学和反科学有所了解，对科学在物质和精神文明建设中的作用，以及科学技术的两重性有一定的了解；(3) 是一位自觉的科学促进派。从认识和行动上自觉地"信科学、爱科学、学科学、用科学"，以及关心科学和支持科学。

长期以来，不少人习惯于仅仅从物质或技术的角度理解科学的社会功能。似乎一谈到科学，就是它能够通过转化为技术给社会带来物质利益。其实科学的精神文化功能与它的物质功能相比，一点都不逊色，同样不能忽视。与此相关，那种把科普仅仅归结为普及科技知识的传统观念也是要不得的。一些高级知识分子误入邪教的惨痛事实教训我们：对于一个人而言，掌握科学精神、科学思想和科学方法比掌握科学知识更加重要。因此，我们一定要充分认识提高居民科学素质对于社区精神文明的重大意义。例如：

提高科学素质可以帮助居民破除迷信、远离伪科学和邪教。如，通过对日食、月食、彗星、流星、地震、龙卷风等异常自然现象的认识，可以懂得不存在超自然的力量、神是人类造出来的、人的命运掌握在自己手中等科学思想；迷信、伪科学和邪教为了神化他们的观点，迷惑群众，往往热衷于鼓吹"心诚则灵"，而科学方法主张任何理论和观点欲成为科学，都要无条件地接受事实的检验，而且事实检验必须具有可重复性，否则只能以虚假论处。因此掌握了这一科学方法的基本观点，无异于掌握了一项对付迷信、伪科学和邪教的法宝。提高科学素质可以帮助居民形成健康、文明的生活方式。通过提高科学素质，即便是文化程度较低的居民也可以逐步掌握各种先进的生活理念，如讲究卫生、合理膳食、劳逸结合、适量运动、心理平衡、生活规律、戒烟限酒、适度消费、节约资源、绿化环境、保护生态等等。这些广泛涉及人们吃穿住行的先进理念综合起来，就汇聚为一种健康、文明的生活方式。

提高科学素质可以帮助居民培养科学的思维方式。通过提高科学素质，可以使居民逐步掌握和养成科学的思维方法与习惯。如，懂得理论产生于事实，要提出正确的看法，必须尽量掌握关键的、较全面的事实；任何理论都必须接受事实的无情检验，不论提出这种理论的人的职务、性别、年龄、种族和财富如何等；真理有时会在少数人手里，对于少数人的意见，应允许他们保留；任何理论一旦提了出来，就有与不断出现的新情况发生矛盾的可能，世上不存在不能怀疑的理论。真理是在怀疑、批判、辩论和不断自我否定中发展的；定性是定量的前提，定量是定性的深化。分析问题应实行定性与定量相结合；事物之间的类比是激发灵感的常见途径；当自己的意见不成熟的时候，可尝试着按自己的意见行动，通过实践的检验，不断修正自己的意见，以期逐步走向正确；等等。这些科学的思维方法与习惯积少成多，久而久之就会凝练成科学的思维方式。

三、让科技引领和谐社区建设

（一）面向社区应当成为各级政府科技工作的指导思想之一

鉴于社区社会功能日渐扩大、在建设和谐社会中占据基础性地位，以及社区居民同样是纳税人，对我国科技发展也作出了突出贡献，理应享受科技成果，因此，国家和各级政府在制定科技政策时应对社区予以适当关心。但是，从目前的情况看，国家和各级政府制定科技政策时对社区关注不够，亟待加强。

首先，应当经常设立一些专门针对社区需要的科技项目。鼓励科技人员多搞一些符合社区需要的功能先进、价廉物美的科技产品，为社区开发一些计算机软件系统。如，社区医疗系统、社区学习系统和各类社区服务系统等等，让科技设施源源不断地进入社区。

其次，形成对社区稳定的多元化投资体系。资金是社区应用科技的主要瓶颈，我们调研时，所到之处社区干部对此呼声很高。各级政府应扩大对社区的投入，舍得对社区这个社会的大后方花钱，积极为社区向社会购买服务；同时，抓紧出台能够为社区注入活力的“关于形成社区稳定的多元化投入体系”的政策；有关部门和驻区企事业单位要积极参与社区建设。和谐社区建设广泛涉及民政、卫生、文化、教育、城建、公安等多个部门。各有关部门和单位要在党委、政府的领导下，各司其职，各负其责，相互配合支持，按照各自职能共同从财力、智力和人力上做好支持和谐社区建设的工作；各驻区企、事业单位应按照“共驻、共建、共享”的原则，主动介入社区公益事业领域，最大限度地实现社区资源的共有、共享，营造共驻社区、共建社区的良好氛围；工会、共青团、妇联及残联、老龄协会等组织和各民间团体也应力所能及地为推进和谐社区建设贡献力量；社区也要依靠自身的力量和所拥有的资源，发展和壮大社区自己的经济。

（二）提高社区干部、各类服务人员和全体居民的科技素质

要在和谐社区建设中充分发挥科技的作用，必须不断提高整个居民的社区科学素质，尤其是社区干部和在社区各种服务中心工作的服务人员的科学素质。当前，要把落实国务院《全国公民科学素质行动计划纲要》当作大事来抓。尤其《纲要》中关于城镇劳动人口、农民和未成年人三类重点人群科学素质工作的各项任务和措施比较贴近社区实际，社区更应当做得好一些。此外，社区要特别重视计算机培训工作。既然计算机正在迅速走向家庭，迅速实现普及，那么社区就应当顺应形势，做好计算机培训工作，让尽量多的居民掌握计算机技术。

（三）社区主动与科研院所、大中小学校搞好共建

科研院所、大中小学校尤其是大学科研力量强、拥有大量先进设施，社区应当利用各种可能的方便条件和科研单位、大学等建立起共建关系，这样社区可以做好多事情。如，邀请专家到社区做报告，聘请他们的科技人员做社区的技术项目，利用他们的文体场馆，共同组织文体活动，组织居民到

实验室参观，等等。其实科研院所、大中小学对社区也有许多需求，如，有些科研项目需要到社区去推广，有些后勤服务工作需要获得社区的支持，大学生需要到社区搞调研或挂职锻炼等。有时双方之所以没有建立起共建关系，是因为缺乏必要的沟通。从我们的文献调研来看，全国有许多社区已经与科研单位和大中小学建立了非常健康的共建关系。有的社区和科研单位或大中小学仅仅一路之隔，却鸡犬之声相闻，老死不相往来，这是非常令人遗憾的。

附录一

走出科学双重性的灰色地带[①]

世纪之交，一家著名科学杂志收到一篇重要的科学论文。在这篇论文的发表问题上，杂志社遇到了两难境地：若发表，将有可能导致恐怖分子制造出大规模杀伤性武器；若不发表，又会因为论文得不到同行的评价和承认而妨碍正常的科学研究。正如科学界某位权威人士所说，判定此类文章的发表与否，“是一个真正的灰色地带”。笔者把这个问题列入2003年山东大学科技哲学硕士生入学复试试题之中，结果考生中有主张发表者，有主张不发表者，还有主张内部发表者，一个真正的灰色地带呈现在人们面前！

能否走出灰色地带？问题难度很大，或许以下几点浅见可作为尝试性答案。

一、把握两条原则

（一）努力实践科学的公有主义规范

根据“科学社会学之父”、著名美国社会学家默顿的研究，科学作为一种体制化了的社会活动，其追求确证无误知识的自主目标，内在地要求科学

---

① 原载于《社会学家茶座》2003年第3辑，并入选2006年山东人民出版社出版的《社会学家茶座精装本》卷一。

家努力实践一套特定的行为规范。其中，规范之一是公有主义。该规范主张，任何科学发现都是社会协作的产物，一切科学知识都是科学共同体的公有财产，因此，科学家有所发现后，应当尽快将发现公之于世，使之进入科学交流过程。这样，不仅可以使科学知识得到同行的评议和检验，及时纳入到公共知识体系中去，而且，也便于其他科学家对该知识的利用，为后继的科学研究铺平道路。任何隐匿自己或他人获得的最新科学知识的行为，都会不同程度地带来妨碍科学发展的不良后果，因而是不道德和不能容忍的。

诚然，公有主义以及其他诸项科学规范是默顿基于其实证主义立场作出的一种“应然”描述或规定，科学实践的“实然”状况要比实证主义者设想的复杂得多。实践中，科学家的行为规范需要充分考虑各种不同的实际因素的制约。究其实，科学成果的性质不同，公有主义对其公开交流的要求也不同。一般来说，基础研究色彩愈浓、应用研究和发展研究色彩愈淡，公有主义对其公开交流的要求愈高；反之，公有主义对其公开交流的要求则愈低。不过也有例外，如某项研究尽管技术性很强，它若关乎人类生命财产安全或其他重大利益，那么，也应当按照较高的要求履行公有主义规范。针对“非典”的研究就是这样：世界卫生组织建立了一个包括欧美亚三大洲、九个国家和地区、十几个研究机构的全球研究网络，网络内部信息畅通无阻，研究成果随时交流。总之，不论在什么情况下，对公有主义量力践行是十分必要的。

（二）正确处理科学利益和社会利益的关系

公有主义规范告诉我们，及时发表科学论文是科学体制的内在要求，是科学顺利发展的保障因素之一，因而，反映了科学的利益；科学论文发表后为谁所用，怎样利用，直接关系到社会利益。为好人所用，用于服务人民，即是增进社会利益；为恐怖分子所用，用于制造出大规模的杀伤性武器，就是损害社会利益。在科学利益和社会利益发生冲突、难以两全的情况下，如何正确处理科学利益和社会利益的关系呢？

应当充分认识到，归根结底科学利益是服务于社会利益的，后者是前者的归宿，这是二者的基本关系。此外，二者的关系还有另一个侧面：科学利益具有相对独立性，不可能也不应该对社会利益亦步亦趋，一味追随。在有些情况下，科学利益代表着社会长远的和根本的利益，此时为了保证社会长远的和根本的利益，社会需要也必须丢掉一些眼前的和局部的利益。总之，文章是否发表要兼顾两个方面：一是文章内容对科学发展影响大小，二是文章发表后对社会的危害大小。一般来说，凡对科学发展影响重大而对社会危害较小的应及时公开发表，凡对科学发展影响不大而对社会危害较大的则不宜公开发表。

二、发表要讲究策略

主张某些两难情况下要公开发表论文，是否就意味着对恐怖分子利用论文制造大规模杀伤性武器、恣意危害人类的可能性不闻不问了呢？不是的。我们有责任也有可能千方百计地抑制和预防恐怖分子的倒行逆施。围绕论文的发表，至少可以采取以下诸项对策：

（一）选择发表时间

通常，恐怖分子做坏事有一个时机问题，这个时机即是恐怖分子的主观愿望与客观条件得以最佳结合的时刻。因此，科学论文的发表也一定要有一个发表时间的选择问题。时间选择的最高准则就是决不为恐怖分子提供任何时机上的便利。譬如，正当恐怖分子对某一目标虎视眈眈的时候，如果某论文恰好包含对该目标构成威胁的内容，那么，这篇论文应该缓期发表。

（二）选择发表地点

一般情况下，一篇论文的能见度与论文的发表地点是密切相关的。因此，恰当选择论文发表的地点也能在一定程度上起到遏制恐怖活动的作用。例如，有的论文可以选择在有特定阅读范围的内部期刊上发表，有的论文可以选择在学术会议乃至小范围的科学家碰头会上发表，有的论文还可以直接送交某些被指定的专家审查和评议。

（三）选择发表方式

论文的发表方式多种多样，不同的发表方式会产生迥然不同的效果。

为了给恐怖分子设置障碍，某些科学论文可以采用摘要发表的形式，敏感部分使用代码的形式或者删去关键性细节的方式等等。为了不致影响同行专家的评价和利用，可考虑就该论文建立一个需要口令才能访问的专用网站，也可考虑成立一个专门的科学家小组，为特定论文施行监护。凡欲阅读该论文全文的人，须经过严格的资格审查。

三、标本兼治

原则上说，不论采取何种措施，只要论文写出来了并且在某种范围内发表，无孔不入的恐怖分子就有将其窃取的可能。因此仅仅有策略的发表，还不能说是走出了灰色地带。要真正走出灰色地带，必须标本兼治，坚持在有策略发表的同时，继续在防止恐怖分子对科学论文的滥用上狠下功夫。

（一）逐步铲除恐怖分子产生的社会土壤

试想，假如世界上压根没有恐怖分子，就不会有他们对科学论文的滥用问题，所谓灰色地带也就无从谈起了。尽管遏制恐怖分子的产生很难，但并非绝无可能，正确的态度应当是：各国人民联合起来，努力从法律、伦理、宗教、文学艺术以及政治和经济等方面，创造一种社会环境和条件，逐步铲除恐怖分子乃至一切坏人产生的社会土壤。

（二）重视与科学应用有关的思想教育问题

关于科学论文的滥用，大致包括两种情况：一是恐怖分子或其他坏人对科学论文有意进行恶意的滥用；二是包括正直科学家在内的善良人对科学论文无意的不正确应用，或被坏人利用不得已参与对科学的滥用。第一种情况尽管也有一个思想教育的问题，但主要是一个武力镇压和法律制裁的问题；第二种情况恰好相反，尽管也有一个法律制裁的问题，但主要是一个思想教育的问题。

与科学应用相关的思想教育问题涉及面很广，这里，仅从科学家的自我教育方面强调以下两点：

一是决不参与滥用科学的活动。尽管不能排除科学家中极个别的人沦为恐怖分子的情况，但在绝大多数情况下，恐怖分子要达到滥用科学的目的，是离不开拉拢和胁迫科学家作为内应的。因此，自然科学工作者亟待加强人文科学精神的学习和培养，树立正确的世界观、人生观和价值观，坚定为人类利益服务的信念。每一个科学家都要认识到，科学研究是人民的事业，人民群众用自己的汗水滋养了科学事业，决不能让科研成果反过来去危害人民。只要每一位科学家都抱定不论在何种情况下，绝不以任何方式参与“滥用科学”活动的信念，无形中就等于在科学成果与恐怖分子之间筑起了一道天然防线，极大地提高了科学应用的安全系数。

二是与滥用科学成果的行为做不懈的斗争。诚然，与恐怖分子对科学的滥用进行斗争绝不仅仅是科学界的事情，然而，科学界无疑是其中一支特别能战斗的力量，可以并且能够发挥其他各界无可替代的重要作用。对此，科学家自身应具有清醒的认识。

首先，在必要的情况下，科学家有责任尽可能地向公众讲清楚有关科学成果滥用后可能造成的危害。这一方面，科学家了解得最多，也最有发言权。讲清楚这一点对于引起公众的关注和警惕，动员公众行动起来与恐怖分子进行斗争十分有益。

其次，针对恐怖分子滥用科学所造成的危害，科学家有责任组织力量进行旨在破解、弥补或挽救性质的专项科学研究。

第三，科学界也是一支不可忽视的力量。在科学社会化和社会科学化的今天，较之其他界别，科学界不论在质的方面还是量的方面，都具有相当的优势。因此，在与恐怖分子滥用科学的斗争中，科学界必定会发挥中坚的作用。

2015年将成为“反科技年”吗[①]

据国外媒体报道：“多年来，拥有最新的电子设备或者应用程序一直是地位的一种象征。这种事情很快就要发生改变。根据专家们的预测，2015年将成为‘反科技年’，人们将开始抛弃电子设备、社交网站以及其他科技产品，转而追求简单的生活。”为什么会出现这一情况？伦敦通讯机构hotwire的《数字技术发展趋势报告》告诉我们：“科技产品人气下降的一个重要原因在于应用程序、网站和其他屏幕上的广告不断增多。”就是说，科技产品带来广告泛滥这一消极后果是重要原因之一。所以，这一报道看似耸人听闻，其实它所涉及的，依然是以下三个基本问题。

一、如何看待科技与反科技

在古代，科学技术主要是人类生产活动的经验概括和总结；到了文艺复兴以后，人类找到了定量表达自然认识、运用实验检验自然认识，从而推动自然认识在继承与批判的交互作用中进步的方法，于是近代科学诞生了。随后发生的几次科技革命，使得科学与技术携起手来，不仅形成二者的良性互动和科学技术的加速发展，而且也使得科学技术对社会的推动作用急剧增强。从根本上说，科学技术是系统化的自然知识体系、人类认识自然和改造自然的社会活动和一种社会建制。尽管科学技术的发展有其内在的逻辑性和

① 原载于《科技导报》2015年第4期，第179页。

较强的自主性，但从整体上和根本上看，社会需求始终是科学技术发展强大的推动力。科学技术成果一旦问世，迟早会投入应用，以满足人类物质和精神上的需要以及社会进步的需要。从历史发展的趋势看，科学技术愈来愈成为现代社会发展的支配力量，甚至是“第一生产力”。

显然，基于科学技术是现代社会发展的支配力量或“第一生产力”的现实，反科技是错误的、要不得的。进入20世纪以后，反科技思潮在西方的抬头，与后现代主义密不可分。起初，它源于对科学消极作用乃至对科学理性的省思，本来有其一定的合理性，只不过，在一些人那里走向了极端，公然站到了科学和理性的对立面，于是，就成为众矢之的了。可以肯定地说，置科学技术在现代社会中举足轻重的地位与功能于不顾，坚持反科技的立场，无异于反人类、反文明和反社会。

二、如何看待科学技术的消极作用

关于科技发展所带来的积极作用和消极作用应强调以下三点：

1. 消极作用和积极作用永远相伴而生。科技成果的研究对象通常是个别的、局部的，而客观世界的一切事物则通常是一个系统，具有整体性；科技成果本身是客观的、一元的，而人类的价值需求则是主观的、多元的。因此，任何一项科学技术成果在发挥积极作用的同时，都会带来相应的消极作用。例如，新的医药产品在治疗疾病、减轻人的痛苦的同时，由于药物的副作用、毒性作用以及药物长期服用所带来的抗药性、药物依赖和引发的新病毒等问题，而对人体造成了新的威胁；电子产品在给人类带来极大便利的同时，也给人们带来了电磁波辐射、网络安全、网瘾和因广告泛滥等不胜其扰的烦恼等。科学技术的积极作用和消极作用恰像手掌和手背，是相伴而生、如影相随的。因此，对于科技成果出现意想不到的消极作用不必大惊小怪。那种认为科技不应有消极作用的观点是对科技的一种幻想甚至迷信。在对科技成果的消极作用缺乏思想准备上，反科技与科技迷信是一致的。科技迷信与反科技两极相通，前者是滋生后者的温床。

2. 消极作用因为对科技成果的滥用和误用而严重放大。科技成果本来就有作用上的两面性，而一些人为了个人、小集团或本阶级的利益，置消极作用于不顾，而一味滥用科技成果，于是使得许多不应该出现的消极作用出现了。基于这种情况，人们通常认为，社会根源是科技成果消极作用加剧的罪魁祸首。例如。商业利益的驱使对于寄生于电子产品的广告泛滥，是难辞其咎的。

3. 消极作用和积极作用永远同步升级。随着科学技术的高速发展，人们见证了科技积极作用的迅速扩张，也见证了科技消极作用的日益加剧。二者之间呈现出“魔高一尺，道高一丈——新一轮的魔高一尺，道高一丈”的互相斗法、轮番升级的景象。随着科技发展，人类将会享受到科技所提供的越来越多的便利，也会遭遇到科技所带来的越来越多的麻烦。事实上，通过克服消极作用而获得进步，乃是 20 世纪以来科技发展的新常态。根本不必因噎废食、讳疾忌医，因为科技的消极作用而走“远离科技”甚至“反科技”的极端路线。

三、如何应对科学技术的消极作用

原则上说，解决科技所带来的各种具体的消极作用需要多管齐下，如，社会制度的改变、人类认识的提高、舆论和道德的约束以及法律制度的完善等。但无论如何，科技手段是必要条件，也是解决科技消极作用最直接、最有效的手段。在不少情况下，各种社会因素的参与往往都是为科技手段的顺利研制、恰当应用和扩大积极作用而提供保障的。任何具体的消极作用一定有其现实的根据，唯其如此，任何具体的消极作用的解决也只是时间问题，而不可能永远肆虐；同时，这种克服也不可能是一劳永逸的。科技所衍生的消极作用必定是一波未平一波又起。对科学技术发展持乐观态度没有错，但不可盲目乐观，不可对科技的消极作用麻痹大意。

具体到科技产品所产生的广告干扰问题也是这样。首先，广告干扰并不单单是科技产品本身所带来的问题，而是掺杂了诸多社会因素的影响。广告早已有之，电子科技产品只是提供了一种新的载体，使得它有可能泛滥成灾。其次，它是可以解决的。例如，制定合理而严厉的广告法，以及在科技产品上安装相应的控制广告软件或广告拦截程序等，都是解决广告干扰问题的必要措施。

事实上，上述报道中的Hotwire报告显示，在一部分人扬言远离科技甚至反科技的同时，“现在，有超过60%的人拥有一个以上的科技产品。报告称随着平板电脑的价格不断降低以及可穿戴装置的进一步普及，人均拥有的科技产品数量还将继续增多”。这就充分说明，反科技不得人心，也不会得逞。不仅2015年不会成为反科技年，以后任何年份都不会成为反科技年。

科技之船将永远乘风破浪、呼啸向前！

关于省政府设立“山东省科学技术普及奖”的建议①

科学技术普及和科学技术研究是科学技术事业的两翼。科普与科学研究互相依存、相得益彰。

首先，科普既是激励科技创新、建设创新型国家的内在要求，也是营造创新环境、培育创新人才的基础工程。

其次，科学要使新发现带来的新思想、新观念、新方法为公众所理解，进而实现其精神价值，技术要让公众得以掌握进而尽快转化为生产力，均离不开科普这一中介。

第三，科普还担当着社会民主进程的推进器。在现代社会中，科学技术已渗透到政治、经济、文化的各个角落。公众如果缺乏基本的科学素养，就无法参与许多公共事务的讨论，尤其那些多少关联到科技的公共事务，更不必说转基因食品、干细胞研究、核能应用等科技含量较高的事务了。公众不能参与公共事务，民主制度就失去了根基，而提高公民科学素质，最有效的手段就是科普。

① 本文曾于2011年作为提案提交当年的省政协全会，得到了肯定答复，但最终未予落实。2013年11月28日，作者对提案修改后，又以省政府参事身份递交省政府参事室。12月3日，省政府参事室主办的《参事建议》2013年第18期专号全文刊发了此文。旋即郭树清省长作出批示：“此事很有意义，但关键是要找到合适的人和机构。需要有无私奉献精神、科学专业素养的又能不断开拓进取的同志。请孙伟、夏耕、超超、随莲同志阅示。”张超超副省长批示：“请科技厅研处。”王随莲副省长批示：“该建议很好，支持。”

基于此，各级政府对科普的重视程度正在迅速提高。自20世纪90年代以来，我国相继制定和颁布了《关于加强科学技术普及工作的若干意见》、《中华人民共和国科学技术普及法》和《全民科学素质行动计划纲要》等文件，确立了新时期我国科普事业发展的基本方向和战略方针。此外，在《国家中长期科学和技术发展规划纲要（2006—2020年）》等大量相关文件中，也一再反复强调科普的重要性。相应地，20世纪90年代以来，我国的科普事业得到了较快发展。尤其是2006年国务院颁布《全民科学素质行动计划纲要》以来，全国各地的科普事业有了质的飞跃。不过，相对于我国创新型国家战略目标和公众对科普的需求，以及提升公众科学素质任务的需要，我国科普能力的建设仍然相对薄弱。这主要体现在：高水平的原创性科普作品比较匮乏，科普基础设施不足、运行困难，科普基金设立较少，科普研究机构、科普队伍和科普组织不够健全和稳定，科学教育、大众传媒等教育和传播体系不够完善，高水平的科普人才缺乏，政府推动和引导科普事业发展的政策和措施有待加强等。

总体上看，和全国的形势相适应，最近几年山东省的科普事业也有了长足发展。但和山东建设经济强省和文化强省的战略目标的要求相比，和我省其他方面的工作相比，应该说，我省的科普事业还是有一定差距的。鉴于我省科普事业的现状，省政府亟待采取包括奖励在内的各种有力措施，鼓励和吸引社会组织、科技工作者、科普工作者投身科普事业，加快社会化科普工作进程，推动我省科普事业的全面发展。然而，令人遗憾的是，在我省日益发达的省政府科学技术奖励体系中，唯独“科学技术普及奖”缺席。近期，重庆市和新疆维吾尔自治区已经陆续设立政府科普奖。为此，特建议省政府尽快设立“山东省科学技术普及奖”。

1. 成立山东科学技术普及奖评审委员会。参照“全国优秀科普作品奖”做法，由省委宣传部、省科学技术协会、省科技厅联合组成评审委员会，分管副省长任主任。评审委员会是评奖活动的领导机构。办公室可设在省科协，由专职工作人员负责评审的日常工作。

2. 建立山东科学技术普及奖评审专家库。通过一定程序，按照一定标准，在全省科普作家、省级自然科学学会、省作家协会、科普出版机构、媒体科普相关人员、教育部门等方面遴选专家，组成专家库。评选时随机抽取，并依照一定的回避制度，确定每次参加评奖的评审专家。

3. 关于申报、推荐程序。面向社会申报。可自由申报，也可通过单位按系统组织申报。省级学会（协会、研究会）负责本学科领域的申报与推荐工作。评审委员会领导下的办公室接受申报。

4. 关于评奖范围。为便于掌握标准，突出重点，评奖可暂时仅限于指定时间区间内，我省公民在国内公开出版发行的科普图书、报刊科普文章和国内省级以上广播电台、电视台播发的原创科普节目三类科普作品。待条件成熟后，再把科普先进集体、先进个人和特色科普活动列入评奖范围。

5. 科普作品评价标准。原则上评价标准可分为科学性、创造性、实用性、艺术性四个方面，标准细则可在专家研究和论证后予以确定。

6. 其他：奖励名额、奖金额度、评奖时间等项具体事项待奖项设立后，由评审委员会征求专家意见，并参照省社科优秀成果奖做法酌定。

附录二

科普图书序跋（一组）

架起理解科学的桥梁[①]

要同科学打交道，就一定要首先理解科学，即一定程度地了解科学的性质、特点和发展规律，具有尊重科学发展规律的自觉意识。因此，理解科学成为所有现代人尤其是青年学生应当具备的基本素质之一。

然而，要真正对科学有一个基本的了解，实在不是一件容易的事。英国科学家、科学社会学家贝尔纳在其科学社会史名著《历史上的科学》中曾指出，科学是一种有多种品格、多种形象的事物："科学可作为（1）一种建制；(2）一种方法；(3）一种积累的知识传统；(4）一种维持和发展生产的主要因素；以及（5）构成我们的诸信仰和对宇宙和人类的诸态度的最强大势力之一。"其实科学的品格和形象何止如此！譬如，除上述以外，它至少还可以是一种认识活动、一种文化活动、一种生活方式等等。科学品格和形象的千变万化和多种多样，为其统一的本质抹上了一道浓重的色彩。如果说，在科学囿于学者的书斋、掌握在工匠手中的年代里，或科学刚刚和工业生产携起手来的年代中，人们对于理解科学的要求还不那么迫切，而这种理解本身的难度也不那么大的话，那么，时代进入20世纪，特别是在20世纪

---

① 本文为马来平等《理解科学——多维视野下的科学》（山东大学出版社2003年版）一书的后记，刊于2003年2月19日《中华读书报》。

中叶以后，历史则发生了显著变化。与理解科学有关，至少出现了以下两个方面的情况：

1. 理解科学的重要性和迫切性大大增加了。相对而言，21世纪以前，科学的发展与社会进程的关系并不那么紧密。而在当代，科学以技术为中介，对政治、经济和文化等产生日益巨大而深刻的影响，已经逐步成为决定社会进程的基本因素之一；甚至，科学的发展也直接制约着国家安全的格局，开拓了人们关于国家安全的观念，使得人们由过去偏重国防安全而开始广泛关注科技影响下变动不居的经济安全、文化安全、生态环境和社会安全等。于是，首先，科学发展的水平和规模成为衡量一个国家综合国力的主要指标，促使所有发展中国家和第三世界学习发达国家，以各种形式提出了自己的“科技兴国”、“科教兴国”或“科技立国”战略；其次，科学在人类社会生活中的地位和作用的迅速上升，使人们不仅关心科学研究的规模和效率，而且更为关心科学成果的技术转化及其产业化；第三，当代科学规模的迅速膨胀（据统计，目前全世界用于科研的经费已经达到每年5000亿美元以上，人数已经达到5000万人）、科学活动社会化和国际化程度的大幅度上升，对科学事业的规划、协调和管理的要求越来越高。所有这些，都使得理解科学的重要性和迫切性空前地增加了。

2. 理解科学的难度大大增加了。主要是因为当代科学表现出了以下特点：第一，复杂性。当代科学的分支越分越细，越分越多。交叉学科、横断学科、综合学科等种类繁多。据统计，当今学科总数已达到6000多门。各学科之间的关系纵横交错、复杂万端，当代科学和人文社会科学的关系以及社会诸方面的关系，越来越密切，头绪也越来越多。科学这种内部和外部关系的复杂性，无疑增加了人们理解科学的难度。第二，相对性。20世纪刚一开始，就在物理学领域内发生了一场科学革命：相对论取代了牛顿力学占据了科学的主导地位。牛顿力学适用范围有限性的发现，充分表明了科学真理的相对性。随后，一大批科学成果都一再强化了这一点。科学真理的相对性，在西方思想界引起了很大震动。在拒斥辩证法的气氛中，不少人发出了疑问：科学究竟是什么？第三，两重性。第一次世界大战以后，人们越来越清楚地认识到科学社会功能的两重性。很多人把科学比喻为双刃剑，科学社会功能的两重性促使人们思考：造成科学社会功能两重性的原因是什么，如何预防和减少科学可能带来的消极后果，等等。第四，多变性。根据美国著名科学学专家普赖斯的研究，科学的发展按照指数规律进行。就是说，科学知识量的积累和上涨是十分惊人的。正如贝尔纳谈到这一点所指出的那样："因为我们正在研究的对象和过程变化极快，其速度超过了我们对它的研究，所以，这确实是个非常困难的任务。"

上述情况表明，要做到对科学的理解，单凭直觉和经验是无法奏效的。应该建立专司理解科学之职的学科。事实上，这样的学科已经涌现了，以至出现了一个科学人文学科群：科学社会学、科学哲学、科学史、科学伦理学、科学美学、科学语言学，等等。其中，最有代表性、最成熟、最发达的就是科学社会学、科学哲学和科学史了。这些学科运用社会学、哲学和历史学等人文社会科学的理论和方法，分别从不同的角度解读科学的奥秘、揭示科学发展的规律，有效地推进了人们对科学的理解。

科学社会学一向关心科学与社会的互动关系。首先把科学作为社会的一部分，然后从科学与社会的互动关系中理解科学。默顿学派关注的焦点在于：作为一种特定的社会体制，科学是如何运行的（科学家的行为规范如何、彼此间如何进行学术交流等）、为什么会运行（科学运行的动力是什么，即，是什么因素激励着科学家献身科学）、科学界内部的社会结构如何（科学界的社会分层情况如何）、科学与其他社会体制的互动关系如何，等等。20 世纪 70 年代以后，科学知识社会学崛起。他们进一步深入科学内部，试图从宏观与微观两个方面研究科学知识与社会的互动关系，探求在科学知识产生的各个环节中各种社会因素是如何影响和决定科学知识内容的。科学知识社会学利用十分地道的社会学的理论和方法对科学的本质和发展规律所作的相当深入的探讨，对于我们理解科学具有开阔视野、启发思路的作用，也是毫无疑问的。

显而易见，一方面，公众迫切需要加深对科学的理解；另一方面，在知识的殿堂里，存在着一批蓬勃发展中的、专司理解科学之职的新兴学科。尽管我们不可能完全依靠这些学科达到理解科学的目的，但它们在促进和帮助公众理解科学方面的巨大作用是不容忽视的。因此，为了更加有效地推动公众对科学的理解，应当充分利用这批新兴学科，在公众与理解科学之间架起一座桥梁。

利用科学名言进行科学普及①

走中国特色的自主创新道路，建设创新型国家，离不开公众的支持和参与。因此，对于建设创新型国家而言，加强科普教育，不断提高公民的科学素养，无疑是一件具有重大战略意义的事情。

什么是公民的科学素养？一般认为，一位现代公民最基本的科学素养至少应包含三项内容：一是懂得科学技术的基本知识，二是了解科学研究的大致过程和基本方法，三是能够正确认识科学技术对社会的影响和社会对科学技术的制约作用。

关于第一项，主要是指让公民掌握科学技术最基本、最重大成就的核心概念或要点。例如，通过人类呼吸的氧气来源于植物、光速比声速快、千百年来各大陆一直在缓慢漂移、最早的人类和恐龙生活在同一时代、地球绕太阳公转并自转一圈为一年、人类由类人猿进化而来、激光因汇聚声波而产生、电子比原子小、宇宙始于大爆炸等论断的测验，就可以大致检验一个人对自然科学某些最基本、最重大成就的核心概念或要点的掌握程度。

关于第二项，意在使公民了解科技研究工作的复杂性和创造性，增进对科技人员和科技工作的理解，缩小科技人员、科技工作与公民的距离。同时，使公民接受一点科学方法的教育，增强认识自然和改造自然的能力，提高公民分辨科学与伪科学的能力和对伪科学、反科学、迷信活动的抵御能力。

关于第三项，随着科学技术规模的扩大和全球问题的日益严重，科普工作变得越来越重要。事实上，公民是否能全面、正确地理解科学技术和社会的基本互动关系，已经涉及公民对待科学技术的基本态度以及科学技术的生存权了。科技活动是一项高效益、高风险的公益事业，科学研究需要宽容，同行承认是科学评价的核心与基础。例如，所有放射性现象都是人为造成的、抗生素能杀死病毒等判断中，就包含了关于社会对科学技术的制约作用和科学技术对社会影响的某些应有的认识。

---

① 本文为马来平主编的《科学箴言》一书的前言，山东科学技术出版社 2007 年版。

在上述三项内容中，第一项是第二项的基础。因为只有具备一定的科技知识基础，才能更好地了解科学研究的大致过程、基本方法，正确认识科学技术与社会的互动关系。不过，就三项内容在公民科学素养中的地位和作用而言，后两项的重要性远远超过第一项。因为后两项基本上属于科学精神的范畴，蕴含着科学知识的本质和灵魂。

多年来，由于政府的重视和提倡，社会各界已经普遍认识到科学精神的普及是科学普及的重点。然而，相对于科学知识，科学精神比较抽象、艰深，而且关于科学精神含义的理解也是见仁见智、歧见丛生。因此，科学精神如何普及，尤其科学精神普及的形式问题，成为人们关注的焦点。在这方面，人们已经进行了大量探索，积累了丰富经验。这里，我们所做的初步尝试乃是利用科学箴言普及科学精神。

科学箴言表达了人们对于科学各个侧面认识的真知灼见。尤其是科学家、哲学家和政治家等社会各界精英，基于他们的睿智和超人才华，以及对于科学的独特感悟和犀利洞察，他们关于科学所发表的大量言论往往就是对科学精神简洁明快、鞭辟入里的揭示和表达。因此，科学箴言无疑是一种难得的科学精神载体。

本书锁定的社会精英范围包括中外杰出政治家、科学家、哲学家、思想家、科学哲学家、科学社会学家和科学史家等，所选箴言内容包括何为科学、科学素质、科学规范、科学方法、科学体制、科学知识、科学与文化、科学与社会等。所选箴言形式力求达到简短明了、一语中的、置之座右、铭感终生。所依据的主要参考文献包括政治人物著作与文集，中外科学家著作与文集，中外哲学家著作与文集，科学哲学家、科学社会学家、科学史家著作与文集，科学人物传记，以及各种名人名言词典、名人论科技或科学家论方法等书籍。本书所选科学箴言 2000 余条，其中不乏启人心智、妙语连珠、脍炙人口者，堪称科学箴言经典。

实现“内史”与“外史”的有机结合[①]

科技史描述科学技术发展的历史，它本身也是一部发展的历史。在这一历史进程中，“内史”编史路线曾长期占据主导地位。“内史”主要分为两大类别：一是编年史，即以年代为线索对科学发现、技术发明、科学方法和技术方法等在考证和分析的基础上予以梳理；二是科学思想史，即力图通过对科学原典和科学家个人的有关资料等方面的研究再现科学理论和科学概念从片面走向全面、从现象走向本质、从谬误走向真理的逻辑过程。“内史”编史路线的突出优点是在科学知识发展链条的某些环节较有利于对科学知识、科学方法作有机而深刻的理解，以及便于把握科学知识发展的脉络和模式等，但由于科学发现过程原始资料的极度匮乏，以及“内史”编史路线对社会因素和非理性因素的排斥和疏远，使其不仅无法解释科学知识发展的间断性和革命性，而且，也无力解释科学发展方向、速度和规模等整体上的种种变化。因此，按照这种编史路线去写科学史，将会导致要么虎头蛇尾难以善始善终，要么牵强附会、脱离实际。

正是在这种情况下，“外史”编史路线异军突起。该路线主张把科学技术视为一种社会体制或社会活动，在科学技术与经济、政治和文化等社会因素的相互影响、相互作用中，描绘科技发展的轨迹。不仅力图追溯整体上科技发展的社会根源和社会影响，而且从微观上也努力探讨社会因素对科学知识内容的作用等。“外史”编史路线较有利于全面把握科学精神、科学价值、科学的文化气质以及科学在社会中的运行机制，在描述科学发展的全貌上，较为接近实际。但由于漠视乃至排斥科学知识的内在逻辑，而且难以在科学发展与众多的社会因素之间建立起可靠、清晰的因果关系，因而容易使遵循该路线写出来的科学史显得松散、空洞、充满随机性，并且极易走向相对主义。

于是，“外史”编史路线在科学史家那里一度备受青睐之后，实现“内

① 本文为《通俗科技发展史》一书的前言，较原文略做改动。见马来平主编《通俗科技发展史》，山东科学技术出版社 2007 年版。

史”与“外史”的有机结合，逐渐成为当今科技史界的主导诉求。美国著名科学史学家、科学哲学家库恩尽管一向以外史主义者著称，但他实际上已高度关注“内史”与“外史”的有机结合，并成为勇敢探索“内史”与“外史”有机结合的一个先行者了。他说：“虽然科学史的内部与外部方法有一些天然的自主性，但事实上，它们是互相补充的。直到它们的编史工作做到一个从另一个中引出，科学发展的重要方面才可得到理解。”[①] 他甚至明确提出，怎样把“内史”与“外史”结合起来，当是科学史这个学科“而今所面临的最大挑战”[②]。就库恩关于“内史”与“外史”两种编史路线的有机结合的实践来说，也是取得了骄人成绩的。他把科学发展的状态分为常规科学和革命科学两个时期。在常规科学时期，科学家的工作主要是在范式的指导下解难题，科学知识的内在逻辑得到了充分展现；在革命时期，科学知识的内在逻辑突然中断，社会因素和非理性因素的作用占据支配地位。显然，在库恩那里，内在因素和外在因素各得其所，在科学发展的不同阶段里发挥着各自的作用。库恩的编史学思想受到了学界的广泛称赞。大家一致认为，该编史学思想尤其适合于物理学和化学这样的发达学科。当然，库恩的编史学思想也有严重缺陷：在他那里，常规科学时期实际上是内在主义的，社会因素和非理性因素被悬置；革命科学时期，不见了科学知识的内在逻辑，因而实际上是外在主义的。对科学发展作用因素的这种人为剪裁和割裂，未免失之主观武断。更有甚者，他的这种处理方案，是以消解真理概念和放弃追求真理的科学目标为代价的，以致在相对主义问题上最终使他陷于“实际上分明具有、口头上却矢口否认”的极度尴尬境地。

的确，把“内史”与“外史”两种编史学路线恰当结合起来，是一件难度相当大的事情。其间的原因至少有二：一是“内史”和“外史”两方面的研究基础尤其是“外史”的研究基础比较薄弱。“外史”引起学界的注意，最初是 20 世纪 20 年代初苏联物理学家赫森那篇题为《牛顿力学的社会经济根源》（1931）的著名论文在伦敦第二次国际科学史大会上的发表，继而是默顿的《十七世纪英格兰的科学、技术和社会》（1938）和贝尔纳的《科学

① 吴国盛：《科学思想史指南》，四川教育出版社 1994 年版，第 18 页。
② 吴国盛：《科学思想史指南》，四川教育出版社 1994 年版，第 8 页。

的社会功能》所做的两项典范性的"外史"工作。至60年代库恩《科学革命的结构》(1962)一书的出版，才真正标志着"外史"学术地位得以确立；同时，长期以来，按照"外史"路线撰写科学史以及"外史"编史学的研究基本上未受到应有的重视。因此，迄今具有"外史"性质的、公认高水平的科学通史著作较为少见。二是"内史"与"外史"结合相当复杂和颇有难度。在一定的意义上，"内史"与"外史"都带有某种纯化和简化科技发展实际过程的意味，前者撇开科技与社会因素的互动关系，聚焦科技内部的逻辑发展；后者将科技内部的逻辑发展黑箱化，着力考察科技与社会因素的互动关系。相比之下，"外史"较之"内史"较复杂、难度较大。而"内史与外史的结合"较之"外史"则更加复杂、难度更大。这是因为，它不仅要兼顾科技内部的逻辑发展和科技与社会因素之间的互动关系，而且，还必须准确把握二者作为科学发展两种推动力的大小、方向、变化、作用条件和耦合方式等。

顺便说及，"内史"与"外史"的有机结合绝非是主张"内史"与"外史"的半斤对八两、在二者之间搞绝对平衡。二者的主次或轻重是因时因地而异的，最高的准则是最大限度地符合科学发展的实际。当然就整体而言，由于科学发展的内在逻辑是根本，所以，在努力实现"内史"与"外史"的有机结合的前提下，较之"外史"，"内史"毕竟更为根本一些。

或许正是由于难度巨大，所以，目前看到的不少科学史著作，在"内史"与"外史"的有机结合上远不能令人满意：关于"内史"，主要是科学成果的简介和罗列，根本看不到彼此之间内在的、逻辑的联系；关于"外史"，主要限于简介时代背景、偶尔涉及科学建制的变化或科学成果的哲学意义等，根本看不到社会因素和科学发展之间带有一定因果性的联系。就是说不仅"外史"和"内史"均不到位，而且二者互不搭界。这样的科学史是没有思想、没有活力的。

为此，本书编写中，将努力体现以下原则：

1. 宏观上，从科技知识、社会活动、社会体制和精神文化等视角全方位地观照和把握科学技术。在考察科学技术理论和概念逻辑演化过程的同时，充分揭示科技知识在其发展过程中与经济、政治以及哲学、伦理、宗教、文学艺术等文化因素互动的内容、方式和后果等。科技发展的内部逻辑和社会需要的推动二者纵横交错，有机关联，在不同的学科和不同的研究领域以及不同的情况下，二者之间的关系将呈现不同的面貌。如，有的情况下，前者对科技发展起主导作用，改变着科技作用于社会的形式和内容；有的情况下，后者对科技发展起主导作用，决定着科技内部逻辑发展的方向和速度。总之，科技史作者一定要明确认识到，不论在什么情况下，二者都不可能单独起作用：社会需要必定会直接或间接地对科技发展的内部逻辑发生作用，而科技发展的内部逻辑也必定会直接或间接地折射着社会需要的作用。

2. 微观上，把“内史”与“外史”有机结合的原则贯彻到科技史上的每一典型场景。本书以科学技术与社会的互动为经，以科技史上里程碑式的成就、人物或事件为纬，聚焦科技发展史上每一个具有转折意义的关键时刻。以一人、一个重大发现或一部经典著作为一题，着力把每一条目中所涉及的科学知识说得清楚、明白、透彻；同时写出每一科学成就有关知识上的前因后果，以及它的社会原因和社会影响，在多重前因后果中展示其与整个科技史的内在联系。

3. 以“内史”与“外史”有机结合的原则促进提高公民科学素质的目标。一切科普图书都要以提高公民科学素质为目标，本书也不例外。这一点决定了本书的根本任务是普及科技知识、科学方法、科学精神和科学思想。如何普及呢？关键在于在力戒空头说教，做到寓理于事的前提下，努力避免科学主义倾向。具体说来即是：就“内史”的角度而言，不可把科学知识等同于真理，要在坚持科学知识客观性的前提下，适度承认科学知识的社会性；就“外史”的角度而言，不可仅仅看到科学技术的积极作用，一定要正视和适当反映科学技术的负面作用，并给予实事求是的分析。简言之，要引导读者走近真实的科学，做到对科学既要尊重，又不迷信。

以上设想，尽管粗浅，但毕竟是一种满腔热忱的心愿，本书是否真正将“内史”与“外史”有机结合的原则付诸实施，尚待读者教正。

此外，需要说明两点：一是“内史”与“外史”两种编史学路线之争，并不仅仅局限于科学的内部因素和外部因素在科学发展中作用的有无和大小问题，更重要的是应当关注科学内部因素和外部因素在什么地方起作用、怎样起作用等；二是“内史”与“外史”两种编史学路线之争并非编史学的全部，除了研究科学发展的动力问题之外，科学编史学还应当研究：作为一种系统化的知识体系，科学知识的性质、结构、进步方向和规则等；作为一种社会建制，科学的社会规范、奖励制度、社会分层和交流系统等；作为一种社会性的认识活动，科学活动的组织、管理、人才、经费、环境、社会影响等。

365 天里的科学史①

随着我国现代化建设的纵深发展，青少年的素质教育越来越引起全社会的高度关注。青少年素质包括多方面的内容，其中，最主要的是人文素质和科学素质。人文素质是指人在追求个人与社会终极关怀的目标方面所需要的品质和能力，它服务于善，主要解决人的价值观念和道德规范问题；科学素质是指人在认识和掌握客观世界的规律和特性方面所需要的品质和能力，主要解决人的认识能力和知识水平问题。人文素质为解决科学素质引导方向，科学素质为人文素质提供基础。

一般认为，在科学素质方面，包括青少年在内的现代公民应达到以下基本要求：一是懂得科学技术的基本知识；二是了解科学研究的大致过程和基本方法；三是能正确认识科学技术对社会的影响。不过，上述要求还只是初步的、浅层次的，远未触及根本；科学素质的根本乃在于科学精神。就是说，一位现代公民一定要具有最低限度的科学精神。

科学精神的内容主要包括：普遍怀疑的态度、彻底客观主义立场、知识公有的观念、执着追求真理的情怀、继承基础上的创新勇气以及逻辑思维的原则和精确明晰的表述方式等等。有了它，不仅可以在学习和掌握已有的科学知识上触类旁通、事半功倍，可以在研究和探索新的科学知识上高屋建瓴、势如破竹，而且还可以使人们在暂时缺乏某些具体科学知识的情况下，采取一种正确的方法，以不变应万变，有效地抵御和击败迷信、伪科学和反科学的进攻。

① 本文在《科学日记——历史上的珍贵记录》一书后记的基础上修改而成，发表于 2005 年 3 月 16 日《中华读书报》。见马来平主编《科学日记——历史上的珍贵记录》，山东科学技术出版社 2005 年版。

如何培养青少年的科学精神？途径是多种多样的，我以为下述方面应该受到重视。

第一，参与科学实践。科学研究的目标、科学实验和科学观察的操作规范，对科学精神有一种内在的要求。具有科学精神的人并不一定是参加过科学实践的人，参加过科学实践的人也不一定具有充分的科学精神，但参加科学实践肯定有利于培养科学精神。

第二，学习科学知识。科学理论和科学体系静态结构的精美，科学知识产生、确立和发展过程的曲折迂回和激动人心，以及科学知识对人类社会影响的广泛和深入等等，都有可能在科学精神方面给人以某种启迪和教育。因此，青少年刻苦地学习和钻研科学知识是培养科学精神的一项基本功。

此外，还有一条重要的途径，这就是学习科学技术发展史。一部科学技术发展史，往往就是一部科学精神发展史。因此，学习科学技术发展史，能够给人以科学精神的生动教育，是培养科学精神的一条颇有成效的途径。

现在，摆在读者面前的《科学日记》，可说是讲述科学技术发展史的一种新颖形式。本书从数、理、化、天、地、生和技术的各个分支学科中，选取了那些重大的、里程碑式的科学发现和发明，略去其年份，按照月份和日期的顺序逐一介绍，这样，一部长达几千年的科学技术发展史，就被浓缩到了 365 天里。这种日记体的形式，带给人们一年 365 天，天天有重大科学发现和发明的亲切而强烈的内心感受。此外，本书力求立意高远，不论是叙述事件还是介绍人物，都着力交代相关科学发现和发明的背景和过程，揭示出科学家的内心世界，从而使读者不仅丰富了知识，开阔了视野，而且，还可以感受到一种真切的科学精神。

愿广大青少年喜欢这本载满历史上珍贵记录的日记！

提高哲学素质的途径①

提到哲学，很多人会立刻联想到“深奥”，感觉哲学深不可测，距离普

① 本文为《大哲学家——现代思想的缔造者》一书的译后记。见［英］麦德森·皮里《大哲学家——现代思想的缔造者》，马亭亭、王静、王明宇等译，常春兰、马来平校，山东画报出版社 2012 年版。

通人的生活十万八千里。其实，“深奥”只是哲学示人的特征之一，“浅显”同样是其固有品质。任何经得起推敲的哲学思想都是彻底的。所谓“彻底”，就是左右逢源、贯通一切，对于一件事情的看法或对某个道理的认识，达到了圆融、通透的境界。这一点决定了大凡经得起推敲的哲学思想都能做到“深”与“浅”的统一。“深”，指哲学思想往往涉及客观世界和人生的根本问题，高屋建瓴、入木三分；“浅”，指哲学的研究对象至大无外、至小无内，从自然万物到人类社会，无处不在。例如，“人不能两次踏入同一条河流”（赫拉克里特）表明一切皆流、无物常住；“认识你自己”（苏格拉底）强调人的最高智慧在于知道自己的无知。这些哲学思想与人类实践活动和日常生活紧密相关，言近旨远、深入浅出。

毋庸置疑，提高哲学素质离不开学习历代哲人思想。哲学思想凝聚着哲学家对所思对象的真知灼见和独到感悟，足以启人推陈出新或茅塞顿开。不过，囿于历史条件，任何具体的哲学思想对于提高哲学素质的作用有限，关键乃在于学习和掌握哲学方法，尤其是哲学的运思方式。哲学运思方式和哲学思想是筌和鱼、绣品和金针的关系。

哲学的运思方式多种多样，最基本的是刨根问底、不懈追问：

一是纵向追问方式：将客观世界进行主客二分，以此为前提，将作为主体的人置身客体之外，追问客体的根底。这种追问方式的要义是：从特殊追问普遍、从现象追问本质、从“多”追问“一”。同时这种追问是持续不断的：从较低的普遍性追问更高的普遍性，从初级本质追问高级本质，从简单的“一”追问更简单的“一”……一直追问下去，直至本体澄明之境。

二是横向追问方式：以人与世界一体或天人合一为前提，追问人与万物、一物与万物如何融为一体。如果说纵向追问方式追问的目标是抽象、永恒的本质，那么，横向追问方式所追问的目标则是具体而微、变动不居的现实世界，从当前的现实事物追问到不在场的现实事物。例如，一个人的神态容貌是当前的现实事物，而其生活环境和教育程度等，则是不在场的现实事物。只有把当前在场的现实事物和不在场的现实事物融合起来，才能真正理解在场的现实事物。横向追问方式超越主客关系，在物我两忘、万物一体的境界中认识事物，其追问手段主要是体验、领悟、想象及隐喻。现代西方哲学尤其是胡塞尔、海德格尔等人本主义哲学和中国古代哲学大多采用这种追问方式。

上述两种追问方式，前者偏重逻辑，后者偏重修辞，具有一定程度的互补性，且本质上相通。纵向追问方式离不开现实事物的启迪，离不开体验、领悟、想象、隐喻等创造性思维；同样，横向追问方式并不绝对排斥概念和普遍性，只不过更加倚重感性的特殊存在。所以，横向追问方式的所谓在场和不在场云云，也是包含了概念和普遍性的。两种追问方式各有长短：纵向追问方式单刀直入、一针见血，所得结论可信但失之抽象、乏味；横向追问方式感性具体、活灵活现，所得结论可爱但失之朦胧、模糊。

总之，两种追问方式均旨在深刻理解事物，对于深入思考十分有用。

掌握哲学的运思方式的有效途径是学习哲学史和阅读哲学家的原著。在法国、意大利、西班牙和葡萄牙等欧洲国家，高中就已将哲学列为必修课，引导学生阅读哲学史和哲学家的原著。尤其法国，从拿破仑时代起，哲学就在其教育体系中占据显要地位。法国文科学生每周有 8 小时哲学课，经济社会方向学生每周有 4 小时，理科生有 3 小时，技术方向的学生也有每周 2 小时的哲学课。每年法国高中会考，类似“自由是否意味着不会遇到任何障碍?”“期待不可能成为可能是否是荒谬的”哲学考试题目总能引发全国性讨论，可谓“皇冠科目”。法国关于哲学教育的理念非常明确：塑造有教养的公民。历代哲学先贤所追求的是独立思考的自由，而哲学恰好是培养公民独立思考的利器。因此，“它要求全民都要面对它，至少在他们生活中花几个小时来思考哲学问题……没有哲学，你就无法进入成人世界”①。

无论如何，对于青年学生和其他人来说，读点哲学史、哲学专题或哲学家传记之类的普及读物，大有裨益。

山东画报出版社的王硕鹏编辑一向热心哲学人文社会科学和自然科学的普及。当他提议由我组织翻译一本哲学通俗读物时，我们一拍即合。拿到原版书后，我和我的学生们立刻发现，这本小书的确是一本有趣的哲学通俗读物。此书具备以下特点：(1) 内容全。收录哲学史上众多地位显赫的知名学者，并扼要介绍了每位哲学家的代表思想。可谓一册在手，尽览数千年西欧哲学史胜景。(2) 篇幅短。译成中文，每位传主区区七八百字，却信息量

① 参见译言网。

大、内容丰富，颇见作者文字凝练功力。(3) 形式活。每篇既有总揽全局的综述，也有画龙点睛的引语，并适当穿插逸闻趣事，真正做到了寓深隽哲理于诙谐情趣之中。(4) 资料新。本书篇幅虽小，却包含了不少国内西哲研究中难得一见的资料。这些新资料，对于专业哲学工作者而言，也颇具吸引力。

本书主要译者马亭亭现正在美国攻读博士学位，是《社会学入门——一种现实分析方法》[①] 的译者之一，曾发表《科学界的优势和劣势累积》、《科学社会学 50 年》等译文。主要校对者常春兰副教授哲学功底厚实，有《科学与宗教——从亚里士多德到哥白尼（400B.C—A.D1550)》[②] 等译著。全书 101 篇初译分工如下：马亭亭：第 1—3 篇、第 75—101 篇；王静、王明宇、惠鸿杰：第 4—64 篇；孙庆华：第 65—74 篇。校对为常春兰、马来平；王静、刘星、王明宇、辛璐茜也参与了部分校对工作。书稿翻译过程中，我们在尽量提高可读性上下了一番功夫。尽管如此，本书译文仍有许多不尽如人意之处，恳请读者批评指正。

① ［美］詹姆斯·汉斯林著，北京大学出版社 2007 年版。
② ［美］爱德华·格兰特著，山东人民出版社 2009 年版。

参考文献

（一）著作

［美］爱因斯坦：《爱因斯坦文集》第1卷，许良英等译，商务印书馆1977年版。

［美］爱因斯坦：《爱因斯坦文集》第3卷，许良英等译，商务印书馆1979年版。

［美］约瑟夫·阿伽西：《科学与文化》，邬晓燕译，中国人民大学出版社2006年版。

［英］J.D. 贝尔纳：《科学的社会功能》，陈体芳译，商务印书馆1982年版。

［英］J.D. 贝尔纳：《历史上的科学》，伍况甫等译，科学出版社1983年版。

［美］伯纳特·巴伯：《科学与社会秩序》，顾昕等译，三联书店1991年版。

［英］迈克尔·博兰尼：《个人知识》，许泽民译，贵州人民出版社2000年版。

［英］迈克尔·博兰尼：《自由的逻辑》，冯银江等译，吉林人民出版社2002年版。

［英］迈克尔·波兰尼：《科学、信仰与社会》，王靖华译，南京大学出版社2004年版。

[英] 迈克尔·博兰尼:《社会、经济和哲学——波兰尼文选》，商务印书馆 2006 年版。

[英] 大卫·布鲁尔:《知识和社会意象》，艾彦译，东方出版社 2001 年版。

[英] 巴里·巴恩斯:《科学知识与社会学理论》，鲁旭东译，东方出版社 2001 年版。

[英] 巴里·巴恩斯:《局外人看科学》，鲁旭东译，东方出版社 2001 年版。

[美] 巴里·巴恩斯等:《科学知识：一种社会学的分析》，邢冬梅等译，南京大学出版社 2004 年版。

[英] 帕特里克·贝尔特:《二十世纪的社会理论》，瞿铁鹏译，上海译文出版社 2001 年版。

[英] 波普尔:《科学知识进化论》，郭树立编译，三联书店 1987 年版。

[美] 丹尼尔·贝尔:《后工业社会的来临》，高锋译，商务印书馆 1984 年版。

蔡仲:《后现代相对主义与反科学思潮》，南京大学出版社 2004 年版。

陈独秀:《陈独秀文章选编》上册，三联书店 1984 年版。

[英] W.C. 丹皮尔:《科学史及其与哲学和宗教的关系》，李珩译，商务印书馆 1979 年版。

[英] 笛卡尔:《哲学原理》，关琪桐译，商务印书馆 1959 年版。

[以色列] 约瑟夫·本·戴维:《科学家在社会中的角色》，赵佳苓译，四川人民出版社 1988 年版。

《邓小平文选》第一卷，人民出版社 1994 年版。

《邓小平文选》第二卷，人民出版社 1994 年版。

《邓小平文选》第三卷，人民出版社 1993 年版。

恩格斯:《自然辩证法》，人民出版社 1971 年版。

恩格斯:《反杜林论》，人民出版社 1970 年版。

[美] B. C. 范·弗拉森:《科学的形象》，郑祥福译，上海译文出版社 2002 年版。

[英] M. 戈德史密斯等编:《科学的科学》，赵红州等译，科学出版社

1985 年版。

［美］保罗·R. 格罗斯等:《高级迷信——学术左派及其关于科学的争论》，孙雍君等译，北京大学出版社 2009 年版。

［美］大卫·雷·格里芬:《后现代科学——科学魅力的再现》，马季方译，中央编译出版社 1998 年版。

龚育之:《关于自然科学发展规律的几个问题》，上海人民出版社 1978 年版。

顾镜清:《未来学概论》，贵州人民出版社 1985 年版。

葛懋春等编:《胡适哲学思想资料选》上册，华东师范大学出版社 1981 年版。

郭颖颐:《中国现代思想史中的唯科学主义》，江苏人民出版社 1989 年版。

［美］哈尔·赫尔曼:《真实地带——十大科学争论》，赵乐静译，上海科学技术出版社 2000 年版。

［美］哈丁:《科学的文化多元性——后殖民主义、女性主义和认识论》，夏侯炳等译，江西教育出版社 2002 年版。

［美］戴维·赫斯:《新时代科学——超自然及其捍卫者和揭露者与美国文化》，乐于道译，江西教育出版社 1999 年版。

［美］霍尔茨纳:《知识社会学》，傅正元等译，湖北人民出版社 1984 年版。

［德］黑格尔:《小逻辑》，贺麟译，商务印书馆 1981 年版。

［美］汉森:《发现的模式》，刑新力等译，中国国际广播出版社 1988 年版。

［英］史蒂芬·霍金:《霍金讲演录》，杜欣欣等译，湖南科学技术出版社 1996 年版。

［英］F. A. 哈耶克:《科学的反革命》，冯克利译，译林出版社 2003 年版。

黄顺基等:《自然辩证法教程》，中国人民大学出版社 1985 年版。

洪谦:《西方现代资产阶级哲学论著选辑》，商务印书馆 1982 年版。

［美］杰里·加斯顿:《科学的社会运行》，顾昕等译，光明日报出版社

1988 年版。

[美] 希拉·贾撒诺夫等编:《科学技术论手册》，盛晓明等译，北京理工大学出版社 2004 年版。

[美] 克利福德·吉尔兹:《地方性知识——阐释人类学论文集》，王海龙等译，中央编译出版社 2000 年版。

[美] 戴安娜·克兰:《无形学院》，刘珺珺等译，华夏出版社 1988 年版。

[美] J. 科尔、S. 科尔:《科学界的社会分层》，赵佳苓等译，华夏出版社 1989 年版。

[美] S. 科尔:《科学的制造——在自然界与社会之间》，林建成译，上海人民出版社 2001 年版。

[英] 哈里·科林斯等:《人人应知的科学》，潘非等译，江苏人民出版社 1993 年版。

[英] 哈里·科林斯等:《人人应知的技术》，周亮等译，江苏人民出版社 1993 年版。

[英] 哈里·科林斯:《改变秩序：科学实践中的复制与归纳》，成素梅等译，上海科技教育出版社 2007 年版。

[美] 克瑞杰主编:《沙滩上的房子——后现代主义者的科学神化曝光》，蔡仲译，南京大学出版社 2003 年版。

[美] 托马斯·库恩:《必要的张力》，纪树立等译，福建人民出版社 1981 年版。

[美] 托马斯·库恩:《科学革命的结构》，金吾伦等译，北京大学出版社 2004 年版。

[法] 菲利普·柯尔库夫:《新社会学》，钱翰译，社会科学文献出版社 2000 年版。

[苏] 柯普宁:《作为认识论和逻辑的辩证法》，彭漪涟等译，华东师范大学出版社 1984 年版。

[法] 布鲁诺·拉图尔等:《实验室生活：科学事实的建构过程》，张伯霖等译，东方出版社 1990 年版。

[法] 布鲁诺·拉图尔等:《科学在行动：怎样在社会中跟随科学家和工

程师》，刘文旋等译，东方出版社 2005 年版。

[法] 拉法格:《思想起源论》，王子野译，三联书店 1963 年版。

[美] 安德鲁·罗斯:《科学大战》，夏侯炳等译，江西教育出版社 2002 年版。

[美] 诺曼·列维特:《被困的普罗米修斯》，戴建平译，南京大学出版社 2004 年版。

[美] 斯图亚特·里查德:《科学哲学与科学社会学》，姚尔强等译，中国人民大学出版社 1989 年版。

[美] L. 劳丹:《科学与价值——科学的目的及其在科学争论中的作用》，殷正坤等译，福建人民出版社 1989 年版。

[美] L. 劳丹:《进步及其问题》，刘新民译，华夏出版社 1990 年版。

[美] 波林·罗斯诺:《后现代主义与社会科学》，张国清译，上海译文出版社 1998 年版。

[美] 约瑟夫·劳斯:《知识与权力——走向科学的政治哲学》，盛晓明等译，北京大学出版社 2004 年版。

[美] 理查德·罗蒂:《后哲学文化》，瞿铁鹏译，上海译文出版社 1992 年版。

[英] 李约瑟:《中国科学技术史》第 1 卷，科学出版社 1975 年版。

[英] 李约瑟:《中国科学技术史》第 2 卷，上海人民出版社 1990 年版。

[美] 杰伊·A. 拉宾格尔等主编:《一种文化？关于科学的对话》，张增一等译，上海科技教育出版社 2006 年版。

列宁:《哲学笔记》，人民出版社 1974 年版。

刘华杰:《以科学的名义》，福建教育出版社 2000 年版。

刘华杰编:《科学传播读本》，上海交通大学出版社 2007 年版。

《梁启超哲学思想论文选》，北京大学出版社 1984 年版。

刘珺珺:《科学社会学》，上海人民出版社 1990 年版。

刘珺珺:《科学社会学》，上海科技教育出版社 2009 年版。

林聚任:《林聚任讲默顿》，北京大学出版社 2010 年版。

林定夷:《科学研究方法概论》，浙江人民出版社 1986 年版。

梁漱溟:《梁漱溟全集》第 1 卷，山东人民出版社 1989 年版。

[英] 伊・拉卡托斯:《科学研究纲领方法论》，兰征译，上海译文出版社 1986 年版。

李佩珊等:《20 世纪科学技术简史》，科学出版社 1999 年版。

刘兵:《触摸科学》，福建教育出版社 2000 年版。

[美] 美国科学促进会:《面向全体美国人的科学》，周满生等译，科学普及出版社 2001 年版。

[美] 美国科学促进会:《科学素养的基准》，中国科学技术协会译，科学普及出版社 2001 年版。

[美] 美国科学促进会:《科学教育改革的蓝本》，朱守信等译，科学普及出版社 2001 年版。

[美] 美国科学促进会:《科学素养的设计》，夏奎荪等译，科学普及出版社 2005 年版。

[美] 美国科学促进会:《科学素养的导航图》，刘延申等译，科学普及出版社 2008 年版。

[美] 默顿:《论理论社会学》，何凡兴等译，华夏出版社 1990 年版。

[美] 默顿:《十七世纪英国的科学、技术与社会》，范岱年等译，商务印书馆 2000 年版。

[美] 默顿:《科学社会学》，鲁旭东等译，商务印书馆 2003 年版。

[美] 默顿:《社会研究与社会政策》，林聚任等译，三联书店 2001 年版。

[美] 默顿:《科学社会学——理论与经验研究》，鲁旭东等译，商务印书馆 2003 年版。

[美] 默顿:《科学社会学散忆》，鲁旭东译，商务印书馆 2004 年版。

[美] 默顿:《社会理论和社会结构》，唐少杰等译，凤凰出版社传媒集团 2006 年版。

[英] 迈克尔・马尔凯:《科学与知识社会学》，林聚任等译，东方出版社 2001 年版。

[英] 迈克尔・马尔凯:《科学社会学理论与方法》，林聚任等译，商务印书馆 2006 年版。

[英] 迈克尔・马尔凯:《词语与世界》，林聚任等译，商务印书馆 2007

年版。

[美] 格雷特·迈尔:《书写生物学——科学知识的社会建构文本》，孙雍君等译，江西教育出版社 1999 年版。

[苏] C.P. 米库林斯基:《社会主义和科学》，史宪忠等译，人民出版社 1986 年版。

[苏] A. N. 米哈依洛夫等:《科学交流与情报学》，徐新民等译，科技文献出版社 1980 年版。

[德] 卡尔·曼海姆:《意识形态和乌托邦》，艾彦译，华夏出版社 2002 年版。

[德] 卡尔·曼海姆:《文化社会学论要》，继同等译，中国城市出版社 2002 年版。

《马克思恩格斯全集》第 1 卷，人民出版社 1956 年版。

《马克思恩格斯全集》第 17 卷，人民出版社 1963 年版。

《马克思恩格斯全集》第 19 卷，人民出版社 1963 年版。

《马克思恩格斯全集》第 21 卷，人民出版社 1965 年版。

《马克思恩格斯全集》第 12 卷，人民出版社 1971 年版。

《马克思恩格斯全集》第 30 卷，人民出版社 1971 年版。

《马克思恩格斯全集》第 37 卷，人民出版社 1971 年版。

《马克思恩格斯选集》第 2 卷，人民出版社 1995 年版。

《马克思恩格斯全集》第 23 卷，人民出版社 1972 年版。

《马克思恩格斯全集》第 46 卷下册，人民出版社 1979 年版。

《马克思恩格斯全集》第 47 卷，人民出版社 1979 年版。

《马克思恩格斯选集》第 3 卷，人民出版社 1995 年版。

《马克思恩格斯选集》第 4 卷，人民出版社 1995 年版。

马来平:《中国科技思想的创新》，山东科技出版社 1995 年版。

马来平:《科技与社会引论》，人民出版社 2001 年版。

马来平:《科学的社会性和自主性——以默顿科学社会学为中心》，北京大学出版社 2012 年版。

[美] 罗杰·G. 牛顿:《探求万物之理——混沌、夸克与拉普拉斯妖》，李香莲译，上海科技教育出版社 2001 年版。

[美] 罗杰·G. 牛顿:《何为科学真理——月亮在无人看它时是否在那儿》，武际可译，上海科技教育出版社 2001 年版。

[美] D. 普赖斯:《小科学与大科学》，宋剑耕等译，世界科学出版社 1982 年版。

[美] D. 普赖斯:《巴比伦以来的科学》，任元彪译，河北科技出版社 2002 年版。

[美] 安德鲁·皮克林:《实践的冲撞——时间、力量与科学》，邢冬梅译，南京大学出版社 2005 年版。

[美] 安德鲁·皮克林:《作为实践和文化的科学》，柯文等译，中国人民大学出版社 2006 年版。

[英] 弗·培根:《培根论说文集》，水天同译，商务印务馆 1984 年版。

[英] 约翰·齐曼:《知识的力量——科学的社会范畴》，许立达等译，上海科技出版社 1985 年版。

[英] 约翰·齐曼:《元科学导论》，刘珺珺等译，湖南人民出版社 1988 年版。

[英] 约翰·齐曼:《真科学——它是什么，它指什么》，曾国屏等译，上海科技教育出版社 2002 年版。

[英] 约翰·齐曼:《可靠的知识》，赵振江译，商务印书馆 2003 年版。

全民科学素质行动计划制定工作领导小组办公室编:《全民科学素质行动计划课题研究论文集》，科学普及出版社 2005 年版。

全民科学素质行动计划制定工作领导小组办公室编:《公民科学素质建设：理论与实践——2004 年北京公民科学素质建设国际论坛论文集》，湖南科技出版社 2006 年版。

任定成:《科学人文高级读本》，北京大学出版社 2005 年版。

任福君主编:《中国公民科学素质报告》第一辑，科学普及出版社 2010 年版。

任福君主编:《中国公民科学素质报告》第二辑，科学普及出版社 2011 年版。

[波] 彼得·什托姆普卡:《默顿学术思想评传》，林聚任等译，北京大学出版社 2009 年版。

［奥］卡林·诺尔·塞蒂纳:《制造知识：建构主义与科学的境性》，王善博译，东方出版社 2001 年版。

［美］索卡尔:《“索卡尔事件”与科学大战》，蔡仲等译，南京大学出版社 2002 年版。

［美］奥利卡·舍格斯特尔:《超越科学大战——科学与社会关系中迷失了的话语》，黄颖等译，中国人民大学出版社 2006 年版。

［德］马克斯·舍勒:《知识社会学问题》，艾彦译，华夏出版社 2000 年版。

［美］D. E. 斯托克斯:《基础科学与技术创新》，科学出版社 1999 年版。

［美］H.S. 塞耶编:《牛顿自然科学哲学著作选》，上海外国自然科学哲学著作编译组译，上海人民出版社 1974 年版。

孙小礼等:《自然辩证法讲义》，人民教育出版社 1979 年版。

孙小礼等主编:《科学方法》上册，知识出版社 1990 年版。

舒炜光等:《自然辩证法基础教程》，兰州大学出版社 1990 年版。

舒炜光主编:《自然辩证法原理》，吉林人民出版社 1984 年版。

［美］琼·藤村:《创立科学——癌症遗传学社会史》，夏侯炳等译，江西教育出版社 2001 年版。

［美］沙伦·特拉维克:《物理与人理——对高能物理学家社区的人类学考察》，刘珺珺等译，上海科技教育出版社 2002 年版。

［美］阿尔温·托夫勒:《第三次浪潮》，朱志焱等译，三联书店 1984 年版。

［美］史蒂文·温伯格:《仰望苍穹——科学反击文化敌手》，黄艳华等译，上海科技教育出版社 2004 年版。

王大珩等主编:《论科学精神》，中央经济出版社 2001 年版。

韦政通:《中国的智慧》，吉林文史出版社 1988 年版。

吴彤等:《复归科学实践》，清华大学出版社 2010 年版。

王雨田:《控制论、信息论、系统科学与哲学》，中国人民大学出版社 1986 年版。

［美］M. N. 小李克特:《科学概论——科学的自主性、历史和比较的分析》，吴忠等译，中国科学院政策研究室编印 1982 年版。

[美] M. N. 小李克特:《科学是一种文化过程》，顾昕等译，三联书店1989年版。

[美] 史蒂文·夏平:《真理的社会史——17世纪英国的文明与科学》，赵万里等译，江西教育出版社2002年版。

[美] 史蒂文·夏平:《科学革命——批判性的综合》，徐国强等译，上海科技教育出版社2004年版。

[美] 史蒂文·夏平:《利维坦与空气泵：霍布斯、波义耳与实验生活》，蔡佩君译，上海世纪出版集团2008年版。

夏禹龙等:《软科学》，知识出版社1982年版。

[英] 杰弗里·亚历山:《迪尔凯姆社会学》，戴聪腾译，辽宁教育出版社2001年版。

[英] 英国皇家学会:《公众理解科学》，唐英英译，北京理工大学出版社2004年版。

余英时:《中国思想传统的现代诠释》，江苏人民出版社1995年版。

严复:《严复集》，中华书局1986年版。

殷登祥:《科学技术与社会导论》，陕西人民教育出版社1997年版。

[美] 哈里特·朱克曼:《科学界的精英》，周叶谦等译，商务印书馆1979年版。

中国社会科学院情报研究所:《科学学译文集》，科学出版社1980年版。

赵万里:《科学的社会建构》，天津人民出版社2002年版。

周义澄:《科学创造与直觉》，人民出版社1986年版。

《自然辩证法讲义》编写组:《自然辩证法讲义》，人民教育出版社1979年版。

《自然辩证法》，人民出版社1971年版。

竺可桢:《竺可桢文集》，科学出版社1979年版。

周林等:《科学家论方法》第一辑，内蒙古人民出版社1983年版。

张君劢等:《科学与人生观》，山东人民出版社1997年版。

朱耀垠:《科学与人生观论战及其回声》，上海科技文献出版社1999年版。

中国科普研究所:《中国科普理论与实践探索——全民科学素质建设论

坛暨第十八届全国科普理论研讨会论文集》，科学普及出版社 2012 年版。

（二）论文

本报评论员：《努力提升全民科学素质》，《人民日报》2006 年 3 月 21 日。

蔡德成：《科学精神和人文精神是科学文化素质的核心》，《科技导报》2004 年第 2 期。

陈健：《方法作为科学划界标准的失败》，《自然辩证法通讯》1990 年第 6 期。

樊洪业：《科学精神的历史线索与语义分析》，《中华读书报》2001 年第 1 期。

黄建海等：《科学文化理应成为主流大众文化》，《科学与民主》2009 年第 4 期。

[美] S. 科尔等：《默顿对科学社会学的贡献》，《科学文化评论》2005 年第 3 期。

刘兵等：《日本公众理解科学实践的一个案例：关于“转基因农作物”的“共识会议”》，《科普研究》2006 年第 1 期。

刘明：《试论科学主义及科学主义批判》，《自然辩证法研究》1992 年第 5 期。

刘华杰：《科学 = 逻辑 + 实证》，《中华读书报》2001 年第 1 期。

李大光：《“公众理解科学”进入中国 15 年的回顾与思考》，《科普研究》2006 年第 1 期。

[英] 迈克尔 · 马尔凯：《科学研究共同体的社会学》，《科学学译丛》1988 年第 4 期。

马来平：《作为科学人文因素的崇尚真理的价值观》，《文史哲》2000 年第 3 期。

马来平：《试论科学精神的核心与内容》，《文史哲》2001 年第 4 期。

马来平：《“中国公民科学素质基准”的基本认识问题》，《贵州社会科学》2008 年第 8 期。

马来平：《科学文化普及难题及其破解途径》，《自然辩证法研究》2013 年第 11 期。

孟建伟：《科学与人文精神》，《哲学研究》1996 年第 8 期。

任定成：《全民科学素质行动计划纲要解读》，《科普研究》2006 年第 1 期。

苏湛：《让科学回归现实——对两种科学模型的一些思考》，《科学学研究》2005 年第 4 期。

姚昆仑：《公众需要理解科学》，《科技潮》1996 年第 12 期。

袁江洋：《科学文化研究刍议》，《中国科技史杂志》2007 年第 4 期。

[美] 朱克曼：《科学社会学五十年》，《山东科技大学学报》2004 年第 2 期。

中国社会发展研究课题组：《中国改革中期的制度创新与面临的挑战》，《社会学研究》1997 年第 1 期。

Capra & Pritjof，*The Turning Point—ScienceSocioty，and the Rising Culture*，Simon and Schuster，1982.

Merton & Robert K，*The Sociology of Science*，Chicago and London：University of Chicago press，1973.

后　记

有人说，科普是以时代为背景，以社会为舞台，以人为主角，以科技为内容，面向广大公众的一台“现代文明戏”，在这个舞台上是没有传统保留节目的。如果这个比喻适当，那么，这场戏显而易见已经唱了很多年。2002 年，中国颁布世界上第一部科普法——《中华人民共和国科学技术普及法》，将科普明确定义为“国家和社会用公众易于理解、接受、参与的方式，普及科学技术知识、倡导科学方法、传播科学思想、弘扬科学精神的活动”。我们不能否认，基于政府对科普事业的日渐重视和支持，我们的科普环境正在逐渐得到改善，但是，提高公众科学素养的现状却不尽如人意。

吾师马来平教授多年以来，倾情科普，然而对于一位科技哲学界的资深学者，这种倾情并非易事。在我国，科技哲学与科普长期以来处于一种若即若离的状态，这种现状令人十分遗憾。科普是科技事业的有机组成部分，是科学技术转化为生产力的重要环节，更是提高国民素质的基本途径之一。可以说，科普是一件关系着社会主义现代化建设事业的兴旺发达和民族复兴的大事。当前，我国科普现状确实存在不少问题，如对科学素质的认识仍有较大空间，且未能扎根于社会体制层面；求科学知识普及的数量，而不求深层科学文化普及的质量；过度崇拜科学的科学主义思想依然影响广泛，等等。所以，让公众真正理解科学，塑造正确的主流科技观就成了一个亟待解决的问题。

科学技术的普及，人人有责，但更是科技、文化研究者们不可推卸的责任，吾师一直将此作为自己义不容辞的使命，在从事科学技术哲学研究工作 30 余年里，结合自身专业推动科普发展，在科普理论研究、科普创作、科普志愿服务、科普宣传和青少年科技教育等领域作出了诸多贡献。本书是他科普理论研究工作的一个总结，全书三十一章，以一种力透纸背的力量一针见血地指向了当代科普发展的桎梏：

我们要实现科普事业的纵深发展，绝不能再将全部注意力放于科学知识的全民灌溉，而应提高公众对科学的全面理解，其中主要包括对科学思想、科学方法、科学精神、科学与社会关系的认识的深入思考。

科学思想可以指对科学的根本看法，可以泛指有科学根据的思想，也可以指科学理论、科学概念演变的逻辑。显然，这几个侧面都是科学文化较为根本的内容，也是科学素质的题中要义。科学思想的普及关系着民主、法制乃至现代文明的普及。

科学方法是科学之所以成为科学的本质，是人们在追求真理的活动中所发展起来的一整套认识方法，它的核心是实验方法和数学方法及逻辑方法的有机结合。它要求我们无论是说话办事抑或是思考问题都应立足于可靠、完备的事实，精密、准确地运用逻辑思维和创造性思维。科学方法是科学理性精神的体现，它有助于我们在纷繁复杂的现象中，去粗取精，去伪存真，提高认识与实践的能力。

科学精神是科学的本质与灵魂，它是整个科学界在科学活动中所表现出来的一以贯之的思想和行为特点，也是科学普及的中心所在。它的内核在于"追求真理"，这种"只问是非、不计利害"的精神，包含两个侧面：一是理性精神，二是实证精神。随着科学实践的不断发展，它的内涵更加丰富，更被当作了强大的道德力量，体现出一种人文关怀。它在求真过程中的矢志不渝，实际也是求善与求美的写照。

科技与社会关系的认识，属于科技哲学中的科学观范畴，它包括对科学技术社会功能的认识、科学技术发展的动力认识、科学发展规律的认识、科技伦理效应的认识等等。科技与社会关系的认识，是科普的归宿，因为，科学技术自产生之日起，便同人类社会紧密相连。深入理解科学与社会的互动关系，有利于从总体上评价科学的社会价值，从而更好地实现科学的社会价值，使科技与人类社会的关系更加契合。

当然，科技哲学视野下的科普理论研究所涉及的范畴，远不止这些，它之所以在一定程度上扮演了拓荒者的角色，因其将传统的科普理念纳入一个更广亦是更深的视域中。众人皆知科普，然而却不是所有人都知道，为何普？能否普？普什么？怎样普？我们看到了科学在促进物质生产力发展方面的巨大能量，但是，对于它的精神价值却未足够重视。科学对人类世界观、价值观、思维方式、道德进步所作出的贡献，更值得我们去探究。建立在此层面上的"普"，才会令科普成为有源之水、有本之木。而如此"普"出来的科学，不但会展示它促进生产力的巨大作用，更会可持续性地发挥它源源不断的潜力。本书中的许多篇章其实为我们厘清的就是一些基本的，然而却一直被忽略的问题。当然，我们的疑惑被消解的同时，也自然地依此寻找到了新的研究课题，如：我们明确了科学兼具社会存在与社会意识的属性，认识到它作为直接生产力的社会价值，那么，该如何将这种社会价值提高到应有的高度，使其真正实现？我们对科学的价值负载如何进行合理的伦理反思？人类社会的发展进步离不开科学精神与人文精神的合力推动，我们应该怎样使其合理融汇，使这种"科学人文"精神更好地确保实践的正确取向？自然科学的方法因其应用的限度，在人文、社会领域各学科当中属于从属地位，我们该如何确保这种从属地位不至偏废，走向合理的多元范式的融合与精神互动？等等。

德国哲学家卡西尔曾说，科学是"人类历史的最后篇章和人的哲学的最重要的主题"，那么，普及这一"人类文化的最高成就"之路，显然不能清高，但亦不能流俗。此一态度，在本书里贯穿始终，于行文中处处可见，凡所述誉不加密，毁不加疏；不事粉饰、雕琢，却又字字玑珠，不蔓不枝。阅读本书的过程，于我，实在是一场酣畅淋漓的体验。我清晰地记得起初自吾师手中接过本书初稿时，顿时心潮澎湃。我在一字一词一句读里，沿寻着吾师治学的足迹，自一侧面观览了他几十年的思想历程，内心亦由当初的轻松转而为一段话、一个题目辗转反侧。我此番有幸亲临其境，自点滴之处体悟前辈学人的风范，才发现他们的态度，正同本书所要展现的精神气质相同：审于事理，不从臆断，唯真理是从。

我之获益，一言难尽，不若拳拳服膺，以志永矢。

此书虽是一辑总结，但于我们，更是一个开端。

刘 溪

2015 年 10 月

于山东大学

责任编辑:宋军花
封面设计:徐　晖
责任校对:吕　飞

图书在版编目(CIP)数据

科普理论要义:从科技哲学的角度看/马来平 著. -北京:人民出版社,2016.1
(2021.4 重印)
ISBN 978-7-01-015793-1

Ⅰ.①科…　Ⅱ.①马…　Ⅲ.①科学普及-工作-研究　Ⅳ.①N4

中国版本图书馆 CIP 数据核字(2016)第 018498 号

科普理论要义

KEPU LILUN YAOYI

——从科技哲学的角度看

马来平　著

人民出版社 出版发行

(100706　北京市东城区隆福寺街 99 号)

北京一鑫印务有限责任公司印刷　新华书店经销

2016 年 1 月第 1 版　2021 年 4 月第 3 次印刷

开本:710 毫米×1000 毫米 1/16　印张:27

字数:420 千字

ISBN 978-7-01-015793-1　定价:66.00 元

邮购地址 100706　北京市东城区隆福寺街 99 号

人民东方图书销售中心　电话 (010)65250042　65289539

版权所有·侵权必究

凡购买本社图书,如有印制质量问题,我社负责调换。

服务电话:(010)65250042